Halbleiter-Elektronik
Herausgegeben von W. Heywang und R. Müller
Band 14

K. Horninger

Integrierte MOS-Schaltungen

Zweite, überarbeitete und erweiterte Auflage

Mit 189 Abbildungen

Springer-Verlag
Berlin Heidelberg New York
London Paris Tokyo 1987

Dr. techn. KARLHEINRICH HORNINGER
Fachgruppenleiter, Siemens AG,
Zentrale Aufgaben Informationstechnik, München

Dr. rer. nat. WALTER HEYWANG
Leiter der Zentralen Forschung und Entwicklung der Siemens AG,
München
Professor an der Technischen Universität München

Dr. techn. RUDOLF MÜLLER
Professor, Inhaber des Lehrstuhls für Technische Elektronik
der Technischen Universität München

ISBN-13:978-3-540-17035-8   e-ISBN-13:978-3-642-82905-5
DOI: 10.1007/978-3-642-82905-5

CIP-Kurztitelaufnahme der Deutschen Bibliothek.
Horninger, Karlheinrich:
Integrierte MOS-Schaltungen / K. Horninger. - 2., überarb. u. erw. Aufl. -
Berlin; Heidelberg; New York; London; Paris; Tokyo: Springer, 1987.
(Halbleiter-Elektronik; Bd. 14)
1. Aufl. u. d. T.: Weiss, Herbert: Integrierte MOS-Schaltungen
ISBN-13:978-3-540-17035-8

NE: GT

Vorwort zur zweiten Auflage

Getragen durch das große Interesse an integrierten MOS-Schaltungen
und den dazugehörigen Grundlagen war die erste Auflage dieses Buches
im Zeitraum von ca. 2,5 Jahren ausverkauft.
In dieser Zeit hat sich in fast allen Bereichen der MOS-Technik die
CMOS-Technologie als leistungsarme MOS-Technologie durchgesetzt.
Neuentwicklungen, seien es Speicher, Mikroprozessoren oder Analog-
Schaltungen, werden heutzutage fast ausschließlich in der CMOS-Technik realisiert. Die Neuauflage versucht diesem Trend Rechnung zu
tragen und hat vornehmlich im Abschnitt 4 eine Vielzahl von Schaltungs-
beispielen in CMOS-Technik. Darüberhinaus wurde auch der Abschnitt
über kundenspezifische integrierte Schaltungen, die immer mehr an
Bedeutung gewinnen, erweitert.
Ich hoffe, daß auch diese überarbeitete Auflage einen breiten
Interessenkreis finden wird und für viele Anfänger der erste Kontakt
mit dieser faszinierenden Technik ist. Gleichzeitig möchte ich mich
auch bei vielen meiner Kollegen bedanken, die mir Ideen und Anregungen für Ergänzungen und Erweiterungen dieses Buches gegeben haben.
Für das Schreiben des Manuskripts möchte ich mich bei Frau
Scherbarth, für die sorgfältige Drucklegung beim Springer-Verlag
sehr herzlich bedanken.

München, im Sommer 1986   K. Horninger

Vorwort

Innerhalb von etwa 20 Jahren seit dem Erscheinen der ersten integrierten Schaltungen auf dem Markt erreicht die MOS-Technik heute den
höchsten Grad der Integration in der Halbleitertechnik. Die Gründe für
diese stürmische Entwicklung sind neben der Möglichkeit, MOS-Transistoren sehr dicht zu packen, auch das einfache Prinzip und der einfache Aufbau des MOS-Transistors.

Der Zweck dieses Buches ist es, einen Überblick über die MOS-Technik
sowie die mit ihr verbundenen Möglichkeiten zu geben. Es wendet sich
gleichermaßen an den Technologen wie an den Schaltungsingenieur, die
gemeinsam eine integrierte Schaltung entwickeln und herstellen. Mit
steigendem Integrationsgrad wird es jedoch möglich, ganze Systeme
auf dem Chip zu integrieren. Das Buch wendet sich daher auch an den
Systemarchitekten, der eine Schaltung konzipiert, und der über die
technologischen und schaltungstechnischen Grundlagen Bescheid wissen
sollte, da die Voraussetzung zum Gelingen eines hochkomplexen VLSI
Schaltkreises die Kenntnis der Probleme des Partners ist.

Das Buch wendet sich aber auch an Studenten der Physik, der Elektrotechnik und der Informatik, die sich neu in das Gebiet der integrierten
MOS-Schaltungen einarbeiten wollen. Besonders für sie werden daher
nach einer eingehenden Betrachtung des MOS-Kondensators die Grund-
struktur des MOS-Transistors sowie die aus diesem abgeleiteten Bauelemente beschrieben. Die Herstellungstechniken sowie die dabei auftretenden Probleme werden erläutert. Anschließend werden die Schaltungstechniken von integrierten MOS-Schaltungen und ihre Entwurfs-
techniken eingehend behandelt.

Den Herren E. Musil, R. Hezel, N. Lieske, H. Klar und H.-J.
Pfleiderer sowie Prof. K. Goser danke ich auch im Namen meines ver-
storbenen Koautors für wertvolle Anregungen und kritische Anmerkun-
gen zum Manuskript. Den Damen H. Berger, R. Röhrich und
G. Volkmann sowie meiner Frau möchte ich an dieser Stelle für das
Schreiben des Manuskripts danken. Dem Springer-Verlag sei für die
Betreuung und Sorgfalt bei der Drucklegung des Buches besonderer
Dank gesagt.

München, im Sommer 1982   K. Horninger

Inhaltsverzeichnis

Bezeichnungen und Symbole

a	Konstante	
C_{ox}	spezifische Kapazität der SiO_2-Schicht	$AsV^{-1}m^{-2}$
C_{Si}	spezifische Kapazität der Raumladungsschicht im Si	$AsV^{-1}m^{-2}$
D	Drain	
ΔE	Breite der verbotenen Zone	eV
d_R	Dicke der Raumladungsschicht im Halbleiter	m
d_{ox}	Dicke der SiO_2-Schicht	m
G	differentieller Leitwert: dI_D/dU_{DS}	AV^{-1}
I_D	Drainstrom	A
K	Transistorkonstante (2.20)	AV^{-2}
K_p	für p-Kanal: $5 \cdot 10^{-6}$	AV^{-2}
K_n	für n-Kanal: $15 \cdot 10^{-6}$	AV^{-2}
L	Länge des Kanals eines MOS-Transistors	m
n_a	Konzentration der Akzeptoren im Si	m^{-3}
n_d	Konzentration der Donatoren im Si	m^{-3}
n_f	Dichte der festen Ladungen im SiO_2	m^{-2}
n_{ss}	Dichte der umladbaren Grenzflächenzustände	$m^{-2}V^{-1}$
n	Elektronenkonzentration	m^{-3}
n_0	Elektronenkonzentration im thermischen Gleichgewicht	m^{-3}

n_i	Eigenleitungskonzentration: bei Raum- temperatur $1,5 \cdot 10^{16}$	m^{-3}
p	Löcherkonzentration	m^{-3}
p_0	Löcherkonzentration im thermischen Gleichgewicht	m^{-3}
Q_f	Dichte der festen Ladungen im Oxid	Asm^{-2}
Q_i	Dichte der beweglichen Ladungen in der Inversionsschicht	Asm^{-2}
Q_{Si}	Dichte der Ladungen im Halbleiter; bezogen auf die Oberfläche	Asm^{-2}
Q_{ss}	Ladungsdichte der umladbaren Ober- flächenzustände	$, Asm^{-2}V^{-1}$
R_L	Lastwiderstand	VA^{-1}
S	Source	-
S	Steilheit: dI_D/dU_{GS}	AV^{-1}
Sub	Substrat	-
T_L	Lasttransistor	-
T_S	Schalttransistor	-
U	Spannung	V
U_A	Ausgangsspannung beim Inverter	V
U_D	Drain-Spannung	V
U_{DS}	Spannung zwischen Drain und Source	V
U_E	Eingangsspannung beim Inverter	V
U_{FB}	Flachbandspannung	V
U_G	Gate-Spannung	V
U_{GS}	Spannung zwischen Gate und Source	V
U_I	Spannung über der Isolatorschicht	V
U_M	Spannung über der MOS-Struktur (Diodenspannung)	V
U_S	Source-Spannung	V

Symbol		Einheit
U_{Sub}	Substratspannung	V
U_T	Schwellenspannung	V
W	Breite des Kanals eines MOS-Transistors	m
x	Koordinate parallel zur Halbleiteroberfläche in Stromrichtung	m
y	Koordinate senkrecht zur Halbleiteroberfläche	m
ε_0	Influenzkonstante des Vakuums: $8{,}854 \cdot 10^{-12}$	$AsV^{-1}m^{-1}$
ε_{Si}	Dielektrizitätszahl des Siliziums: 12	−
ε_{ox}	Dielektrizitätszahl des SiO_2: 3,7	−
ρ	Ladungsdichte	Asm^{-3}
$\varphi(x,y)$	Potential, bezogen auf das Halbleiterinnere	V
φ_F	relatives Fermipotential: $\Phi_i - \Phi_F$	V
φ_S	Oberflächenpotential des Siliziums	V
Φ	Potential	V
Φ_F	Fermipotential	V
Φ_{FM}	Fermipotential im Metall	V
Φ_{FSi}	Fermipotential im neutralen Silizium	V
Φ_i	Fermipotential im eigenleitenden Silizium	V
Φ_M	Austrittspotential des Metalls	V
Φ_{Si}	Austrittspotential des Siliziums	V
β	W/L	−
β_R	$\dfrac{W_S/L_S}{W_L/L_L}$ (Index S: Schalttransistor) (Index L: Lasttransistor)	−
β^*	$(K_p/K_n) \cdot \beta_R$	−
Φ_L	Potential des unteren Randes des Leitungsbandes	V

Φ_V	Potential des oberen Randes des Valenzbandes	V
X_{Si}	Elektronenaffinität des Siliziums	V
μ_n	Elektronenbeweglichkeit	$m^2 V^{-1} s^{-1}$
μ_p	Löcherbeweglichkeit	$m^2 V^{-1} s^{-1}$
γ	Substratsteuerfaktor	$V^{1/2}$
λ	Kanallängenverkürzungsfaktor	V^{-1}

1 Einleitung

Die bis in die sechziger Jahre reichende erste Phase des elektronischen Zeitalters verfügte über einzelne Bauelemente mit einfachen, definierten Eigenschaften: Kondensator als Kapazität, Spule als Induktivität, Elektronenröhre als Verstärker oder Gleichrichter, Widerstand, Halbleiterdiode als Gleichrichter. Man kann diese Gruppe von Bauelementen die erste Generation von elektronischen Schaltungselementen nennen (Tabelle 1). Dazu kamen noch die elektromechanischen Bauelemente, wie Schalter und Relais. Die Aufgabe eines Schaltungsingenieurs bestand darin, die Schaltung aus den Bauelementen entsprechend den Angaben im Datenbuch zu konzipieren. Wie sie im einzelnen hergestellt wurden bzw. wie ihre innere Struktur war, war für ihn ohne Interesse. Er benötigte lediglich ihre Funktion und die geometrischen Abmessungen.

Daran hat sich in der auf die Entdeckung des Transistoreffektes folgenden zweiten Generation der elektronischen Bauelemente im Prinzip nichts geändert. Lediglich die Elektronenröhre wurde durch den bipolaren Transistor ersetzt. Dieser Umstellungsprozeß beanspruchte einige Jahre, da die Schaltungen von der Spannungssteuerung bei der Röhre auf den stromgesteuerten Transistor umgestellt werden mußten. In seiner Funktion ist der bipolare Transistor somit keine Nachbildung der Elektronenröhre, wie das bei dem MOS-Transistor der Fall ist.

Die in Tabelle 1 dargestellten ersten beiden Generationen der elektronischen Bauelemente haben einen gemeinsamen Zug: Jedes der genannten Elemente hat eine eigene Technik hinsichtlich Material und Herstellungsverfahren: Der Kondensator besteht aus metallischen und dielektrischen isolierenden Schichten, die Induktivität aus einem Ferromagnetikum und Kupferdraht, der Widerstand aus Kohleschichten auf einem

keramischen Körper, die Röhre aus Glas und Metall, der Transistor
und die Diode aus Germanium oder Silizium.

Während die "klassischen" Bauelemente der ersten und zweiten Generation einzeln hergestellt wurden, ging man bei der Produktion von
Transistoren und Dioden allmählich so vor, daß man viele gleichartige
Bauelemente auf einer Halbleiterscheibe gleichzeitig herstellte und
anschließend die Scheibe zerteilte, um die Bauelemente für sich ver-
kapseln und kontaktieren zu können. Man erkannte weiterhin, daß man
auch Widerstände und kleine pn-Kapazitäten in Siliziumtechnik herstellen konnte. Da lag es dann nahe, nicht erst die Siliziumscheibe in die
Einzelelemente aufzuteilen und diese in Gehäuse zu packen, die dann
durch Zusammenlöten der Anschlußdrähte zu einer Schaltung vereint
wurden, sondern auf ein und derselben Siliziumscheibe die verschieden-
artigen Bauelemente gleichzeitig in gewünschter Anordnung nebeneinan-
der zu fertigen und die Scheibe nur noch in die jeweils zu einer Schaltung gehörende Gruppen von Bauelementen zu zerteilen.

Diese Idee der integrierten Schaltung bot zugleich den Vorteil von geringem Raumbedarf, Gewicht und Herstellungsaufwand sowie eine Erhöhung der Zuverlässigkeit wegen der drastischen Reduzierung der Zahl
der Lötstellen. Eine entscheidende Voraussetzung für diese integrierte
Technik war die planare Siliziumtechnik. Sie ermöglicht die Herstellung
aller Bauelemente auf einer Seite der Siliziumscheibe. Die Technik der
integrierten Schaltungen benötigt also nur noch ein einziges Ausgangsmaterial, das geeignet dotierte Silizium.

Da alle Bauelemente mit denselben Prozessen gefertigt werden müssen,
gibt es eine Reihe von Einschränkungen und Bedingungen:

a) Induktivitäten werden nicht realisiert. Es ist schwierig, hochohmige
   Widerstände durch Diffusion herzustellen, sie benötigen viel Siliziumfläche. Außerdem sind die Toleranzen der Widerstände groß.
   Kapazitäten sind als pn- oder MOS-Kapazitäten nur mit kleinen Werten herstellbar.
b) Man muß einen Kompromiß für die Herstellprozesse finden, da im
   allgemeinen ein und derselbe Prozeß nicht gleichzeitig der günstigste für die verschiedenen Schaltelemente ist.

Tabelle 1. Elektronische Bauelemente

1. Generation	Induktivität L	Kapazität C	Röhre	Widerstand R	Diode
2. Generation	Induktivität L	Kapazität C	Transistor Tr	Widerstand R	Diode
3. Generation					
Integrierte Schaltungen					
a) bipolare Schaltung	– – – –	kleiner Wert	Tr	kleiner Wert	Diode
b) MOS-Schaltung	– – – –		Tr		– – – –

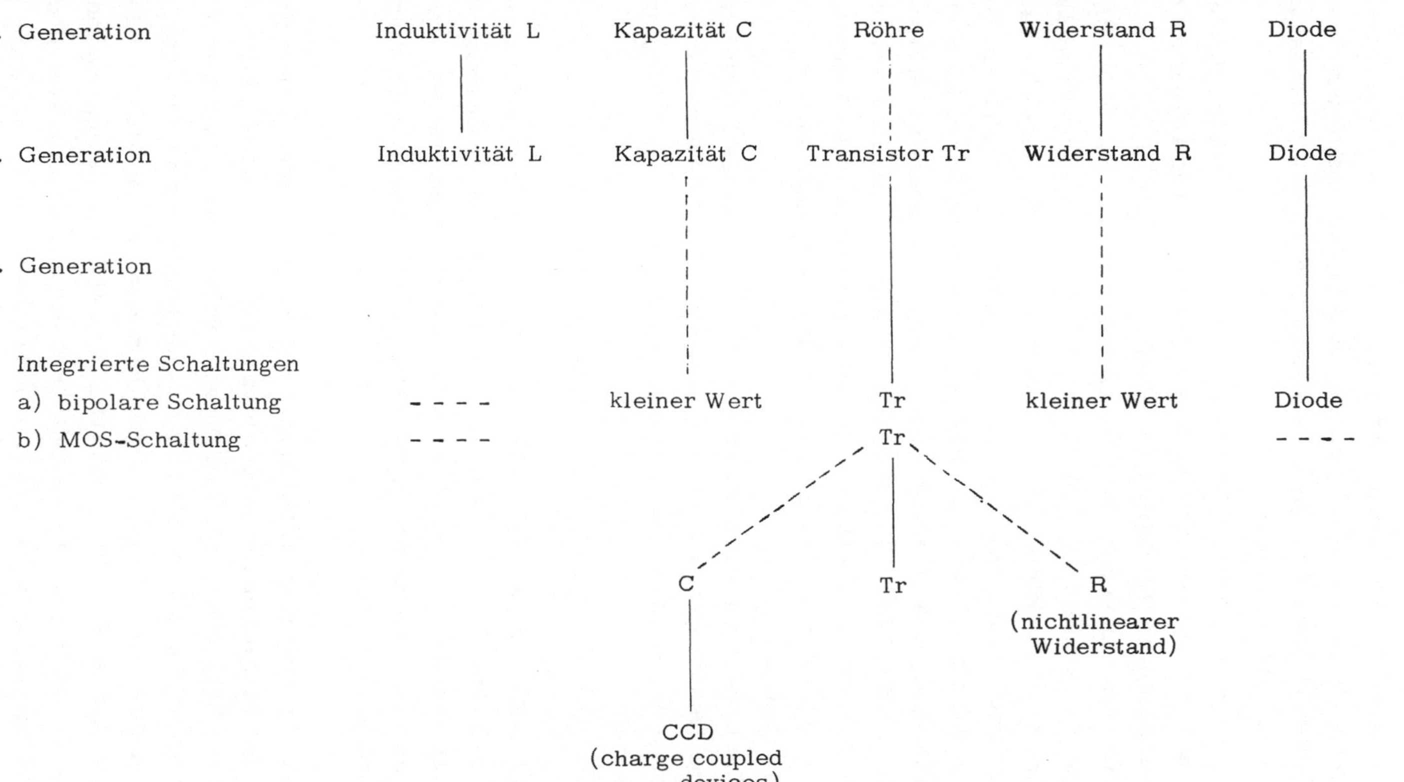

c) Die einzelnen Bauelemente einer integrierten Schaltung sind kapazitiv sowie durch Leckströme, Sperrströme oder Injektionsströme
erheblich stärker als die Bauelemente einer klassischen Schaltung
miteinander verkoppelt.

d) Der Schaltungsentwickler muß die Physik und Technik der Halbleiter-
bauelemente sowie ihre gegenseitige Beeinflussung kennen und beim
Entwurf der Schaltung berücksichtigen.

e) Während man in einer klassischen Schaltung möglichst viele billige
passive Elemente, z.B. Widerstände und wenige teuere aktive Elemente, z.B. Röhren oder Transistoren, einsetzte, ist es bei integrierten Schaltungen oft umgekehrt: Da wesentlich die für ein Element erforderliche Siliziumfläche die Kosten bestimmt, ist es oft
günstiger, einen Transistor statt eines Widerstandes zu verwenden.
Es wurden daher völlig neuartige Schaltungen, z.B. für Operationsverstärker, Logik- und Speicherschaltungen entwickelt. Man erkannte schließlich die spezifischen Vorteile der Technik der integrierten
Schaltungen.

f) Die Entwicklung einer hochintegrierten Schaltung aus den Einzelelementen ist experimentell nicht mehr möglich. Sie erfordert vielmehr die modernen Methoden des rechnergestützten Schaltungsent-
wurfs.

Aus Tabelle 1 ergibt sich, daß man in der integrierten MOS-Schaltung
nur noch einen Typ von Bauelementen findet, den MOS-Transistor. Kon-
taktiert man ihn als Zweipol, so erhält man eine Kapazität oder einen
nichtlinearen Widerstand. Damit lassen sich alle Arten von Schaltungen
herstellen.

Es war im Jahr 1930 [1.1], lange bevor man etwas von Bandstruktur
oder gar Löchern im Festkörper wußte, als die Idee eines mit dem elektrischen Feld gesteuerten Festkörpers geboren wurde. Der Begriff
Transistor existierte noch nicht, erst die Entdeckung des bipolaren
Transistors 1948 ließ diesen Begriff entstehen. Es dauerte vier Jahr-
zehnte, bis der Feldeffekttransistor, dann MIS-Transistor, speziell
MOS-Transistor genannt, als Nutznießer der inzwischen ausgereiften
Technologie des planaren bipolaren Si-Transistors seinen Siegeszug in
der Familie der integrierten Schaltungen etwa im Jahre 1968 antrat.

Der MIS-Transistor ist sehr einfach aufgebaut (Bild 1.1). Eine elektrisch isolierende Schicht befindet sich zwischen einer Metall- und einer Halbleiterschicht. Die englische Übersetzung dieser Schichtenfolge liefert mit ihren Anfangsbuchstaben die Abkürzung "MIS" (metal insulator semiconductor). Die 1 μm dicke Metallelektrode leitet elektrisch sehr gut, der ebenso dicke Halbleiter nur sehr wenig.

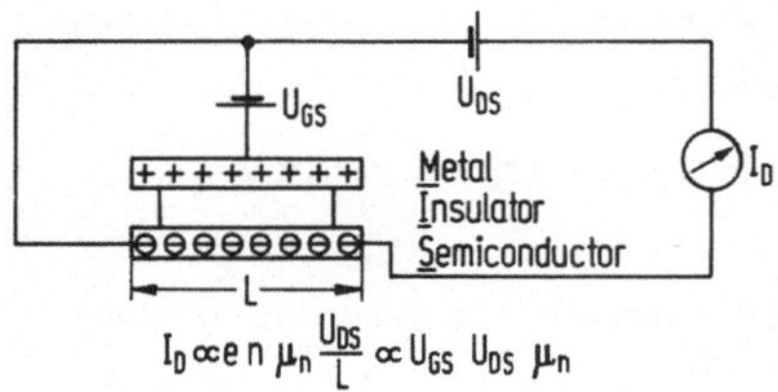

$$I_D \propto e\, n\, \mu_n \frac{U_{DS}}{L} \propto U_{GS}\, U_{DS}\, \mu_n$$

Bild 1.1. Prinzipieller Aufbau eines MIS-Transistors.
e Elementarladung, n Konzentration der Elektronen im Halbleiter, μ_n Beweglichkeit der Elektronen im Halbleiter, $\ominus$ bewegliche Elektronen im Halbleiter, + positive Ionenladungen im Metall.

Legt man eine elektrische Spannung an diese Schichtenfolge, so lädt sich die Metallelektrode positiv, die Halbleiterelektrode negativ auf. Der Isolator habe z.B. eine Dicke von 0,1 μm und bestehe aus SiO_2. Bei einer Spannung von 1 V am Kondensator werden in den beiden Kondensatorelektroden Ladungen entsprechend einer Konzentration von $2 \cdot 10^{15}$ Elektronen/m^2 influenziert. Diese Konzentration ist um vier Größenordnungen kleiner als in der 1 μm dicken Metallschicht und dieser gegenüber vernachlässigbar. Im Halbleiter ist sie jedoch groß gegenüber der ohne Spannung am Kondensator ($U_{GS} = 0$) vorhandenen Dichte der Ladungsträger. Daher kann man die influenzierten Ladungsträger leicht mit Hilfe einer an die Halbleiterschicht gelegten Spannung U_{DS} als Strom I_D nachweisen. Dieser Strom parallel zur Oberfläche mit der Länge L läßt sich also mit einem elektrischen Feld senkrecht zur Oberfläche steuern. Ein solches Bauelement trägt daher auch den Namen "Feldeffekttransistor". Die Stromdichte I_D im Halbleiter ist durch die Beziehung in Bild 1.1 gegeben. Sie ist proportional zur Konzentration n der Elektronen, sowie deren Beweglichkeit μ_n. Da nun n proportional zur Kondensatorspannung U_{GS} ist, ergibt sich, daß der Strom im Halbleiter in einer ersten Näherung durch das Produkt aus den drei Größen U_{GS}, U_{DS} und μ_n bestimmt wird.

Der MOS-Transistor ist ein spezieller Fall des in Bild 1.1 im Prinzip
dargestellten MIS-Transistors. Seine Isolatorschicht besteht aus Siliziumdioxid. Man hat auch andere isolierende Schichten z.B. Al_2O_3 und
Si_3N_4, sowie viele Halbleitersubstanzen auf ihre Brauchbarkeit für den
Bau eines Feldeffekttransistors hin in vielen Laboratorien untersucht.

Es hat nicht an Versuchen gefehlt, z.B. mit Cadmiumsulfid- oder
Tellurschichten Feldeffekttransistoren herzustellen, zum Teil mit be-
achtlichen Resultaten. Hier gab es jedoch eine Reihe von Problemen,
die erst mit der Si-Planartechnik eine Lösung gefunden haben.

Warum gerade Silizium? Um diese Frage beantworten zu können, betrachten wir den Drainstrom I_D. Er ist, wie aus Bild 1.1 hervorgeht,
dem Produkt aus Konzentration und Beweglichkeit der Elektronen proportional. Die Menge der Elektronen im Halbleiter ist durch die Dicke
und Dielektrizitätskonstante des Isolators sowie durch die Spannung U_{GS}
bestimmt. Leider ist aber im allgemeinen nur ein geringer Prozentsatz
dieser influenzierten Ladungsträger frei beweglich und somit imstande,
einem elektrischen Feld zu folgen, da die meisten von Störstellen eingefangen sind. Der Strom I_D ist dann entsprechend gering. Außerdem
muß man einen Halbleiter mit möglichst hoher Beweglichkeit wenigstens
einer Ladungsträgersorte aussuchen. Hier bietet sich Galliumarsenid
mit seiner fünfmal so hohen Elektronenbeweglichkeit wie Silizium an.
Auch das Germanium hat eine höhere Trägerbeweglichkeit als Silizium.
Doch auf beiden Materialien ist es sehr schwierig ein arteigenes Oxid
wie beim Silizium, das Siliziumoxid, mit hinreichenden dielektrischen
Eigenschaften für einen Feldeffekttransistor herzustellen. Außerdem
bietet Silizium den entscheidenden Vorteil, daß die vom elektrischen
Kondensatorfeld unter der Oberfläche influenzierten Ladungsträger
kaum von Störstellen eingefangen werden und frei beweglich einem
elektrischen Feld parallel zur Oberfläche folgen können. Infolge des
einfachen Prinzips hängt der Strom durch einen MOS-Transistor in
einfacher Weise von den angelegten Spannungen U_{DS} und U_{GS} ab und ist
dadurch leicht einer Berechnung zugängig.

Mit der Entwicklung zur Großintegration muß bei der Betrachtung der
Integrationstechnik auch die Systemtechnik mit einbezogen werden. Als
ein Subsystem kann man beispielsweise einen Mikroprozessor, einen

Speicher oder eine programmierbare logische Anordnung betrachten. Generell läßt sich eine übergeordnete Unterteilung finden, wenn man zwischen festverdrahteten, programmierbaren und programmgesteuerten Schaltungen unterscheidet. In der Zukunft muß man damit rechnen, daß diese Systemtechnik weiter wachsen wird und noch komplexere Systeme, wie z.B. ein Mikrocomputer, auf einem Halbleiterplättchen integriert werden können.

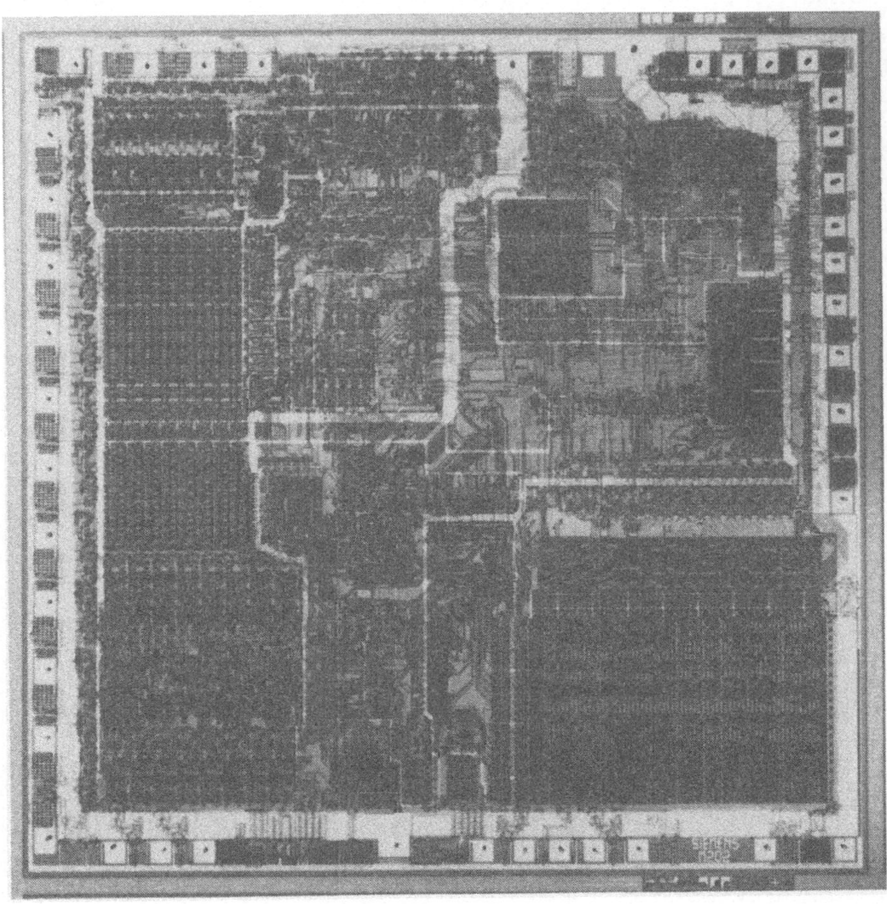

Bild 1.2. Mikroprozessor in n-MOS-Technik.

In Bild 1.2 wurde als Beispiel ein Mikroprozessor in n-MOS-Technik dargestellt. Obwohl die Geschichte der integrierten MOS-Schaltungen mit der p-MOS-Technik angefangen hat, wird heutzutage jedoch für die fortschrittlichsten und höchstintegrierten Halbleiterschaltungen die n-MOS-Technik und auch bereits die Komplementär-Kanal-Technik verwendet. Für Neuentwicklungen werden in zunehmendem Maße die hochintegrierten Schaltungen in Komplementär-Kanal-Technik realisiert. Bei immer kleiner werdenden Strukturen und immer mehr Schaltelementen auf dem Chip hat die Komplementär-Kanal-Technik für die Zukunft die größten Vorteile. Die physikalischen Grundlagen des MOS-Transistors, die Techniken der Herstellung, eine Auswahl der wichtigsten Schaltungen, sowie Hilfsmittel für den Entwurf integrierter Schaltungen werden in diesem Buch beschrieben.

Literatur zu 1

1.1.   Weber, H.C.: Electronic device. Application for US Patent
       1,949,383

2 MOS-Bauelemente

Die Tabelle 2.1 zeigt die heute in der Technik verwendeten Transistor-
familien. Man hat zwei Hauptgruppen, die stromgesteuerten und die
spannungsgesteuerten Transistoren. Die stromgesteuerten Transistoren heißen auch bipolare Transistoren, weil bei ihnen sowohl die Löcher
als auch die Elektronen zum Strom beitragen. Bild 2.1 zeigt einen
Schnitt durch einen planaren npn-Transistor. Er stellt die integrierbare Form dar. Auf einer p-leitenden Siliziumscheibe von 200 bis 450 μm
Dicke befindet sich eine im allgemeinen 6 bis 10 μm dicke durch Epitaxie aufgebrachte n-leitende Siliziumschicht. Sie ist von dem darunterliegenden p-leitenden Substrat durch eine stark n-leitende n^+-Schicht,
die "vergrabene Schicht" (buried layer), getrennt. Die epitaxiale
Schicht ist homogen n-leitend dotiert und hat einen wesentlich höheren
spezifischen Widerstand als das Substrat. Dicke und Dotierung der
Epitaxieschicht sind so gewählt, daß sie eine gewünschte Mindestgröße
der Kollektorspannung bei nicht zu großem Kollektorwiderstand gewährleisten. Im Betrieb wird die n-leitende Schicht immer positiv gegenüber
dem Substrat vorgespannt, damit nur der geringe Sperrstrom zwischen
Substrat und epitaxialer Schicht fließt, die epitaxiale Schicht also praktisch vom Substrat isoliert ist. In diese epitaxiale Schicht werden sowohl die p-leitende Basisschicht als auch die noch dünnere n^+-leitende
Emitterschicht durch Diffusion gebracht. Auf der Epitaxieschicht befindet sich eine etwa 1 μm dicke SiO_2-Schicht. Diese hat nur an den
angegebenen Stellen Öffnungen, um die Verbindung von Kollektor-,
Emitter- und Basisschicht mit den auf ihr liegenden Aluminiumbahnen
zu ermöglichen.

Der in Bild 2.1 gezeigte npn-Transistor ist der für höchste Frequenzen
verwendete Transistor, der zugleich die größte Stromverstärkung

Tabelle 2.1. Transistorarten

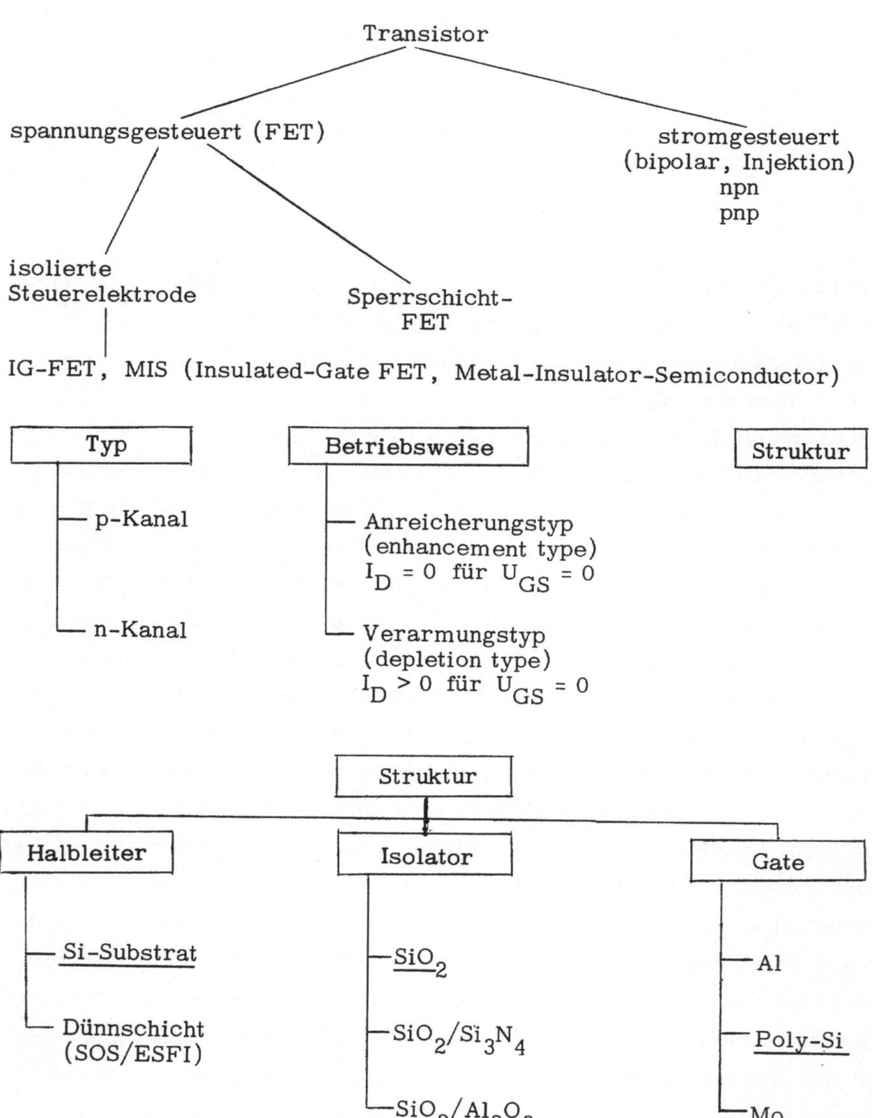

Die vorwiegend in der Fertigung befindlichen Strukturelemente sind
unterstrichen. Andere, wie Al-Gate, sind veraltet oder befinden sich
noch im Entwicklungsstadium.

zeigt. Daneben gibt es noch den pnp-Transistor, der vor allem in Komplementärschaltungen Verwendung findet.

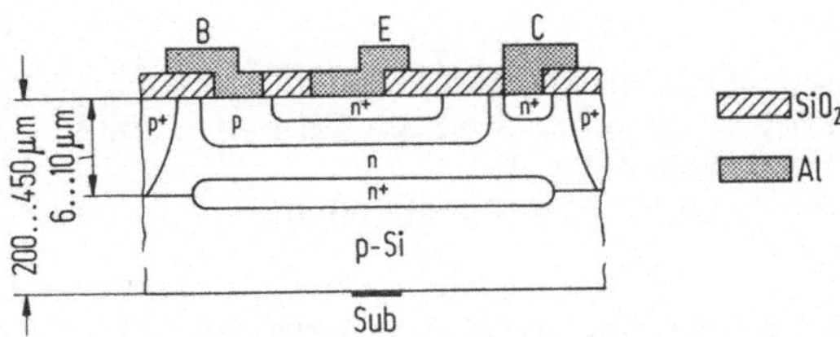

Bild 2.1. Schnitt durch einen bipolaren Transistor.
E,B,C: Aluminiumbahnen zu den Emitter-, Basis- und
Kollektorschichten, Sub: Substratkontakt

2.1 Arten von MOS-Transistoren

Bei den spannungsgesteuerten oder auch Feldeffekttransistoren (FET)
unterscheidet man zwei Typen: den Sperrschicht-FET und den Transistor mit isolierter Steuerelektrode. Bild 2.2 zeigt den Schnitt durch
einen Sperrschicht-FET. Man hat in diesem Beispiel ein n-leitendes
Stück Silizium, das an beiden Schmalseiten mit ohmschen Kontakten S
und D (Source und Drain) versehen ist. In der Mitte befinden sich die
beiden als Steuerelektroden dienenden p^+-leitenden Diffusionsschichten,
deren ohmsche Kontakte mit dem Buchstaben G (Gate) bezeichnet
sind. Ohne eine Spannung dieser Elektroden gegenüber dem Source-Kontakt befindet sich ein ziemlich breites n-leitendes Gebiet, das Kanalgebiet, zwischen den beiden p^+-Gebieten, so daß der ohmsche Widerstand zwischen S und D relativ gering ist. Durch Anlegen einer Sperrspannung an die beiden Steuerelektroden gegenüber Source und damit
gegenüber dem Volumen des n-leitenden Plättchens dehnt sich die Raumladungszone insbesondere in das n-leitende Gebiet hinein aus, und der
leitende Kanal wird verengt. Die Verbreiterung des Raumladungsgebietes bei Anlegen einer Steuerspannung wird durch die gestrichelte Linie
in Bild 2.2 gekennzeichnet. Zwischen Gate und Source bzw. Gate und
Drain fließt nur der kleine Sperrstrom der beiden pn-Übergänge. Ist
die Gate-Spannung groß genug, so kann der Kanal abgeschnürt werden.
Bei diesem Transistor hat man wohl im Prinzip eine Spannungssteuerung, muß aber noch Verluste durch den Sperrstrom zwischen den
p-leitenden Gate-Gebieten und dem n-Si in Kauf nehmen.

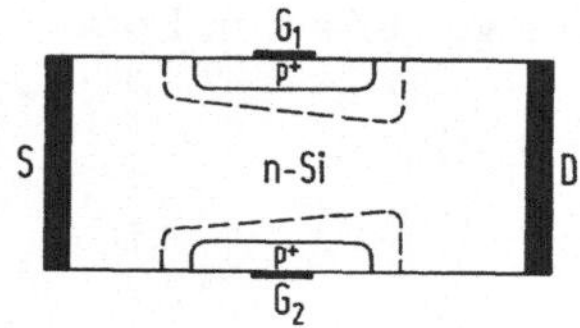

Bild 2.2 Prinzip des Sperrschicht-Feldeffekttransistors.
S,D: Source- und Drain-Kontakte, G_1 und G_2 sind die Gate-Kontakte,
______ Raumladungsgrenze für Gate-Spannung 0,
----- Raumladungsgrenze bei Anlegen einer Gate-Spannung.

Diese Art von Feldeffekttransistor ist nicht für eine Integration auf einem Siliziumträger geeignet. Man müßte nämlich drei Schichten - eine p-, eine n- und wieder eine p-Schicht - durch Diffusion auf einem darunter zu denkenden (in Bild 2.2 nicht vorhandenen) Substrat anbringen. Außerdem läßt er sich schwer als Schalttransistor in einer logischen Schaltung verwenden, da er bei $U_G - U_S = 0$ nicht gesperrt ist.

Die größte Bedeutung für integrierte Schaltkreise hat der MOS-Feldeffekttransistor mit isolierter Steuerelektrode. Bild 2.3 gibt einen Schnitt durch einen solchen integrierbaren planaren Feldeffekttransistor. Auf einem n-leitenden Substrat (Phosphorkonzentration $5 \cdot 10^{20}/m^3$, entsprechend $0,1\ \Omega m$) befinden sich mit Bordiffusion hergestellte Kontaktgebiete. Man nennt sie Source- und Drain-Gebiete. Zwischen Source und Drain befindet sich auf dem Silizium eine dünne SiO_2-Schicht von $0,12\ \mu m$ Dicke. Darüber liegt eine $1\ \mu m$ dicke Aluminiumschicht, die Gate-Elektrode. Außerhalb des Gate-Gebietes beträgt die Oxiddicke etwa $1,2\ \mu m$. Über diese Oxidschicht laufen die Aluminiumbahnen, die durch Kontaktlöcher im Dickoxid Verbindung mit den p-Diffusionsgebieten besitzen.

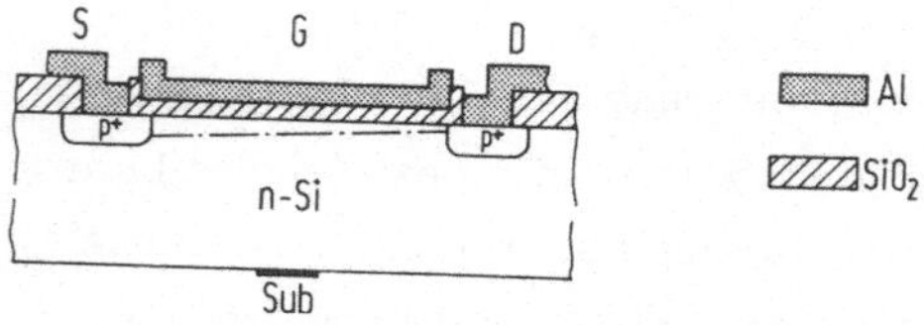

Bild 2.3. Schnitt durch einen Feldeffekttransistor mit isolierter Steuerelektrode.
S,D: Aluminiumbahnen zu Source- und Drain-Gebieten,
G: Gate-Elektrode, Sub: Substratkontakt,
-·-·-·- Grenze des Inversionskanals gegen das Raumladungsgebiet,
dessen Dicke übertrieben groß gezeichnet ist (sie beträgt etwa 10 nm).

Das Dickoxid hat etwa eine 10 mal so große Dicke wie das Dünnoxid.
Damit wird verhindert, daß dieselben Spannungen, die als Gate-Spannungen ausreichen, um unter dem Dünnoxid einen leitenden Kanal unter
der Halbleiteroberfläche zu erzeugen, groß genug sind, um unter der
dicken Oxidschicht ebenfalls einen leitenden Kanal zu influenzieren. In
diesem Falle würden die pn-Isolierungen zwischen den Source- und
Drain-Gebieten benachbarter Transistoren kurzgeschlossen. Beim Vergleich der Bilder 2.1 bis 2.3 erkennt man, daß der MOS-Transistor
wesentlich einfacher gebaut ist und damit eine geringere Anzahl von
Prozeßschritten benötigt als der bipolare Transistor oder der Sperrschicht-FET.

Bei der angegebenen Struktur handelt es sich um die sog. Standard
p-MOS-Technik mit Dickoxid. Sie wurde in den späten 60er Jahren
eingeführt [2.14]. Es gelang damals zum ersten Mal, genügend stabile Oberflächen unter dem Gate-Oxid herzustellen.

Solange nur n-leitendes Gebiet zwischen den beiden p-leitenden Diffusionsgebieten besteht, kann bei Anlegen einer Drain-Source-Spannung
nur ein Leckstrom bzw. ein Sperrstrom zwischen den beiden p^+-Gebie-
ten fließen. Grundsätzlich sind die beiden Drain- und Source-Gebiete in
Sperrichtung gegen das Substrat vorgespannt. Bei Anlegen einer negativen Gate-Spannung gegenüber dem Substrat werden durch das elektrische Feld die Elektronen des Substrats von der Oberfläche weggesto-
ßen. Bei genügend großer negativer Spannung werden sogar Löcher in
einer dünnen Schicht unter der Oberfläche influenziert. Dann besteht
eine p-leitende Verbindung zwischen den beiden p^+-Diffusionsgebieten,
und der Transistor leitet.

Beim n-Kanal-Transistor hat man dagegen ein p-leitendes Substrat und
n-leitende Diffusionsgebiete.

Die Feldeffekttransistoren mit isolierter Steuerelektrode nennt man
allgemein MIS (metal-insulator-semiconductor)-Transistoren. Man
kann, wie die Tabelle 2.1 angibt, zwischen Typ, Betriebsweise und
Struktur unterscheiden. Es wurde bereits gesagt, daß man p-Typ- und
n-Typ-MOS-Transistoren kennt.

Von der Betriebsweise her gibt es Transistoren, die ohne Anlegen einer Gate-Spannung, also bei $U_{GS} = 0$, keinen Drain-Strom I_D fließen lassen. Um Strom zu bekommen, muß man eine Gate-Spannung passenden Vorzeichens anlegen: man hat Transistoren vom Anreicherungstyp (Enhancement-Transistor). Fließt jedoch bereits ohne Anlegen einer Gate-Spannung, also bei $U_{GS} = 0$ ein Drain-Strom I_D, so muß man eine Spannung anlegen, um den Strom auszuschalten. Man spricht vom Verarmungstyp (Depletion-Transistor).

Bei den bisher betrachteten Typen war der Transistor auf einem dicken (200 bis 500 µm) Siliziumsubstrat hergestellt worden. Daneben gibt es Dünnschichttransistoren in einer einkristallinen Siliziumschicht von nur etwa 1 µm Dicke. (SOS: Silicon on Sapphire oder ESFI: Epitaxial Silicon Film on Insulator). Das tragende Substrat besteht aus einem isolierenden Einkristall, Saphir oder Spinell, die Siliziumschicht ist darauf einkristallin abgeschieden. Bei der SOS-Technik sind die einzelnen Transistoren völlig voneinander und vom Substrat isoliert (Abschn. 3.3).

Bezüglich der Struktur kann man zunächst zwischen dem bereits behandelten MOS-Transistor, sowohl p- als auch n-Typ, und Transistoren unterscheiden, bei denen die Isolierschicht unter der Gate-Elektrode nicht oder nicht ausschließlich aus SiO_2 besteht. Zum Beispiel gibt es die sog. MAS- oder MAOS-Transistoren, bei denen man eine Schicht aus Aluminiumoxid hat. Dann kennt man Transistoren, bei denen die Isolierschicht zum Teil aus SiO_2, zum Teil aus Siliziumnitrid (Si_3N_4) besteht: diese heißen MNOS-Transistoren (Abschn. 2.8).

Eine heute für Speicher- und Logikbausteine verwendete Technik ist die Silizium-Gate-Technik. Hier bildet polykristallines Silizium anstelle von Aluminium die Gate-Elektrode (Abschn. 3.2).

2.2 MOS-Kondensator

Die Funktion eines MOS-Transistors fußt auf den Eigenschaften eines MOS-Kondensators. Es wird daher in diesem Abschnitt das Verhalten des MOS-Kondensators im einzelnen beschrieben. Dieser besteht

allein aus dem Gate-Gebiet des MOS-Transistors, in diesem Beispiel
n-Kanal mit p-leitendem Substrat.

Bild 2.4a zeigt in der oberen Hälfte diese Struktur, in der unteren
Hälfte das Bänderschema. Das isolierende Siliziumdioxid grenzt links
an die metallische Gate-Elektrode mit hoher Elektronenkonzentration,
rechts an den p-leitenden Halbleiter mit der metallischen Substratelektrode. Die Potentiale von Gate- und Substratelektrode sind mit U_G und
U_{Sub} bezeichnet. Zunächst sollen die Austrittspotentiale $\overset{\cdot}{\Phi}_M$ und $\overset{\cdot}{\Phi}_{Si}$
von Metall und Halbleiter gleich sein. Damit sind auch die Potentiale
von Metall und Halbleiter ($\overset{\cdot}{\Phi}_{MI}$ und $\overset{\cdot}{\Phi}_{SiI}$) gegenüber dem Leitungsband
des SiO_2 identisch. Außerdem sollen sich weder in dem Siliziumdioxid
noch in der Grenzfläche SiO_2-Si Ladungen befinden. Dann erhält man
ohne Anlegen einer Spannung zwischen Metall und Substratkontakt
(U_G - U_{Sub} = 0) das Bild des ungestörten Halbleiters, in dem überall
Ladungsneutralität herrscht. Das besagt, daß im ganzen Halbleiter die
Konzentration p_0 der Löcher gleich der der ionisierten Akzeptoren und
der Abstand Leitungsband – Fermikante ($\overset{\cdot}{\Phi}_L$ - $\overset{\cdot}{\Phi}_F$) überall derselbe ist.
Die Fermipotentiale vom Metall und Halbleiter ($\overset{\cdot}{\Phi}_{FM}$ und $\overset{\cdot}{\Phi}_{FSi}$) sind
identisch. Man nennt den Zustand in Bild 2.4a auch den Flachbandfall,
in dem das Leitungsband ein konstantes Potential zeigt.

Legt man eine negative Spannung $U_M = U_G$ - U_{Sub} an die Metallelektrode gegenüber dem Halbleiter (Bild 2.4b), so wird die Zahl der Elektronen im Metall an der Grenzfläche zum SiO_2 erhöht, gleichzeitig
nimmt die Zahl der Löcher rechts von der SiO_2-Schicht im Halbleiter
im selben Maße zu. Im Energiediagramm ist das nur möglich, wenn
das Leitungsband nach oben gekrümmt ist (Bild 2.4b). Die Fermipo-
tentiale in Metall und Halbleiter ($\overset{\cdot}{\Phi}_{FM}$ und $\overset{\cdot}{\Phi}_{FSi}$) sind um die angelegte Spannung U_M verschoben. Die Abstände des Leitungsbandes des
SiO_2 von der Fermigrenze im Metall $\overset{\cdot}{\Phi}_{MI}$ sowie von derjenigen im
Halbleiter $\overset{\cdot}{\Phi}_{SiI}$ und die Breite der verbotenen Zone ΔE bleiben unabhängig von der angelegten Spannung immer dieselben (Bild 2.4a bis f).

Bei einer positiven Spannung U_M am MOS-Kondensator (Bild 2.4c) befinden sich im Metall – wie bei einem Kondensator auch – weniger Elektronen an der Grenze zur SiO_2-Schicht. Im selben Maße verringert
sich die Zahl der Löcher im Halbleiter. Nun besteht ein wesentlicher

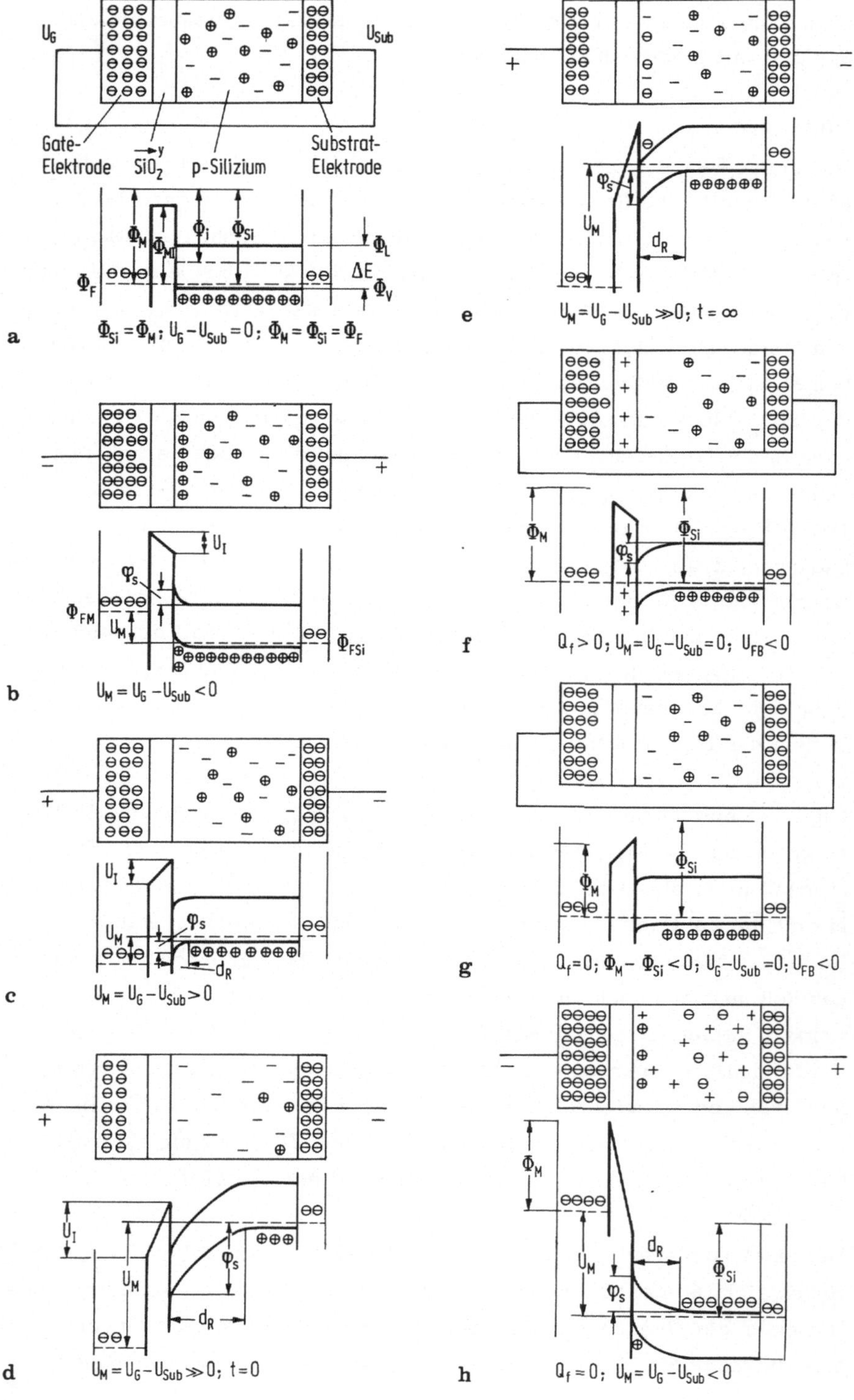

U_G
U_{Sub}
Gate-Elektrode
SiO_2
p-Silizium
Substrat-Elektrode
y
Φ_M
Φ_{MI}
Φ_i
Φ_{Si}
Φ_L
Φ_F
ΔE
Φ_V
a
$\Phi_{Si} = \Phi_M$; $U_G - U_{Sub} = 0$; $\Phi_M = \Phi_{Si} = \Phi_F$

U_I
φ_s
Φ_{FM}
U_M
Φ_{FSi}
b
$U_M = U_G - U_{Sub} < 0$

U_I
U_M
φ_s
d_R
c
$U_M = U_G - U_{Sub} > 0$

U_I
U_M
φ_s
d_R
d
$U_M = U_G - U_{Sub} \gg 0$; $t = 0$

φ_s
U_M
d_R
e
$U_M = U_G - U_{Sub} \gg 0$; $t = \infty$

Φ_M
Φ_{Si}
φ_s
f
$Q_f > 0$; $U_M = U_G - U_{Sub} = 0$; $U_{FB} < 0$

Φ_M
Φ_{Si}
g
$Q_f = 0$; $\Phi_M - \Phi_{Si} < 0$; $U_G - U_{Sub} = 0$; $U_{FB} < 0$

Φ_M
d_R
U_M
φ_s
Φ_{Si}
h
$Q_f \approx 0$; $U_M = U_G - U_{Sub} < 0$

Unterschied der Struktur in Bild 2.4b gegenüber Bild 2.4c. Wie bei einem normalen Kondensator beschränkt sich die zusätzliche Löcherladung in dem Halbleiter in Bild 2.4b auf eine sehr dünne Randschicht. Der Abstand der Ladungsschwerpunkte entspricht der SiO_2-Dicke.

In Bild 2.4c verschwinden die Ladungsträger infolge ihrer gegenüber dem Metall viel geringeren Konzentration in einer tieferen Schicht, der sog. Raumladungszone mit der Dicke d_R . Zurück bleiben die unbeweglichen negativen Ladungen der ionisierten Akzeptoren im Siliziumgitter. Die löcherfreie Raumladungsschicht reicht um so tiefer in den Halbleiter hinein, je größer die positive Spannung U_M ist. Die Raumladung kann sich dann sehr weit in den Halbleiter hinein ausdehnen (Bild 2.4d). In Bild 2.4b bis d teilt sich die Spannung an der MOS-Struktur auf einen Spannungsabfall φ_S über der Raumladungszone und einen U_I über dem SiO_2 auf. In Bild 2.4d liegt der untere Rand des Leitungsbandes weit oberhalb der Fermikante im Metall.

Der Zustand von Bild 2.4d, bei dem das Leitungsband noch kaum Elektronen besitzt, wird unmittelbar nach dem Einschalten der positiven Metall-Halbleiter-Spannung erreicht. Er hält jedoch nicht lange an, da in der Raumladungszone Elektron-Loch-Paare erzeugt werden. Während sich die Elektronen im elektrischen Feld der Raumladungszone zur Grenzfläche Silizium/Siliziumdioxid hin bewegen, strömen die Löcher dem elektrischen Feld entsprechend in den Halbleiter hinein. Es kommt nach einiger Zeit (Millisekunden bis Sekunden) schließlich zur Potential- und Ladungsverteilung des Bildes 2.4e: Unmittelbar unter der Oberfläche des Siliziums befindet sich eine Inversionsschicht mit Elektronen, die von dem p-leitenden Inneren durch eine negative Raumladungszone getrennt wird. Bild 2.4e gibt den Zustand wieder, in dem der n-MOS-Transistor einen leitenden Kanal zwischen Source und Drain besitzt. Der Transistor ist leitend geworden. d_R ist kleiner als in Bild 2.4d.

Bild 2.4. Räumliche Verteilung der beweglichen Ladungsträger und festen Ladungen sowie Bänderschema eines MOS-Kondensators aus Silizium. Die Potentiale sind nach oben negativ gezählt. Die Elektronenaffinität X_{Si} des Si beträgt 4,15 eV, die des SiO_2 0,9 eV. a) bis g): p-Si mit n-Kanal; h): n-Si mit p-Kanal; h) entspricht e); – Akzeptoren, + Donatoren, $\ominus$ Elektronen, $\oplus$ Löcher.

Die bisher geschilderten Verhältnisse sind recht einfach und überschaubar. Damit ist es aber in Wirklichkeit nicht getan. Im allgemeinen hat
man zusätzlich Energieterme für Ladungen im SiO_2 oder an der $SiO_2/$
Si-Grenzfläche. In Bild 2.4f sind nahe der Grenze Si/SiO_2 im SiO_2
positive Ladungen mit der Flächenkonzentration Q_f angegeben. Sie sind
so weit von der Grenzfläche entfernt, daß die Elektronen in diese Ladungen nicht hineinfließen können. Die Löcher werden jedoch von diesen
Ladungen abgestoßen. Man beobachtet bereits eine Abnahme der Konzentration von Löchern an der Oberfläche, ohne daß eine Spannung U_M
vorhanden ist.

Um den Flachbandzustand, d.h. konstantes Potential im Silizium wie
in Bild 2.4a zu erhalten, muß man eine negative Spannung anlegen. Da
die Fermipotentiale sich in Metall und Halbleiter ohne eine angelegte
Spannung auf gleicher Höhe befinden, müssen sie für den Flachbandfall
durch eine von außen angelegte Spannung U_{FB} zwischen Gate und Substrat geeignet verschoben werden. Es gilt

$$U_{FB} = \frac{-Q_f}{C_{ox}} \tag{2.1}$$

C_{ox} ist die Kapazität der SiO_2-Schicht, bezogen auf die Flächeneinheit.
Durch (2.1) wird die gesamte im Oxid befindliche feste Ladung durch
eine Ladungsdichte Q_f nahe der Grenzfläche SiO_2/Si beschrieben.

Neben den festen Ladungen im Oxid gibt es an der Oberfläche des Si
auch solche Zustände, die durch Elektronen und Löcher aus dem Halbleiterinneren umgeladen werden können. Diese liefern einen zusätzlichen Term in (2.1), der von der Besetzung und damit von der Lage der
Fermikante relativ zu den Oberflächenzuständen abhängt.

Diese beiden Typen von Oberflächenladungen bieten große Probleme.
Es stört nicht nur ihre Existenz, sondern insbesondere der Umstand,
daß ihre Konzentration schwer reproduzierbar ist. Man kannte
leider die Natur der Oberflächenzustände nicht und lernte nur
langsam, sie durch geeignete Rezepte definiert zu beherrschen. Handelt es sich bei den Ladungen im Oxid um Ionen, so sind sie im allgemeinen im elektrischen Feld verschiebbar. Wenn an das Gate des

Transistors, vor allem unter Erwärmung, eine negative Gate-Spannung
angelegt wird, so bewegen sich die positiven Ionen von der Siliziumoberfläche weg in Richtung auf den Metallkontakt. Das ergibt eine Verschiebung der Flachbandspannung und damit des Kennlinienfeldes des
Transistors. Man lernte allmählich diese positiven Ionen, bei denen es
sich besonders um Na-Ionen aus den Rohren der Oxidations- und Diffu-
sionsöfen handelte, zu vermeiden.

Eine weitere Änderung gegenüber Bild 2.4a ergibt sich dadurch, daß,
von Ausnahmen abgesehen, die Austrittspotentiale Φ_M und Φ_{Si} von
Metall und Halbleiter verschieden sind. Es stellt sich bereits bei Gate-
Spannung Null eine Anreicherung von Löchern ein, oder es bildet sich
eine Raumladungszone, je nachdem, ob die Austrittsarbeit des Metalls
größer oder kleiner als die des Halbleiters ist. Ist der Unterschied der
Austrittsarbeiten groß genug, so kann, wie der Vergleich von Bild 2.4g
mit 2.4e zeigt, bereits ohne Anlegen einer Gate-Substrat-Spannung ein
n-leitender Kanal vorhanden sein, also die Bandverbiegung so weit wie
in Bild 2.4e reichen.

Die Spannung, bei der der n-leitende Kanal zu existieren beginnt, nennt
man die Schwellen- oder Einsatzspannung des Transistors. Man sieht
aus Bild 2.4f und g, daß die Schwellenspannung verkleinert wird, so
daß unter Umständen ohne Anlegen einer Gate-Substrat-Spannung bereits ein Strom im Kanal fließt.

Die Differenz φ_F zwischen Eigenleitungspotential Φ_i (Lage des Fermi-
potentials in der Eigenleitung nach Bild 2.4a) und Fermipotential Φ_{FSi}
ist durch folgende Beziehung mit der Substratdotierung n_a verknüpft:

$$\varphi_F = \Phi_{FSi} - \Phi_i = \frac{kT}{e} \ln n_a/n_i \,. \qquad (2.2)$$

Bild 2.4h zeigt die räumliche Verteilung der beweglichen Ladungsträger
und Donatoren sowie das Bänderschema eines MOS-Kondensators mit
n-Si als Substrat analog zu Bild 2.4e. An der Si/SiO_2-Grenzschicht
besteht danach eine p-leitende Inversionsschicht, also ein p-leitender
Kanal. Das Austrittspotential Φ_M von Gate-Metall und Substratkontakt
ist dasselbe wie in Bild 2.4e, lediglich das Austrittspotential Φ_{Si} von

Silizium ist verkleinert, da das Fermipotential für n-Substrat näher
dem Leitungsband liegt als für p-Substrat.

Die angelegte Spannung U_M ist in Bild 2.4h kleiner als in Bild 2.4e, da
infolge der verschiedenen Austrittspotentiale von Metall und Halbleiter
bereits für $U_M = 0$ eine Verbiegung der Bandränder mit einer Verarmung an Elektronen im Silizium unter der Oberfläche stattfindet. Das
äußert sich in der von Null verschiedenen Flachbandspannung.

2.3 Kapazität des MOS-Kondensators

Wenn man von der Kapazität des MOS-Kondensators spricht, so meint
man damit immer die differentielle Kapazität. Man mißt mit einer
kleinen Wechselspannung von beispielsweise 50 mV, während eine
Gleichspannung U_M variabler Größe gleichzeitig an den Kondensator
gelegt wird. Die prinzipielle Schaltung zeigt Bild 2.5. Die Induktivität im Gleichstromkreis hält das Wechselstromsignal fern, während
der Kondensator im Wechselstromkreis die Gleichspannung fernhält.
Die Frequenz variiert von Bruchteilen eines Hz bis zu einigen MHz.
Die erhaltenen Meßergebnisse hängen wesentlich von der Frequenz ab.
Nimmt man p-leitendes Material, so hat man den einfachsten Fall,
wenn man eine negative Spannung an die Gate-Elektrode legt. Es gibt
dann, wie in Bild 2.4b dargestellt, eine Anreicherung von Löchern an
der Oberfläche des Halbleiters und die Kapazität besteht lediglich aus
dem Dielektrikum SiO_2. Die auf die Flächeneinheit bezogene Kapazität C_{ox} ergibt sich aus der Dicke der Oxidschicht d_{ox} und der Dielektrizitätszahl ε_{ox} des SiO_2

$$C_{ox} = \frac{\varepsilon_0\,\varepsilon_{ox}}{d_{ox}} \ . \tag{2.3a}$$

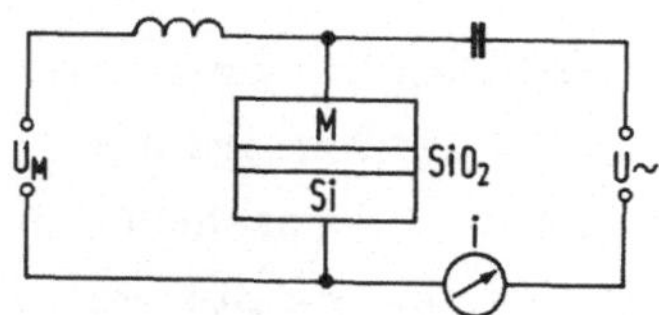

Bild 2.5. Schaltung zur Messung der differentiellen Kapazität einer
MOS-Diode. U_M: variable Vorspannung.

Die gemessene relative Kapazität C/C_{ox} beträgt 1 (Bild 2.7a). Dieser Effekt ist unabhängig von der Frequenz. Legt man jedoch eine positive Spannung an (Bild 2.4c), so hat man eine Raumladung, und die Dicke der Isolationsschicht, die für die Kapazität C maßgebend ist, wird um die Dicke der Raumladungsschicht d_R vergrößert. Die Kapazität C der Diode ist dadurch kleiner als C_{ox}. Die gesamte Kapazität ist dann eine Reihenschaltung der Oxidkapazität C_{ox} und der Halbleiterkapazität C_{Si}:

$$\frac{1}{C} = \frac{1}{C_{ox}} + \frac{1}{C_{Si}} \; ; \; C_{Si} = \frac{\varepsilon_0 \, \varepsilon_{Si}}{d_R} . \tag{2.3b}$$

Um die Halbleiterkapazität C_{Si} zu erhalten, müssen wir die vom Gleichgewicht abweichende Ladungsverteilung im Halbleiter berechnen. Die Abweichung des Potentials im Silizium unter der Oberfläche gegenüber dem neutralen Halbleiterinneren fern der Oberfläche werde mit $\varphi(y,t)$ bezeichnet (vgl. Bild 2.10). Für die Bestimmung der im Silizium unter der Oberfläche befindlichen Ladung der Flächendichte Q_{Si} geht man von der Poisson-Gleichung aus:

$$\frac{\partial^2 \varphi}{\partial y^2} = - \frac{\rho(y)}{\varepsilon_0 \, \varepsilon_{Si}} \tag{2.4}$$

Zur Vereinfachung nimmt man an, daß alle Akzeptoren ionisiert sind. Dann erhält man für die Raumladungsdichte $\rho(y)$

$$\rho(y) = - e(n_a + n - p). \tag{2.5}$$

Bezeichnet man mit p_0 und n_0 die Gleichgewichtkonzentrationen der Löcher und Elektronen im Halbleiterinneren, so erhält man für die Differenz von Elektronen und Löchern in Abhängigkeit vom Potential U

$$p - n = p_0 e^{-\beta\varphi} - n_0 e^{\beta\varphi}, \; \beta = \frac{e}{kT} \tag{2.6}$$

In (2.6) ist vorausgesetzt, daß die Konzentrationen n und p der beweglichen Ladungsträger nicht entartet sind, also der Boltzmann-Statistik gehorchen. Da die Raumladung im Inneren des Halbleiters verschwindet, gilt für die Akzeptorendichte

$$n_a = p_0 - n_0 . \tag{2.7}$$

Setzt man (2.6) und (2.7) in (2.4) ein, so erhält man

$$\frac{\partial \varphi^2}{\partial y^2} = \frac{1}{2} \frac{\partial}{\partial \varphi} \left(\frac{\partial \varphi}{\partial y} \right)^2 = \frac{-\varepsilon}{\varepsilon_0 \varepsilon_{Si}} \left[p_0 \left(e^{-\beta \varphi} - 1 \right) - n_0 \left(e^{\beta \varphi} - 1 \right) \right].$$

(2.8)

Die Ladungsdichte Q_{Si} im Halbleiter ist mit der elektrischen Feldstärke $E = - \partial \varphi / \partial x$ unter der Oberfläche des Siliziums durch

$$Q_{Si} = - \varepsilon_0 \varepsilon_{Si} \frac{\partial \varphi}{\partial y} \bigg|_s$$

(2.9)

verbunden. Der Index s dient zur Indizierung der Oberfläche (sur-
face). Die Ableitung des Potentials nach dem Ort an der Oberfläche
erhält man durch Integration von (2.8):

$$\frac{\partial \varphi}{\partial y} \bigg|_s = \sqrt{\frac{2 e p_0}{\beta \varepsilon_0 \varepsilon_{Si}}} \left[\frac{n_0}{p_0} \left(e^{\beta \varphi_s} - \beta \varphi_s - 1 \right) + e^{-\beta \varphi_s} + \beta \varphi_s - 1 \right]^{1/2}.$$

(2.10)

Mit (2.9) erhält man daraus die Ladungsdichte im Silizium

$$Q_{Si} = -\sqrt{2 \varepsilon_0 \varepsilon_{Si} k T p_0} \left[\frac{n_0}{p_0} \left(e^{\beta \varphi_s} - \beta \varphi_s - 1 \right) + e^{-\beta \varphi_s} + \beta \varphi_s - 1 \right]^{1/2}.$$

(2.11)

Bild 2.6 stellt die Ladungsdichte im Silizium Q_{Si} dar, berechnet nach
(2.11) in Abhängigkeit vom Oberflächenpotential φ_s für eine Dotierung
von $4 \cdot 10^{21}/m^3$. Wenn man vom Flachbandfall ausgeht und zu negativen Werten von φ_s läuft, so reichert sich die Oberfläche des Siliziums
mit Löchern an und man bekommt einen nahezu exponentiellen Anstieg
der Löcherkonzentration mit wachsendem φ_s. Läuft jedoch das Oberflächenpotential nach positiven Werten, so wird allmählich der Halbleiter von Löchern entleert; zurück bleiben die negativen Raumladungen
und man erhält das Gebiet der Verarmung. Dieses Verarmungsgebiet
reicht bis zu dem Wert des Oberflächenpotentials φ_s, bei dem das Eigenleitungspotential Φ_i an der Oberfläche mit dem Fermipotential zu-
sammenfällt ($\Phi_s = \Phi_F$). Dann sind Löcher- und Elektronenkonzentra-
tionen an der Oberfläche gleich der Eigenleitungskonzentration n_i, da
ja immer $np = n_i^2$ gilt. Das Gebiet mit weiterer Zunahme des Oberflächenpotentials bis zu dem Wert von φ_s, in dem die Konzentration n_s

der Elektronen in der Inversionsschicht gleich der Konzentration p_0
der Löcher im neutralen Volumen ist ($\varphi_S = 2\varphi_F$), nennt man das Gebiet der schwachen Inversion. Erhöht man das Oberflächenpotential φ_S
weiter, so steigt bei nur wenig zunehmendem Oberflächenpotential die
Zahl der Elektronen exponentiell an, das ist das Gebiet der starken Inversion. Bei negativen Werten des Oberflächenpotentials φ_S hat man
also im Halbleiter eine positive Halbleiterladung, bei einem positiven
Oberflächenpotential eine negative Ladung.

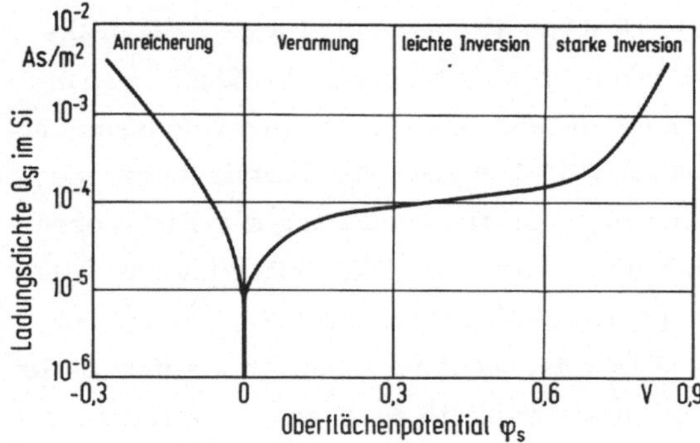

Bild 2.6. Gesamtladungsdichte Q_{Si} (negative Raumladung und Elektronen in der Inversionsschicht bzw. Löcher bei Anreicherung) in Abhängigkeit vom Oberflächenpotential φ_s für p-Si im thermischen
Gleichgewicht, $n_s = 10^{21}\,\mathrm{m}^{-3}$.

Um nun die Kapazität C_{Si} der Raumladungsschicht im Silizium zu bekommen, muß man die Oberflächenladung Q_{Si} in (2.11) nach dem
Oberflächenpotential ableiten:

$$C_{Si} = \frac{\partial Q_{Si}}{\partial \varphi_S} = \sqrt{\frac{\varepsilon_0 \varepsilon_{Si} e^2 p_0}{2kT}} \left[\frac{n_0}{p_0}\left(e^{\beta\varphi_S} - 1\right) - \left(e^{-\beta\varphi_S} - 1\right)\right] \bigg/ \left[\frac{n_0}{p_0}\left(e^{\beta\varphi_S} - \beta\varphi_S - 1\right) + e^{-\beta\varphi_S} + \beta\varphi_S - 1\right]^{1/2}$$

$$(2.12)$$

(2.12) gilt für den Fall, daß in jedem Augenblick der stationäre
Gleichgewichtszustand herrscht: $t \to \infty$. Die Wechselfrequenz $U_\sim$ ist
dann so langsam, daß auch im Falle der Inversionsschicht ein Austausch von Elektronen und Löchern über die Raumladungszone zwischen

dem Halbleiterinnern und der Inversionsschicht möglich ist. Eine Änderung der Vorspannung U_M muß entsprechend langsam erfolgen.

Unter diesen Idealbedingungen erhält man für die Gesamtkapazität des Systems die gepunktete Kurve in Bild 2.7a. Sowohl bei großen positiven als auch bei großen negativen angelegten Vorspannungen U_M an der MOS-Kapazität erhält man die Siliziumdioxid-Kapazität C_{ox}, weil in unmittelbarer Nähe der Oberfläche das Maximum der Elektronen bzw. Löcherdichte liegt. Im Zwischengebiet der schwachen Inversion und der Verarmung ist die effektive Kondensatordicke um die Dicke der Raumladungszone vergrößert. Hiervon abweichend gibt es zwei praktisch wichtige Fälle: a) Man wählt bei der Messung die Wechselspannungsfrequenz so hoch, daß bei Vorhandensein einer Inversionsschicht ein Austausch von Löchern und Elektronen über die Raumladungszone nicht möglich ist und man praktisch nur eine Änderung der Elektronenkonzentration an der Grenze Raumladungszone/Halbleiterinneres mißt. Es gibt dann auch bei großen positiven Vorspannungen U_M eine spannungsunabhängige Kapazität. Diese ist jedoch wesentlich kleiner als im Falle der Anreicherung. Man erhält dann die durchgezogene Kurve in Bild 2.7.

b) Man ändert die Vorspannung U_M der Diode so schnell, daß kein Austausch von Trägern über die Raumladungszone möglich ist. Dann erhält man die gestrichelte Kurve in Bild 2.7a. Hier dehnt sich die Raumladungszone ohne Inversionsschicht mit zunehmender positiver Spannung U_M aus, wie in Bild 2.4d dargestellt ist. Mit dieser Methode kann man die Generationsrate von Elektron-Loch-Paaren bestimmen. Dazu mißt man nach schnellem Einschalten eines hohen Wertes von U_M die Zeit, die die bezogene Kapazität C/C_{ox} zum Erreichen des Gleichgewichtswertes (ausgezogene Kurve in Bild 2.7a) benötigt [2.1].

Die in der Praxis am meisten angewendete Methode ist diejenige, bei der man eine langsam veränderliche Vorspannung U_M mit einer hochfrequenten Wechselspannung $U_\sim$ kombiniert. Sie eignet sich dazu, schnell festzustellen, ob das Material zur Herstellung eines MOS-Transistors geeignet ist.

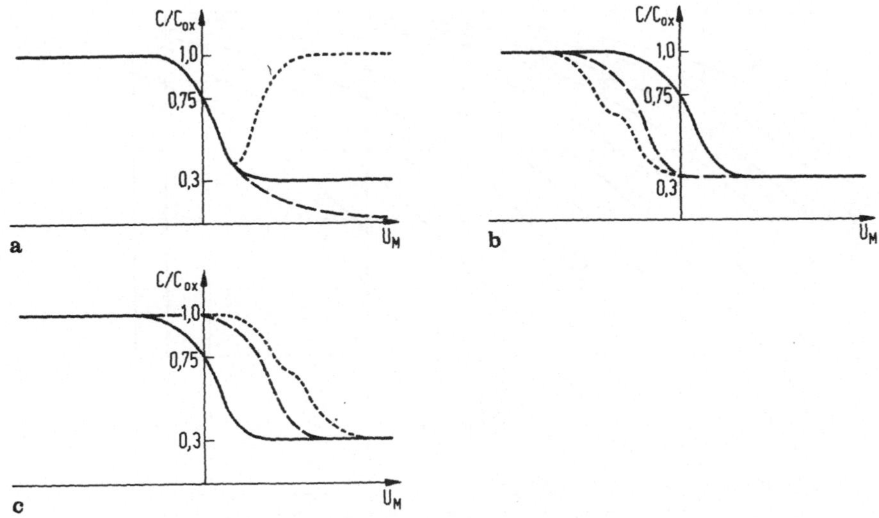

Bild 2.7. Relative Kapazität C/C_{ox} der MOS-Diode in Abhängigkeit von der Diodenspannung U_M, $d_{ox} = 0,12$ μm, $n_a = 10^{2\,1}$m^{-3}.
a) $Q_F = 0$. $\Phi_M = \Phi_{si}$. ——— hohe Wechselfrequenz, ... niedrige
Wechselfrequenz, U_M: = Diodenspannung, ———— hohe Wechselspannung
bei schneller Änderung von U_M;
b) Hohe Wechselfrequenz; bei U_M = Vorspannung, ——— $Q_F = 0$,
$n_{ss} = 0$, ———— $Q_F > 0$, $\Phi_M \neq \Phi_{si}$, $n_{ss} = 0$, ... $Q_F > 0$, $\Phi_M \neq \Phi_{si}$,
$n_{ss} > 0$;
c) wie b), jedoch n-Si mit $n_d = 10^{2\,1}$m$^{-3}_3$.

Aus (2.12) läßt sich C_{Si} für den Flachbandfall mit $\varphi_S = 0$ und $U_M = 0$
berechnen. Durch Reihenentwicklung der Exponentialglieder erhält
man

$$C_{SiFB} = \sqrt{\frac{\varepsilon_0 \varepsilon_{Si} e^2 p_0}{kT}} \quad ;$$

$$\frac{C_{SiFB}}{C_{ox}} = \frac{e d_{ox}}{\varepsilon_{ox}} \sqrt{\frac{\varepsilon_{Si} p_0}{\varepsilon_0 kT}} \quad . \tag{2.13}$$

Für $p_0 = 10^{21}$m^{-3} und $d_{ox} = 0,12$ μm ergibt sich für C_{SiFB}/C_{ox} ein
Wert von 3. Nach (2.3b) beträgt dann C_{FB} 75 % von C_{ox} (Bild 2.7a).
Das Verhältnis C_{FB}/C_{ox} wächst mit steigender Dotierung p_0 und
Oxiddicke d_{ox} (Bild 2.8a).

Bei großer positiver Vorspannung und hoher Meßfrequenz kann kein
Austausch von Ladungsträgern zwischen Inversionsrandschicht und
Halbleiterinnerem erfolgen. Die Dicke d_R der Raumladungsschicht

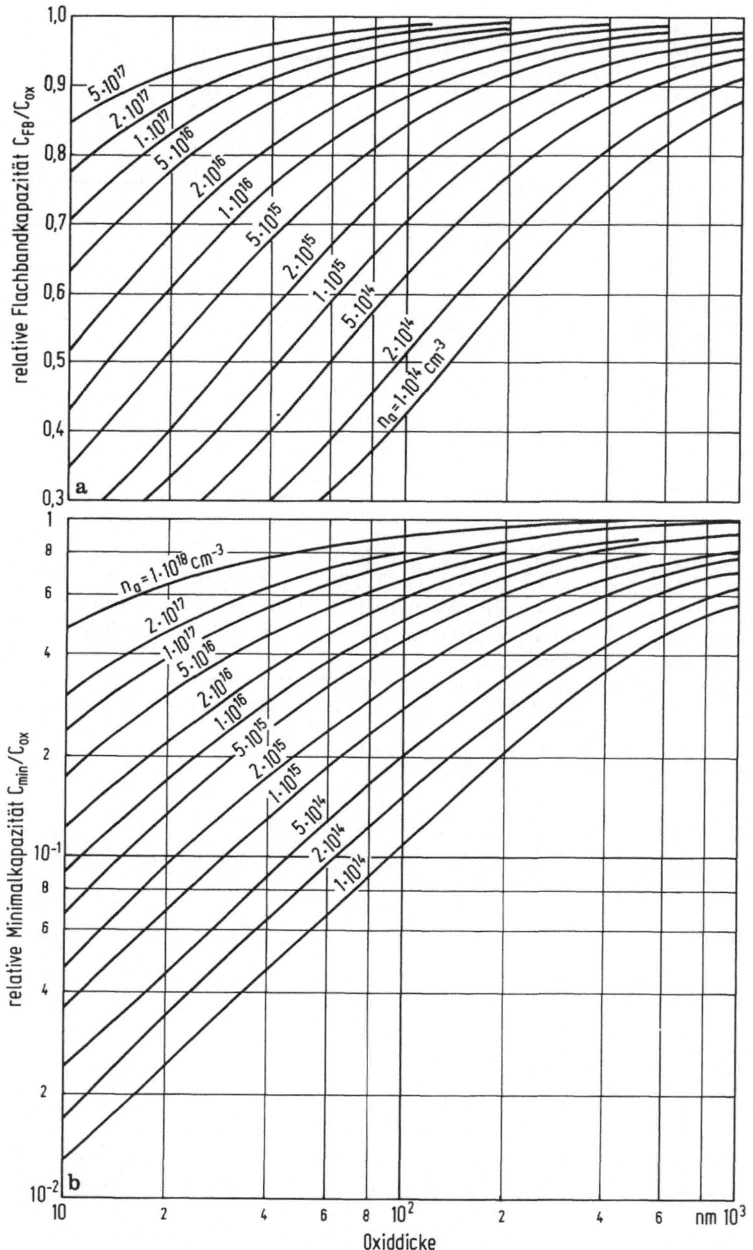

Bild 2.8. a) Relative Flachbandkapazität C_{FB}/C_{ox} in Abhängigkeit von der Oxiddicke für verschiedene Werte der Akzeptorenkonzentration [2.2]; b) Relative Minimalkapazität C_{min}/C_{ox} in Abhängigkeit von der Oxiddicke für verschiedene Werte der Akzeptorenkonzentration, Messung bei hohen Frequenzen [2.2].

ergibt sich aus (2.4) mit $\rho(y) = - e\,n_a$ zu

$$d_R = \sqrt{\frac{4\varepsilon_0 \varepsilon_{Si}\varphi_F}{e\,n_a}} \quad ; \quad \varphi_F = \frac{kT}{e}\ln\frac{n_a}{n_i} \qquad (2.14)$$

Hierbei wurde angesetzt, daß $|\varphi_s|$ gleich $|2\varphi_F|$ ist. Die differentielle Diodenkapazität C beträgt dann nach (2.3)

$$\frac{1}{C} = \frac{1}{C_{ox}} + \frac{1}{C_{Si}} = \frac{d_{ox}}{\varepsilon_0 \varepsilon_{ox}} + \frac{d_R}{\varepsilon_0 \varepsilon_{Si}} \quad .$$

Mit $n_a = 10^{21}\,\mathrm{m}^{-3}$ erhält man für φ_F einen Wert von 0,28 eV und für d_R eine Dicke von 0,87 μm:

$$\frac{C_{Si\,min}}{C_{ox}} = \frac{d_{ox}\,\varepsilon_{Si}}{d_R\,\varepsilon_{ox}} = 0,45. \qquad (2.14a)$$

Damit ergibt sich (Bild 2.7a)

$$C_{min}/C_{ox} = 0,31.$$

C_{min}/C_{ox} steigt mit wachsender Dotierung und Oxiddicke d_{ox} an (Bild 2.8b).

In der vorhergehenden Betrachtung war angenommen, daß entsprechend Bild 2.4a die Austrittsarbeiten von Metall und Halbleiter dieselben sind und, daß sich im Oxid keine Ladung befindet. Es wurde aber oben gezeigt, daß bei Vorhandensein einer Differenz der Austrittsarbeiten die Flachbandspannung von Null verschieden ist. Man wird also bei Vorliegen einer positiven Austrittsarbeit eine Verschiebung der C(U)-Kurve für 1 MHz wie in Bild 2.7b (gestrichelte Kurve) um $\Phi_M - \Phi_{Si}$ finden. Eine Verschiebung ΔU der C(U)-Kurve im selben Sinne erhält man auch, wenn man im Oxid positive Ladungen der Flächendichte Q_f hat. Diese ist dann nach (2.1) durch die Verschiebung der Flachbandspannung U_{FB} gegeben. Man kann also allein aus der C(U)-Kurve nicht ablesen, woher die Verschiebung aus der idealen Lage (ausgezogene Kurve) kommt. Da jedoch die Austrittsarbeiten der Metalle im allgemeinen bekannt bzw. unabhängig feststellbar sind, kann man bei ihrer Kenntnis die Verschiebung der Flachbandspannung durch Oxidladungen ermitteln.

Neben diesen beiden Kurven ist im Bild 2.7b noch eine dritte Kurve
(gepunktet) eingezeichnet. Sie hat einen unregelmäßigen Verlauf. Sie
entsteht dadurch, daß sich an der Oberfläche umladbare Zustände der
Dichte n_{ss} befinden. Diese umladbaren Zustände sind über die verbotene Zone verteilt und wirken so, daß sich bei Anlegen einer Spannung die Zahl der geladenen Oberflächenzustände ändert. Damit gibt
es eine von der Spannung abhängige Verschiebung der C(U)-Kurve.

Die Messung der C(U)-Kurve, im allgemeinen mit langsam sich än-
dernder Gleichvorspannung U_M und einer Wechselspannung $U_\sim$ von einigen MHz, ist die in den Laboratorien übliche Methode, um sowohl
das Ausgangsmaterial Silizium als auch die Qualität der Oxidationsme-
thode zu prüfen. Man erhält aus der Verschiebung der C(U)-Kurve ein
Maß für die Zahl der Oberflächenzustände, seien es feste Ladungen der
Dichte Q_f, seien es umladbare Zustände mit der von U_M abhängigen
Ladungsdichte Q_{ss}. Terman [2.3] war der erste, der aus den C(U)-
Kurven bei hohen und niedrigen Frequenzen Auskunft über die Oberflächenladungen Q_{ss} zu erhalten versuchte. Diese Methode hat jedoch den
Nachteil, daß man die gemessenen Kurven graphisch differenzieren
muß, also eine große Ungenauigkeit bekommt. Im Gegensatz dazu verwendete Berglund [2.4] eine Wechselspannung sehr kleiner Frequenz,
um immer im stationären Gleichgewicht zu arbeiten und aus einer Kurve, wie sie in Bild 2.7a punktiert ist, Information über Oberflächenzustände zu bekommen. Diese Autoren sowie Brown und Gray [2.5]
konnten mit ihrer Methode grundsätzlich nur die energetische Lage der
umladbaren Terme an der Siliziumoberfläche feststellen.

Demgegenüber untersuchten Nicollian und Götzberger [2.6] den Leitwert der differentiellen Kapazität in Abhängigkeit von der Frequenz
und konnten auf diese Weise die Dichte der Oberflächenzustände in Abhängigkeit von der Lage im verbotenen Band und die dazugehörigen
Zeitkonstanten messen. Es ergab sich, daß die Dichte n_{ss} der umladbaren Oberflächenzustände in der Bandmitte ein Minimum besitzt und
zu den Bandrändern nahezu um eine Größenordnung ansteigt (Bild 2.9).
Umgekehrt verhält es sich mit der Zeitkonstante, die von den beiden
Bandrändern bis zur Mitte nahezu um 6 Zehnerpotenzen ansteigt. Diese
Ergebnisse haben weniger Bedeutung für den MOS-Transistor, wenn
die Zahl der Oberflächenzustände eine gewisse Größe unterschreitet.
Sie haben jedoch große Bedeutung für das später zu behandelnde CCD.

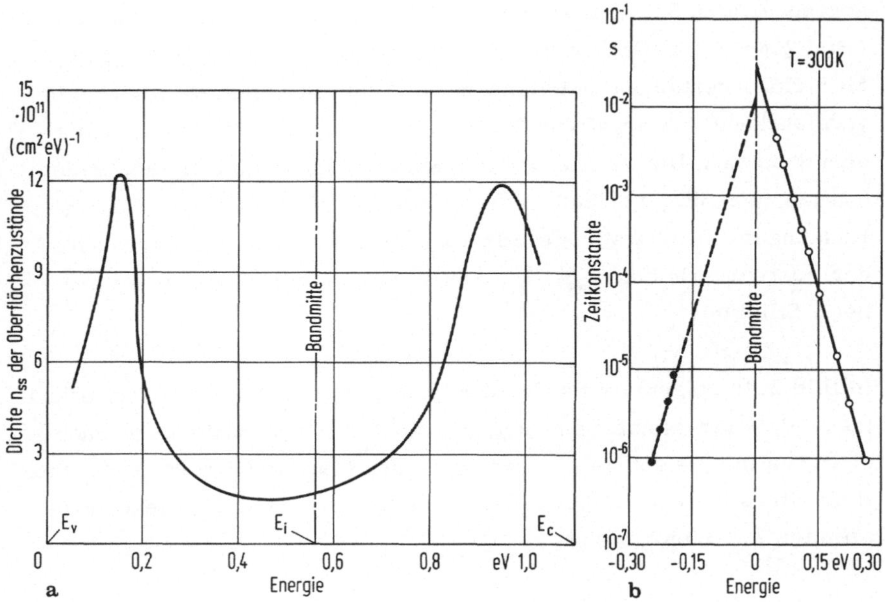

Bild 2.9. a) Dichte n_{ss} der umladbaren Oberflächenzustände in Abhängigkeit von der energetischen Lage in der verbotenen Zone des Si [2.6]; b) Zeitkonstante der umladbaren Zustände im verbotenen Band des Si in Abhängigkeit vom Oberflächenpotential [2.6].

Bei den bisherigen Betrachtungen waren Oberflächenzustände und Änderungen der Austrittsarbeit in ihrem Einfluß auf die $C(U)$-Kurve behandelt worden. Es war jedoch immer vorausgesetzt worden, daß die Konzentration der Akzeptoren bzw. Donatoren, d.h. die Dotierung im Halbleiter unabhängig vom Ort, also homogen ist. In Wirklichkeit hat man bei phosphorhaltigem Silizium an der Oberfläche eine Anreicherung von Phosphoratomen, bei bordotierten Proben eine Verarmung an Bor. Dies rührt daher, daß beim Oxidieren die Phosphoratome die Tendenz haben, nicht in das Oxid hineinzuwandern, während die Boratome im Oxid angereichert werden. In diesen Fällen hat die $C(U)$-Kurve eine andere Form, insbesondere ändert sich die minimale Kapazität. Aus der Messung der Kapazität in Abhängigkeit von U_M kann man dann nicht sicher auf die Oberflächenzustände schließen [2.7].

Der bisher behandelte MOS-Kondensator bestand aus p-leitendem Silizium, der bei hinreichend positiver Spannung der Gate-Elektrode

gegenüber dem Substrat eine n-leitende Inversionsschicht enthielt
(Bild 2.4e). Das Gegenstück dazu bildet der in Bild 2.4h dargestellte
MOS-Kondensator aus n-leitendem Silizium mit einem p-leitenden Inversionskanal bei negativer Spannung der Gate-Elektrode gegenüber
dem Substrat. Die Verbiegung der Energiebänder im Silizium an der
Grenze zum SiO_2 verläuft in den beiden Fällen in entgegengesetzten
Richtungen. Die Existenz von festen Ladungen Q_f und Differenzen
der Austrittsarbeiten $\Phi_M - \Phi_{Si}$ äußert sich in derselben Weise wie
bei p-Silizium.

In Bild 2.4h zeigen die Bänder des Halbleiters auch am Rückseitenkon-
takt Halbleiter-Metall (ein Schottky-Kontakt) eine Krümmung nach
oben, da infolge der geänderten Dotierung die Austrittsarbeit Φ_{Si} des
Halbleiters kleiner als bei p-Dotierung ist, während die Elektronenaffinität X_{Si} gleich bleibt.

Die differentielle Kapazität des MOS-Kondensators mit n-Si in Abhängigkeit von U_M erhält man, indem man die Kurven in Bild 2.7a
an der C-Achse spiegelt. Entsprechendes gilt für die in Bild 2.6 dargestellten Ladungsdichten im Halbleiter in Abhängigkeit von φ_s. Die
C(U)-Kurve verschiebt sich infolge Verschiedenheit der Austrittspotentiale und infolge der festen Ladungen im Oxid jedoch in derselben
Richtung wie bei p-Kanal (Bild 2.7c).

Die kleinste Kapazität bei negativen Spannungen U_M wächst mit der
Temperatur. Dafür gibt es zwei Gründe: Die Dicke d_R der Raumladungsschicht ist nach (2.14) zu $\sqrt{\varphi_F}$ proportional. Sie nimmt mit steigender Temperatur ab, da die Eigenleitungskonzentration n_i stark
mit der Temperatur nach

$$n_i = \text{const } T^{3/2} e^{-\Delta E/2kT} \tag{2.15}$$

wächst. ΔE ist die Breite der verbotenen Zone des Halbleiters. Der
zweite Grund besteht darin, daß die Geschwindigkeit der Generation
von Elektron-Loch-Paaren in der Raumladungszone mit steigender
Temperatur rasch anwächst. Damit kann in zunehmendem Maße der
Austausch von Ladungsträgern zwischen der Inversionsschicht und dem
Inneren des Siliziums dem elektrischen Wechselfeld folgen. Bei einer

Temperatur von 100°C ist der Anstieg der MOS-Kapazität C_{min} bereits bei einigen Kilohertz deutlich zu erkennen.

2.4 Kennlinien des MOS-Transistors

Bild 2.10 zeigt zwei Schnitte durch einen MOS-Transistor mit n-Kanal. In dem p-leitenden Substrat befinden sich die beiden stark mit Phosphor dotierten n^{+}-Gebiete für Source (S) und Drain (D). x ist dabei die Ortskoordinate parallel zur Oberfläche, wobei der Nullpunkt beim Kanalbeginn am Diffusionsgebiet von Source liegt. Liegt zwischen Source und Drain eine von Null verschiedene Spannung U_{DS}, so hat man im Kanal eine Feldstärke $E_{x} = dU(x)/dx$; das Potential des Kanals $U(x)$, bezogen auf das Source-Potential, hängt von der Ortskoordinate x ab. Zur Berechnung der Kennlinie eines MOS-Transistors geht man folgendermaßen vor: Durch die Gate-Spannung $U_{GS} = U_{G} - U_{S}$ werden unter der Oberfläche des Halbleiters im Kanal Ladungen influenziert. Da die Dicke des leitenden Kanals in der Größenordnung von 10^{-2} μm liegt, kann man die Kanaldicke gegenüber der Dicke der Isolatorschicht vernachlässigen und den Kanal wie eine metallische Gegenelektrode zur Gate-Elektrode behandeln. Andererseits ist zu berücksichtigen, daß die Dicke d_{ox} der Oxidschicht mit 0,12 μm wenigstens um eine Größenordnung kleiner als der Abstand von Source zu Drain ist. Damit darf man in erster Näherung die Feldstärke E_{x} parallel zur Oberfläche gegenüber der Feldstärke E_{y} senkrecht zur Oberfläche vernachlässigen. Die Dichte $Q_{i}(x)$ der beweglichen Ladungen in der Inversionsschicht an der Stelle x beträgt dann

$$Q_{i}(x) = -\frac{\varepsilon_{0}\varepsilon_{ox}}{d_{ox}} \cdot \left[U_{GS} - U(x) - U_{T} \right] ; \quad y = 0. \qquad (2.16)$$

$U(0) = 0$,

$U_{GS} = U_{G} - U_{S} =$ Gate-Source-Spannung,

x ist der Abstand Meßstelle - Source.

Die Schwellenspannung U_{T} ist diejenige Mindestspannung $U_{G} - U_{S}$, die erforderlich ist, um bewegliche Ladungsträger in der Inversionsrandschicht zu erzeugen. Im Abschn. 2.1 wird U_{T} in der einfachsten Form der Transistorkennlinie als konstante Spannung angesetzt. Außerdem wird vorausgesetzt, daß gegenüber dem von den beweglichen

Ladungen in der Inversionsschicht getragenen Drain-Strom alle Sperr-
und Leckströme vernachlässigt werden, und daß die Beweglichkeit μ
der Ladungsträger feldstärke- und konzentrationsunabhängig ist.

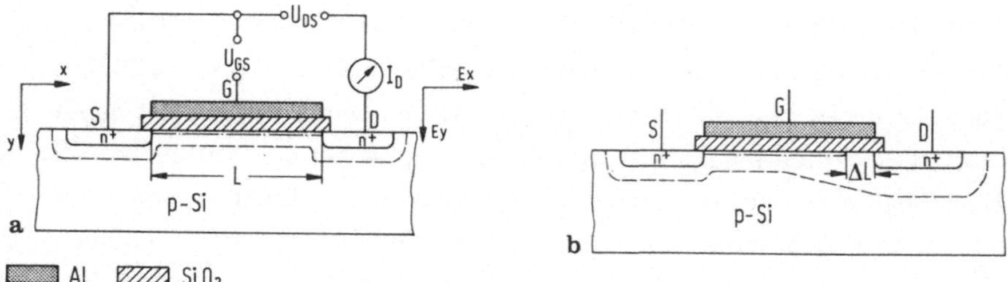

Bild 2.10. Schnitt durch einen n-Kanal-MOS-Transistor.
-.-.-.- Grenze zwischen Kanal und Raumladungszone, ... Grenze zwischen Raumladungszone und neutralem Substrat.
a) $U_{DS} \approx 0$; b) $U_{DS} \approx U_{GS}$ (Erläuterung zu ΔL in Abschn.2.5).

Erst wenn $U_{GS} - U(x)$ - das ist die Spannung unter dem Oxid an der
Stelle x - größer als die Schwellenspannung U_T ist, erhält man einen
Kanal mit beweglichen Ladungsträgern. Das liefert für den Drain-
Strom I_D an der Stelle x

$$I_D = Q_i(x)\mu W \frac{-\partial U(x)}{\partial x} , \qquad (2.17)$$

W ist die Breite des Kanals.

$$-\mu \frac{\partial U(x)}{\partial x} = v(x) = \text{Geschwindigkeit der Ladungsträger in x-Richtung}$$
parallel zur Oberfläche mit $y = 0$.
Einsetzen von (2.16) in (2.17) für I_D liefert

$$I_D = \frac{\mu \varepsilon_0 \varepsilon_{ox}}{d_{ox}} W \left[U_{GS} - U_T - U(x) \right] \frac{\partial U(x)}{\partial x} . \qquad (2.17a)$$

Damit erhält man

$$I_D \partial x = \frac{\mu \varepsilon_0 \varepsilon_{ox} W}{d_{ox}} \left[U_{GS} - U_T - U(x) \right] \partial U(x) . \qquad (2.17b)$$

Integration von 0 bis x liefert

$$I_D x = \frac{\mu \varepsilon_0 \varepsilon_{ox}}{d_{ox}} W \left[U_{GS} - U_T - U(x)/2 \right] U(x). \qquad (2.17c)$$

Für x = L ergibt sich (L = Länge des Kanals zwischen Source und Drain) mit $U(L) = U_{DS}$

$$I_D = \frac{\mu \varepsilon_0 \varepsilon_{ox} W}{d_{ox} \cdot L} \left[U_{DS}(U_{GS} - U_T) - \frac{U_{DS}^2}{2} \right]. \qquad (2.18)$$

Aus (2.17c) und (2.18) erhält man eine Beziehung zwischen x und U(x):

$$U(x) \left[U_{GS} - U_T - U(x)/2 \right] = U_{DS} \left[U_{GS} - U_T - U_{DS}/2 \right] \frac{x}{L}, \qquad (2.19)$$

also eine quadratische Gleichung für U(x) als Funktion von x. Aus (2.17) bzw. (2.19) folgt eine überlineare Zunahme der Spannung U mit wachsendem Abstand x vom Source-Gebiet.

Man führt für den Ausdruck $\mu \varepsilon_0 \varepsilon_{ox}/d_{ox}$ das Symbol K ein:

$$I_D = K \frac{W}{L} \left[U_{DS}(U_{GS} - U_T) - \frac{U_{DS}^2}{2} \right]. \qquad (2.20)$$

Die in K zusammengefaßten Größen sind unabhängig von der Geometrie, d.h. von Länge und Breite des Kanals, und über die Oxiddicke d_{ox} nur durch die Herstellungsprozesse bestimmt mit der Einheit $A \cdot V^{-2}$. (2.20) stellt die einfachste idealisierte Kennlinienschar des MOS-Transistors mit U_{GS} als Parameter dar. Damit lassen sich die elektrischen Daten durch Angabe von W und L berechnen.

Aus den Werten für ε_{ox}, der Dicke der Oxidschicht d_{ox} sowie der Elektronen- (μ_n) bzw. Löcherbeweglichkeit (μ_p) im Kanal läßt sich K für elektronen- und löcherleitenden Kanal berechnen. Man muß dabei berücksichtigen, daß man im Kanal nur etwa ein Drittel derjenigen Beweglichkeit erhält, die man im Volumen mißt. Dies kommt daher, daß die Elektronen an der Oberfläche und von den Ladungen an der Oberfläche zusätzlich gestreut werden. Aus diesen Zahlen errechnet man dann die Werte für K_p (p-Kanal) und K_n (n-Kanal):

$$\varepsilon_{ox} = 3,7,$$

$$d_{ox} = 1,2 \cdot 10^{-5} \text{cm},$$

$$\mu_p = 1,8 \cdot 10^{-2} \text{m}^2 \text{V}^{-1} \text{s}^{-1},$$

$$\mu_n = 5,4 \cdot 10^{-2} \text{m}^2 \text{V}^{-1} \text{s}^{-1},$$

$$K_p = 5 \cdot 10^{-6} \text{AV}^{-2},$$

$$K_n = 15 \cdot 10^{-6} \text{AV}^{-2}.$$

Dieselbe Beziehung (2.20) zwischen dem Drain-Strom und den beiden Spannungen U_{DS} und U_{GS} wurde im Frühjahr 1945 zuerst von Welker [2.8] unter denselben Voraussetzungen wie oben abgeleitet. Diese Formel wurde jedoch infolge des Kriegsendes in Deutschland nicht veröffentlicht. Die ersten Veröffentlichungen erschienen erst 18 Jahre später von Hofstein und Heiman [2.9] sowie Sah [2.10]. Bild 2.11 zeigt das idealisierte Kennlinienfeld eines n-Kanal-Transistors. Die Beziehung (2.20) ist durch Parabelbögen bis zum Scheitelpunkt dargestellt. Für kleine Werte von U_{DS} kann man das quadratische Glied in (2.20) vernachlässigen und erhält

$$I_D = K \frac{W}{L} (U_{GS} - U_T) U_{DS}. \tag{2.21}$$

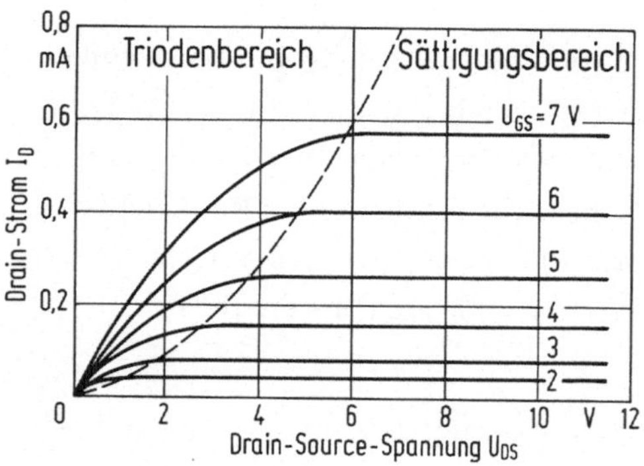

Bild 2.11. Kennlinienfeld eines n-Kanal-Transistors vom Anreicherungstyp.
$W/L = 2$, $U_T = 1$ V, $K_n = 1,5 \cdot 10^{-5} \text{AV}^{-2}$.

Wegen $U_{DS} \approx 0$ haben die Raumladungszonen um Source und Drain etwa dieselbe Tiefe, die Dicke der Inversionsschicht ist praktisch konstant. Der Strom nimmt also linear mit der Drain-Spannung U_{DS} zu, der differentielle Leitwert $G = dI_D/dU_{DS} = K \frac{W}{L} (U_{GS} - U_T)$ ist allein durch die Gate-Spannung U_{GS} gegeben.

Das Maximum des Stromes entspricht dem Verschwinden des differentiellen Leitwertes. Dann gilt

$$G = \frac{dI_D}{dU_{DS}} = K \frac{W}{L} (U_{GS} - U_T - U_{DS}) = 0. \qquad (2.22)$$

Daraus erhält man die Drain-Source-Spannung U_{DS} für das Maximum des Drain-Stromes I_D:

$$U_{DS} = U_{GS} - U_T. \qquad (2.23)$$

(2.20) gilt nur für Werte von U_{DS}, die kleiner sind als in (2.23) angegeben.

Die von Source zum Drain hin abnehmende Kanaldicke ist ebenso wie die Ladungsdichte Q_i in (2.14) für den Fall von (2.23) am Drain-Kontakt auf Null abgesunken. Für größere Werte von U_{DS} als in (2.23) angegeben, kann (2.17) nicht mehr bis L integriert werden. Setzt man den Wert für U_{DS} aus (2.23) in (2.20) ein, so erhält man eine Beziehung zwischen dem Maximum des Stromes und der zugehörigen Gate-Source-Spannung:

$$I_{D\,max} = K \frac{W}{L} \frac{(U_{GS} - U_T)^2}{2}. \qquad (2.24a)$$

Ebensogut kann man durch Verwendung von (2.23) eine Abhängigkeit von U_{DS} allein bekommen:

$$I_{D\,max} = K \frac{W}{L} \frac{U_{DS}^2}{2}. \qquad (2.24b)$$

Diese Funktion ist als gestrichelte Kurve in Bild 2.11 eingezeichnet.

(2.20) beschreibt die Kennlinie des MOS-Transistors also nur für $U_{DS} < U_{GS} - U_T$, man nennt dieses Gebiet den Triodenbereich. Wird U_{DS} größer als $U_{GS} - U_T$, so wächst der Drain-Strom nicht mehr. Man spricht vom Sättigungsbereich. Die Grenze zwischen Trioden- und

Sättigungsbereich bildet die Kurve nach (2.24b). In diesem bildet sich
vor dem Drain-Gebiet eine kurze Raumladungszone der Länge ΔL aus,
das den Spannungszuwachs aufnimmt, die Kanallänge ist um ΔL kürzer
als L (Bild 2.10b).

Die Ladungsträger bewegen sich mit der durch das elektrische Feld
gegebenen Geschwindigkeit vom Kanalende durch die Raumladungszone
zum Drain-Gebiet.

Der differentielle Leitwert G ist bei gegebenen Werten von U_{GS} und
U_T nach (2.22) eine lineare Funktion der Drain-Source-Spannung U_{DS}
im Triodenbereich (Bild 2.12).

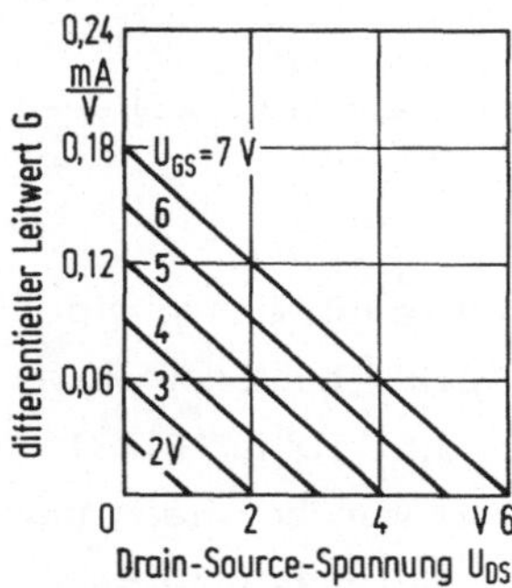

Bild 2.12. Differentieller Leitwert G in Abhängigkeit von der Drain-
Source-Spannung U_{DS} für den Transistor des Bildes 2.11 mit U_{GS} als
Parameter.

Eine sehr wichtige, die Steuerwirkung der Gate-Spannung charakteri-
sierende Größe, ist die Steilheit $S = dI_D/dU_{GS}$, analog zur Steilheit
einer Elektronenröhre (Bild 2.13).

Wir müssen hier den Triodenbereich mit $I_D < I_{D\,max}$, also
$U_{GS} > U_{DS} + U_T$ von dem Sättigungsbereich $(U_{GS} < U_{DS} + U_T)$ unterscheiden.

Für den ersten Fall folgt aus (2.20)

$$S = \frac{dI_D}{dU_{GS}} = K \frac{W}{L} U_{DS}, \qquad (2.27)$$

50

S ist also von U_{GS} unabhängig und proportional zu U_{DS}. Im Sättigungsbereich erhält man aus (2.24a)

$$S_{Sat} = K \frac{W}{L} (U_{GS} - U_T). \qquad (2.28)$$

S_{Sat} ist unabhängig von U_{DS} und linear von U_{GS} abhängig, beim Schwellenwert U_T beginnend.

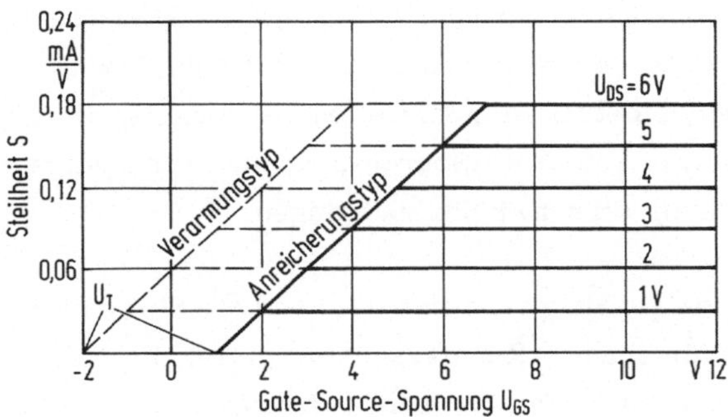

Bild 2.13. Steilheit S in Abhängigkeit von der Gate-Source-Spannung für den Transistor von Bild 2.11 mit U_{DS} als Parameter.
—— Anreicherungstyp: U_T = 1 V, - - - - - Verarmungstyp: U_T = - 2 V.

Die Messung der Steilheit S läßt sich zur Bestimmung von U_T verwenden, indem man den linear ansteigenden Ast auf S = 0 extrapoliert. Eine andere praktische Methode zur Bestimmung von U_T ist die, bei der man diejenige Spannung U_{GS} angibt, bei der ein vorgegebener kleiner Drain-Strom I_D im Transistor fließt.

Bild 2.13 stellt S in Abhängigkeit von U_{GS} mit U_{DS} als Parameter dar. Die linear ansteigende bei U_{GS} = U_T beginnende Gerade gehört zum Sättigungsbereich. Erhöht man bei festgehaltener Drain-Source-Spannung in Bild 2.11 die Gate-Source-Spannung U_{GS}, so beginnt man im Sättigungsbereich, gelangt bei $I_{D\,max}$ zum Knickpunkt und befindet sich schließlich bei höheren Strömen mit $I_D > I_{D\,max}$ im Triodenbereich. In diesem ist S nach (2.27) unabhängig von U_{GS} und daher in Bild 2.13 durch eine horizontale Gerade wiedergegeben.

Man unterscheidet, wie bereits in Tabelle 2.1 erwähnt, zwischen Verarmungs- und Anreicherungstyp, je nachdem, ob für U_{GS} = 0 ein leitender Kanal vorhanden ist oder nicht. Im ersten Falle benötigt man eine Abschnürspannung U_T, um den Kanal zum Verschwinden zu bringen, im anderen Falle hat man die bereits beschriebene Schwellenspannung U_T [2.31]. Bei den in Bild 2.13 dargestellten Steilheitskurven handelt es sich um einen Transistor vom Anreicherungstyp. Liegt dagegen der Einsatzpunkt der Steilheit links vom Nullpunkt (gestrichelt angedeutet), so hat man den Verarmungstyp, bei dem bei der Abschnürspannung U_T die Steilheit verschwindet. Bei dem in Bild 2.11 dargestellten Transistor vom Anreicherungstyp beträgt die Schwellenspannung U_T = 1V. Für kleinere Werte von U_{GS} fließt kein Drain-Strom. Beim Verarmungstyp beträgt die Schwellenspannung U_T = - 2V, und man müßte nach Bild 2.13 eine Gate-Source-Spannung von weniger als -2V anlegen, um I_D zum Verschwinden zu bringen.

Die Bilder 2.14 und 2.15 zeigen das Kennlinienfeld und die Steilheit S in Abhängigkeit von U_{GS} für einen p-Kanal-Transistor. Im Gegensatz zu den Bildern 2.11 und 2.13 muß man für alle Spannungen und Ströme negative Werte einsetzen. Bild 2.15 zeigt S für Anreicherungs- und Verarmungstyp.

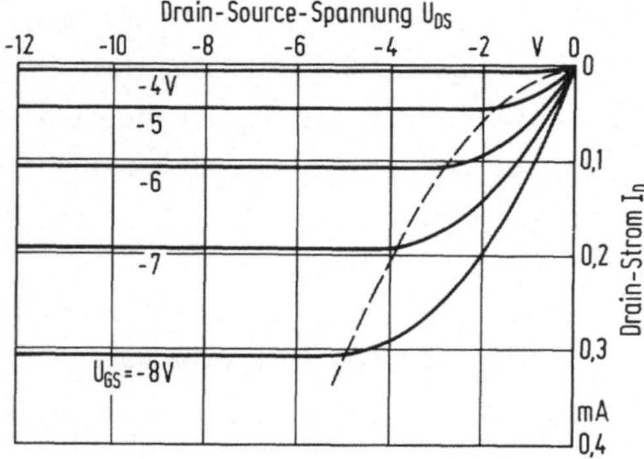

Bild 2.14. Kennlinienfeld eines p-Kanal-Transistors.
W/L = 5, U_T = - 3V, K_p = 5 · 10^{-6} AV^{-2}.

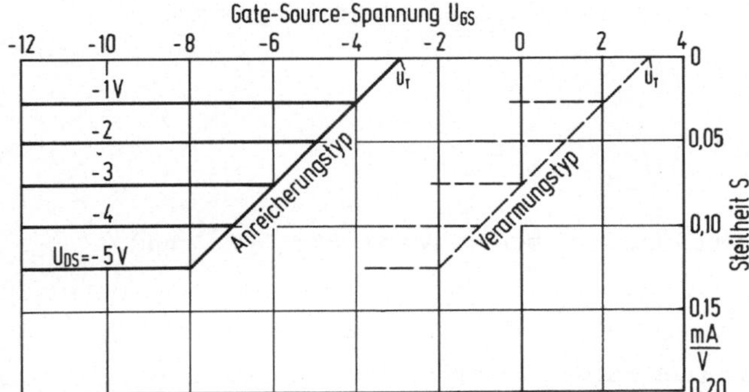

Bild 2.15. Steilheit S in Abhängigkeit von der Gate-Source-Spannung
für den Transistor des Bildes 2.14 mit U_{DS} als Parameter.
——— Anreicherungstyp: U_T = - 3V , ----- Verarmungstyp: U_T = 3V.

Es seien nun zwei typische Beispiele für einen n-Kanal-Transistor
berechnet: Bei dem einen Transistor ist der Kanal breit und kurz,
der Drain-Strom daher groß. Bei dem anderen ist der Kanal schmal
und lang, der Drain-Strom somit sehr klein. Bei einer Schwellenspannung von U_T = + 1V sind folgende Daten angenommen:

$$W_1 = 50 \ \mu m, \quad L_1 = 10 \ \mu m,$$

$$W_2 = 10 \ \mu m, \quad L_2 = 40 \ \mu m,$$

$$U_T = 1V.$$

Das liefert für die beiden Sättigungsströme $I_{D\,Sat}$

$$I_{D\,Sat\,1} = 15 \cdot 10^{-6} \cdot 5 \cdot \frac{(U_{GS}-1)^2}{2} \ A,$$

$$I_{D\,Sat\,2} = 15 \cdot 10^{-6} \cdot \frac{1}{4} \cdot \frac{(U_{GS}-1)^2}{2} \ A.$$

Man gelangt zu folgender Tabelle für U_{DS} = 15 V :

U_{GS} [V]	1	3	5	7	9	11
$I_{D\,Sat\,1}$ [mA]	0	0,15	0,60	1,35	2,40	3,75
$I_{D\,Sat\,2}$ [μA]	0	7,5	30	67,5	120	187,5

Die Steilheiten belaufen sich nach (2.28) im Sättigungsgebiet:

$$S_{Sat\,1} = 75 \cdot 10^{-6} \cdot (U_{GS} - 1)\,AV^{-1},$$

$$S_{Sat\,2} = \frac{15 \cdot 10^{-6}}{4} \cdot (U_{GS} - 1)\,AV^{-1}.$$

Für $U_{GS} = 12$ V ergeben sich die beiden Werte 825 μAV^{-1} und 41,25 μAV^{-1}.

Sowohl Steilheiten als auch Sättigungsströme verhalten sich wie

$$\frac{W_1}{L_1} \bigg/ \frac{W_2}{L_2} = 20 : 1.$$

2.5 Verfeinerte Theorie

Die in Abschn. 2.4 dargestellte einfache Theorie des MOS-Transistors gibt die wesentlichen Züge wieder. In diesem Abschnitt sollen die für die Praxis der integrierten Schaltungen wichtigen Verfeinerungen erörtert werden.

<u>Schwellenspannung</u>

Bei der Ableitung des Zusammenhanges zwischen Drain-Strom I_D und Drain-Source-Spannung U_{DS} sowie Gate-Source-Spannung U_{GS} war eine Schwellenspannung U_T eingeführt worden. Sie ist die Minimalspannung, die notwendig ist, damit sich unter dem Siliziumdioxid im Halbleiter eine Inversionsrandschicht mit beweglichen Ladungsträgern bilden kann. Um diese Schwellenspannung näher zu verstehen, betrachten wir Bild 2.4e. In diesem ist zwischen Gate und Substrat eine derartige Spannung angelegt, daß die Fermikante nahe dem unteren Rande des Leitungsbandes am Übergang Halbleiter/Siliziumdioxid liegt. In diesem Beispiel setzt sich die Spannung U_M aus dem Spannungsabfall über der Raumladungsschicht zwischen dem p-leitenden Substrat und dem n-leitenden Kanal sowie dem Spannungsabfall über dem Oxid zusammen. Zur Berechnung des Spannungsabfalls über der Raumladungsschicht geht man in bekannter Weise von der Poisson-Gleichung (2.4) aus. Wir nehmen dabei an, daß alle Akzeptoren ionisiert sind,

die Dotierung homogen ist und die Elektronenkonzentration am Beginn
der Raumladungszone abrupt von der Konzentration im Inneren des
Substrates auf Null absinkt. Wir reduzieren dazu (2.5) auf

$$\rho(y) = - e n_a .$$ (2.29)

Die Feldstärke $E = - \partial\varphi/\partial y$ in der Raumladungsschicht nimmt vom
Halbleiterinneren bis zur Oberfläche hin linear zu und erreicht ihren
größten Betrag $|E_s|$ an der Oberfläche. Integration von (2.4) ergibt
dann

$$E_s = \frac{-\partial\varphi}{\partial y}\Big|_s = \frac{-e n_a}{\varepsilon_0 \varepsilon_{Si}} d_R .$$ (2.30)

Daraus folgt für die Potentialdifferenz φ_s zwischen Leitungs- bzw.
Valenzband an der Oberfläche und dem Substrat

$$\varphi_s = \frac{e n_a}{\varepsilon_0 \varepsilon_{Si}} \frac{d_R^2}{2} ,$$ (2.31)

$$d_R = \sqrt{\frac{\varepsilon_0 \varepsilon_{Si} 2 |\varphi_s|}{e n_a}} .$$ (2.32)

Man definiert nun die Schwellenspannung U_T als diejenige Spannung
U_M, bei der die Konzentration der Minoritätsträger in der Inversionsschicht gleich der Konzentration der Majoritätsträger, also der Löcher,
im Substrat ist. Das heißt, daß an der Oberfläche die Fermienergie
von der Fermienergie der Eigenleitung denselben Abstand haben muß
wie im Volumen, nur mit entgegengesetztem Vorzeichen. Damit ist
das Potential über dem Raumladungsgebiet definiert. Für die Zunahme
des Oberflächenpotentials gilt dann (Bild 2.4e)

$$\varphi_s = 2\varphi_F .$$ (2.33)

Man muß jetzt noch die Berechnung des Potentials über dem Oxid
durchführen. Dieses ist dadurch bestimmt, daß die Dichte der negativen Ladungen auf der Gate-Elektrode gleich der der Raumladung $e n_a d_R$
im Halbleiter sein muß. Damit bekommt man für die Schwellenspannung eines n-Kanal-Transistors nach Bild 2.4e zwei Terme:

$$U_T = 2\varphi_F + \frac{e n_a d_R}{C_{ox}}$$ (2.34)

Bei der bisherigen Betrachtung war vernachlässigt worden, daß die
Austrittsarbeiten von Metall und Halbleiter im allgemeinen verschie-

den groß sind und daß man mit festen Ladungen im Oxid rechnen muß,
wie in Bild 2.4f und g angegeben. Es müssen also noch zwei Korrek-
turterme hinzugefügt werden. Der Unterschied der Austrittspotentiale
kommt als additiver Term hinzu (2.34). Die festen Ladungen der Dichte Q_f äußern sich in der Form, daß sie durch eine gleich große Anzahl entgegengesetzter Ladungen im Metall kompensiert werden müssen. Das ergibt einen Spannungsabfall über dem Siliziumoxid, der
mit U_{FB} nach (2.1) identisch ist. Damit kommt man insgesamt auf
folgende Beziehung:

$$U_T = 2\varphi_F + \frac{e\,n_a d_R}{C_{ox}} + (\Phi_M - \Phi_{Si}) - \frac{Q_f}{C_{ox}} \qquad (2.35)$$

Hierbei ist der dritte Term die Differenz der Austrittspotentiale und
der vierte der durch die festen Ladungen verursachte zusätzliche
Spannungsabfall im Oxid. Drückt man nun die Dicke der Raumladungszone d_R im zweiten Term durch das Oberflächenpotential φ_s nach
(2.32) und (2.33) aus, so erhält man folgende Beziehung:

$$U_T = + 2\varphi_F + \sqrt{4\varphi_F \varepsilon_0 \varepsilon_{Si} e\,n_a} \cdot \frac{1}{C_{ox}} + U_{FB}. \qquad (2.36)$$

Hierbei ist die Flachbandspannung definiert für n-Kanal mit p-Si:

$$U_{FB} = \frac{-Q_F}{C_{ox}} + (\Phi_M - \Phi_{Si}). \qquad (2.37)$$

Bild 2.16 zeigt $\Phi_M - \Phi_{Si}$ in Abhängigkeit von der Dotierung für n- und

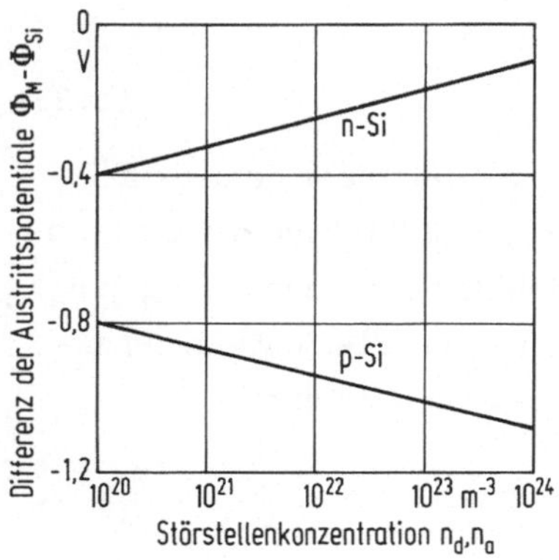

Bild 2.16. Differenz der Austrittspotentiale $\Phi_M - \Phi_{Si}$ für Elektronen
zwischen Aluminium und n- bzw. p-Silizium in Abhängigkeit von der
Konzentration der Donatoren bzw. Akzeptoren.

p-Si. Man kann die Quadratwurzel im zweiten Term (2.36) auch als
die Dichte der gesamten in der Raumladungszone unter der Oberfläche
befindlichen Ladung betrachten. Nennt man diese Q_{Si}, so erhält man
folgende einfache Schreibweise für (2.36):

$$U_T = 2\varphi_F + \frac{Q_{Si}}{C_{ox}} + U_{FB}. \qquad (2.36a)$$

Für p-Kanal mit n-Si erhält man folgende Beziehungen:

$$U_T = 2\varphi_F - \sqrt{4\varphi_F \varepsilon_0 \varepsilon_{Si} e\, n_d} \cdot \frac{1}{C_{ox}} + U_{FB}, \qquad (2.38)$$

$$U_{FB} = \frac{-Q_F}{C_{ox}} + (\Phi_M - \Phi_{Si}), \qquad (2.39)$$

$$U_T = 2\varphi_F - \frac{Q_{Si}}{C_{ox}} + U_{FB}. \qquad (2.38a)$$

Es werden im folgenden einige Zahlen und Beispiele betrachtet, zunächst für 9-Ω-cm-n-Silizium und Aluminium als Gate-Elektrode
(Tabelle 2.2, Spalte (a)). Die Differenz der Austrittspotentiale beträgt -0,36 V, die Differenz $2\varphi_F$ der Fermienergien in Volumen und
Inversionsschicht -0,51 V bei jeweils gleicher Dichte von Elektronen
und Löchern von $4 \cdot 10^{20} \mathrm{m}^{-3}$. Die Ladungsdichte Q_f bei $4 \cdot 10^{15}$ La-
dungen/m^2 beträgt $6,4 \cdot 10^{-4}$ As m^{-2}. Mit einer spezifischen Flä-
chenkapazität C_{ox} der Oxidschicht (d_{ox} = 0,12 μm) von
$2,7 \cdot 10^{-4}$ F m^{-2} erhält man durch die Oberflächenladungen der Dichte
Q_f eine Verschiebung der Schwellenspannung von -2,37 V. Dazu
kommt die Verschiebung durch die Raumladungen (Q_{Si}). Bei einer
Dielektrizitätszahl des Siliziums von 12 ergibt sich ein Q_{Si} von
$8,3 \cdot 10^{-5}$ As m^{-2}. Das ist etwa 1/8 der Ladungsdichte, die durch
die festen Zustände im Oxid der Dichte Q_f erzeugt werden. Die Verschiebung durch Q_{Si} beläuft sich damit auf -0,3 V. Das gibt zusammen eine Schwellenspannung von -3,55 V für einen p-leitenden Kanal.
Als Faustregel kann man sich merken, daß eine Ladungsdichte von
10^{15} Elementarladungen/m^2 eine Verschiebung der Schwellenspannung
um -0,6 V bedeutet.

In Tabelle 2.2 ist in Spalte (b) die Schwellenspannung für n-Kanal in p-Si als Substratmaterial berechnet. Da die Löcherbeweglichkeit nur etwa 1/3 der Elektronenbeweglichkeit beträgt, wurde mit einer Akzeptorenkonzentration von $10^{21}\mathrm{m}^{-3}$ gerechnet. Es ergibt sich für U_T ein Wert von -2,15 V. Dieser Wert ist für Transistoren vom Anreicherungstyp unbrauchbar. U_T muß positiv werden. Die wirksamste Methode ist die Verringerung von Q_f. So erhält man bei Reduktion auf 10 % einen Wert von fast 0 V. Durch weitere Herabsetzung von Q_f, höhere Dotierung, Wahl eines anderen Gate-Metalls, z.B. n-Si anstelle von Al, läßt sich eine positive Schwellenspannung von mehreren Zehnteln eines Volt erreichen.

Tabelle 2.2. Schwellenspannung U_T für p- und n-Kanal-MOS-Transistor

	$n-Si:n_d = 4 \cdot 10^{20}\mathrm{m}^{-3}$	$p-Si:n_a = 10^{21}\mathrm{m}^{-3}$	
	(a)	(b)	(c)
$2\varphi_F$	- 0,51 V	0,56 V	0,56 V
$\dfrac{Q_{Si}}{C_{ox}}$	- 0,31 V	0,51 V	0,51 V
$\dfrac{-Q_f}{C_{ox}}$	- 2,37 V	- 2,37 V	- 0,24 V
$\Phi_M - \Phi_{Si}$	- 0,36 V	- 0,88 V	- 0,88 V
U_T	- 3,55 V	- 2,15 V	- 0,05 V

(a), (b): $Q_f = 4 \cdot 10^{15}$ Elementarladungen/m^2,
    (c): $Q_f = 4 \cdot 10^{14}$ Elementarladungen/m^2.

Die Verringerung von Q_f ist durch sauberstes Arbeiten beim Herstellungsprozeß und Verwendung von (100)-orientiertem Silizium möglich. Eine höhere Dotierung vergrößert φ_F und Q_{Si}. Da die Borkonzentration von p-Si unter der Oberfläche beim Oxidieren abnimmt, erhöht man sie durch nachträgliche Implantation mit Borionen wieder (Abschn. 3.4). Eine weitere Möglichkeit, U_T zu erhöhen, ist die

später behandelte Substratvorspannung. Bild 2.17 zeigt die Schwellenspannung U_T nach (2.36) für p-Si in Abhängigkeit von der Konzentration n_a der Akzeptoren für $d_{ox} = 0,12$ µm und $d_{ox} = 0,06$ µm. n_f beträgt in beiden Fällen $4 \cdot 10^{14}$ Ladungen/m^2. Man erkennt, daß U_T
von negativen Werten mit zunehmender Dotierung zu positiven Werten
hin wächst, und daß diese Zunahme um so stärker ist, je dicker das
SiO_2 ist.

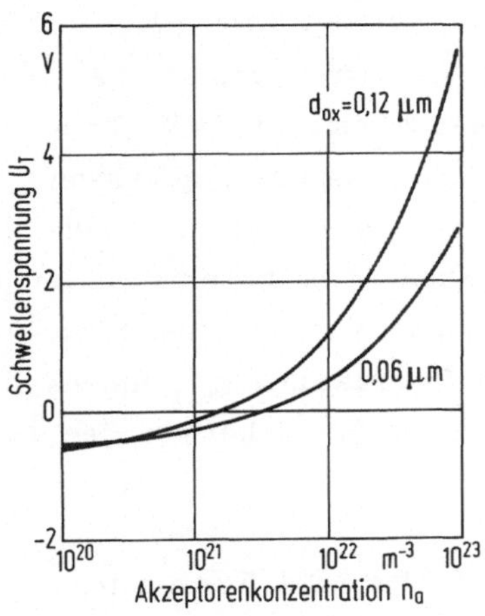

Bild 2.17. Schwellenspannung U_T nach (2.36) in Abhängigkeit von der
Akzeptorenkonzentration n_a für $d_{ox} = 0,12$ µm und $0,06$ µm, $Q_f = 4 \cdot 10^{14}$ Elementarladungen/m^2, Al-Gate.

(2.18) in Abschn. 2.4 für den Zusammenhang zwischen Drain-Strom
und Drain-Source-Spannung sowie Gate-Spannung gilt für n- und p-Kanal gleichermaßen. Bei n-Kanal haben die Spannungswerte alle positive, bei p-Kanal dagegen negative Werte. Bei dem früher üblichen
Standard-MOS-Prozeß liegt die Schwellenspannung für den p-Kanal
zwischen -3 und -5 V. Die genannten Werte für die Schwellenspannung
bei den p-Kanal-Transistoren besagen, daß für eine Gate-Source-
Spannung von 0 V kein leitender Kanal zwischen Drain und Source besteht. Dieser Anreicherungstyp wird im allgemeinen für Logikschaltungen gewünscht, da ohne Anlegen einer Gate-Source-Spannung der
Kanal verschwindet und der Transistor gesperrt ist. Man nennt dann
diesen Transistor-Typ auch "Normally-off". Hat dagegen der Transistor bei $U_{GS} = 0$ bereits eine Leitfähigkeit bzw. einen leitenden Kanal zwischen Source und Drain, so spricht man von einem "Normally-

on"-Transistor. Das läßt sich deutlich an der schon erläuterten Steilheitskurve in Bild 2.13 zeigen. Setzt die Steilheit bei einem Schwellenwert rechts von $U_{GS} = 0$ ein, so hat man einen "Normally-off"-Transistor. Liegt dagegen der Einsatz links von $U_{GS} = 0$, so hat man einen Transistor vom Typ "Normally-on". Entsprechendes gilt für Bild 2.15.

Die Ableitung der MOS-Kennlinie, die zu (2.20) führte, setzte eine konstante Schwellenspannung U_T nach (2.36) voraus. Dies gilt jedoch, wie gezeigt werden wird, nur dann, wenn Drain und Source praktisch das gleiche Potential wie das Substrat besitzen. In Wirlichkeit haben aber Drain und Source verschiedene Potentiale, also kann das Potential längs des Kanals nicht mit dem des Substrats identisch sein. Das heißt, die Fermienergie ist im Kanal nicht dieselbe wie im Substrat, wie es bei den bisherigen Betrachtungen vorausgesetzt wurde. Damit ist der Spannungsabfall über der Raumladungszone ein anderer als im thermischen Gleichgewicht, wie es den bisherigen Berechnungen zugrunde gelegt wurde.

Bild 2.4e stellt das thermische Gleichgewicht dar. Das Fermipotential φ_F ist im ganzen Silizium konstant und ebenso für Elektronen und Löcher. Für die Bandaufwölbung φ_S an der Oberfläche mit $U_M = U_T$ gilt (2.33).

Liegt das Substrat des n-Kanal-Transistors auf hohem Potential, so hat man gegenüber Bild 2.4d noch Elektronen unter der Oberfläche im Silizium (Bild 2.18). Diese Elektronen fließen von den Drain- und Source-Gebieten in den Kanal. Für die Definition der Schwellenspannung U_T gilt dann

$$\varphi_S = 2\varphi_F + (\Phi_{FS} - \Phi_F) = 2\varphi_F - U_{Sub}. \tag{2.40}$$

Φ_{FS} ist das die Konzentration der Elektronen in der Inversionsschicht bestimmende Fermipotential an der Oberfläche, Φ_F das Fermipotential im neutralen Inneren des Halbleiters. Φ_{FS} und Φ_F sind wie bei einem in Sperrichtung gepolten pn-Übergang voneinander verschieden. In der Raumladungszone erhält man daher eine Aufspaltung in Quasi-Ferminiveaus. Es fließt dann ein Sperrstrom vom Substrat zur Inversionsschicht.

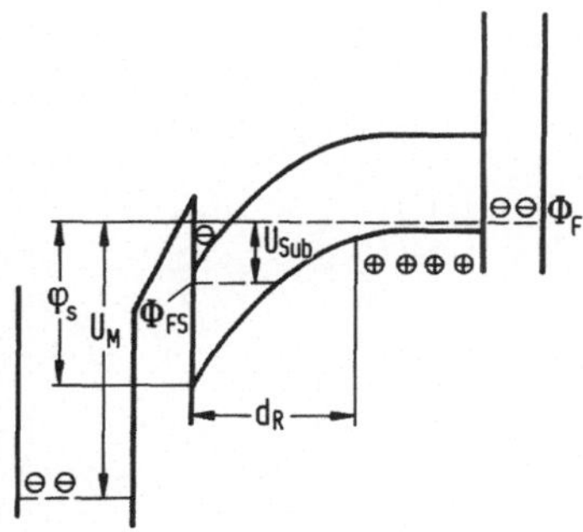

Bild 2.18. Potentiale im p-Silizium mit n-Inversionsschicht bei Substratvorspannung U_{Sub}.

Da nun im Halbleiter eine viel dickere Raumladungszone besteht, wird der zweite Term in (2.35) und (2.36) für U_T wegen Zunahme von d_R erhöht und man erhält statt (2.32)

$$d_R = \sqrt{\frac{2\varepsilon_0\varepsilon_{Si}\, 2\varphi_F + \Phi_{FS} - \Phi_F}{e\, n_a}} \qquad (2.32a)$$

In Bild 2.17 ist das Fermipotential Φ_F für die Löcher bis zur Oberfläche hin als konstant angesetzt worden. Das drückt die Tatsache aus, daß die Donatoren alle ionisiert sind. Das Fermipotential Φ_{FS} an der Oberfläche ist von Φ_F durch U_{Sub} getrennt und bestimmt die Konzentration der Elektronen in der Inversionsschicht. (2.40) findet Anwendung bei Transistoren, bei denen der Source- bzw. Drain-Kontakt gegenüber dem Substratkontakt die Spannung $U_{Sub} = \Phi_{FS} - \Phi_F$ besitzt. Gegenüber (2.38) erhält man eine Änderung ΔU_T der Schwellenspannung für n-Kanal:

$$\Delta U_T = \frac{\sqrt{2\varepsilon_0\varepsilon_{Si}\, e\, n_a}}{C_{ox}}\left(\sqrt{2\varphi_F - U_{Sub}} - \sqrt{2\varphi_F}\right). \qquad (2.41)$$

Für p-Kanal ist ΔU_T negativ, n_a durch n_d zu ersetzen und das Vorzeichen bei U_{Sub} positiv [2.32].

Bild 2.19 zeigt nach (2.35) und (2.41) die Abhängigkeit der Verschiebung der Schwellenspannung ΔU_T für p- und n-Silizium von der Dotierung sowie von der Substratspannung U_{Sub}.

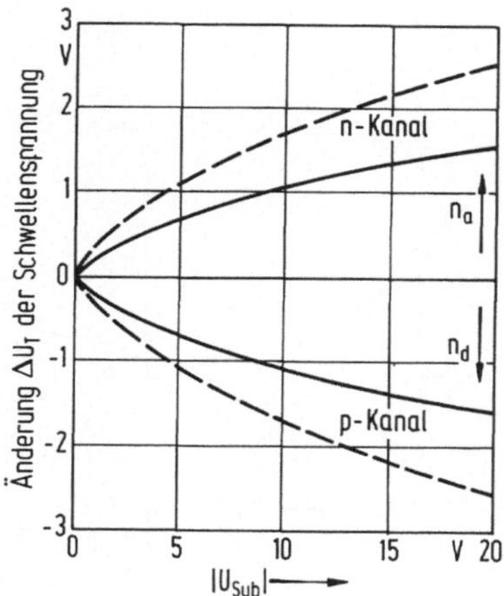

Bild 2.19. Änderung ΔU_T der Schwellenspannung in Abhängigkeit von der Substratspannung U_{Sub} für n- und p-Kanal-Inversionsschichten. —————— n_d, $n_a = 4 \cdot 10^{20} m^{-3}$, ------ n_d, $n_a = 10^{21} m^{-3}$.

Man sieht, daß man durch eine Substratspannung die Möglichkeit **hat**, die Schwellenspannung zu verschieben, was besonders bei n-**Kanal**-Transistoren wichtig ist. Mit stärkerer Dotierung wächst die **Ver**-schiebung ΔU_T. Diese ist proportional zu d_{ox} und nimmt mit **der** Oxiddicke ab.

Diese Verschiebung der Schwellenspannung muß aber auch bei **der ge**-naueren Bestimmung der Kennlinie des MOS-Transistors berücksichtigt werden, indem in (2.14) U_T vom Ort x abhängt. Die Raumladungs-tiefe d_R in (2.32) ist nach den vorigen Betrachtungen mit (2.40) von $U(x)$ abhängig:

$$d_R = \sqrt{\frac{2\varepsilon_0\varepsilon_{Si}\,[\,2\varphi_F + U(x)\,]}{e\,n_a}} \quad \text{(n-Kanal)}. \tag{2.42}$$

Hierbei ist angenommen, daß Source- und Substrat-Kontakte **auf glei**-chem Potential liegen. Damit ergibt sich mit (2.36) folgende **Bezie**-hung für die beweglichen Ladungsträger in der Inversionsschicht:

$$Q_i(x) = -C_{ox}\,[\,U_{GS} - U(x) - 2\varphi_F - U_{FB}\,] + $$
$$\sqrt{2\varepsilon_0\varepsilon_{Si}\,e\,n_a(2\varphi_F + U(x))}. \tag{2.43}$$

Setzt man den Ausdruck (2.43) für $Q_i(x)$ in (2.15) ein, so ergibt
sich durch Integration [2.13] von 0 bis 1.

$$I_D = K \frac{W}{L} \left\{ (U_{GS} - 2\varphi_F - U_{FB}) U_{DS} - \frac{U_{DS}^2}{2} - \frac{2}{3} \frac{\sqrt{2\varepsilon_0 \varepsilon_{Si} e\, n_a}}{C_{ox}} \left[(U_{DS} + 2\varphi_F)^{3/2} - (2\varphi_F)^{3/2} \right] \right\}. \qquad (2.44)$$

Für kleine Werte von U_{DS} erhält man die Beziehung (2.20) mit U_T
nach (2.36). Für die Steilheit S erhält man aus (2.44) denselben
Ausdruck wie (2.27). Man behält damit auch die horizontalen Geraden
in Bild 2.13 im Triodenbereich.

Der Knickpunkt in der Kennlinie ist dann erreicht, wenn $Q_i(L) = 0$,
also die Kanaldicke am Drain-Kontakt gerade auf 0 abgesunken ist.
In der einfachen Theorie war das der Fall, wenn

$$U_{DS} = U_{GS} - U_T \qquad (2.23)$$

galt. Aus (2.43) folgt stattdessen genauer

$$U_{DS} = U_{GS} - U_T^x \qquad (2.45)$$

mit

$$U_T^x = + 2\varphi_F - \alpha^2 \left(1 - \sqrt{1 + \frac{2|U_{GS} - U_{FB}|}{\alpha^2}} \right) + U_{FB};$$

$$\alpha = \frac{\sqrt{\varepsilon_0 \varepsilon_{Si} e\, n_a}}{C_{ox}},$$

$$U_{DS} = U_{GS} - 2\varphi_F - U_{FB} + \alpha^2 \left(1 - \sqrt{1 + \frac{2|U_{GS} - U_{FB}|}{\alpha^2}} \right). \qquad (2.46)$$

Bei p-Kanal ist in (2.46) das Vorzeichen von α^2 negativ und n_a ist
durch n_d zu ersetzen.

Es besteht also keine lineare Beziehung mehr zwischen U_{DS} und U_{GS}
am Knickpunkt.

Für $n_a = 10^{21} \mathrm{m}^{-3}$ beträgt α^2 nur 0,23 V. Man kann daher bei großen
Werten von U_{GS} für die Schwellenspannung am Knickpunkt näherungsweise schreiben

$$U_T^x = + 2\varphi_F + \frac{\sqrt{2\varepsilon_0 \varepsilon_{Si} e\, n_a |U_{GS} - U_{FB}|}}{C_{ox}} + U_{FB}. \qquad (2.47)$$

Die Schwellenspannung U_T^x ist damit deutlich größer als U_T. Die Knickspannung U_{DS} und damit $I_{D\,max}$ sind nach (2.45) für einen vorgegebenen Wert von U_{GS} dem Betrag nach kleiner als bei konstantem U_T. Es gilt näherungsweise für $\alpha^2 \ll 1$:

$$I_{D\,max} = K\,\frac{W}{L}\,\frac{(U_{GS} - U_T^x)^2}{2}\,. \tag{2.48}$$

Die nach (2.36) und (2.38) definierte Schwellenspannung hängt von der Temperatur ab, weil sie im ersten und zweiten Term direkt und im dritten Term indirekt mit φ_F zusammenhängt und φ_F nach (2.2) von der Temperatur abhängt. Die Schwellenspannung nimmt damit um einige mV/K bei Erwärmung ab [2.33].

Sättigungsbereich

Im folgenden Abschnitt soll der Drain-Strom im Sättigungsbereich genauer behandelt werden. Während er im Abschn. 2.4 in den Bildern 2.11 und 2.14 als konstant angesetzt wurde, muß bei Kanallängen unter 10 μm eine genauere Überlegung Platz greifen. Dann ist nämlich die Reduzierung der Kanallänge um den Betrag ΔL nicht mehr gegenüber der Gesamtlänge L vernachlässigbar und I_D steigt mit zunehmender Drain-Source-Spannung U_{DS}. Zwischen dem Ende des Kanals und dem Drain-Gebiet bildet sich eine Raumladungszone aus, deren Länge ΔL (Bild 2.10b) mit zunehmender Drain-Spannung U_{DS} wächst und den Spannungsunterschied zwischen U_{DS} und $U_{GS} - U_T^x$ aufnimmt, vgl. (2.32):

$$\Delta L = \sqrt{\frac{2\varepsilon_0\varepsilon_{Si}\,[\,U_{DS} - (U_{GS} - U_T^x)\,]}{e\,n_a}}\,. \tag{2.49}$$

I_D nimmt in diesem Bereich einen Wert an, als ob der Transistor einen um ΔL kürzeren Kanal bei gleicher Knickspannung $U_{DS} = U_{GS} - U_T^x$ hätte [2.10]:

$$I_D = K\,\frac{W}{L - \Delta L}\cdot\frac{(U_{GS} - U_T^x)^2}{2} = I_{D\,max}\,\frac{L}{L - \Delta L} \tag{2.50}$$

$$= \frac{L\,I_{D\,max}}{L - \sqrt{\dfrac{2\varepsilon_0\varepsilon_{Si}\,[\,U_{DS} - (U_{GS} - U_T^x)\,]}{e\,n_a}}}$$

Führt man in (2.50) einen Faktor λ ein, so erhält man die übersichtlichere Form (2.50a):

$$I_D = \frac{K}{2} \cdot \frac{W}{L} \cdot (U_{GS} - U_T^x)^2 \cdot (1 + \lambda U_{DS}). \qquad (2.50a)$$

Für λ kann man schreiben,

$$\lambda = \frac{\Delta L}{L - \Delta L} \cdot \frac{1}{U_{DS}}. \qquad (2.50b)$$

Die differentielle Leitfähigkeit G_{Sat} ist dann im Sättigungsbereich > 0 und nimmt mit abnehmender Kanallänge L sowie steigender Drain-Source-Spannung zu:

$$G_{Sat} = \frac{\partial I_D}{\partial U_{DS}} = \frac{1}{2} \frac{\sqrt{2\varepsilon_0 \varepsilon_{Si}/e\, n_a} \cdot I_{D\,max} \cdot L}{\{L\sqrt{U_{DS} - (U_{GS} - U_T^x)} - \sqrt{2\varepsilon_0 \varepsilon_{Si}/e\, n_a [U_{DS} - (U_{GS} - U_T^x)]}\} \cdot A}. \qquad (2.51)$$

$$A = \left\{ L - \sqrt{\frac{2\varepsilon_0 \varepsilon_{Si}}{e\, n_a} \left[U_{DS} - (U_{GS} - U_T^x) \right]} \right\}.$$

Differenziert man den übersichtlicheren Ausdruck (2.50a), so erhält man für die differentielle Leitfähigkeit G_{Sat},

$$G_{Sat} = \frac{\partial I_D}{\partial U_{DS}} = \lambda\, I_{D\,max}. \qquad (2.51b)$$

Ein weiterer Effekt, der zu einer Erhöhung des Drain-Stromes im Sättigungsgebiet führt, ist die kapazitive Kopplung zwischen Kanalende und Drain-Gebiet. Eine Zunahme des Betrages der Drain-Spannung wirkt ebenso wie eine Zunahme von U_{GS} und erhöht den Drain-Strom, gleichzeitig wächst auch $G = \partial I_D / \partial U_{DS}$.

Beweglichkeit der Ladungsträger in der Inversionsschicht

Bild 2.20 wiederholt einen Teil von Bild 2.13. Dazu wurde eine gemessene, von der Idealkurve nach (2.27) und (2.28) abweichende Steilheitskurve gestrichelt eingezeichnet. Danach setzt der Strom bereits bei $U_{GS} < U_T$ ein und folgt dann zunächst der theoretischen Kurve. Bei kleinen Werten von U_{GS} kommt die Abweichung der experimentellen Kurve von der theoretischen Geraden daher, daß schon bewegliche Ladungsträger in der Inversionsschicht existieren, bevor das die Schwellenspannung U_T bestimmende Oberflächenpotential φ_S den Wert $2\varphi_F$ erreicht hat. Bei steigenden Werten von U_{GS} im Triodenbereich wird jedoch S gegenüber den theoretischen Werten zunehmend kleiner. Das rührt daher, daß die Trägerbeweglichkeit μ in (2.18) bei großen Werten von U_{GS} nicht mehr konstant bleibt, sondern mit steigender Feldstärke senkrecht zur Oberfläche und wachsender Trägerdichte infolge wachsender Streuung der beweglichen Ladungsträger abnimmt. Durch rückwärtige Extrapolation der gemessenen Kurve zum Schnitt mit der Geraden nach (2.28) erhält man die Anfangsbeweglichkeit bei kleiner Trägerdichte im Kanal. Ebenso läßt sich das Maximum des Anstiegs von S im Sättigungsbereich zur Bestimmung der effektiven Trägerbeweglichkeit verwenden. Man erhält einen Mittelwert über die Kanallänge.

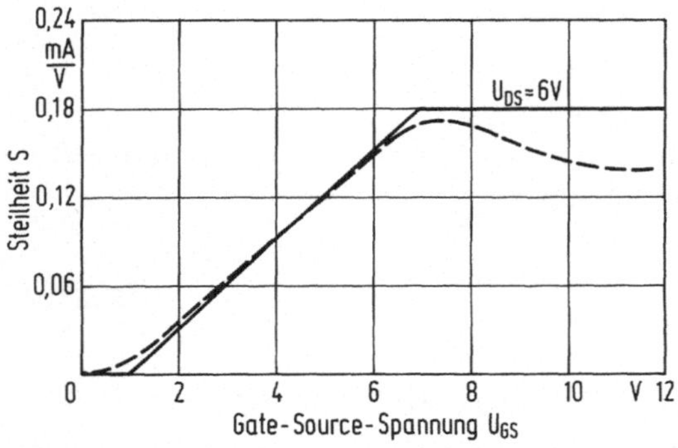

Bild 2.20. Steilheit S in Abhängigkeit von der Gate-Source-Spannung U_{DS}.
——— theoretische Kurve aus Bild 2.13, ‒‒‒‒‒ gemessene Kurve.

Die Abnahme von S nach dem Maximum kann neben einem Abfall der Beweglichkeit auch durch einen mit zunehmendem Strom steigenden Einfluß der Widerstände der Source- und Drain-Gebiete erklärt werden.

Durch Extrapolation des ansteigenden Teils der $S(U_{GS})$-Kurve auf die U_{GS}-Achse kann man die Schwellenspannung definieren. Im übrigen ist die Messung der Steilheit - wie jede differenzierende Messung -

eine empfindliche Methode, um Störungen im Transistor, z.B. uner-
wünschte umladbare Zustände am Bandrand, zu entdecken, die durch
Einfangen beweglicher Ladungsträger eine abnehmende Beweglichkeit
vortäuschen können.

Der differentielle Leitwert G in Bild 2.12 ist im Triodenbereich als
eine lineare Funktion von U_{DS} dargestellt. Tatsächlich nimmt G mit
mit zunehmenden Werten von U_{DS} stärker als linear ab, da die effektive Beweglichkeit der Ladungsträger bei festgehaltener Gate-Spannung
auch mit steigender Drain-Spannung abnimmt.

Durchbruchspannungen

Beim MOS-Transistor gibt es drei Mechanismen, die zu einem stark
ansteigenden Strom oberhalb einer Durchbruchspannung führen:

Durchbruch im Oxid,

Durchbruch am gesperrten pn-Übergang,

Durchbruch am Kanalende beim Drain-Gebiet.

Wird die Spannung zwischen Gate und Substrat bzw. leitendem Kanal
zu hoch, so gibt es einen dielektrischen Durchbruch. Hierbei enstehen
infolge der hohen Feldstärke leitende Kanäle im Oxid. Ihre Zahl nimmt
mit steigender Gate-Spannung zu. Der Wert von $5 \cdot 10^8$ V m^{-1} gilt als
Anhaltswert für die kritische Durchbruchfeldstärke, da diese von der
Art des Oxids und, im praktischen Fall, von der Güte des Oxids (Lö-
cherfreiheit) abhängt. Bei $d_{ox} = 0,1$ µm ergibt das eine Durchbruchspannung von 50 V, also oberhalb der Arbeitsspannungen. Man muß
aber andererseits daran denken, daß ein Gate mit einer Fläche von
100 µm^2 eine Kapazität von 0,027 pF besitzt. Das heißt, daß eine Ladung von $1,35 \cdot 10^{-12}$ As genügt, um die Durchbruchspannung von
50 V zu erreichen. Es ist daher notwendig, die Gates der Eingangs-
transistoren einer integrierten MOS-Schaltung mit einer Schutzschaltung zu versehen (Kap. 4).

Der Durchbruch bei den anderen beiden Mechanismen wird durch Stoßionisation verursacht: Die Ladungsträger nehmen hierbei im elektri-

schen Feld so viel Energie auf, daß es ihnen gelingt, Elektron-Loch-
Paare zu erzeugen und dadurch die Konzentration der quasifreien Ladungsträger zu erhöhen. Hat man ein schwach und homogen dotiertes
Gebiet angrenzend an ein stark dotiertes Gebiet (wie beim Drain-Kon-
takt), so entsteht bei Polung des pn-Überganges in Sperrichtung die
Raumladungszone praktisch nur im schwächer dotierten Bereich, und
der Durchbruch mit einem steilen Anstieg des Sperrstromes beginnt,
wenn die Feldstärke den Wert von $2 \cdot 10^7$ Vm^{-1} erreicht hat. Die
Durchbruchspannung ist etwa umgekehrt proportional zur Dotierung und
beträgt bei $n_a = 10^{21} m^{-3}$ etwa 500 V bei einem planaren pn-Übergang.
Diese Spannung ist jedoch um fast eine Größenordnung infolge der
Krümmung der Diffusionsfront (Bilder 3.1 und 3.4) reduziert. Dieser
Durchbruch stellt aber keine Begrenzung für den Betrieb eines MOS-
Transistors dar. Dies gilt vielmehr für den zuletzt genannten der drei
Mechanismen.

Bild 2.21 zeigt das Kennlinienfeld eines MOS-Transistors: links den
gemessenen Gesamtstrom, rechts den extrapolierten regulären Kanal-
strom. Der Differenzstrom zwischen beiden Kurvenscharen ist durch
Stoßionisation mit nachfolgender Träger-Multiplikation [2.11] entstanden.

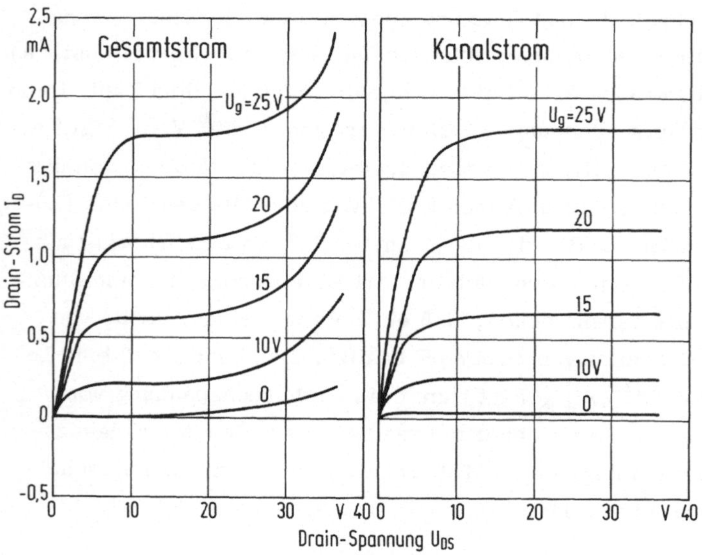

Bild 2.21. MOS-Kennlinie mit Durchbruch bei großen Werten der
Drain-Source-Spannung U_{DS} $\cdot$ p-Kanal mit $n_d = 10^{22} m^{-3}$ [2.11].

Der Raumladungsbereich zwischen Kanalende und Drain-Gebiet nimmt
den größten Teil der Drain-Spannung U_{DS} auf bei einer Kanalverkür-
zung um ΔL (Gl. (2.49)). Während im Kanalgebiet die elektrische
Feldstärke im wesentlichen senkrecht auf der Halbleiteroberfläche
steht, ist sie vor dem Drain-Gebiet etwa parallel zur Oberfläche ge-
richtet. Näherungsweise läßt sich die elektrische Feldstärke im Maximum am Drain-Gebiet berechnen:

$$E_{max} = \sqrt{\frac{2\,e\,n_a[U_{DS} - (U_{GS} - U_T^x)]}{\varepsilon_0 \varepsilon_{Si}}}\,. \tag{2.52}$$

Für $n_a = 10^{21}\,m^{-3}$ und einer Spannung von 20 V über der Raumladungszone erhält man eine Feldstärke von $2,5 \cdot 10^7$ V m^{-1}. Bei diesem Wert ist die Erzeugung von Elektron-Loch-Paaren durch Stoß bereits merklich: Die vom Source kommenden Ladungsträger werden am
Ende des Kanals in der Raumladungszone in Richtung zum Drain hin
beschleunigt. Bei hinreichender, dem elektrischen Feld entnommenen
Energie der beschleunigten Ladungsträger, werden durch Stoßionisation Elektron-Loch-Paare erzeugt. Da die Ionisierungsrate von Elektronen und Löchern in Silizium von der elektrischen Feldstärke abhängt, läßt sich der starke Anstieg von I_D oberhalb einer Grenzspan-
nung U_{DS} quantitativ durch Stoßionisation erklären.

2.6 Dynamisches Verhalten

In den vorangehenden Abschnitten wurden die statischen Kennlinien des
MOS-Transistors behandelt. Um über die Anwendungsmöglichkeiten zu
entscheiden, benötigt man außerdem die Kenntnis des dynamischen
Verhaltens, das durch die Schaltzeiten des Transistors selbst und durch
die äußere Schaltung bestimmt wird. In diesem Abschnitt werden die
ersteren besprochen, d.h. diejenigen Zeiten, die vom Ein- bzw.
Ausschalten der Gate-Spannung vergehen, bis der leitende Kanal zwischen Source und Drain entstanden bzw. verschwunden ist.

Für die folgende Betrachtung des Einschaltvorganges werden nach
Bild 2.22 Source und Drain mit dem Substrat verbunden. Das Substrat
ist p-leitend mit einer Akzeptorenkonzentration von $1,4 \cdot 10^{22}\,m^{-3}$.
Für $U_G = U_{Sub}$ ist gemäß Bild 2.4a der Raum zwischen Gate und Sub-

strat raumladungs- und damit feldfrei. Wird nun ein positiver Spannungssprung an das Gate gelegt, so fließt der kurze hohe Impuls des
Aufladestromes i_G, der die Gate-Elektrode positiv und den Substratkontakt negativ auflädt (Bild 2.22a). Auf den Source- und Drain-Lei-
tungen fließen kurzzeitig ebenfalls hohe Ströme, die die Kapazitäten
zwischen dem Gate und den Diffusionsgebieten aufladen (i_S und i_D in
Bild 2.23).

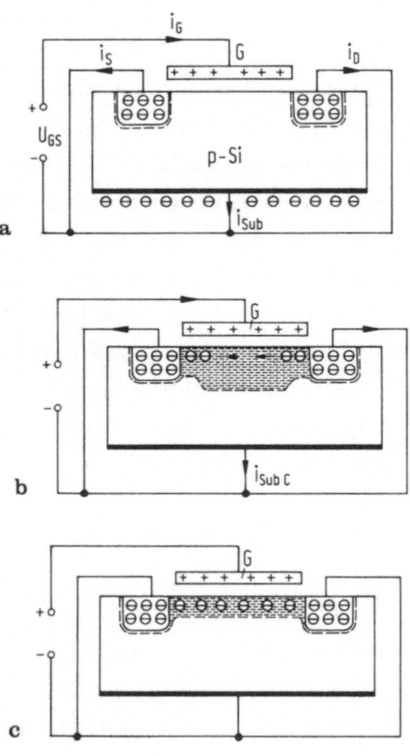

Bild 2.22. Verteilung der Ladungsträger und Ströme beim Einschalt-
vorgang eines n-Kanal-Transistors [2.15]. a) unmittelbar nach dem
Anlegen der Gate-Spannung mit Spannungssprung; b) Entstehen der
Raumladungszone unter der Gate-Mitte und bei Aufbau des n-leitenden
Kanals vor den beiden Enden; c) Endzustand.
⊖ Elektronen in Diffusionsgebieten, Kanal und Substratelektrode,
– – negativ geladene Akzeptoren, ++ positive Ladungen auf Metall-
Gate, ──── Grenze der Raumladungszone.

Die Oberfläche zwischen den beiden Diffusionsgebieten nimmt dabei
zunächst das Potential des Gate an.

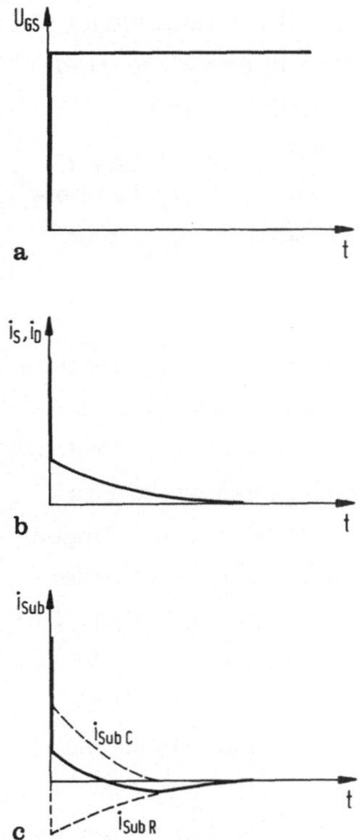

Bild 2.23. Schematische Darstellung des zeitlichen Verlaufs von
a) Gate-Spannung U_{GS}; b) Drain-Strom i_D, Source-Strom i_{S1};
c) Substratströme $i_{Sub\,C}$, $i_{Sub\,R}$ und i_{Sub}.

In der zweiten Phase hat man zwei gleichzeitig ablaufende Prozesse
vor sich, die in Bild 2.22b dargestellt sind. Ein Schnitt durch die
Mitte der MOS-Kapazität zwischen den beiden n^+-Gebieten entspricht
Bild 2.4d: Wegen des elektrischen Feldes im Substrat fließen die Löcher in Richtung auf den Substratkontakt und geben die von den fest-
stehenden negativ geladenen Akzeptoren gebildete Raumladung frei.
Der dazu gehörende Substratstrom $I_{Sub\,C}$ sinkt hierbei mit einer Zeitkonstante, die im wesentlichen durch den Substratwiderstand und die
Kapazität des MOS-Kondensators gegeben ist (Bild 2.23).

Gleichzeitig beginnt der Aufbau des Kanals von den Diffusionsgebieten
her. Bei dem in Bild 2.22a dargestellten Einschaltstoß werden die
n^+-Diffusionsgebiete in Flußrichtung gegenüber dem Kanalgebiet gepolt. Dadurch werden Elektronen in das Substrat injiziert, um den Ka-

nal, bei den Diffusionsgebieten beginnend und zur Mitte hin zielend, aufzubauen. Dabei wird die tiefe Raumladungszone in der Mitte wieder abgebaut, es fließen Löcher aus dem neutralen p-Silizium in die Raumladung nach oben zurück. Dieser Rückstrom $i_{Sub\,R}$ ist $i_{Sub\,C}$ entgegengesetzt und klingt langsamer ab. Daher wechselt der aus beiden Substratteilströmen zusammengesetzte Substratstrom i_{Sub} bald sein Vorzeichen. (Bild 2.23c).

Bei den bisherigen Betrachtungen wurde die Erzeugung der Inversionsschicht durch thermische Generation von Elektron-Loch-Paaren oder durch Freisetzen von Ladungsträgern aus Haftzentren nicht berücksichtigt. Dies ist zulässig, da die Zeitkonstanten für die genannten Prozesse im allgemeinen im Bereich von Mikro- bis Millisekunden liegen und die Zeiten für den Aufbau des Kanals nach dem vorher geschilderten Prozeß wesentlich kürzer sind, wie im folgenden gezeigt wird. Für die Kräfte, die die Elektronen aus den beiden n^{+}-Gebieten unter der Oberfläche zur Mitte des Transistorkanals treiben, stehen die Diffusion und das elektrische Feld parallel zur Oberfläche zur Verfügung.

Nimmt man die Diffusion als einzige treibende Kraft für den Aufbau des Kanals, so erhält man für die Einschaltzeit t_{ein}, bei der der Kanal bereits 90 % des Endwertes seiner Leitfähigkeit erreicht hat

$$t_{ein} = 0,23\,\frac{L^2}{\mu_n kT/e} \tag{2.53}$$

Für $\mu_n = 0,075\ \mathrm{m}^2\mathrm{V}^{-1}\mathrm{s}^{-1}$ erhält man die in Bild 2.24 dargestellte Abhängigkeit der Einschaltzeit von der Kanallänge L. Die Meßpunkte liegen deutlich bei tieferen Werten. Das deutet auf einen anderen Mechanismus für das Entstehen des Kanals hin. Nimmt man das elektrische Feld als treibende Kraft, so erhält man folgende Beziehung [2.15]

$$t_{ein} = 0,82\,\frac{L^2}{\mu_n U_G} \tag{2.54}$$

Bild 2.24 zeigt auch diese Abhängigkeit von L mit U_G = 10 V. Wie zu erwarten, nimmt t_{ein} mit wachsender Gate-Spannung U_G ab. Mit dem angegebenen Wert für die Gate-Spannung ist t_{ein} um zwei Größenordnungen kleiner als mit Diffusion allein. In Bild 2.24 sind die an vier Transistoren gemessenen Einschaltzeiten für den Drain-Strom

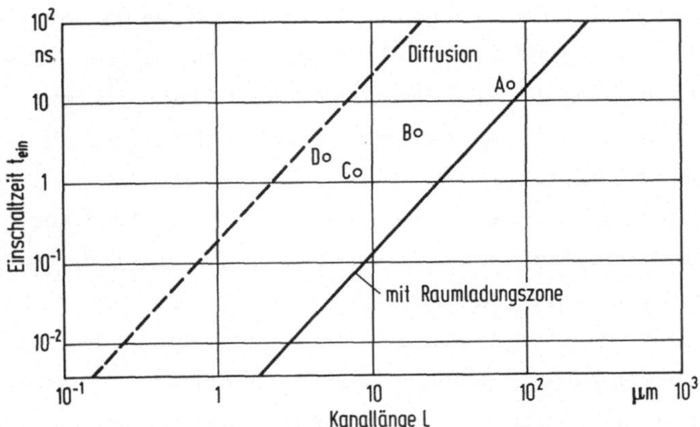

Bild 2.24 Einschaltzeit tein in Abhängigkeit von der Kanallänge L
(. Meßpunkte) [2.12]
---- Rechnung für Kanalaufbau mit Diffusion allein: Gl. (2.53)
—— Rechnung für Kanalaufbau mit Raumladungszone: Gl. (2.54)

gezeigt. Die am Transistor mit L = 80 µm erhaltene Zeit (Pkt. A)
stimmt recht gut mit der nach (2.54) berechneten überein. Die an den
anderen drei Transistoren mit kurzen Kanälen erhaltenen Zeiten
(Pkte. B, C, D) liegen deutlich oberhalb der gerechneten Geraden.
Die langen Zeiten sind darauf zurückzuführen, daß das Umladen der
parasitären Kapazitäten längere Zeit in Anspruch nimmt als die Entstehung des Kanals.

Das Abschalten des MOS-Transistors läßt sich mit Hilfe von Bild 2.25
erläutern. In diesem Beispiel handelt es sich wieder um einen n-Kanal-Transistor. Nach dem Abschalten der Gate-Spannung fließen kapazitive Entladeströme zu Source, Drain und Substrat. Hierbei beobachtet man wie beim Einschalten hohe Stromspitzen. Anschließend
spielen sich folgende zwei Vorgänge ab:
a) Das elektrische Feld längs des Kanals treibt die Elektronen zu
   Source und Drain zurück. Dabei wechselt der Strom in dem Source-
   Kontakt sein Vorzeichen, verglichen mit dem Transistorbetrieb.
b) Es strömen Löcher aus dem p-leitenden Substrat an die Oberfläche
   des Halbleiters und neutralisieren die aus den Akzeptoren beste-
   hende Raumladung und die Elektronen im Kanal (Bild 2.25). An
   den Kanalenden diffundieren die Elektronen in die Diffusionsgebiete
   zurück, wobei allmählich die pn-Übergänge rings um die Diffusionsgebiete wieder entstehen. Dabei dreht der Substratstrom i_{Sub}

sein Vorzeichen um. Dadurch können die überschüssigen Löcher
nur über den Substratkontakt aus dem Halbleiter herausfließen. Soweit die Elektronen nicht direkt in die Source- und Drain-Gebiete
abwandern oder mit den Löchern rekombinieren, diffundieren sie
langsam zum Substratkontakt.

Der wesentliche Unterschied zwischen Ein- und Ausschalten liegt nach
den beiden Modellen darin, daß beim Einschalten nahezu alle Ladungsträger für den Kanal von Source und Drain geliefert werden, während
beim Abschalten die Ladungsträger aus dem Kanal nicht nur nach
Source und Drain zurückfließen, sondern auch in das Substrat hinein-
gelangen. Rechnungen haben gezeigt, daß die Abschaltzeiten ebenso
wie die Einschaltzeiten mit dem Quadrat der Kanallänge zunehmen.
Bild 2.26 vergleicht gemessene Ein- und Abschaltzeiten an MOS-Transistoren mit p-Kanal mit gerechneten Kurven.

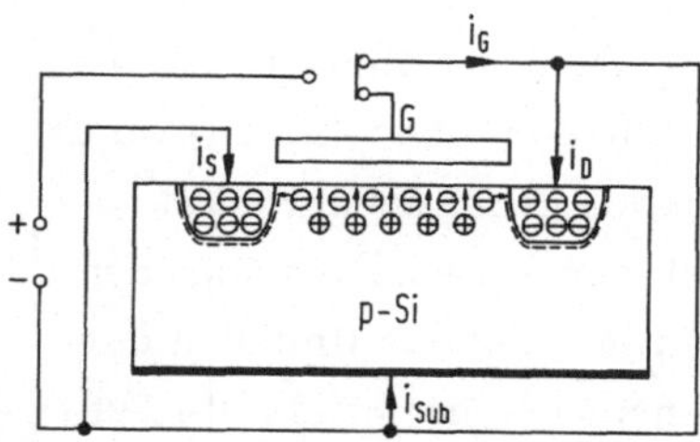

Bild 2.25. Verteilung der Ladungsträger und Ströme beim Ausschalten eines n-Kanal-Transistors nach der Neutralisierung von Raumladung und Elektronen in der Inversionsschicht [2.16].
⊖ Elektronen, ⊕ Löcher.

Bei allen Betrachtungen war angenommen worden, daß das Gate-Po-
tential sofort auf das Einschaltpotential angehoben ist. Das heißt,
man müßte mit unendlich großem Strom schalten. Hier liegt nun die
entscheidende Begrenzung der Schaltzeiten: Die Widerstände und die
umzuladenden Kapazitäten von Gate, Leiterbahnen, pn-Übergängen
bestimmen das dynamische Verhalten einer MOS-Schaltung und nicht
die inneren Zeitkonstanten für Auf- und Abbau des leitenden Kanals
im Transistor, da die letzteren gegenüber den anderen Zeiten zu
vernachlässigen sind.

Bisher war zu Beginn bzw. am Ende des Schaltvorganges kein Kanal
mehr vorhanden. Besteht jedoch bereits ein leitender Kanal zwischen
Source und Drain und erhöht man die Gate-Spannung nur um einen

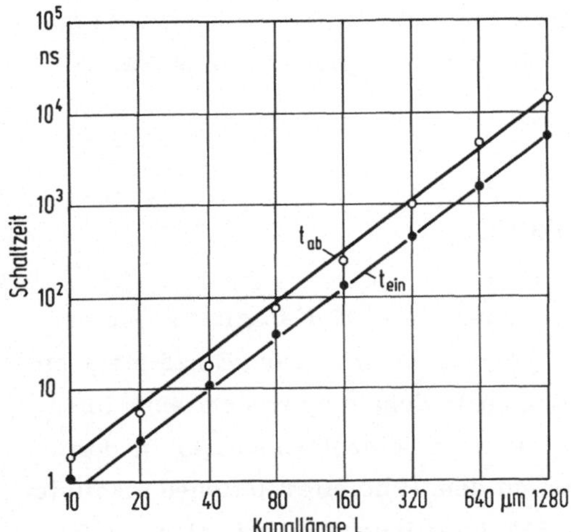

Bild 2.26. Ein- bzw. Abschaltzeiten von p-Kanal-Transistoren in Abhängigkeit von der Kanallänge L [2.16].
.... Meßpunkte, ――― gerechnete Kurven.

kleinen Betrag ΔU_G, wobei $U_{GS} - U_T \gg U_{DS}$ ist, so erhält man für die Bildung der geänderten Konzentration der Ladungsträger im Kanal folgendes vereinfachtes Bild für die Abschätzung der Einschaltzeit: Durch die Anhebung der Gate-Spannung entsteht im ersten Augenblick eine um denselben Betrag höhere Spannung zwischen Kanalmitte und den beiden Diffusionsgebieten. Die beiden Kanalhälften sind also die Widerstände, über die sich die Gate-Kapazität auflädt. Wir erhalten somit für die Zeitkonstante $\tau = RC$:

$$C = C_{ox} WL.$$

Die Aufladung der Kapazität erfolgt über die beiden parallel geschalteten Kanäle der halben Länge, sowohl nach dem Drain- als auch nach dem Source-Gebiet hin:

$$R = \frac{L}{4\,\mu_n QW}\,,$$

$$Q = C_{ox}(U_{GS} - U_T)\,,$$

$$R = \frac{L}{4\mu_n C_{ox}(U_{GS} - U_T)W}\,,$$

$$\tau = RC = \frac{L^2}{4\mu_n(U_{GS} - U_T)}\,. \tag{2.55}$$

Die Zeitkonstante τ hängt also in ähnlicher Weise wie in (2.54) quadratisch von der Kanallänge L ab. Für τ ergibt sich dieselbe Größenordnung wie für t_{ein}.

2.7 Ladungsverschiebeelemente (CCD)

In den vorangehenden Kapiteln wurden die MOS-Kapazität sowie der
aus ihr abgeleitete MOS-Transistor als integrierbare Einzelelemente
beschrieben. Eine normale integrierte Schaltung besteht aus vielen
MOS-Transistoren, von denen man jeden einzelnen sowohl in der
elektrischen Schaltung als auch auf dem Halbleiterplättchen lokalisieren kann. Zerbräche man das Plättchen irgendwie zwischen den Transistoren ohne einen solchen zu verletzen, so könnte man die Funktion
der Schaltung dadurch wiedergewinnen, daß man die unterbrochenen
Aluminiumbahnen durch Drähte zwischen den beiden Bruchstücken ersetzt. Das ist bei den in diesem Abschnitt beschriebenen "charge-
coupled devices" (CCD) nicht mehr möglich.

Man kann hier nicht mehr von einer Schaltung im klassischen Sinne
mit Einzelelementen sprechen, man kann den einzelnen Transistor
nicht mehr lokalisieren. Hier arbeitet man mit den Wechselwirkungen
zwischen Ladungen und elektrischen Feldern über größere Strecken
und erhält komplizierte Zusammenhänge. CCD's werden für analoge
und digitale Schieberegister verwendet.

Das Prinzip der CCD's wurde erstmals von Boyle und Smith im April
1970 beschrieben [2.17].

Der Aufbau ist sehr einfach: Bei der in Bild 2.27 beschriebenen Ausführung besteht das System im wesentlichen aus einem p-leitenden
Substrat mit einer Reihe von dicht nebeneinanderliegenden Gate-Elektroden auf einem dünnen durchgehenden Gate-Oxid. Man hat damit eine Reihe von eng aufeinanderfolgenden MOS-Kapazitäten. Lediglich am
Anfang der langen Reihe und am Ende befindet sich je ein Diffusionsgebiet zum Eingeben bzw. Auslesen des digitalen oder analogen Signals (s. Kap. 4). Die Gates sind bei der dargestellten Dreiphasen-
ausführung mit drei Taktleitungen U_1, U_2 und U_3 in der Weise ver-

bunden, daß jeweils eine Elektrode mit der folgenden drittnächsten
Elektrode auf demselben Potential liegt.

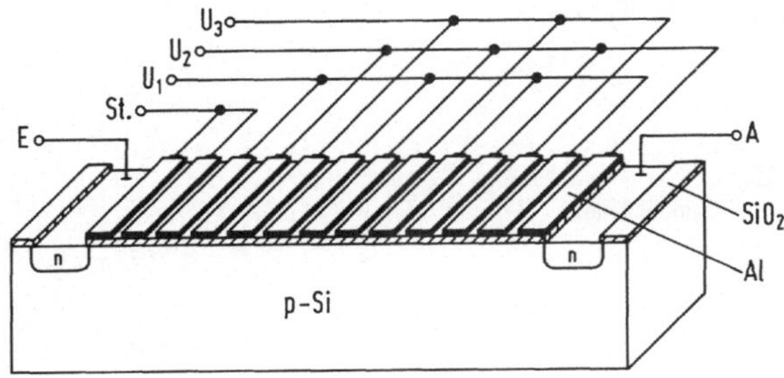

Bild 2.27. Prinzipieller Aufbau eines CCD-Systems.

Statt des p-Substrates mit n-leitendem Inversionskanal kann man auch
wie in Bild 2.4h ein n-Substrat mit p-Kanal wählen. Da, wie schon
in Abschn. 2.4 erwähnt, die Beweglichkeit der Elektronen in einer
Inversionsschicht etwa dreimal so groß wie diejenige der Löcher ist,
bietet ein n-Kanal-CCD den Vorteil einer höheren Frequenzgrenze bei
gleichen geometrischen Strukturen auf dem Silizium. Deswegen wurde
dieser Kanaltyp hier als Beispiel gewählt.

Zum weiteren Verständnis der Wirkungsweise einer CCD-Anordnung
sollen die Verhältnisse bei einer einzelnen MOS-Kapazität betrachtet
werden. In Übereinstimmung mit Bild 2.27 soll das Substrat p-leitend
sein. Legt man an die Aluminiumelektrode eines solchen Kondensators
eine positive Spannung, so werden die beweglichen positiven Ladungsträger in das Halbleiterinnere getrieben und es breitet sich eine negative Raumladung, die Verarmungszone, bestehend aus den ionisierten
Akzeptoren in den Halbleiter hinein aus. Bild 2.28a zeigt einen Schnitt
durch den Halbleiter senkrecht zur Oberfläche, Bild 2.29a den Potentialverlauf analog zu Bild 2.4d unmittelbar nach dem Einschalten der
positiven Gate-Spannung. Das Wesentliche bei den CCD-Schaltungen
liegt nun darin, daß die positive Gate-Spannung wieder weggenommen
wird, bevor es zu einer spürbaren Generation von Elektron-Loch-Paaren kommt.

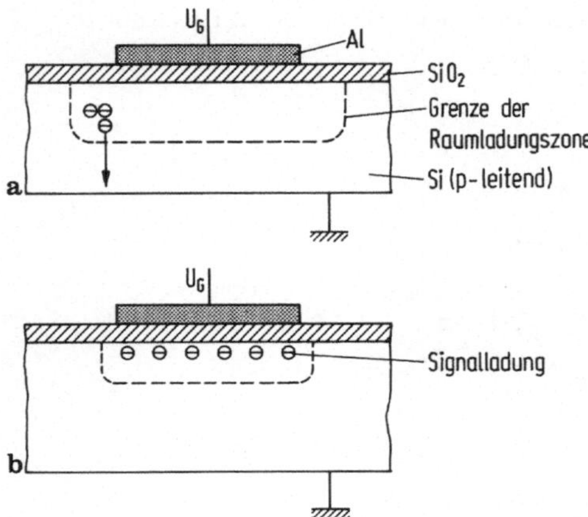

Bild 2.28. Raumladungszone im CCD-Kondensator bei Anlegen einer positiven Gate-Spannung. a) leere Potentialmulde ohne Signalladung; b) Signalladung aus Elektronen in Potentialmulde.

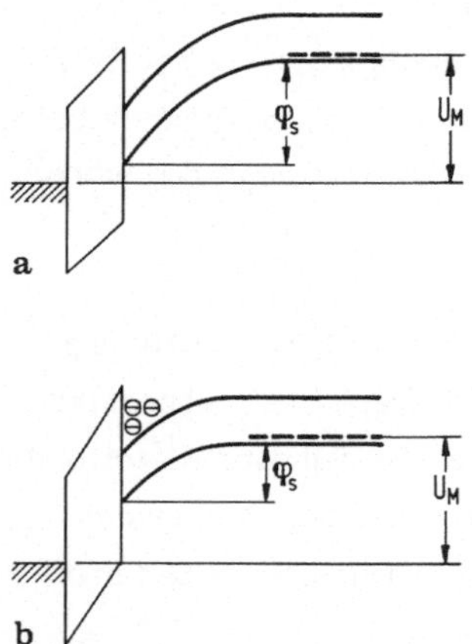

Bild 2.29. Bänderschema zu Bild 2.28.

Man hat also zunächst eine leere Potentialmulde für Elektronen unter der Grenzfläche Si/SiO_2 im Silizium. Gelingt es nun, Elektronen in diesen Potentialtopf zu bringen, so erhält man eine Verkleinerung der Ausdehnung der Raumladungszone, wie in den Bildern 2.28b und 2.29b gezeigt ist, da das elektrische Feld durch die Elektronen in der Inversionsschicht unter der Siliziumoberfläche gegenüber dem Halbleiterinneren abgeschirmt wird. Das Ladungspaket der Elektronen

bleibt in der Potentialmulde unverändert für die Dauer der angelegten
Gate-Spannung. Ihre Menge ändert sich nicht, da ja keine Zeit für eine nennenswerte Erzeugung von Ladungsträgerpaaren bleibt. Das
größtmögliche Ladungspaket entspricht der Gesamtmenge der Elektronen in der Inversionsschicht im thermischen Gleichgewicht.

Was geht nun in einer Reihe von MOS-Kapazitäten vor, wenn geeignete Taktspannungen an die Gates gelegt werden? Zur Erläuterung dienen
die Bilder 2.30 und 2.31. In Bild 2.30b ist die Potentialverteilung unter sechs MOS-Kapazitäten an drei aufeinanderfolgenden Zeiten t_1,
t_2 und t_3 dargestellt, wozu Bild 2.31 den zeitlichen Ablauf der Spannungen in den drei Taktleitungen zeigt. Zur Zeit t_1 ist die Spannung
U_1 positiv und beträgt U^+, während die anderen Gates auf dem Ruhe-
potential U_0 liegen. Unter der ersten und vierten Gate-Elektrode befinden sich zwei Potentialminima, die jeweils ein Paket von Elektronen enthalten. Etwas später, zur Zeit t_2, liegt die zweite Taktleitung U_2 auf positivem Potential U^+, während dasjenige von U_1 bereits auf die Hälfte $(U^+ - U_0)/2$ abgesunken ist. Sind die Gate-Elektroden nahe genug beieinander, so sind die beiden verschieden tiefen
Potentialmulden in der Weise gekoppelt, daß die Ladungen in beiden
Fällen in die benachbarte tiefere rechte Mulde weiterfließen. Durch
den Potentialunterschied zwischen beiden Mulden entsteht nämlich im
Zwischengebiet ein Potentialabfall und damit ein Feldgradient. Die
Ladungsverschiebung ist zur Zeit t_3 abgeschlossen (Bild 2.30b).

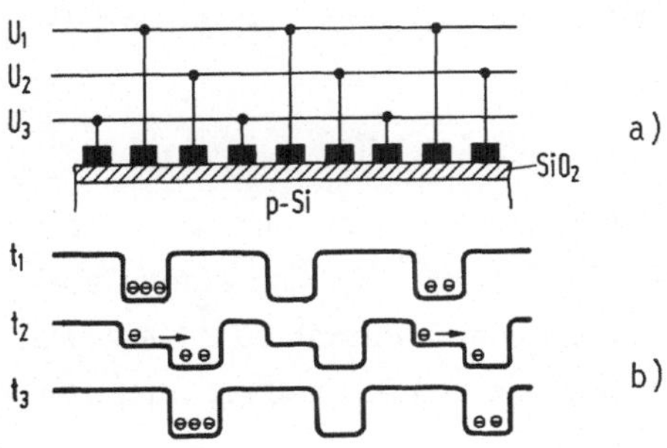

Bild 2.30. a) Ausschnitt aus Bild 2.27, 6 Elektroden; b) Potentialverlauf unter der Halbleiteroberfläche zu drei verschiedenen Zeiten
t_1, t_2 und t_3 mit Elektronen in den Mulden.

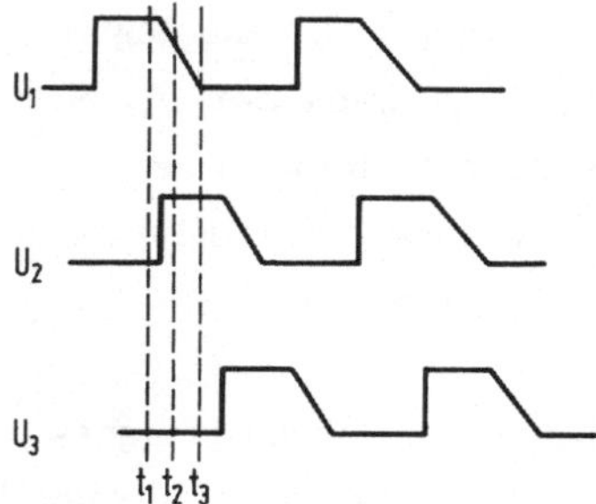

Bild 2.31. Zeitlicher Verlauf der drei Spannungen U_1, U_2 und U_3 mit Angabe der Zeiten t_1, t_2 und t_3.

Man erkennt, daß drei Elektroden zur Speicherung und Verschiebung eines Ladungspaketes notwendig sind. Bei einem einfachen Zweiphasensystem würde das Ladungspaket nach beiden Seiten aus einer Mulde weglaufen. Daher sind mindestens drei auf verschiedenen Potentialen liegende Elektroden notwendig, um eine Bewegung der Ladungen in einer Vorzugsrichtung zu erhalten. Man spricht daher von einem Elektrodentriplett als einem Verschiebeelement. Eine Nulladung wird ebenso wie ein Ladungspaket nach rechts verschoben.

Für ein gutes Funktionieren der Ladungsverschiebeelemente ist es im allgemeinen notwendig, die Oberfläche des Siliziums im Zustand der Verarmung zu halten. Dazu kann eine gewisse Ruhespannung U_0 notwendig sein.

Die größte Ladung Q, die unter einer Elektrode gespeichert, und in der Verschiebeanordnung weitertransportiert werden kann, ist durch folgende Beziehung gegeben

$$Q \approx C_{ox} U_G \, .$$

Für ein Element mit einer Fläche von 30 μm × 100 μm und einer Oxiddicke von 0,12 μm beträgt die Kapazität $C \approx 10^{-12}$ F. Bei einer Gate-Spannung von 10 V ergibt das eine Ladung von maximal 10^{-11} As. Für eine Taktfrequenz von 1 MHz erhält man dann einen größten mittleren Ausgangsstrom von 0,5 μA.

Bei der Übertragung zur nächsten Potentialmulde geht ein kleiner Teil der Ladung verloren und kommt später als die Hauptmenge zum Ausgang. Der Übertragungswirkungsgrad η ist definiert als der Anteil des Ladungspaketes, der vollständig übertragen wird. Er liegt typisch über 99,9 % für eine Dreiphasenanordnung. Oft ist es einfacher, von einem Verlustgrad $\varepsilon = 1 - \eta$ zu sprechen. Der Ladungsverlust durch eine Anordnung von n Elektroden ist kumulativ. Das heißt, daß eine Ladung Q_n nach n Schritten von der Ursprungsladung Q_0 übrigbleibt:

$$Q_n = Q_0 \eta^n \approx Q_0(1 - n\varepsilon). \tag{2.56}$$

Ist für ein Signal über 100 Elemente hinweg nur eine Schwächung von 1 % zugelassen, so muß ε kleiner als 10^{-4} sein. Es gibt zwei Ursachen für die Verluste beim Übergang von einer Potentialmulde zur nächsten:

- Die Zeit, die für den Transport erforderlich ist,
- Fangstellen für Elektronen.

Zu den Kräften, die das Elektronenpaket in die Nachbarmulde treiben, gehören die gegenseitige Abstoßung der gleichnamigen Ladungen, die thermische Diffusion und das elektrische Feld zwischen den einzelnen Potentialmulden.

Die elektrische Abstoßung hat keine Wirkung mehr auf die Übertragung des letzten Restes der Ladungen, da dann die Konzentration der Ladungsträger sehr gering ist. Sie fällt also als zeitbestimmender Faktor weg.

Dagegen spielt die thermische Diffusionszeit τ_{th} eine entscheidende Rolle. Ist L die Länge einer MOS-Kapazität und v die mittlere Diffusionsgeschwindigkeit der Elektronen, so erhält man durch eine Abschätzung

$$\tau_{th} = \frac{L}{v} = \frac{L}{D/L} = \frac{L^2}{D}. \tag{2.57}$$

Mit $L = 10\ \mu m$ und $D = 10^{-3} m^2 s^{-1}$ erhält man eine Diffusionszeit τ_{th} von $10^{-7} s$. Setzt man $\varepsilon = e \cdot \exp(-t/\tau_{th})$, erhält man für eine Übertragungszeit von 1 μs ein ε von 10^{-4}.

Die soeben errechnete Zeit läßt sich noch verkürzen, wenn das von den Gate-Elektroden herrührende elektrische Feld zwischen zwei Mul-

den ein kontinuierlich abfallendes Potential beim Übergang von einer
Mulde zur anderen erzeugt.

Liegen die Elektroden nicht nahe genug beieinander, so bildet sich anstelle eines die Diffusion unterstützenden elektrischen Feldes ein Po-
tentialberg aus, der einen Teil der Ladung in der ersten Mulde zurück-
hält.

Wenn es nun gelingt, einen idealen Übertragungsmechanismus zu
schaffen, so kann der Wirkungsgrad der Übertragung noch durch das
Einfangen von Elektronen in tiefe Niveaus begrenzt werden. Hierfür
kommen die in Abschn. 2.1 bereits erwähnten schnell umladbaren
Oberflächenzustände in Frage. Wird nun ein Elektronenpaket in eine
Potentialmulde transportiert, so werden einige Elektronen sofort in un-
besetzte Oberflächenzustände gelangen. Die Geschwindigkeit jedoch,
mit der die Zustände in das Leitungsband entleert werden, nimmt mit
wachsendem energetischen Abstand der Niveaus vom unteren Rande des
Leitungsbandes ab. Die Entleerungszeiten können bis zu 1s für Zustände
in der Bandmitte betragen. Da nun das Füllen der Oberflächenzustände
viel schneller erfolgt als ihre Entleerung, verliert das Signal einige
Elektronen beim Weitertransport. Diese Verluste lassen sich reduzieren, wenn man eine Grundladung von etwa 10 % der Signalamplitude
ständig durch das CCD laufen läßt und damit die Oberflächenzustände
gefüllt hält. Durch die Grundladung werden die Niveaus im verbotenen
Band schon vor dem Signal aufgefüllt, so daß die Signalelektronen
nicht mehr weggefangen werden können. Man nennt diese Grundladung
"fat zero".

Ein anderer Weg zur Vermeidung der Verluste durch die Oberflächenzustände besteht darin, daß man die Minima der Potentialmulden von
der Oberfläche weg in das Halbleiterinnere verlegt. Wie Bild 2.32
zeigt, ist das mit Hilfe der Ionenimplantation möglich. Man erzeugt
auf diese Weise eine dünne Schicht, die mit Donatoren dotiert wird.
Die dadurch entstehende Raumladungszone hat bei geeigneter Gate-
Spannung ein Minimum im Innern des Halbleiters. Durch Änderung der
Gate-Spannungen in der Art des Dreiphasensystems des Bildes 2.31
lassen sich analog zu Bild 2.30 die Elektronen weiterschieben. Diese
Struktur hat den Namen "vergrabener Kanal" (buried channel) [2.18].

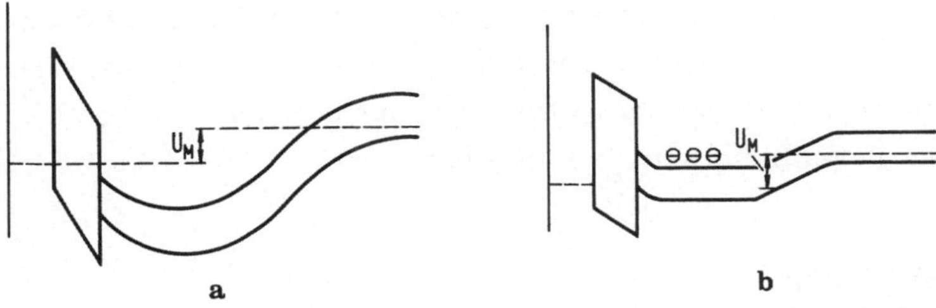

Bild 2.32. Bänderschema eines CCD-Systems mit vergrabenem Kanal. a) ohne Signalladung; b) mit Signalladung.

Bild 2.27 zeigt, auf welche Weise ein Ladungspaket in die CCD-Schaltung eingeführt und nach Durchlaufen der Reihe gemessen werden kann. Dazu befinden sich am Eingang (E) und Ausgang (A) je eine n-Diffusion mit Anschluß zur Al-Bahn. Soll ein Signal in die CCD-Schaltung eingegeben werden, so wird an die Steuerleitung St eine Spannung gelegt, so daß unter den beiden ersten Steuerelektroden ein leitender Kanal entsteht und ein Strom von Elektronen in die erste Potentialmulde fließt. Zum Lesen des Signals wird die Ladungsmenge gemessen, die aus dem rechten Diffusionsgebiet nach Durchlaufen der CCD-Strecke entnommen werden kann. Die in Bild 2.27 gezeigte Anordnung ist die einfachste. Sie ist nicht ausreichend, wenn man nicht nur digitale sondern auch analoge Signale ohne Verzerrung durch die CCD-Schaltung schieben will.

Eine interessante Anwendung ist der optische Sensor. Bestrahlt man nämlich eine leere Potentialmulde mit Licht einer Wellenlänge unterhalb von 1,2 μm, so werden Elektron-Loch-Paare erzeugt. Die Elektronen bleiben in den Mulden, bis sie zu ihrer Messung herausgeschoben werden [2.30].

In den Bildern 2.30 und 2.31 war das Dreiphasensystem mit Al-Elektroden beschrieben worden. Nun ist es praktisch sehr schwierig, mit der üblichen Fototechnik Abstände zwischen den Gate-Elektroden unter 3 μm herzustellen. Man versucht daher, den Abstand ohne Justier- und Ätzschwierigkeiten mit anderen Mitteln auf Werte kleiner als 1 μm zu beschränken. Zwei Möglichkeiten sind in Bild 2.33 dargestellt. Bei der einen (a) stellt man abwechselnd ein Gate aus Polysilizium und das andere aus Polysilizium oder Aluminium mit wechseln-

der Oxiddicke her. Bei der anderen (b) bestehen alle Gates aus Polysilizium, die sich überlappen. Gemeinsam ist den beiden Arten, daß
der Abstand zwischen zwei Gate-Elektroden nur durch die Oxidisola-
tion auf dem Polysilizium $(d_{ox} < 1\ \mu m)$ bestimmt ist.

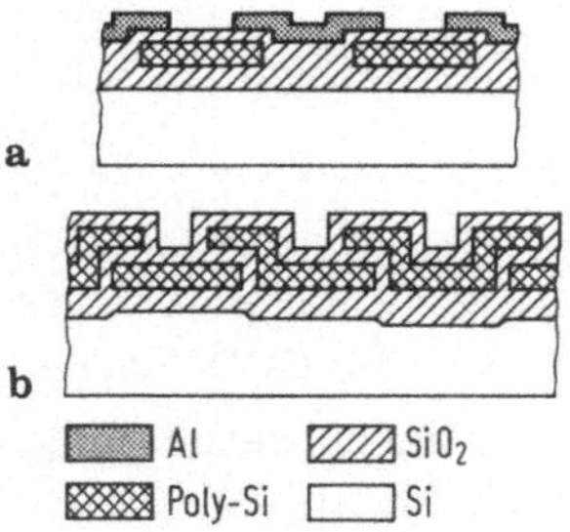

Bild 2.33. CCD-Strukturen mit kleinem Abstand der Gate-Elektroden.
a) Poly-Si und Al oder Poly-Si; b) Dreifach-Poly-Si.

Mit den in Bild 2.33 gezeigten Strukturen lassen sich auch Zwei- und
Vierphasensysteme bauen.

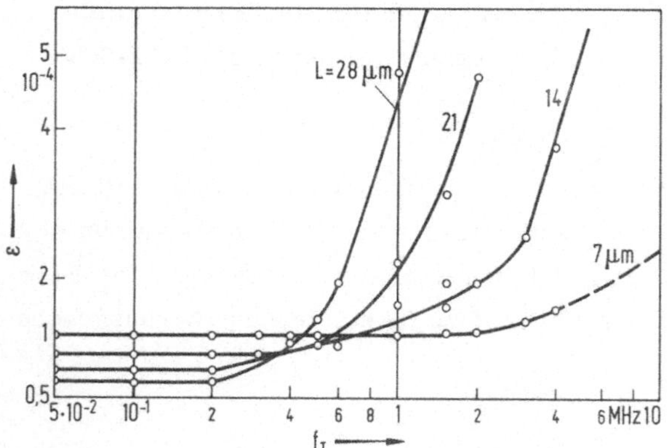

Bild 2.34. Verluste ε in Abhängigkeit von der Taktfrequenz für eine
Struktur mit Doppel-Polysilizium-Gate und Vierphasenbetrieb. Elek-
trodenbreite W = 100 μm, verschiedene Längen L. Verhältnis: Fat
zero/Signal = 3 : 5 [2.29].

2.8 Transistoren mit veränderlicher Schwellenspannung

Bei den bisher behandelten Transistoren waren definierte Reprodu-
zierbarkeit und Langzeitstabilität der Schwellenspannung die entscheidenden Eigenschaften. In diesem Abschnitt werden Feldeffekttransistoren beschrieben, deren Schwellenspannung sich elektrisch oder
optisch in einem gewünschten Sinne ändern läßt. Man kann dann zwei
verschiedenen Werten von U_T die binären Werte "0" und "1" zuordnen. Man hat also die Möglichkeit, ohne eine Versorgungsspannung,
also ohne Leistungsverbrauch, Informationen zu speichern. Die Speicherung von einem Bit erfordert dabei nur einen Transistor.

Das Prinzip besteht darin, daß man den festen Ladungen der Dichte
Q_f im Isolator weitere hinzufügt oder einen Teil davon beseitigt (vgl.
(2.36)). Zur Erläuterung diene Bild 2.35a. Es zeigt den Querschnitt
durch einen MNOS-Transistor (metal nitride oxide semiconductor) als
Beispiel. Die Isolatorstruktur zwischen Gate und Halbleiter besteht
aus einer etwa 2 nm dicken SiO_2-Schicht und einer 50 nm dicken
Schicht aus Si_3N_4. An der Grenzfläche zwischen den beiden Isolatoren
befindet sich eine große Zahl von umladbaren Haftstellen für Elektronen. Nehmen wir an, sie seien zunächst ungeladen. Die dann gemessene Schwellenspannung U_{T1} des p-Kanal-Transistors betrage nach
Bild 2.35b im Punkt 1   2,4 V. Legt man nun eine Spannung von - 35 V
an das Gate, so bildet sich einerseits ein löcherleitender Kanal zwischen Source und Drain, andererseits bewirkt das starke elektrische
Feld, daß Elektronen aus den Haftstellen durch das dünne Oxid in den
Kanal tunneln können. Die so entstandenen positiven Ladungen in der
Isolatorgrenzschicht verschieben die Schwellenspannung zu stärker negativen Werten, in unserem Beispiel zu - 12 V (Punkt 3 in Bild
2.35b). Legt man hingegen eine positive Spannung von 35 V an das
Gate, so reichern sich die Elektronen im n-Halbleiter unter der Oberfläche an. Zugleich tunneln Elektronen unter der Wirkung des elektrischen Feldes aus dem Halbleiter in die Haftstellen zurück, und die
ursprüngliche Schwellenspannung U_T ist wieder hergestellt.

Die Größe der Verschiebung der Schwellenspannung wird sowohl von
der Höhe als auch von der Dauer des Gate-Impulses bestimmt. So
zeigt Bild 2.35b die Schwellenspannung U_T in Abhängigkeit von der

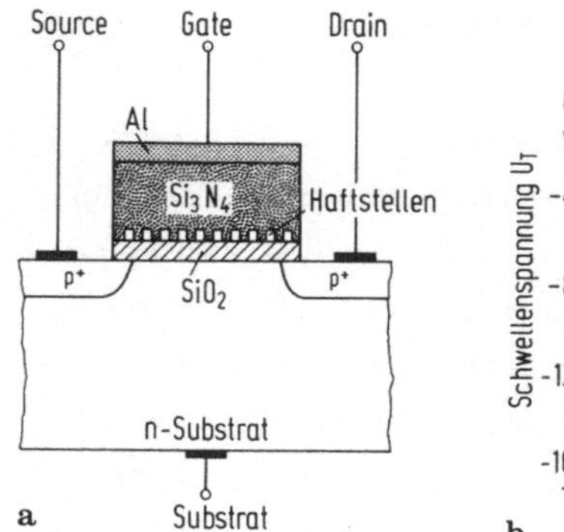

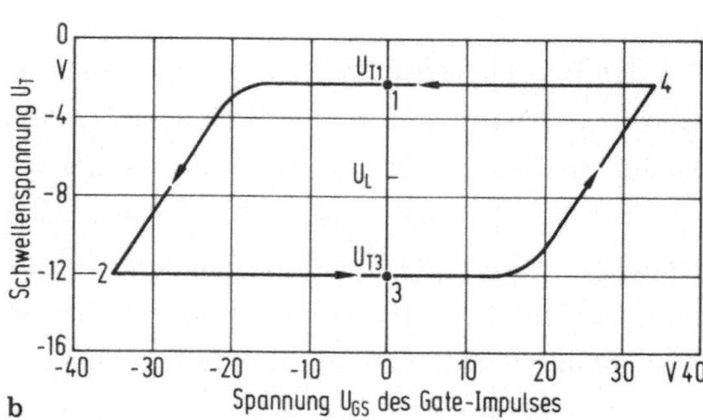

Bild 2.35. a) Schnitt durch einen MNOS-Speicher-Transistor [2.19];
b) Schwellenspannung eines MNOS-Transistors in Abhängigkeit von der
Amplitude des Gate-Spannungsimpulses von 10 µs Dauer [2.20].

Höhe des Impulses für eine Impulsdauer von 10 µs. Wählt man eine
Gate-Lesespannung U_L von - 7 V, so erhält man je nach Größe der
eingeschriebenen Schwellenspannung einen leitenden oder einen nicht-
leitenden Transistor. Auf diese Weise läßt sich der eingeschriebene
Speicherzustand ablesen.

Bild 2.36 gibt den Drain-Strom in Abhängigkeit von der Gate-Spannung
U_{GS} für die beiden Werte der Schwellenspannung von - 2,4 V und
- 12 V gemäß Bild 2.35b wieder.

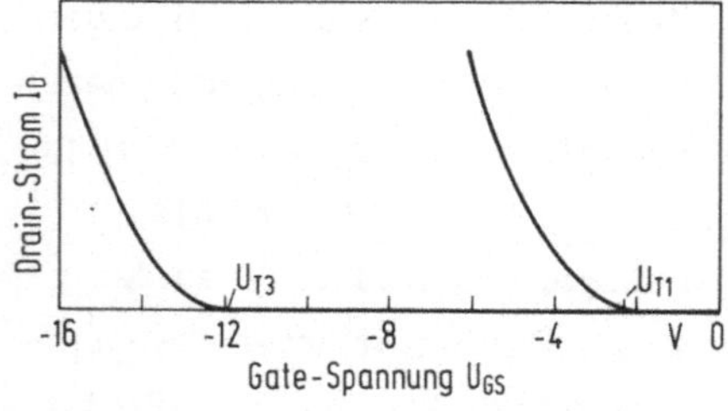

Bild 2.36. Drain-Strom I_D in Abhängigkeit von der Gate-Spannung U_{GS}
für die beiden Werte der Schwellenspannung aus Bild 2.35b.

Bei einem MNOS-Transistor der gezeigten Art wird die Information
nach einer gewissen Zeit abgebaut, d.h. die Haftstellen entladen sich
(Bild 2.37). Diese Zeit ist jedoch sehr lang, sie liegt im allgemeinen

bei einigen Jahren. Der Abbau erfolgt bei ständigem Auslesen der Zelle rascher, da das Gate hierbei mit einer negativen Gate-Spannung (p-Kanal) beaufschlagt wird. In [2.28] war nach 10^{13} Lesevorgängen der Unterschied zwischen den zwei Schwellenspannungen so gering, daß keine eindeutige Bewertung des Lesesignals möglich war. Für die meisten Anwendungen sind so viele Lesevorgänge jedoch ausreichend.

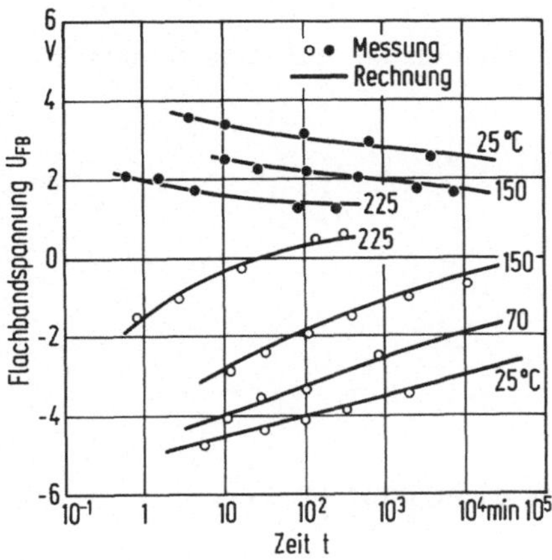

Bild 2.37. Flachbandspannung U_{FB} eines MNOS-Transistors in Abhängigkeit von der Zeit bei verschiedenen Temperaturen, $U_{GS} = 0$ [2.28].

Nach dem vorigen Modell könnte man im Prinzip auch so vorgehen, daß man auf das dünne Oxid vor dem Abscheiden der Nitridschicht eine sehr dünne metallische Schicht aufdampft, die durch einen Tunnelstrom während des Spannungsimpulses umgeladen werden kann [2.34]. Allerdings gelang es bisher nicht, auf diese Weise brauchbare Strukturen herzustellen. Statt dessen gelangte der Speichertransistor "FAMOS" (Floating gate avalanche - MOS) auf den Markt. Das Prinzip ist in Bild 2.38 dargestellt. Es handelt sich hier um einen p-Kanal-Transistor mit Silizium-Gate. Im Gegensatz zum normalen Si-Gate-Transistor nach Abschn. 3.2 ist in das Siliziumdioxid ein dotiertes Polysilizium-Gate völlig eingeschlossen, also ohne jegliche leitende Verbindung nach außen. Der Abstand zwischen Gate-Elektrode und Halbleiteroberfläche beträgt 100 nm. Zum Umladen des Gate wird kurzzeitig eine so hohe negative Spannung an das Drain-Gebiet gelegt, daß in dessen Nähe unter dem Si-Gate ein Lawinendurchbruch stattfindet. Die dabei entstandenen heißen Elektronen gelangen durch das 100 nm dicke

Gate-Oxid zur Gate-Elektrode und laden diese negativ auf. Sind genügend negative Ladungen in ihr, so influenzieren diese einen p-leitenden Kanal und der Transistor leitet. Da das isolierte Silizium-Gate keine elektrisch leitende Verbindung nach außen besitzt, kann es nicht elektrisch entladen werden. Ein Löschen der Information ist nur dadurch möglich, daß man die Elektronen durch Bestrahlen des Gate mit Lichtquanten genügender Energie (UV- oder Röntgenbestrahlung) durch eine transparente Gehäuseabdeckung aus dem Silizium-Gate in den Halbleiter zurückbefördert (Belichtungsdauer mehrere Minuten).

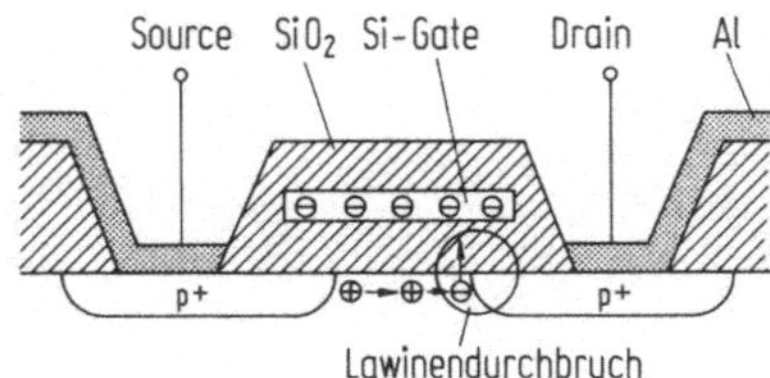

Bild 2.38. Schnitt durch einen FAMOS-Transistor [2.21].

Um diesen Speichertransistor in einer Matrix einsetzen zu können, benötigt man im Gegensatz zum MNOS-Transistor noch einen Auswahltransistor für jedes FAMOS-Element. Eine Weiterentwicklung des FAMOS-Transistors ist der in Bild 2.39 gezeigte Transistor mit einem zweiten Silizium-Gate G2 über dem ersten G1 [2.22]. G2 ist im Gegensatz zu G1 von außen zugänglich. Die Struktur in Bild 2.39 trägt den Namen SIMOS (Stacked gate injection-MOS-Speicherzelle). Der zugrunde liegende Mechanismus des Einschreibens einer Information ist der folgende [2.23]:
Wegen des kurzen Kanals von nur 3,5 μm Länge erhält man heiße Elektronen im Kanal vor dem Drain-Gebiet, noch bevor der Kanal abgezwickt ist, d.h. der Sättigungsbereich beginnt. Dann hat bei $U_{GS} > U_{DS}$ das elektrische Feld im Oxid eine solche Richtung, daß es die heißen Elektronen aus dem Kanal zu dem potentialfreien Gate G1 beschleunigt und dieses negativ auflädt. Bei der Kanallänge in Bild 2.39 genügen zum Einschreiben U_{DS} = 17 V und $U_{G2\,S}$ = 24 V. Eine Verschiebung ΔU_T der Schwellenspannung von 8 V ist damit erreichbar. ΔU_T ist um so größer, je größer die Kapazität zwischen G2 und G1 verglichen mit der zwischen G1 und dem n-Kanal im Silizium ist.

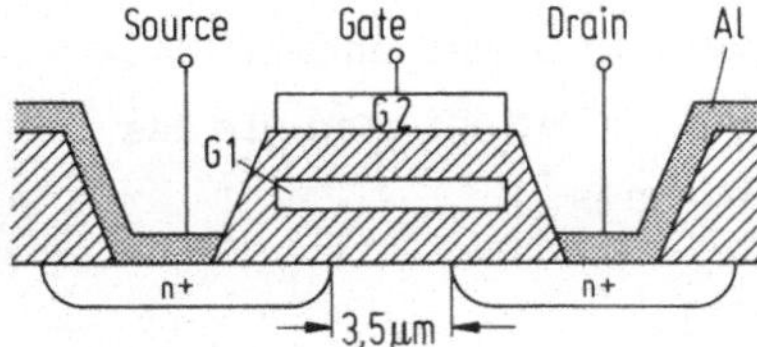

Bild 2.39. Schnitt durch einen SIMOS-Transistor [2.22].

Das Löschen erfolgt wie beim FAMOS-Transistor durch UV-Bestrahlung.
Da der SIMOS-Transistor ein steuerbares Gate G2 besitzt, benötigt man
in einer Speichermatrix wie beim MNOS-Transistor keinen zusätzlichen
Auswahltransistor je Speicherzelle, im Gegensatz zum Speicher mit
FAMOS-Transistoren [2.22]. Außerdem sind die Schreibströme ge-
ringer.

Mit einer speziellen Konfiguration der beiden Gate-Elektroden ist auch
elektrisches Löschen möglich [2.24]. Ein solches Bauelement nennt
sich SIMOS EEROM (electrically erasable read-only memory)-Tran-
sistor. Es gibt hierfür auch den Begriff EEPROM (electrically erasable programmable read-only memory).

2.9 Rauschen des MOS-Transistors [2.25]

Ein MOS-Transistor ist ein durch ein elektrisches Feld gesteuerter
Widerstand; das thermische Rauschen des Kanalwiderstandes wird
daher die wesentliche Ursache für das Rauschen eines MOS-Transistors sein [2.26]. Dazu kommt bei fester Gate-Spannung eine
Schwankung der Konzentration der beweglichen Ladungsträger im Kanal, wenn sich umladbare Zustände an der Grenzfläche Si/SiO_2 befinden [2.27].

Bei der Herleitung des mittleren Schwankungsquadrates i_{DR}^2 des
Rauschanteils i_{DR} des Drain-Stromes wird angenommen, daß es sich
um ein sehr kleines Signal handelt. Das thermische Rauschen des Inversionskanals unterscheidet sich von dem eines ohmschen Widerstandes jedoch dadurch, daß sich bei einer durch das Rauschen bedingten
örtlichen Spannungsänderung im Kanal bei fester Gate-Spannung die

Konzentration der beweglichen Ladungsträger im Kanal ändert. Berücksichtigt man diesen zusätzlichen Effekt, so erhält man für das mittlere Schwankungsquadrat des Drain-Stromes

$$\overline{i_{DR}^2} = 4kT\, S_{Sat}\, \Delta f\, f_1[U_{DS}/(U_{GS} - U_T)]. \qquad (2.58)$$

f_1 ist in Bild 2.40 in Abhängigkeit von $U_{DS}/(U_{GS} - U_T)$ dargestellt. S_{Sat} ist das Maximum der differentiellen Steilheit im Knickpunkt nach (2.28). Im Sättigungsbereich beträgt $f_1 = 2/3$. Für $U_{DS} \ll (U_{GS} - U_T)$ erhält man die Nyquist-Formel [2.25].

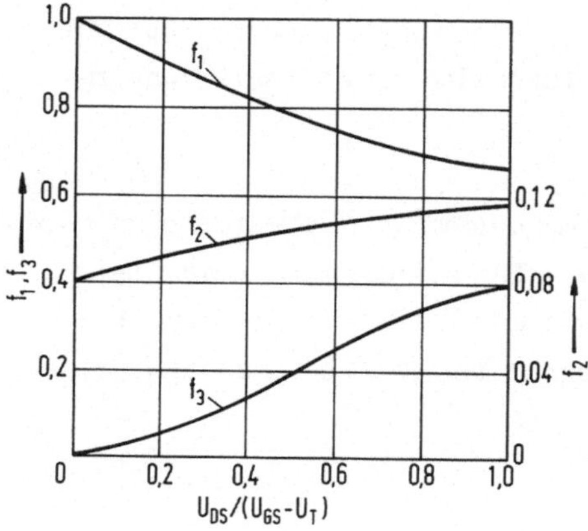

Bild 2.40. Funktionen f_1, f_2 und f_3 in Abhängigkeit von $U_{DS}/(U_{GS} - U_T)$ [2.25].

Bei festen Werten von Gate-, Source- und Drain-Spannung entstehen, wie schon erwähnt, durch das thermische Rauschen im Kanal örtliche Spannungsschwankungen. Diese führen nicht nur im Kanal, sondern auch auf der Gate-Elektrode zu einer Ladungsänderung dQ, die der im Kanal entgegengesetzt gleich ist.

Dies führt zu einem kapazitiven Gate-Strom $di_G = i\omega dQ$. Das Schwankungsquadrat des gesamten induzierten Gate-Stromes ergibt sich zu

$$\overline{i_G^2} = 4kT\, \Delta f\, \frac{\omega^2 C_{ox}}{S}\, f_2[U_{DS}/(U_{GS} - U_T)]. \qquad (2.59)$$

Die Funktion f_2 ist ebenfalls in Bild 2.40 angegeben. Sie erreicht im Sättigungsbereich den Wert 0,12.

Der Gate-Strom i_G ist mit der Spannungsänderung des thermischen
Rauschens und dadurch mit der Schwankung des Drain-Stromes korre-
liert. Für den imaginären Korrelationskoeffizienten erhält man

$$\left| \frac{i_{DS} i_G}{\sqrt{i_D^2 i_G^2}} \right| = f_3 [U_{DS}/(U_{GS} - U_T)] . \tag{2.60}$$

Bild 2.40 zeigt die Funktion f_3. In der Sättigung beträgt der Wert für
den Korrelationskoeffizienten 0,39.

(2.59) gibt das Schwankungsquadrat des Gate-Stromes wieder. Ein kapazitiver, mit dem thermischen Rauschen des Drain-Stromes korre-
lierter Strom fließt auch zum Substrat, das über die Raumladungszone
zwischen Substrat und Inversionskanal ebenso wie das Gate eine Steuerwirkung auf die Ladungen im Kanal ausübt (Substratsteuerung,
Abschn. 2.5). Der Einfluß des Substrates ist jedoch gering, wenn die
Oxiddicke klein im Vergleich zur Raumladungsdicke ist, d.h. bei geringer Substratdotierung.

Eine besonders wichtige Eigenschaft des MOS-Transistors ist die
Existenz von umladbaren Zuständen an der Grenzfläche Oxid/Halblei-
ter. Da diese Zustände über die verbotenen Zonen energetisch verteilt sind, hat man ein breites Spektrum von Zeitkonstanten für die
Umladungsprozesse und erhält somit über einen begrenzten Frequenzbereich ein 1/f-Rauschen, dessen Stärke mit der Verteilung der umladbaren Zustände über die verbotene Zone in Zusammenhang steht.

2.10 Temperaturverhalten von MOS-Transistoren

Die Eigenschaften und Parameter eines MOS-Transistors sind tempe-
raturabhängig. Diese Abhängigkeit muß beim Entwurf von integrierten
Schaltungen mit berücksichtigt werden. Grundsätzlich kann man drei
Effekte beobachten, die bei höherer Temperatur eintreten [2.37]:

- Die Sperrströme der pn-Übergänge und Leckströme in der Raumladungszone steigen mit höherer Temperatur. Eine ungefähre
  Richtzahl ist die Verdopplung des Sperrstromes pro 10 K Tempe-
  raturanstieg. Bei Schaltungen mit extrem niedrigem Stromverbrauch (z.B. Uhrenschaltkreise) und bei dynamischen Speichern

und CCDs (s. Abschn. 4.7) muß dieser Effekt mit berücksichtigt
werden. Bei dynamischen Speichern wird mit steigender Temperatur jene Zeit verringert in der die Ladung gespeichert bleibt.

- Mit steigender Temperatur sinkt die Schwellenspannung von p-
  und n-Kanal Transistoren, und zwar in der Größenordnung von
  1,5 mV bis 2 mV pro K. Dieser Effekt beruht auf der Tempera-
  turabhängigkeit des Fermi-Niveaus und führt zunächst zu einem
  mit steigender Temperatur ansteigenden Drain-Strom.

- Dieser Anstieg des Drain-Stroms wird jedoch von der Tempera-
  turabhängigkeit der Beweglichkeit mehr als kompensiert. Die Beweglichkeit in der Inversionsschicht eines MOS-Transistors ist
  proportional der absoluten Temperatur. Es gilt die empirische
  Abhängigkeit

$$\mu(T) = \frac{\mu(300\ K)}{(T/300)^a} \; . \tag{2.61}$$

In (2.61) ist die Temperatur T in Kelvin angegeben, und der Wert
für a liegt zwischen 1,0 und 1,5. Wird also ein Schaltkreis bei 50 K
über Zimmertemperatur (= 300 K) betrieben, so sinkt die Beweglichkeit um etwa 20 %.

Da der Drain-Strom direkt proportional zur Beweglichkeit ist, sinkt
er um den gleichen Wert. MOS-Schaltungen, die bei höheren Temperaturen betrieben werden, verbrauchen daher weniger Strom, sind
aber auch langsamer, da weniger Strom für das Laden und Entladen
der schaltungsinternen Kapazitäten zur Verfügung steht. Der Entwickler muß beim Schaltungsentwurf diesen Gegebenheiten durch entsprechende Dimensionierung Rechnung tragen.

Literatur zu 2

2.1.   Zerbst, M.; Z. Angew. Phys. 22 (1966) 22

2.2.   Götzberger, A; Bell Syst. Tech. J. 45 (1966) 45

2.3.   Terman, L.M.: Solid State Electron. 5 (1962) 285

2.4.   Berglund, C.N.: IEEE Trans. Electron. Dev. ED 13 (1966)
        701

2.5.   Brown, D.M.; Gray, P.V.: J. Electrochem. Soc. 115
(1968) 760

2.6.   Nicollian, E.H.; Götzberger, A.: Bell Syst. Tech. J. 46
(1967) 1055

2.7.   Feltl, H.: Solid State Electron. 19 (1976) 425

2.8.   Welker, H.: Unveröffentlichte Arbeit, März 1945

2.9.   Hofstein, S.R.; Heimann, F.P.: Proc. IEEE 51 (1953)
1190

2.10   Sah, C.T.: IEEE Trans. Electron Dev. ED 11 (1964) 324

2.11. Longo, H.E.: Z. Angew. Phys. 29 (1970) 166

2.12. Lee, C.A.; u.a.: Phys. Rev. 134 (1964) 761

2.13. Reddi, V.G.K.; Sah, C.T.: IEEE Trans. Electron Dev. ED
12 (1965) 139

2.14. Lohmann, R.D.: SCP and Solid State Technol. (1966) 23

2.15. Goser, K.: Arch. elektr. Übertr. 24 (1970) 21

2.16. Grimmer, F.; Goser, K.: Arch. elektr. Übertr. 26
(1972) 197

2.17. Boyle, W.S.; Smith, G.E.: Bell Syst. Tech. J. 49 (1970)
587

2.18. Walden, R.H; u.a.: Bell Syst. Tech. J. 51 (1972) 1635

2.19. Ross, E.C.; Wallmark, J.T.: RCA-Rev. 30 (1969) 366

2.20. Horninger, K.: Siemens Forsch. u. Entwickl.-Ber. 4
(1975) 213

2.21. Frohmann-Bentchkowsky, D.: Solid State Electron. 17
(1974) 517

2.22. Tarui, Y.; Hayashi, Y.; Nagai, K.: IEEE J. SC 7 (1972)
369

2.23. Rößler, B.; Müller, R.G.: Siemens Forsch. u. Entwickl.-
Ber. 4 (1975) 345

2.24. Rößler, B.: IEEE Trans. Electron. Dev. ED 24 (1977) 606

2.25. Müller, R.: Rauschen, Berlin, Heidelberg, New York:
Springer 1979

2.26. Wallmark, J.T.; Johnson, H.: Field-effect transistors.
Englewood Cliffs: Prentive Hall 1966

2.27. Sah, C.T.; Hielscher, F.H.: Phys. Rec. Letters 17
(1966) 956

2.28. Lindquist, L.; Svensson, C.; Hansson, B.: Solid State
Electron. 19 (1976) 221

2.29. Klar, H.; Mauthe, M.; Deppe, H.R.: Proc. 5th Internat.
Conf. on CCD. Edinburgh, Sept. 1979

2.30. Herbst, H.; Knauer, K.; Koch, R.: RTM 21 (1977) 77

<u>Bücher zur weiteren Vertiefung in die Funktionsweise von Feldeffekttransistoren.</u>

2.31. Beneking, H.: Feldeffekttransistoren. Berlin, Heidelberg, New York: Springer 1973

2.32. Paul, R.: Feldeffekttransistoren. Stuttgart: Berliner Union 1972

2.33. Crawford, R.H.: MOS-FET in Circuit design. New York: McGraw-Hill 1967

2.34. Cobbold, R.S.C.: Theory and applications of field-effect transistors. New York: Wiley 1970

2.35. Sze, S.M.: Physics of semiconductor devices. New York: Wiley 1969

2.36. Müller, R.: Bauelemente der Halbleiter-Elektronik, 2. Aufl., Berlin, Heidelberg, New York: Springer 1979

2.37. Hodges, D.A.; Jackson, H.G.: Analysis and Design of Digital Integrated Circuits. New York: Mc Graw-Hill 1983

3 MOS-Techniken

Nachdem in Kap. 2 der funktionelle Aufbau und die Eigenschaften von
MOS-Bauelementen besprochen wurden, gibt dieses Kapitel einen
Überblick über die verschiedenen MOS-Techniken, die für integrierte
MOS-Schaltungen in Frage kommen. Auch ein Entwurfsingenieur muß
mit den Grundzügen der Halbleitertechnik vertraut sein, um eine gemeinsame Sprache mit dem Hersteller der integrierten Schaltungen
sprechen zu können. Nur aus dem Zwiegespräch von Technologen und
Schaltungsingenieuren kann die technisch beste Lösung, der günstigste Kompromiß geboren werden. Um eine integrierte MOS-Schaltung
entwerfen zu können, muß man die Folge der Herstellungsprozesse
und die daraus resultierenden geometrischen Dimensionen eines MOS-
Transistors kennen. Dazu betrachten wir die heute wichtigsten Techniken, nämlich den Prozeß zur Herstellung eines p-Kanal-Transistors
mit Aluminium-Gate, die Silizium-Gate-Technik für n-Kanal-Transistoren und die Komplementärtechnik für n-Kanal- und p-Kanal-Transistoren.

3.1 Aluminium-Gate-Technik mit p-Kanal

Der MOS-Prozeß ist ein Planarprozeß. Bei diesem werden alle Prozesse von der Oberfläche her durchgeführt, da die funktionellen Teile
im Halbleiter dicht unter der Oberfläche liegen. Zur Erläuterung
dient Bild 3.1, das Schnitte durch den Halbleiter senkrecht zur Oberfläche in verschiedenen Stadien der Herstellung maßstabgerecht zeigt,
wobei vertikaler und horizontaler Maßstab um den Faktor 2,5 verschieden sind.

Man geht von einer einseitig polierten, senkrecht zur (111)-Richtung
geschnittenen Siliziumscheibe aus, deren Durchmesser zwischen 50

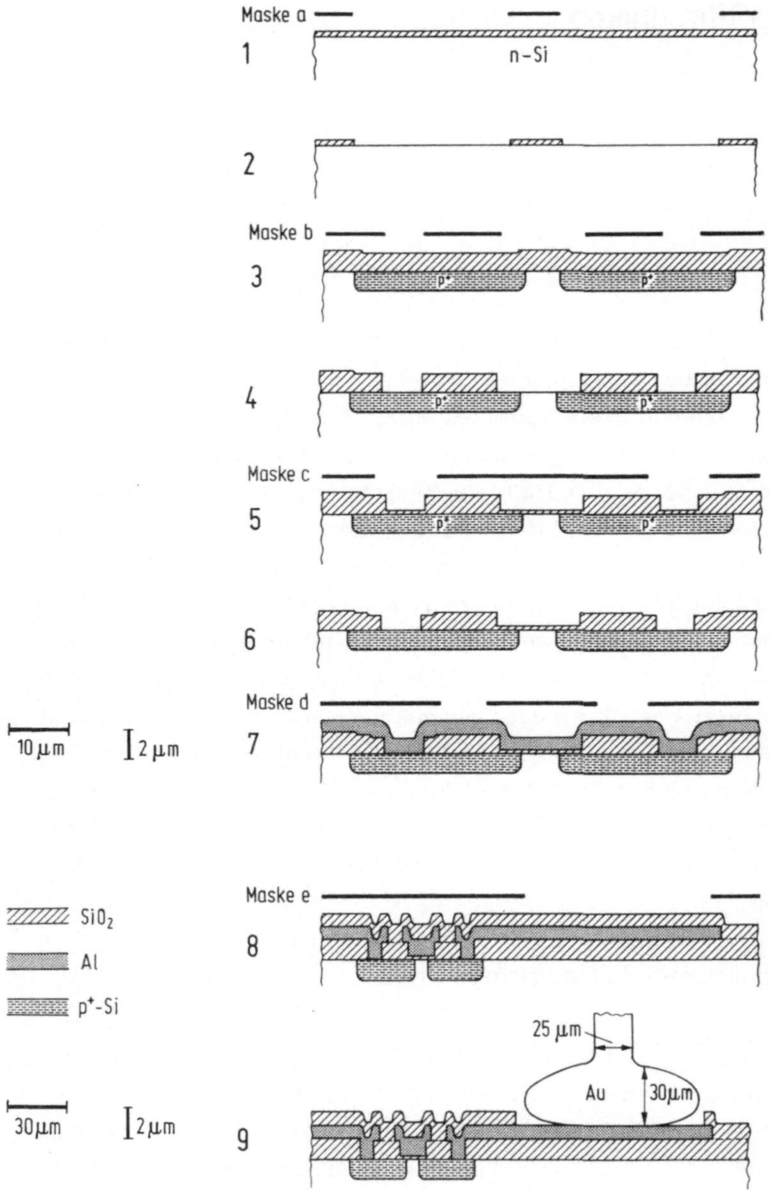

Bild 3.1. Schnitt durch einen p-Kanal-MOS-Transistor in Aluminium-Gate-Technik in den verschiedenen Stadien der Herstellung.

und 100 mm liegt, und deren Dicke 200 bis 450 μm beträgt. Sie wird
in einem Strom von feuchtem Sauerstoff bei 1000 bis 1100°C während 1 bis 2 h mit einer sog. thermischen Oxidschicht von etwa
0,3 μm Dicke versehen. Diese Dicke genügt, um eine Diffusion von
Bor durch das Oxid in das Silizium hinein zu verhindern. Die so oxidierte Scheibe ist in Bild 3.1/1 dargestellt; dazu die erste Maske a
für die Diffusion der Drain- und Source-Gebiete. Sie besteht aus einer
Fotoplatte, die bis auf die Stellen, an denen sich Drain und Source befinden sollen, geschwärzt ist. Sie ist in Bild 3.1/1 schematisch durch
einen unterbrochenen Strich, der lediglich die lichtundurchlässige
Schicht darstellt, wiedergegeben. Man bedeckt nun die oxidierte Scheibe mit einem lichtempfindlichen Lack. Dieser hat die Eigenschaft, daß
er beim Belichten mit UV-Licht derart umgewandelt wird, daß die be-
lichteten Stellen leicht mit einer Entwicklerlösung abgelöst werden können (Positivlack). Man belichtet nun von oben durch die Maske den Fotolack und erhält nach dem Entwickeln Öffnungen in der Lackschicht an
den durch die Maske a vorgegebenen lichtdurchlässigen Stellen. Hierauf steckt man die Scheibe für einige Minuten in ein Flußsäure und
Ammonium enthaltendes Ätzmittel. Dadurch wird das nicht vom Fotolack bedeckte SiO$_2$ herausgelöst. Nach dem Entfernen des restlichen
Fotolacks erhält man die Struktur nach Bild 3.1/2.

Im nächsten Prozeßschritt werden die Source- und Drain-Gebiete hergestellt. Dazu wird die Si-Scheibe in einem zweiten Hochtemperatur-
prozeß bei Temperaturen oberhalb 1000 $^{\circ}$C einer borhaltigen Atmosphäre ausgesetzt. Diese besteht beispielsweise aus Argon mit einem
Gehalt von etwa 1 % Diboran und etwas Sauerstoff. Nach etwa 20 min
hat sich eine borhaltige SiO$_2$-Schicht (Borglas) auf dem Silizium, das
nicht vom SiO$_2$ bedeckt ist, gebildet. Dann wird nach Abschalten der
B$_2$H$_6$-Zufuhr die Scheibe bei etwas tieferen Temperaturen mehrere
Stunden lang einer feuchten Sauerstoffatmosphäre, ähnlich der ersten
Oxidation, ausgesetzt. Dabei diffundiert das Bor an den oxidfreien
Stellen in das Silizium hinein. Gleichzeitig wächst das stehengebliebe-
ne Oxid ein wenig, während über den Diffusionsgebieten ein neues Oxid
entsteht. Das Oxid erreicht schließlich eine Dicke von etwa 1 μm.
Über den Diffusionsgebieten ist es geringfügig dünner. Dieser Unter-
schied genügt, um beim Betrachten im Mikroskop die diffundierten Gebiete am Unterschied der Interferenzfarben zu erkennen (Bild 3.1/3).

Der nächste Schritt ist der entscheidende bei der Fabrikation des MOS-
Transistors, nämlich die Herstellung des Dünnoxids über dem Kanal.
Dazu wird das Dickoxid mit Hilfe der Maske b (Bild 3.1/3) an denjeni-
gen Stellen weggeätzt, an denen sich später das dünne Gate-Oxid sowie
die Source- und Drain-Elektroden befinden sollen. Die beiden letztge-
nannten Öffnungen sollen die spätere Kontaktierung dieser Gebiete ermöglichen. Das Wegätzen des SiO_2 sowie die nachfolgende Reinigung
der Si-Oberfläche müssen sehr sorgfältig durchgeführt werden. Sie
bestimmen die Konzentration und Eigenschaften der Oberflächenzustände und damit den Wert der Schwellenspannung U_T sowie deren zeitliche
Konstanz. Die Maske b muß relativ zur Si-Scheibe in eine solche Lage
gebracht werden, daß das Gate-Gebiet die beiden Diffusionsgebiete
überlappt. Um das zu erreichen, sind besondere Justiermarken auf
dem Silizium und auf der Maske vorgesehen. Ist nun ein Prozeßschritt
abgeschlossen, so muß man die Maske für den nächsten Prozeßschritt
mit Hilfe dieser Justiermarken auf die Maske eines vorhergehenden
Prozesses justieren, damit die einzelnen Strukturen richtig zueinander
liegen. Bei diesen Justiervorgängen muß man mit bestimmten Toleranzen rechnen. Eine Justiertoleranz von < 2 µm ist heute erreichbar.
Diese Toleranzen sind bei den Entwurfsregeln zu berücksichtigen.

Nach dem Ätzen des Dickoxids und Entfernen des Fotolacks hat man
das Bild 3.1/4. Dann werden die freigelegten Gebiete mit einer
0,12 µm dicken thermisch gewachsenen Oxidschicht (hergestellt in
feuchtem oder trockenem Sauerstoff), dem Dünnoxid, (Bild 3.1/5)
versehen. In einem weiteren fotolithographischen Prozeß wird das
Dünnoxid mit Hilfe der Maske c in den Kontaktlöchern innerhalb der
p-Bereiche weggeätzt (Bild 3.1/6). Hierauf bedampft man im Vakuum
die ganze Scheibe mit einer etwa 1 µm dicken Aluminiumschicht. Bild
3.1/7 zeigt die so erhaltene Si-Scheibe. Anschließend wird mit Hilfe
einer Fotolackschicht und der Maske d das Aluminium mit Phosphor-
säure an den Stellen weggeätzt, wo es nicht benötigt wird (Bild 3.1/8).
Man erhält damit ein Metallisierungsmuster auf dem Silizium, das
die Verbindung der Source-, Drain- und Gate-Elektroden mit anderen
MOS-Elementen und mit den äußeren Anschlüssen ermöglicht.

Gemäß (2.36) wird die Schwellenspannung U_T mit abnehmender Oxidkapazität C_{ox}, also zunehmender Oxiddicke größer. Das Dickoxid

zwischen den einzelnen Transistoren muß daher eine solche Dicke haben, daß die in den Aluminiumbahnen vorkommenden Spannungen keinen Inversionskanal an der Halbleiteroberfläche influenzieren können.

Zum Schluß wird die Si-Scheibe mit einem Schutzoxid von etwa 1 μm Dicke bedeckt. Dies wird pyrolytisch durch Reaktion von Silan mit Sauerstoff aufgebracht, wobei die Scheibe nur Temperaturen unterhalb 500 $^{\circ}$C erfährt, um ein Eindringen der Al/Si-Legierung (Schmelzpunkt des Eutektikums 578 $^{\circ}$C) zu verhindern. Eine andere Methode besteht darin, daß man das SiO_2 durch Sputtern aufbringt. Diese Schicht dient dazu, die Si-Plättchen bei der weiteren Behandlung, insbesondere bei der Montage, vor Beschädigung, z.B. beim Anfassen mit Pinzetten, zu schützen.

Mit Hilfe der fünften Maske e und des letzten fotolithographischen Prozesses werden in das pyrolytische Oxid Öffnungen für die Anschlußdrähte geätzt, die die integrierte Schaltung nach außen verbinden. Bild 3.1/9 zeigt diese Öffnungen, in denen bereits ein Golddraht von 25 μm Durchmesser durch Thermokompression mit der Aluminiummetallisierung verbunden ist. Vor Anbringen des Drahtes muß die Si-Scheibe bei < 500 $^{\circ}$C etwa 5 min in einer Wasserstoffatmosphäre getempert werden. Dabei wird das Aluminium in den Diffusionsgebieten an das Silizium anlegiert. Gleichzeitig wird die Temperaturbehandlung in einer geeigeneten Gasatmosphäre so geführt, daß sich der gewünschte Wert der Schwellenspannung einstellt. Dies hängt nach (2.37) von der Dichte Q_f der festen Ladungen im SiO_2 ab. Q_f läßt sich jedoch durch Tempern verändern.

Beim MTNS-Prozeß besteht die Gate-Isolation nicht aus SiO_2 allein, sondern aus einer Doppelschicht. Der zweite Teil des Isolators besteht aus Si-Nitrid (Si_3N_4), das pyrolytisch bei ca. 700 $^{\circ}$C auf dem Oxid abgeschieden wird. Die übrigen Prozesse bleiben die gleichen.

Das Ersetzen des einfachen Oxids durch eine Doppelschicht Oxid-Nitrid hat den Vorteil einer kleineren effektiven Isolatordicke, da das Nitrid eine doppelt so hohe Dielektrizitätszahl hat wie das SiO_2. Damit ergibt sich nach (2.37) bei gleicher Konzentration der Oberflächenzustände eine kleinere Schwellenspannung U_T und damit nach (2.28) eine hö-

here Steilheit S. Hat man beispielsweise beim MTNS-Prozeß eine Oxiddicke von 50 nm und eine Nitriddicke von 50 nm, so entspricht das
insgesamt einer äquivalenten Oxiddicke von 75 nm gegenüber 120 nm
beim oben beschriebenen MOS-Prozeß. C_{ox} nimmt damit auf
$4,3 \cdot 10^{-4} Fm^{-2}$ zu. Die Schwellenspannung U_T ändert sich damit beim
p-Kanal von - 3,56 V im obigen Beispiel auf - 2,55 V. Diese Art von
Doppelschicht hat sich jedoch in der Technik nicht durchgesetzt. Statt
dessen verringert man heute die Schwellenspannung mit Hilfe der Ionenimplantation (s. Abschn. 3.5).

Nach dem Ätzen der Anschlußlöcher für die Golddrähte wird die Scheibe in einen Prüfautomaten gebracht. Dieser hat so viele kleine Meß-
spitzen, wie die Schaltung Anschlüsse besitzt. Der Automat hat zwei
Funktionen, eine mechanische und eine elektrische: Er setzt die Spitzen auf die Anschlußflecken einer Schaltung, läßt sie dort so lange, bis
die Prüfung durchgeführt ist (z.B. 0,3 oder 1 s), hebt sie hierauf
hoch und bewegt die Siliziumscheibe ein Stück weiter, bis die Meßspit-
zen für die nächste Schaltung passen. Dann setzt er die Spitzen ab,
und der Meßvorgang wiederholt sich. Die elektrische Aufgabe besteht
darin, die Funktion der Schaltung mit einem Meßprogramm im Bruch-
teil einer Sekunde zu prüfen und den Chip bei Ausfall mit einem Farbklecks zu versehen.

Bei dem Wort "Ausbeute" kommen wir zu dem entscheidenden wirtschaftlichen Faktor bei der Herstellung von integrierten Schaltungen
(Abschn. 6.9). Die oben beschriebene Herstellung erfordert viele
einzelne Prozeßschritte. Bei jedem können kleine Fehler vorkommen.
Auch ist das Ausgangsmaterial Silizium nicht ideal, sei es, daß Störungen im Kristallgitter des Siliziums vorliegen, sei es, daß die Dotierung nicht völlig homogen ist. Aus diesen Gründen bestehen nicht
alle, manchmal nur einige Prozent der integrierten Schaltungen auf
der Siliziumscheibe die Prüfung im Automaten. Es ist dann sehr
schwer, oft unmöglich, hinterher die Ursache des Ausfalles festzustellen. Man versucht dies dann durch die sog. Prozeßkontrolle zu
ermitteln.

Man läßt z.B. bei der Diffusion eine Testscheibe mitlaufen und mißt
dann den Schichtwiderstand, bevor man die Scheibe weiteren Prozessen

unterwirft. Oder man bringt auf der Scheibe Teststrukturen (Widerstände, Transistoren, Dioden) an, die man während der Herstellung bzw. bei der Scheibenprüfung mißt. Außerdem fügt man an wichtigen Stellen der Fertigung sog. visuelle Inspektionen ein, um sichtbare Fehler zu entdecken. Hat man bei einer der erwähnten Möglichkeiten, die man als Stichprobe oder als 100 %ige Prüfung durchführt, eine defekte Scheibe entdeckt, so wird man die Scheibe wegwerfen, um die noch folgenden Prozesse zu sparen, oder man korrigiert, wenn möglich, den Fehler. Zum Beispiel kann man die aufgedampfte Aluminiumschicht ablösen und den Aufdampfprozeß wiederholen.

Nach der Funktionsprüfung auf der Scheibe werden die Scheiben mit einer Diamantspitze geritzt und durch anschließendes Brechen in die einzelnen Schaltungen geteilt. Die guten, nicht durch einen Farbklecks markierten Schaltungen, werden durch Legieren oder Kleben in ein Gehäuse oder auf eine Spinne gebracht. Anschließend werden die Golddrähte von etwa 25 µm Dicke durch Thermokompression oder Ultraschallschweißung mit dem Anschlußflecken auf dem Chip oder mit dem Gehäuse verbunden (Bild 3.2). Dann wird das Gehäuse verschlossen bzw. die Spinne mit einer Kunststoffmasse umgeben (Bild 3.3).

Bild 3.2. Blick auf eine integrierte Schaltung. Sie ist auflegiert, die Golddrähte sind bereits angebracht, das Gehäuse ist noch offen.

Bild 3.3. Schaltung von Bild 3.2 im verschlossenen Gehäuse mit Anschlußbeinen.

Die Isolationswirkung des Siliziumoxids ist sehr gut. Der Widerstand zwischen Gate-Elektrode und Silizium kann bis zu 10^{15} Ω betragen. Eine Aufladung der Gate-Elektrode durch die in der Luft vorhandenen Ladungen kann daher leicht vorkommen. Die Durchbruchsfeldstärke liegt bei dem thermischen SiO_2 bei $(4...6) \cdot 10^8$ Vm^{-1}. Der elektrische Durchschlag kann also bei Gate-Spannungen oberhalb von 60 V erfolgen und führt zur Zerstörung des Gate-Oxids. Daher muß man am Eingang der Schaltungen Schutzmaßnahmen vorsehen, die verhindern, daß sich die Eingangs-Gate-Elektroden auf eine zu hohe Spannung aufladen (s. Abschn. 4.7.4). Innerhalb der Schaltung besteht keine Gefahr, weil die Gate-Elektroden immer mit dem Drain- oder Source-Kontakt einer vorangehenden oder nachfolgenden MOS-Stufe und daher über einen pn-Übergang mit dem Substrat verbunden sind.

Betrachtet man jetzt den Schnitt durch einen fertigen MOS-Transistor, so sieht man, daß die Länge des Kanals nur einen kleinen Teil der Gesamtlänge des MOS-Transistors ausmacht (Bild 3.4a). Vor allem ragt das Gate-Metall weit über die Drain- und Source-Gebiete hinaus. Der Grund ist darin zu suchen, daß man bei den aufeinanderfolgenden Maskenjustierungen Toleranzen berücksichtigen muß, die sowohl vom Justiervorgang als auch von den Toleranzen der Maskenfertigung herkommen, die etwa die Größe von 1 µm besitzen. Man sieht, daß man große parasitäre Kapazitäten zwischen Gate und Source sowie Gate und Drain besitzt, die bei den kürzesten Kanallängen der Standardtechnik von etwa 7 µm die Schaltzeiten von Schaltungen mit MOS-Transistoren erheblich vergrößern können. Man hat daher die selbstjustierenden Techniken wie Silizium-Gate und Ionenimplantation erfunden, um die schädlichen Kapazitäten möglichst klein zu halten. Darüber wird in den folgenden Abschnitten berichtet.

Bei der Betrachtung der Schwellenspannung wurde davon ausgegangen, daß die festen Oberflächenzustände der Dichte Q_f positiv sind. Man ist technisch heute imstande, ihre Konzentration auf eine praktisch kaum noch störende geringe Größe zu drücken. Durch die positiven Ladungen wird die Schwellenspannung des p-Kanal-Transistors noch weiter in das Gebiet negativer Gate-Spannungen verschoben, so daß bei $U_{GS} = 0$ der Transistor sicher abgeschaltet ist.

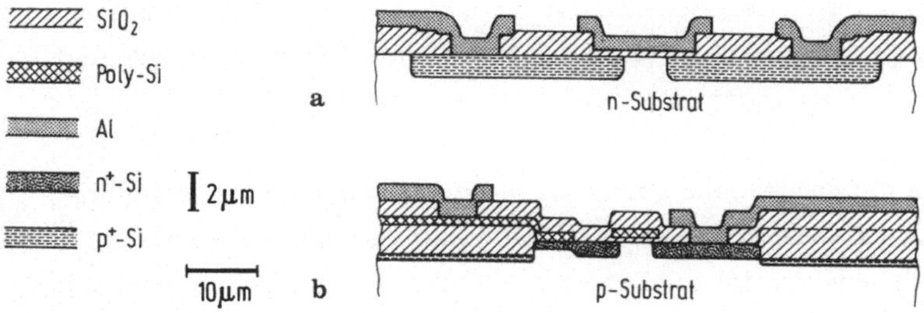

Bild 3.4. a) Schnitt durch einen p-Kanal-Al-Gate-MOS-Transistor.
b) Schnitt durch einen n-Kanal-Si-Gate-MOS-Transistor.

Hingegen wirken sich diese positiven Ladungen äußerst nachteilig bei den n-Kanal-Transistoren aus. Bei diesen geht man im Gegensatz zu den p-Kanal-Transistoren von einem p-leitenden Substrat aus. Hat man jedoch eine größere Dichte Q_f von positiven festen Ladungen, so kann es bereits ohne Anlegen einer Gate-Spannung zu einer Inversion unter der Oberfläche kommen, d.h. der Transistor ist bereits bei verschwindender Gate-Spannung leitend. Das ist das Hauptproblem bei der Herstellung von n-Kanal-Transistoren: Man darf nur eine geringe Anzahl von festen Ladungen der Dichte Q_f haben, sonst gelangt man in den Bereich, in dem der Transistor von selbst leitet. Hinzu kommt noch etwas anderes. Bei den bisherigen Betrachtungen wurde davon ausgegangen, daß die Dotierung der Halbleiter bis zur Oberfläche konstant ist. Nun tritt aber bei Bordotierung der sog. Verarmungseffekt bei der Oxidation des Siliziums auf. Darunter versteht man folgendes: Ist der Halbleiter mit Bor dotiert, so hat das wachsende SiO_2 die Neigung, das Bor aus dem Silizium herauszuziehen. Das bedeutet, daß die Borkonzentration an der Oberfläche geringer ist als im Inneren des Siliziums und das Leitungsband an der Si-Oberfläche nach unten gebogen ist. Dies ist ein Grund dafür, daß man mit nur geringer Schwellenspannung oder Ladungsdichte Q_f bereits eine Inversionsschicht im Silizium und damit einen n-leitenden Kanal erzeugen kann.

Man wird also bei der Herstellung von n-Kanal-Transistoren mit zwei Aufgaben konfrontiert: Die Dichte Q_f der festen positiven Oberflächenzustände ist zu reduzieren, und die Verarmung des Halbleiters an Akzeptoren durch die Oxidation ist zu beseitigen. Den Ausweg bietet eine nachträgliche Erhöhung der Borkonzentration unter der Oberfläche

durch Implantation von Borionen durch das Gate-Oxid hindurch in das
Gate-Gebiet des p-Siliziums, um so das Band wieder anzuheben und
sicher eine Schwellenspannung > 0 zu bekommen.

Außerdem verwendet man gerne für n-Kanal-Transistoren Silizium-
scheiben, die senkrecht zur (100)-Richtung geschnitten sind. Bei
gleicher Behandlung ist die Dichte der positiven festen Oberflächenladungen geringer als bei (111)-Orientierung [3.23].

3.2 Silizium-Gate-Technik mit n-Kanal

Bei der Betrachtung des Standard-Prozesses mit Aluminium-Gate hat
sich ergeben, daß bei Kanallängen von 6 bis 7 µm die Kapazität der
Gate-Elektrode gegenüber Source und Drain jeweils ebenso groß ist
wie gegenüber dem Kanalgebiet. Das bedeutet eine erhebliche Reduzierung der Schaltgeschwindigkeit von Schaltungen mit Transistoren,
die in dieser Technik hergestellt sind. Ein Weg, diesen Nachteil zu
verringern, ist die Silizium-Gate-Technik. Man stellt in diesem Falle
die Gate-Elektrode nicht aus Aluminium sondern aus Silizium her.
Man hat damit eine Umkehrung der Reihenfolge Diffusion - Aufbringen
der Gate-Elektrode, da man die Gate-Elektrode aus Silizium vor der
Diffusion der Source- und Drain-Gebiete herstellt und dieses Silizium
als Maske für die noch folgende Diffusion verwendet. Diese Umkehrung
der Prozesse ist deswegen möglich, weil ein aus Silizium hergestelltes
Gate die hohen Diffusionstemperaturen unbeschadet übersteht [3.24].
Man verwendet hier die sog. selbstjustierende Technik, d.h. die Lage
der Gate-Elektrode relativ zu den Source- und Drain-Kontakten hängt
nicht mehr von der Justierung einer Fotomaske ab, sondern ist durch
den Prozeß an sich bestimmt. Die beiden Techniken - Al-Gate und Si-
Gate - sind in Bild 3.4 einander gegenübergestellt. Die horizontalen
und vertikalen Maßstäbe in diesem Bild sind zwar verschieden, aber
in beiden Teilfiguren a und b dieselben und damit vergleichbar. Man
entnimmt dem Bild, daß die parasitären Kapazitäten bei der Si-Gate-
Technik nur etwa 10 % der eigentlichen Gate-Kapazität ausmachen gegenüber 60 % in der Standard-Aluminium-Technik. Außerdem benötigt der Si-Gate-Transistor eine kleinere Fläche bei gleicher Kanallänge.

Im folgenden wird der Silizium-Gate-Prozeß beschrieben (Bild 3.5).
Der erste Schritt ist die Herstellung der Dickoxidbereiche von etwa
1,2 µm. Die Scheibe wird zuerst ganzflächig mit einer dünnen SiO_2 -
und hierauf mit einer Siliziumnitridschicht (Si_3N_4) durch Abscheiden
aus einem Gasgemisch von SiH_4 und NH_3 bei etwa 800 °C bedeckt
(Bild 3.5/1). Mit der Fototechnik und der ersten Maske a wird das
Nitrid an den Stellen weggeätzt, an denen später das Dickoxid stehen
soll (Bild 3.5/2). Durch Diffusion oder Implantation erhalten nun die
freigeätzten Stellen eine starke p-Dotierung. Bei dem anschließenden
Oxidationsprozeß wird das Oxid an den freien Stellen auf eine Dicke
von etwa 1,2 µm erhöht. Das Dickoxid wächst auch in das Silizium
hinein und schiebt die p-dotierten Bereiche vor sich her. Auf den
Bereichen, wo die SiO_2-Si_3N_4-Doppelschicht liegt, wächst kein Oxid
auf. Diese Doppelschicht wird nach der Oxiation ganzflächig abge-
ätzt und anschließend auf dem einkristallinen Silizium das Gate-Oxid
von etwa 0,1 µm Dicke aufgewachsen. Auf der Scheibe sind nun Dickoxidbereiche mit darunterliegenden stark dotierten p-Gebieten, um die
Schwellenspannung der parasitären Dickoxidtransistoren zu erhöhen,
und Dünnoxidbereiche, die Gate- oder Diffusions-Gebiete sind (Bild
3.5/3). Die Erzeugung von Dick- und Dünnoxidbereichen nach der oben
beschriebenen Methode nennt man LOCOS- (local oxidation of silicon)
oder Planox-Prozeß [3.3].

Nach dem Herstellen des Dünnoxids wird mit Hilfe der Maske b (Bild
3.5/3) eine Öffnung in das Dünnoxid für einen Teil des linken der beiden Kontakte geätzt. Darauf erfolgt die Abscheidung des Polysiliziums
ganzflächig auf der Siliziumscheibe. Das Resultat ist in Bild 3.5/4
dargestellt. Entsprechend der Maske b hat das Polysilizium an der
Öffnung der Maske direkte Verbindung zum Siliziumsubstrat. An dieser
Stelle gelangen Dotierstoffe aus dem Polysilizium in das Substrat und
es bildet sich ein n^+-Gebiet. Die Abscheidung des Polysiliziums von
etwa 0,5 µm Dicke erfolgt bei erhöhter Temperatur. Mögliche Daten
sind eine Temperatur von 800 °C und ein Gasgemisch von 1 % SiH_4 und
Wasserstoff sowie Stickstoff bei Normaldruck. Das Silan zersetzt sich
thermisch an der Oberfläche der Siliziumscheibe. Die Abscheidung dau
ert nur wenige Minuten. Danach erfolgt die Oxidation des Polysiliziums
wobei ein etwa 0,2 µm dicker SiO_2-Film entsteht (in Bild 3.5/4 nicht
eingezeichnet, da zu dünn).

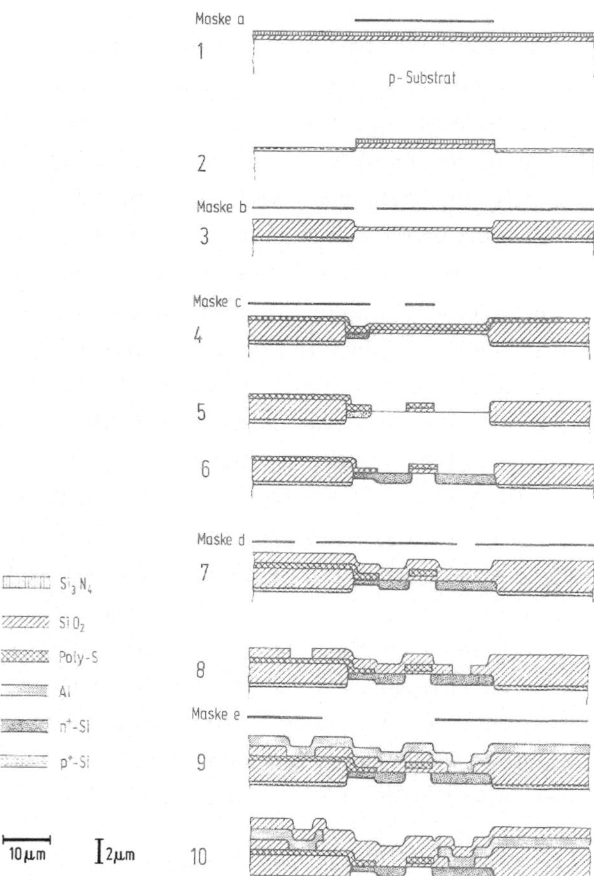

Bild 3.5. Schnitt durch einen n-Kanal-MOS-Transistor in Si-Gate-Technik in den verschiedenen Stadien der Herstellung.

Beim nächsten Schritt werden mit Fototechnik und der Maske c (Bild 3.5/4) zwei Öffnungen in eine Fotoresistschicht geätzt. Die Fotoresistschicht dient dann als Ätzmaske für den darunterliegenden dünnen SiO_2-Film auf dem Polysilizium. Hat man das SiO_2 an den Öffnungen der Maske c weggeätzt, so kann man das Polysilizium an denselben Stellen wegätzen. Das vorher unter dem Polysilizium befindliche Dünnoxid wird mit Hilfe des Polysiliziums als Ätzmaske schließlich weggeätzt. So entsteht die in Bild 3.5/5 erkennbare Struktur. Mit dem Wegätzen des Dünnoxids bei dem letzten Ätzschritt wird der gesamte dünne Siliziumdioxid-Film auf dem Polysilizium mit entfernt.

Der nächste Schritt ist die Diffusion von Source- und Drain-Gebiet (Bordiffusion für p-Kanal und Phosphordiffusion für n-Kanal). Die

Diffusionsgebiete im Siliziumsubstrat sind in Bild 3.5/6 gut zu erkennen. Zugleich mit der Diffusion in die Scheibe erfolgt die Phosphordiffusion bzw. Bordiffusion in die noch stehengebliebenen Polysiliziumschichten. Sie werden dadurch niederohmig; durch diese Dotierung erreicht man einen Schichtwiderstand zwischen 20 und 50 $\Omega/\square$. Dieser ist wesentlich höher als der von aufgedampften Aluminiumschichten (ca. 50 m$\Omega/\square$), so daß man lange Leitbahnen, soweit möglich, nur aus Aluminium herstellt.

Anschließend wird die ganze Scheibe mit einer etwa 0,8 μm dicken thermisch abgeschiedenen Zwischenoxidschicht versehen. Das Ergebnis zeigt Bild 3.5/7.

Die nächste Aufgabe besteht darin, in das nun entstandene Zwischenoxid diejenigen Öffnungen zu ätzen, die die Aluminiumleiterbahnen mit dem Substrat bzw. Polysilizium verbinden sollen, um die Verbindung zur Umgebung zu schaffen. Dazu dient die Maske d, die die Kontaktlöcher im Zwischenoxid liefert. Nachdem diese ausgeätzt sind, erhält man die Struktur wie sie Bild 3.5/8 zeigt. Die Scheibe wird dann ganzflächig mit Aluminium bedampft; das Ergebnis zeigt Bild 3.5/9. Die Maske e in diesem Teilbild dient dazu, die Aluminiumstrukturen herauszuätzen. Ist das geschehen, so wird wie bei der normalen Aluminium-Gate-Standard-Technik eine pyrolytische Schutzschicht aus Siliziumdioxid von etwa 0,5 μm Dicke auf die ganze Scheibe aufgebracht. Mit der Maske f werden wie im anderen Falle die Anschlußflecken herausgeätzt. Dann folgt eine Schlußtemperung im Wasserstoffgas.

Bei dem gezeigten Si-Gate-Prozeß wurde das eine der beiden Kontaktgebiete wie bei dem Al-Gate-Prozeß direkt mit Aluminium verbunden, während das andere über Polysilizium mit Aluminium in Verbindung steht. Die Wahl, Polysilizium oder Aluminium als Zugang zum Source- oder Drain-Gebiet, hängt nur von der Zweckmäßigkeit ab, d.h. von der entsprechenden Schaltung. Man kann beide Diffusionsgebiete mit Silizium- oder mit Aluminiumbahnen kontaktieren. In Bild 3.5 sind beide Möglichkeiten gleichzeitig aufgezeigt.

Zu erwähnen ist noch, daß man bei der Si-Gate-Technik zwei Verdrahtungsebenen zur Verfügung hat, eine Aluminium- und eine Polysilizi-

umebene, die durch das etwa 0,5 µm dicke Zwischenoxid voneinander
getrennt werden. Während die Al-Leitungen über aktive Gebiete (Transistoren, Diffusionsgebiete) geführt werden dürfen, ist die Polysili-
ziumebene nicht als vollständige Verdrahtungsebene verwendbar, da
man sie nicht über Dünnoxidbereiche führen kann, ohne einen Transistor zu erzeugen. Mit diesen zwei Ebenen lassen sich im Dickoxid-
bereich die in Bild 3.6 angegebenen Leitungskreuzungen durchführen.
Das liefert dem Schaltungsingenieur eine größere Freiheit beim Entwurf seiner Schaltungen, bei gleichzeitiger Möglichkeit, Platz auf dem
Siliziumchip zu sparen. Um die Verdrahtungsprobleme hochkomplexer
VLSI Schaltungen zu bewältigen, verwendet man heutzutage in verstärktem Maße zwei Al-Lagen für die Verdrahtung.

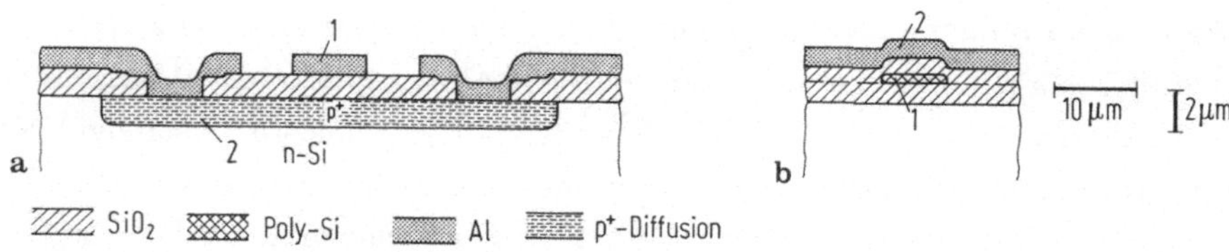

Bild 3.6. Möglichkeiten, zwei Leitungen zu kreuzen. Die Leiterbahn 1
verläuft senkrecht zur Zeichenebene: a) Al-Gate Prozeß. 1: Al;
2: Diffusionsgebiet; b) Si-Gate Prozeß. 2: Al; 1: Si-Gate.

3.3 Komplementäre Techniken

Komplementäre Transistorpaare bestehen aus je einem n- und einem
p-Kanal-Transistor. Daraus hergestellte Inverter haben gegenüber dem
Ein-Kanal-Inverter den Vorteil der kleinen Verlustleistung, der großen
Schaltgeschwindigkeit, der Toleranz der Versorgungsspannung und der
steilen Übertragungsfunktion mit hoher Störsicherheit (s. Abschn. 4.1).

Die Komplementärtechnik hat gegenüber der Ein-Kanal-Technik jedoch
den Nachteil, daß sie nicht mehr mit einer einzigen Diffusion aus-
kommt und mehr Fläche pro Transistor auf einem Chip benötigt. Sie
nähert sich in der Zahl der Herstellungsschritte der Technik der bipolaren Transistoren.

Bild 3.7a zeigt einen Schnitt durch ein komplementäres Paar mit Al-
Gate. In das n-leitende Substrat mit dem p-Kanal-Transistor ist eine

p-leitende Wanne als Substrat für den n-Kanal-Transistor eingefügt. In
der Standard-Diffusionstechnik wird zuerst durch eine Öffnung im SiO_2
durch eine flache Bordiffusion mit geringer Oberflächenkonzentration
die p-Wanne hergestellt. Es ist wichtig, die Oberflächenkonzentration
der Boratome zu kontrollieren, da von deren Größe die Schwellenspannung des n-Kanal-Transistors abhängt. Nach der Wanne werden entsprechend Bild 3.1a die stark bordotierten Gebiete von Source und
Drain des p-Kanal-Transistors hergestellt. Daran schließt sich die
Phosphordiffusion für die n^+-Gebiete von Source und Drain des n-Kanal-
Transistors an. Die folgenden Prozesse, beginnend mit der Herstellung
der beiden Gate-Oxide, laufen in derselben Reihenfolge gemeinsam für
die beiden Transistortypen wie für den in Bild 3.1a beschriebenen p-
Kanal-Transistor ab.

Bei dem Komplementärprozeß muß besonders sorgfältig auf die Eigenschaften der beiden Gate-Oxide geachtet werden, da diese die Schwellenspannungen der beiden Transistortypen entscheidend beeinflussen.

In Bild 3.7a sind noch die n^+- und p^+-dotierten Channelstopper (damit
keine parasitären Transistoren entstehen) eingezeichnet, die bei ge-
schickter Prozeßführung teilweise entbehrlich sind. Es hat nicht an
Versuchen gefehlt, die geschilderte Technik der Standard-Diffusion zu
vereinfachen bzw. in ihren Eigenschaften zu verbessern. So gibt es
eine epitaxiale Technik [3.1], Diffusion aus dotierten Oxiden [3.2],
Ionenimplantation (s. Abschn. 3.4) und Anwendung von Si-Gate. Eine
interessante andere Möglichkeit bietet der LOCOS-Prozeß oder auch
der Planox-Prozeß [3.3], der in Abschn. 3.2 beschrieben wurde.
Dieser auch in der bipolaren Technik anwendbare Prozeß vermeidet die
steilen Stufen im SiO_2 und damit das Abreißen des aufgedampften Aluminiums oder des Polysiliziums an diesen Stufen. Außerdem werden
die in Bild 3.7a gezeigten Channelstopper entbehrlich und somit die für
ein Transistorpaar notwendige Fläche auf dem Chip erheblich verringert. Bild 3.7b zeigt schematisch einen Schnitt durch ein komplementäres Transistorpaar mit Si-Gate und lokaler Oxidation.

Bei CMOS-Schaltungen in Massivsilizium muß man allerdings auch noch
den sog. "latch-up" Effekt beachten. Schaut man sich den Querschnitt
einer CMOS-Struktur genauer an (Bild 3.7d), so erkennt man einen
bipolaren pnp- und npn-Transistor. Der Kollektoranschluß des pnp-

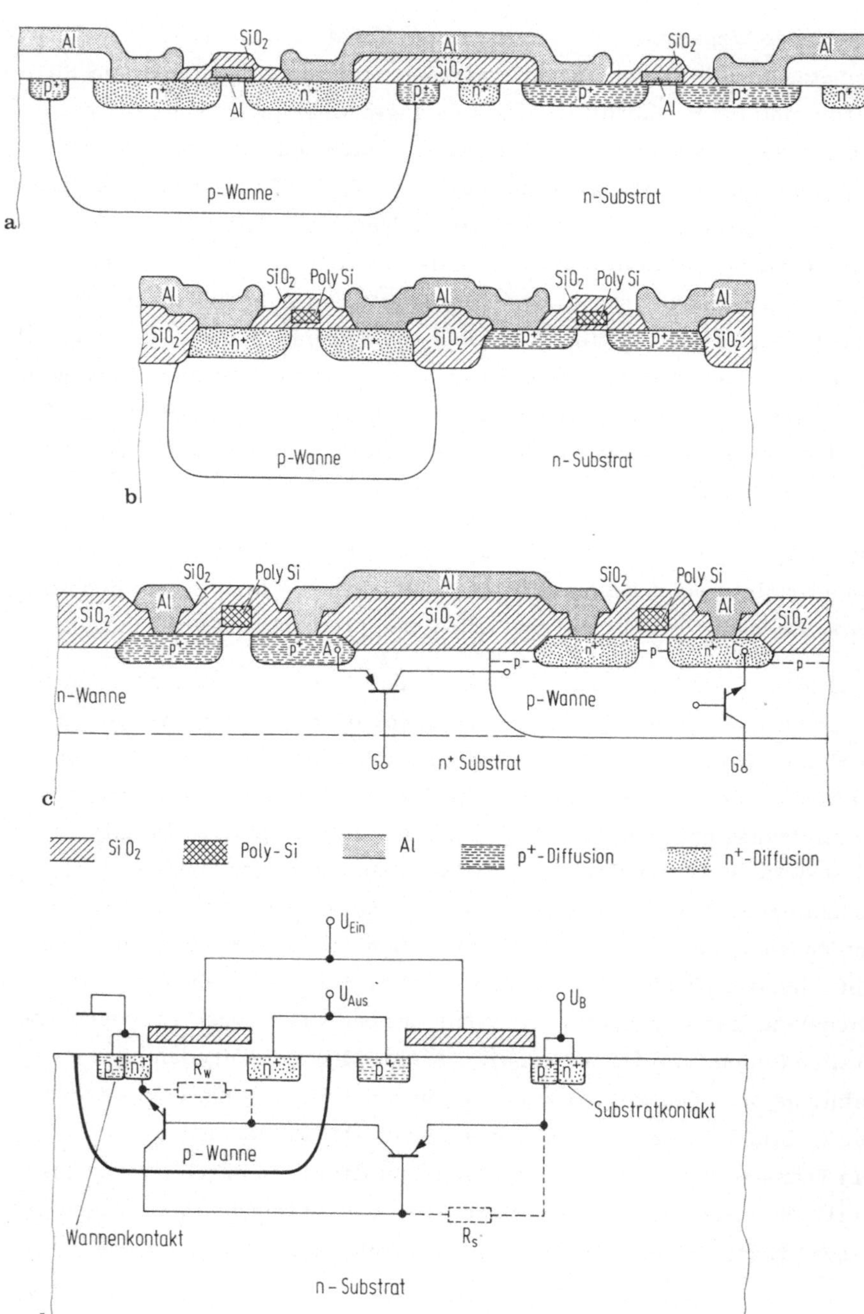

Bild 3.7. Komplementäres Transistorpaar in Massivsilizium. a) Al-Gate mit Isolationsdiffusion; b) Si-Gate mit lokaler Oxidation; c) Si-Gate mit lokaler Oxidation und Epitaxieschicht; d) Komplementäres Transistorpaar mit eingezeichneten parasitären Bipolartransistoren und Widerständen.

Transistors ist in der p-Wanne mit der Basis des npn-Transistors verbunden. Über das gemeinsame Substrat wird die Basis des pnp-Transistors mit dem Kollektor des npn-Elements kurzgeschlossen. Diese Struktur bildet eine Vierschichtdiode pnpn wie bei einem Thyristor. Neben den parasitären bipolaren Transistoren sind im Bild 3.7d noch zwei Widerstände R_W in der Wanne und R_S im Substrat eingezeichnet. Ein Spannungsabfall von mehr als 0,6 V an diesen Widerständen schaltet den bipolaren Transistor in den leitenden Zustand und bringt den Thyristor zum zünden. Es fließt dann ein so hoher Strom über die pn-Übergänge, daß entweder die Übergänge oder die Zuleitungen durchschmelzen, was zur Zerstörung des Bausteins führt [3.25]. Der "latch-up"-Effekt ist grundsätzlich in jeder CMOS-Struktur möglich (Ausnahme: die weiter unten beschriebene SOS-Technik).

Um die Wahrscheinlichkeit des "latch-up"-Einsatzes gering zu halten, kann man technologische Maßnahmen ergreifen. Hierbei wird eine möglichst hohe Wannen- und Substratdotierung (R_W und R_S werden verkleinert) gewählt. Eine weitere technologische Lösung ist die Verwendung einer niederohmigen Epitaxieschicht als Grundmaterial (Bild 3.7c). Mit diesen Maßnahmen werden die Stromverstärkungen β_{npn} und β_{pnp} der beiden bipolaren Transistoren verringert und die Widerstandswerte R_W und R_S klein gehalten. Daneben hat auch der Schaltungsentwickler beim geometrischen Entwurf bestimmte Regeln (z.B. Wannenabstände) einzuhalten. Durch oftmaliges anschließen von Wanne und Substrat können die Widerstände R_W und R_S nahezu kurzgeschlossen und dadurch die "latch-up"-Wahrscheinlichkeit sehr klein gehalten werden. Entsprechende Regeln für den geometrischen Entwurf (Layout) sind in Abschn. 5 aufgelistet.

Wird nun durch bestimmte Signale die Emitter-Basis-Diode zwischen A und G in Durchlaßrichtung gepolt, so kann der Thyristor zünden. Es fließt dann ein so hoher Strom über die pn-Übergänge, daß entweder die Übergänge oder die Zuleitungen durchschmelzen, was zur Zerstörung des Bausteins führt [3.25]. Als Bedingung für das Zünden des Thyristors kann man schreiben:

$$\beta_{npn}\,\beta_{pnp} \geq 1,$$

d.h. das Produkt der beiden Stromverstärkungen der parasitären bipolaren Transistoren muß größer als 1 sein. Dieser Effekt muß bei der

Technologie (Dotierungsprofile) und beim Entwurf (Wannenabstände)
berücksichtigt werden.

Eine völlig andere Technik ist die SOS (silicon on sapphire) - oder
ESFI (epitaxial silicon film on insulator)-Technik. Bei den bisher
beschriebenen Herstellungsmethoden verwendete man dicke Silizium-
scheiben, die Transistorfunktion fand jedoch immer nur in einer dünnen Oberflächenschicht statt. Es lag daher nahe, für die Transistoren
dünne, voneinander isolierte Inseln aus Silizium auf einem isolierenden Substrat zu verwenden. Bei der Entwicklung einer geeigneten Methode zur Abscheidung der etwa 1 µm dicken Siliziumfilme waren zwei
wichtige Probleme zu lösen: Die Gitterkonstante des als Substrat verwendeten isolierenden Einkristalls konnte nur angenähert der des Siliziums entsprechen. Dadurch mußten sich Störungen im Gitter des Siliziums ausbilden. Andererseits besaß die dünne Halbleiterschicht eine zweite Grenzfläche an der Unterseite. In der Halbleiterschicht konnte ein leitender Kanal durch Ladungen im Isolator influenziert werden.
Letztere Möglichkeit war vor allem dadurch gegeben, daß die als Isolatoren verwendeten Kristalle Saphir und Spinell beide Aluminium enthalten, das im Silizium p-Leitung verursacht. Dieser Effekt wurde
durch Abscheiden des Siliziums bei möglichst tiefen Temperaturen reduziert, da damit die Reduktion des Al_2O_3 und das Diffundieren des
Aluminiums in das Silizium verlangsamt werden.

Bild 3.8 zeigt einen Schnitt durch einen komplementären Inverter auf
Saphir. Man hat für jeden der beiden Transistoren eine Siliziuminsel,
die eine p-, die andere n-dotiert. Man kann bei der Herstellung so
vorgehen, daß man zuerst auf dem Saphir ganzflächig eine etwa 1 µm
dicke n-dotierte Schicht abscheidet, dann das Silizium oxidiert und es
mit Hilfe der Fototechnik bis auf die gewünschten n-Inseln wegätzt.
Dann scheidet man ganzflächig p-Silizium mit einem zweiten Epitaxie-

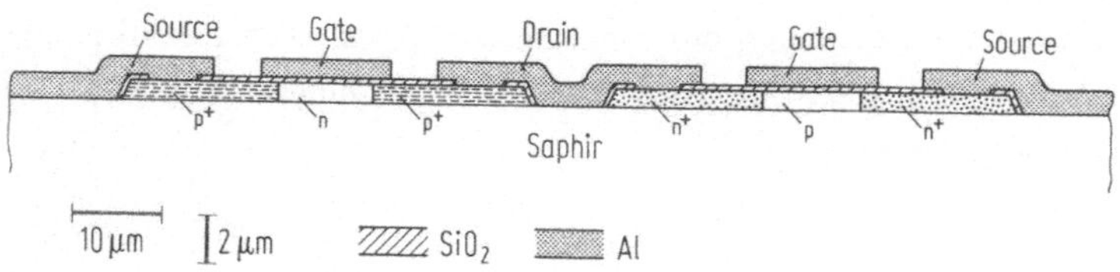

Bild 3.8. SOS (silicon on sapphire or spinell)-Technik.

prozeß ab. Nach dem Ätzen bleiben nur die notwendigen p-Inseln übrig.

Beim Standard-Prozeß folgt hierauf eine thermische Oxidation mit anschließendem Herausätzen der Öffnungen für die p^+-Diffusion, die mit einer Oxidation verbunden ist. Hieraus werden im SiO_2 die Fenster für die nachfolgende n^+-Diffusion geöffnet. Das gesamte Oxid wird dann für die sich anschließende Herstellung der Gate-Oxide weggenommen. In diese werden die Öffnungen für die Source- und Drain-Kontakte geätzt, und anschließend Aluminiumverbindungen in der üblichen Weise durch Aufdampfen und Ätzen angebracht.

Die geschilderte Technik läßt sich wie im Falle der MOS-Technik auf Massivsilizium mit Silizium-Gate und Ionenimplantation (Abschn. 3.2 und 3.4) verbinden.

Aus Bild 3.8 sind zwei Vorteile dieser Dünnschichttechnik abzulesen: Da die Leitbahnen aus Aluminium unmittelbar auf dem dicken Isolator aufliegen, ist ihre Kapazität entscheidend verringert. Dasselbe gilt für die Kapazität der pn-Übergänge von Source- und Drain-Gebiet, da die Diffusion bis zum Isolator hinabreicht und nur noch der vertikale pn-Übergang mit geringem Querschnitt übrigbleibt. Damit sind die parasitären Kapazitäten erheblich reduziert.

Ein weiterer Vorteil besteht darin, daß die Potentiale der einzelnen Inseln frei wählbar sind. Damit ist es leicht möglich, die zum Schalten eines Speichers mit MNOS-Transistoren erforderlichen positiven und negativen Spannungsimpulse zur Verfügung zu stellen (s. Abschn. 2.8).

In der beschriebenen Technik für die Herstellung der Struktur des Bildes 3.8 waren die beiden Inseln entgegengesetzt dotiert. Dazu waren zwei Aufwachsprozesse (Epitaxie) notwendig. Verwendet man jedoch für beide Inseln dieselbe p-Dotierung, so erhält man links einen Transistor vom Verarmungstyp, rechts vom Anreicherungstyp. Der linke Transistor hat ohne Einwirkung einer Gate-Spannung eine leitende p-Schicht zwischen den beiden p^+-Kontaktgebieten. Bei Anlegen einer positiven Gate-Spannung und schwacher Dotierung ist es leicht möglich,

die p-leitende Schicht von beweglichen Löchern ganz zu befreien und
damit die beiden p^+-Gebiete zu trennen. So läßt sich durch eine einzige
schwach dotierte Epitaxieschicht eine Invertstufe mit zwei Transistoren
vom Verarmungstyp herstellen [3.4].

3.4 Ionenimplantation

Bei den bisher beschriebenen Techniken wurde das Silizium ausschließlich durch Diffusion dotiert. Statt dessen werden in zunehmendem Maße
Dotierungen mit Hilfe der Ionenimplantation durchgeführt. Unter Ionenimplantation [3.6] versteht man den Beschuß eines Festkörpers mit Ionen, deren Energie zwischen einigen keV und MeV liegt. Die eingeschossenen Ionen verlieren in einer dünnen Schicht unter der Oberfläche sehr bald ihre Energie durch Zusammenstöße mit Elektronen und
Gitteratomen, die von ihren Plätzen im Gitter gestoßen werden. Besitzen diese genügend Energie, so können sie ihrerseits weitere Gitter-
atome von ihren Plätzen verdrängen. Auf diese Weise bildet sich um
den Weg eines abgebremsten implantierten Ions eine Kaskade von Git-
terstörungen. In einem amorphen oder nicht ausgesucht orientierten
Körper sind die implantierten Ionen um einen Mittelwert verteilt.

Bild 3.9 zeigt die Verteilung von Borionen in SiO_2 für verschiedene
Energien mit derselben Dosis. Man erkennt, daß im Unterschied zur

Diffusion das Maximum der Borkonzentration nicht an der Oberfläche,
sondern unter ihr liegt. Zugleich wird es mit zunehmender Eindringtiefe geringer, da sich die Boratome bei gleichbleibender Gesamtmenge
auf eine größere Tiefe verteilen. Die Lage des Maximums definiert die
mittlere Reichweite. Im Silizium erhält man etwa dieselben Profile
und mittleren Reichweiten.

Die Reichweite der eingeschossenen Ionen nimmt mit zunehmendem
Atomgewicht ab.

Die Ionen kommen auf einem Gitter- oder einem Zwischengitterplatz
zur Ruhe. Daraus folgt, daß nur ein Teil der Ionen elektrisch aktiv
sein kann. Bei sehr großen Dosen kann es so weit kommen, daß die

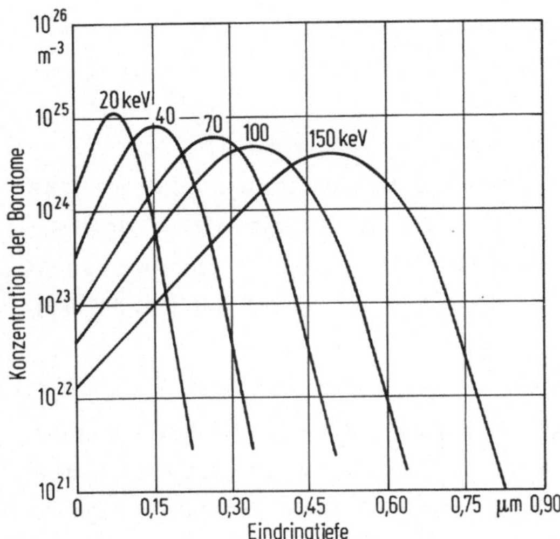

Bild 3.9. Konzentration in SiO_2 implantierter Boratome in Abhängigkeit von der Eindringtiefe für verschiedene Energien. Für Si erhält man praktisch dieselben Kurven. Dosis: $10^{18}\,m^{-2}$ [3.7].

kristalline Ordnung völlig zerstört wird. Durch Tempern lassen sich diese Gitterschäden weitgehend ausheilen, wobei die implantierten Ionen auf Gitterplätze gelangen und elektrisch als Akzeptoren oder Donatoren aktiv werden. Bild 3.10 zeigt Ausheilkurven für bordotiertes Silizium. Die meisten Defekte sind instabil, so daß man bereits bei verhältnismäßig niedrigen Temperaturen eine Wiederherstellung des Kristallgitters - verbunden mit einer zunehmenden Aktivierung der

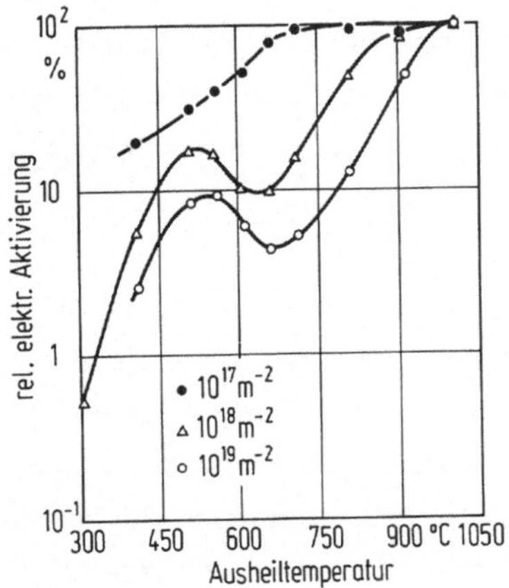

Bild 3.10. Relative elektrische Aktivierung von B-Atomen, die mit 33 keV in Si eingeschossen sind, in Abhängigkeit von der Ausheiltemperatur für verschiedene Dosen [3.8].

eingeschossenen Ionen - feststellt. Die Mehrzahl der Defekte läßt sich bei etwa 600 ^{O}C in einer inerten Atmosphäre in einigen Minuten beseitigen.

Aus Bild 3.10 geht auch hervor, daß die zur Ausheilung erforderliche Temperatur mit der Dosis wächst, da das Kristallgitter stärker gestört ist. Bei völliger Zerstörung der Gitterstruktur, also bei der sog. amorphen Dosis, rekristallisiert das Silizium wieder bei 600 ^{O}C epitaktisch vom Substrat her.

Aus dem bisher besagten ergeben sich folgende Vorteile der Ionenimplantation: Durch direkte Messung der Ladung lassen sich kontrolliert kleine Dosen mit geringer Eindringtiefe herstellen, wobei die Lage des Maximums durch die Ionenenergie gesteuert werden kann. Seitlich und in der Tiefe sind steile Profile zu erreichen, wenn die Ausheiltemperatur unter der Diffusionstemperatur liegt.

Beim Implantieren muß man vermeiden, daß die Ionen in einer niedrig indizierten Richtung eingeschossen werden. Sie erreichen sonst infolge des "Channelling"-Effektes [3.6] eine übergroße Reichweite.

Bei den Anwendungen der Ionenimplantation in Verbindung mit MOS-Strukturen soll zuerst die Einstellung der Schwellenspannung erwähnt werden. Wie in Kap. 2 bereits beschrieben, ist es wegen der positiven Ladungen im Oxid nicht leicht, die Schwellenspannung U_T in das Gebiet positiver Werte zu verschieben. Das ist wichtig für n-Kanal-Transistoren, für Normally-on-Transistoren und für die genaue Einstellung kleiner Schwellenspannungen bei Schaltungen mit kleiner Batteriespannung.

Am Beispiel des n-Kanal-Transistors mit p-dotiertem Substrat möge das Prinzip erläutert werden. Schießt man Borionen mit einer Energie von etwa 30 keV in eine Siliziumscheibe, die mit einer 0,1 μm dicken Dünnoxidschicht bedeckt ist, so bleibt etwa die Hälfte der Ionen nach Bild 3.9 in der Oxidschicht stecken, während die andere Hälfte im Silizium nahe der Grenzfläche zur Ruhe kommt. Die Eindringtiefe ist dann klein gegenüber der Dicke der Raumladungsschicht im Inversionsfall. Dadurch werden die Ränder von Leitungs- und Valenzband am linken Ende bei $U_M = 0$ angehoben (s. Bild 2.4a). Man hat die entgegengesetzte Wirkung wie bei den positiven Ladungen im Oxid (s. Bild 2.4f) und somit eine Verschiebung der Schwellenspannung U_T in Richtung positiver Werte. Da es hierbei nur auf die Höhe der Dosis im Silizium und nicht auf die genaue Verteilung der implantierten Ionen ankommt, ist die Verschiebung ΔU_T der Schwellenspannung proportional zur Dosis der eingeschossenen Ionen. Bild 3.11 zeigt, daß das auch für große Dosen gilt. Bor-, Aluminium- und Galliumionen liefern eine positive, Phosphor- und Arsenionen eine negative Verschiebung der Schwellenspannung.

In den meisten Fällen wird das Ausheilen der durch die Implantation entstandenen Gitterdefekte mit dem Legieren der Aluminiumkontakte bei etwa 500 °C verbunden. Gemäß Bild 3.10 wird durch diese Maßnahme nur ein Teil der implantierten Ionen elektrisch aktiviert. Aus Bild 3.11 folgt aber ein Wert für ΔU_T, der einer mehr als völligen Aktivierung entspricht. Das besagt, daß die übrigen, nicht auf Gitterplätzen eingebauten und damit nicht zur elektrischen Leitfähigkeit beitragenden Störstellenatome sowie durch die Implantation erzeugte geladene Zentren zur Verschiebung der Schwellenspannung beitragen.

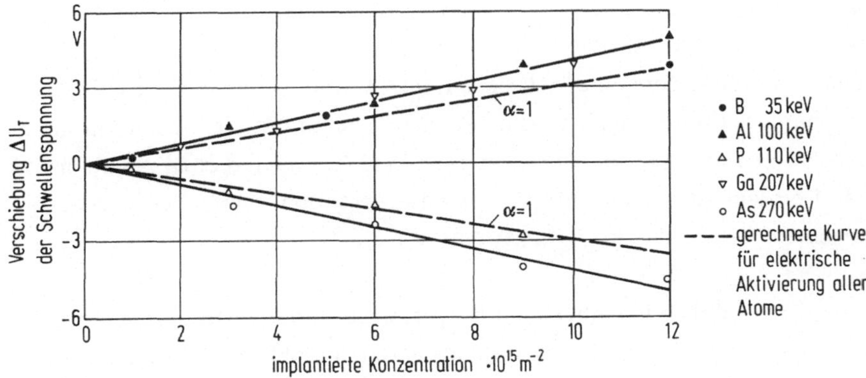

Bild 3.11. Verschiebung ΔU_T der Schwellenspannung in Abhängigkeit von der Dosis für verschiedene Atomarten [3.9].

Zwei weitere Anwendungen der Ionenimplantation sind in Bild 3.12 dargestellt: Selbstjustierende Borimplantation und Herstellung der Source- und Drain-Gebiete statt mit Diffusion.

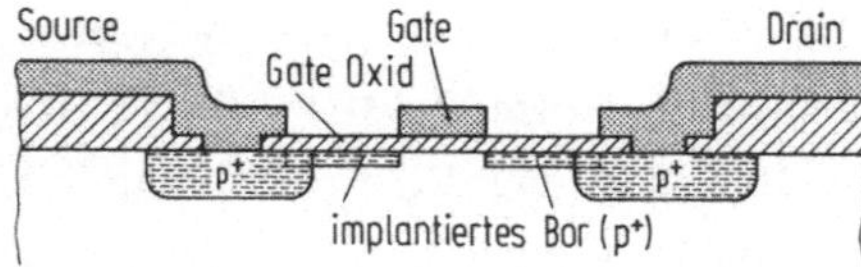

Bild 3.12. Querschnitt durch einen MOS-Transistor mit selbstjustierend implantierten Boratomen zwischen Gate und Source bzw. Drain.

Bei der Al-Gate-Technik (Abschn. 3.1) wurde gezeigt, daß wegen der notwendigen Masken- und Justiertoleranzen das Gate Source und Drain stark überlappt. Dies führt zu unerwünschten Kapazitäten. Um diesen Effekt zu vermeiden, legt man die Maske a in Bild 3.1 so aus, daß der Abstand zwischen den beiden Diffusionen von Source und Drain größer als die Länge des Al-Gate ist (vgl. Bild 3.12). Die beiden Zwischengebiete werden dann durch Implantation von Borionen p-leitend gemacht, um den p-Kanal mit den beiden Kontaktdiffusionen zu verbinden. Hierbei gibt es, wie Bild 3.12 zeigt, nur eine geringe Überlappung des Gate über die implantierten Gebiete. Man spricht hier von einer Selbstjustierung, da das Gate-Aluminium selbst als Maske für die Implantation dient.

Wünscht man keine allzu tiefen Source- und Drain-Gebiete, z.B. bei der SOS-Technik (Abschn. 3.3) oder bei sehr feinen Strukturen, so kann man die Diffusion durch eine Implantation ersetzen. Es muß in diesem Zusammenhang erwähnt werden, daß nicht nur eine Aluminiumschicht von etwa 1 μm, sondern nach Bild 3.9 auch das Dickoxid und der Fotolack als Maske für die Ionenimplantation verwendet werden können.

Bringt man durch Ionenbeschuß Dotierstoffe in das Silizium, ist die elektrische Leitfähigkeit der implantierten Schicht sehr gering. Das rührt nicht allein daher, daß, wie bereits beschrieben, nur ein geringer Teil der eingeschossenen Atome elektrisch aktiviert ist, sondern weil die beweglichen Ladungsträger wegen der Streuung an den Defekten des Kristallgitters nur eine sehr geringe Beweglichkeit besitzen. Man muß sich dessen bewußt sein, wenn man eine elektrisch möglichst gute leitende Schicht wie in den beiden vorhergehenden Beispielen wünscht. Dies gilt auch für nachträgliches Dotieren von Polysiliziumschichten, die aus der Gasphase auf SiO_2 abgeschieden sind. Auch hier ist ein Ausheilen notwendig.

Andererseits lassen sich schlecht leitende Bereiche, also Widerstände, herstellen. Bei definierter Gestalt der Implantationsgebiete und kontrollierter Dosis von Phosphoratomen in p-Silizium ist es möglich, verhältnismäßig genaue Spannungsteiler, z.B. für A/D- und D/A-Wandler, herzustellen. Die Implantation von Dotieratomen bietet den Vorteil, daß man wohldefinierte Profile herstellen kann. Andererseits ist der Ausheileffekt um so ausgeprägter, je höhere Temperaturen man wählt, also je näher man an das Gebiet der Diffusion herankommt. Dabei werden aber schon vorher vorhandene Dotierungen durch Diffusion verändert. Hier hilft nun das Ausheilen mit sehr kurzen leistungsstarken Laserimpulsen, "Laser annealing" genannt, das seitlich und in der Tiefe scharf begrenzte Gebiete auszuheilen gestattet, ohne daß die übrigen nicht bestrahlten Teile des Halbleiters spürbar erwärmt werden [3.10].

Auf die Erzeugung von "buried channel" für CCD-Strukturen wurde bereits in Abschn. 2.7 hingewiesen.

3.5 DMOS- und VMOS-Technik

In Abschn. 2.6 ist in (2.54) festgestellt worden, daß die innere Schaltzeit des MOS-Transistors proportional zum Quadrat der Kanallänge L ist. In Kap. 4 wird gezeigt werden, daß die Auflade- bzw. Entladezeit für eine Kapazität am Ausgang eines statischen Inverters proportional zur Kanallänge des Last- bzw. Schalttransistors ist. Die n-Kanal-Si-Gate-Technik stellt bereits eine bedeutende Verbesserung gegenüber Al-Gate dar. Um noch schnellere Transistoren zu erhalten, ist es daher erforderlich, möglichst kurze Kanallängen von z.B. 1 µm und darunter herzustellen. Wegen der Masken- und Justiertoleranzen von heute etwa 1 µm, sind dafür die in den Abschn. 3.1 (Al-Gate) und 3.2 (Si-Gate) beschriebenen Techniken, auch unter Anwendung von Ionenimplantation, nicht geeignet. Es darf nicht außer acht gelassen werden, daß sich mit der Verkleinerung der Kanallänge nur etwas gewinnen läßt, wenn man die parasitären Kapazitäten im entsprechenden

Maße verringert. Die Länge des Inversionskanals kann unter Umgehung
der Justiertoleranzen und ohne die Notwendigkeit, sehr feine Masken-
strukturen zu beherrschen, drastisch herabgesetzt werden, indem man
die im folgenden beschriebenen DMOS- oder VMOS-Techniken anwendet.

Die DMOS-Struktur [3.11] ist in Bild 3.13 dargestellt. Sie ist der des
n-Kanal-Transistors verwandt und unterscheidet sich von ihm lediglich
durch eine Doppeldiffusion. Die Reihenfolge ist hierbei derart, daß
zuerst die tiefere Diffusion für die p-leitende Schicht kommt, in die
durch die Gate-Spannung die n-leitende Inversionsschicht unter der
Oberfläche influenziert wird. Im nächsten Diffusionsschritt werden in
gewohnter Weise die Source- und Drain-Gebiete hergestellt. Die Länge
des n-Kanals ist also durch Unterschiede in den Diffusionstiefen vom
p- und n-Gebiet bestimmbar und kann daher sehr kleine Werte annehmen. Bei einem n-Substrat ist das p-Gebiet mit Source verbunden.
Zugleich hat man immer ein niederohmiges Gebiet zwischen Kanal und
Drain. Die geometrische Gate-Länge ist länger als die elektrisch ge-
steuerte Kanallänge. Im Gegensatz zum normalen MOS-Transistor wird
die Sättigungsspannung im wesentlichen vom n-Gebiet aufgenommen.
Sie kann abhängig von der Form der Gate-Elektrode und Dotierung trotz
des kurzen Kanals Werte von mehr als 100 V annehmen. Da die Wär-
meerzeugung auf eine größere Länge vor dem Drain verteilt ist, wird
die Wärmeableitung günstiger als beim normalen MOS-Transistor. Daher werden DMOS-Transistoren hauptsächlich in Schaltungen eingesetzt,
die hohe Spannungen (≥ 50 V) verarbeiten müssen.

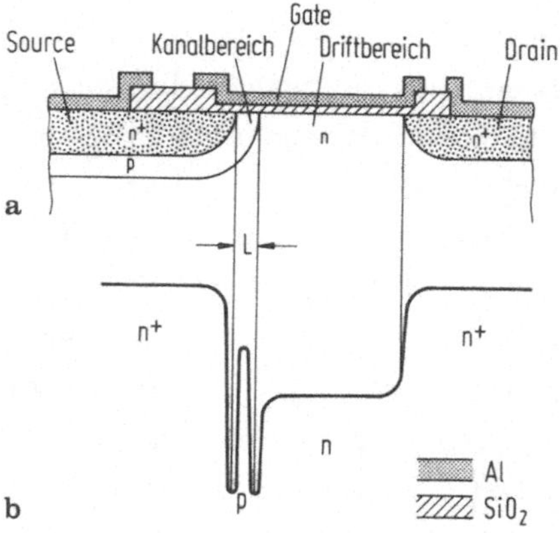

Bild 3.13. DMOS-Transistor. a) schematischer Schnitt; b) Dotie-
rungsprofil entlang der Oberfläche

Man kann den gesteuerten Kanal des DMOS-Transistors auch mit Hilfe
eines zusätzlichen Implantationsschrittes herstellen und erhält dann den
DIMOS-Transistor [3.5]. Es ergeben sich hier wieder die Vorteile des
DMOS-Transistors, verbunden mit einer gut einstellbaren Schwellenspannung. DIMOS-Transistoren werden, ebenso wie die als nächstes
behandelten VMOS-Transistoren in zunehmendem Maße für Leistungs-
MOS-FET eingesetzt.

Bei der DMOS-Struktur verläuft der Inversionskanal wie beim einfachen
MOS-Transistor parallel zur Oberfläche des Siliziums. Bei der VMOS-
Struktur in Bild 3.14 hat man jedoch einen nahezu vertikalen Kanal
[3.12]. Man erhält grundsätzlich dieselben Vorteile wie bei der DMOS-
Anordnung. Die Schichtfolge erzeugt man jedoch durch eine Mehrfach-
Epitaxie. Gemäß Bild 3.14 wird auf das als Source dienende n^+-Gebiet
eine etwa 1 µm dicke p-Zone aufgebracht. In eine darüber aufgebrachte geringer dotierte n- oder p-Schicht wird durch Diffusion das Drain-
Gebiet eingebracht. Die Reihenfolge der Schichten kann auch umgekehrt
sein: d.h. Source oben, unten Substrat als Drain. Nach der Herstellung der wie beschrieben dotierten Schichten wird die V-förmige Grube
im Silizium gebildet. Dazu wird zuerst in das Dickoxid auf der Oberfläche eine entsprechende Öffnung geätzt, durch die mit einem anderen
anisotropen Ätzmittel die Grubenwände ((111)-Flächen im Silizium)
bis zur gewünschten Tiefe hergestellt werden. Nach Bedeckung mit
dem Gate-Oxid wird das Gate-Material abgeschieden, z.B. Aluminium
durch Aufdampfen.

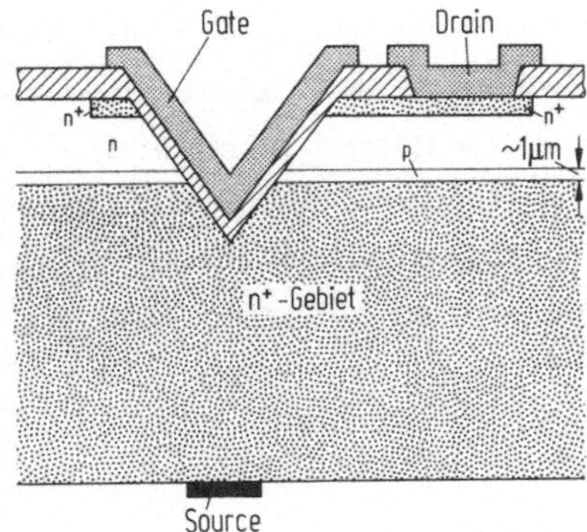

Bild 3.14. Schematischer Schnitt durch einen VMOS-Transistor

Die Nachteile der beiden Transistorarten (DMOS und VMOS) sind ihre
vergrößerte Drain-Gate-Kapazität und der unsymmetrische Aufbau,
die sie für den Einsatz als Transferelemente (Abschn. 4.1.5) nicht
sehr geeignet machen.

3.6 Herstellung der Masken

Die Herstellung von Bauelementen mit geringer Fläche und damit von
Schaltungen mit großer Bauelemente-Dichte und -Zahl erfordert eine
entsprechende Masken- und Fototechnik. Man muß in jedem Fall die
feinen Strukturen direkt oder mit Hilfe einer Maske zunächst in einen
strahlungsempfindlichen Lack auf der Halbleiterscheibe schreiben, in
dem anschließend die gewünschten Strukturen durch einen Entwicklungs-
prozeß erzeugt werden. Für die Belichtung der Fotolacke kommen
Licht sowie Röntgen- und Elektronenstrahlen in Frage. Den Ausgang
bildet in allen Fällen die Topographie, d.h. eine im Maßstab 100 : 1
oder noch größer gezeichnete Vorlage der jeweiligen Schaltung. Aus
dieser Vorlage entsteht ein Magnetband, das dann ein Zeichengerät
steuert.

Betrachten wir zunächst die lichtoptische Maskentechnik. Das Zeichengerät ist entweder ein Plotter, der die Strukturen nach der Vorlage auf
einen Film für eine spätere optische Verkleinerung in einer Reduktions-
kamera zeichnet, oder ein optischer Patterngenerator, der die Strukturen bereits verkleinert, z.B. im Maßstab 10 : 1, auf einer Fotoplatte wiedergibt. Hat man nun ein verkleinertes Bild der Schaltungs-
vorlage auf eine der beiden genannten Methoden gewonnen, so kann, wie
in Tabelle 3.1 bei a angegeben, mit Hilfe einer in die Originalgröße
verkleinernden Projektion die Halbleiterscheibe chipweise belichtet
werden. Dies bietet verschiedene Vorteile: Fehler in der Maske werden ebenfalls um den Faktor 10 verkleinert auf der Si-Scheibe abgebildet. Die Prüfung der Fotoplatte mit nur einem Chip in Vergrößerung
ist einfach. Die Lebensdauer der Platten ist erheblich größer, da sie
nicht in Kontakt mit dem Silizium kommen.

Eine durch hohe Temperaturen gekrümmte Siliziumscheibe wird die
Abbildung nicht ungenauer machen. Ein Nachteil ist die höhere Belich-

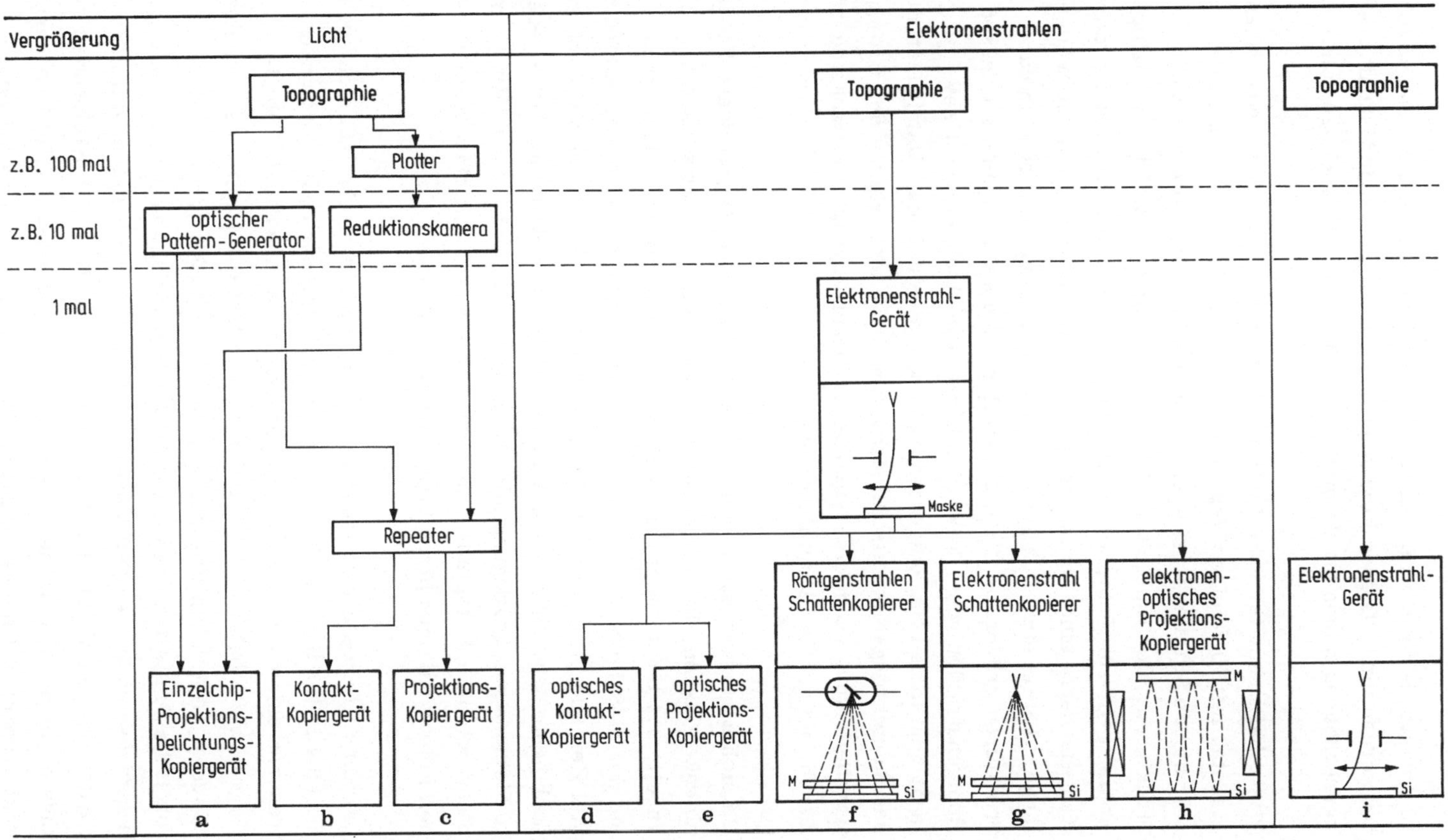

Tabelle 3.1 Verfahren mit denen die Topographie auf die Si-Scheibe übertragen werden kann

tungszeit, da jeder Chip auf einer Scheibe einzeln justiert und belichtet werden muß. Dieses Verfahren wird daher für die in Zukunft beherrschbaren feinen Strukturen und größeren Chips in Frage kommen.

Wirtschaftlicher ist noch die Herstellung einer Maske im endgültigen Maßstab mit Hilfe eines Repeaters. Diese ist dann so groß wie die zu belichtende Siliziumscheibe und enthält alle auf ihr abzubildenden Strukturen. Der Halbleiter wird dann im Kontakt (b) oder in geringem Abstand (c) zur Fotoplatte (z.B. 20 μm) belichtet. Nun beträgt die Kantenschärfe einer optischen Abbildung höchstens eine halbe Wellenlänge, das ist etwa 0,2 μm mit UV-Licht. Damit lassen sich nur Strukturen größer als 1 μm herstellen. Verwendet man statt dessen Röntgenstrahlen von 1 keV oder Elektronenstrahlen von 1 keV, so gelangt man in den Bereich einer Wellenlänge von 2 nm. Damit läßt sich das Submikrongebiet aufschließen. Bei c hat man wie bei der Projektionsbelichtung kaum die Gefahr einer Beschädigung der Maske durch Berührung mit der Siliziumscheibe.

Da sich Elektronenstrahlen mit elektrischen oder magnetischen Feldern ablenken lassen, kann man daran denken, die Strukturen nach der in Tabelle 3.1 bei i rechts angegebenen Methode direkt in den Fotolack auf der Si-Scheibe zu schreiben. Dieses Verfahren erfordert allerdings viel Zeit und ist für eine Fabrikation noch ungeeignet. Man wendet jedoch heute schon in großem Maße die in der Tabelle in der Mitte gezeigte Methode zur Erzeugung der Maske im Maßstab 1 : 1 an. Erhält man diese auf einer Fotoplatte, so kann man sie nach der oben beschriebenen Fototechnik zur Strukturerzeugung verwenden.

Die mit Hilfe des Elektronenstrahls hergestellte Maske läßt sich auch für eine Belichtung des Lackes auf der Halbleiterscheibe durch Elektronenstrahlen verwenden. Die Darstellungen g und h in Tabelle 3.1 zeigen zwei Möglichkeiten: Bei h ist die Maske M mit einer fotoelektrisch empfindlichen Pd-Schicht bedeckt. Bei Belichtung mit UV-Licht durch die Platte von oben emittiert die Pd-Schicht an den für das Licht transparenten Stellen der Maske Elektronen. Diese werden durch ein elektrisches Feld zur Si-Scheibe hin beschleunigt. Die abbildende Fokussierung der Elektronen übernimmt ein magnetisches Feld, dessen Vektor senkrecht auf der Maske steht. Diese Anordnung hat einige

Nachteile: Die Si-Scheibe muß ins Vakuum gebracht werden, die Foto-
kathode ist nach 50 bis 100 Einsätzen vergiftet, eine genaue Justierung der Scheibe auf die Fotoplatte ist sehr schwierig.

Tabelle 3.1 zeigt bei f und g hingegen die Strukturerzeugung mit Hilfe
von Röntgen- und Elektronenstrahlen bei ganzflächiger Belichtung durch
eine Schattenmaske. Dafür benötigt man einen für Röntgen- und Elektronenstrahlen transparenten Träger. Man denkt hierbei an dünne,
wenige Mikrometer dicke Siliziumfolien, auf denen die abzubildenden
Strukturen von stark absorbierenden Metallschichten gebildet sind.
Solche Masken werden zur Zeit entwickelt. Welche von den zuletzt geschilderten Methoden schließlich in einer künftigen Fertigung zur Anwendung gelangt, läßt sich heute noch nicht vorhersehen.

Bei der Herstellung der Maskenvorlage muß man zwei Effekte berücksichtigen: Beim Verkleinern und mehrfachen Umkopieren, bis man die
endgültige Maske erhält, werden die Konturen jeweils um 0,1 bis
0,3 μm im negativen oder positiven Sinne geändert. Beim Herausätzen
des SiO_2 durch eine Öffnung im Fotolack entsteht durch die seitliche
Wirkung der Ätzflüssigkeit eine größere herausgeätzte Fläche als sie
der im Fotolack entspricht. Man nennt das "Unterätzung". Diese Ab-
weichungen müssen beim Entwurf der Maskenvorlage berücksichtigt
werden.

3.7 Feine Strukturen

Seit Beginn der integrierten Technik um das Jahr 1960 hat die Größe der
Schaltelemente ständig abgenommen. Gleichzeitig stieg die Packungsdichte und mit ihr die Zahl der logischen Funktionen auf einem Halbleiterchip. Der zuletzt genannte Befund hat drei Ursachen: Zunahme
der Chipgröße, höhere Packungsdichte infolge feiner Strukturen und
Platzgewinn durch neuartige Schaltungen. Zunahme der Chipgröße sowie
die Verkleinerung der Strukturen haben bisher noch keine Begrenzung
gefunden. Die Dichte der integrierten MOS-Schaltungen stieg in der
Vergangenheit jährlich auf das Doppelte.

Aus (2.20) für den MOS-Transistor geht hervor, daß der Drain-Strom
I_D nicht von der Absolutgröße des Transistors bestimmt wird, sondern

nur von dem Verhältnis W/L abhängt. Hier sieht man also zunächst
keine Grenze für die Verkleinerung. Mit kleiner werdendem Abstand
zwischen Drain und Source nimmt jedoch die Durchbruchspannung des
Transistors ab. Diese Tatsache sowie der Umstand, daß die Arbeits-
spannung bei kleiner werdenden Bauelementen wegen der Grenzen für
die thermische Belastung der Halbleiterfläche geringer werden muß,
führt zu einer Abnahme von U_B, U_{DS} und U_{GS}. Um nun trotz gerin-
gerer Gate-Spannung einen möglichst gut leitenden Inversionskanal zu
bekommen, ist es notwendig, das Gate-Oxid möglichst dünn zu machen.
Hier kommt man heute auf eine untere Grenze von etwa 5 nm. Diese
ist durch die Durchschlagfestigkeit des Oxids und durch die technischen
Möglichkeiten für die Herstellung eines gleichmäßigen und reprodu-
zierbaren Oxids gegeben.

Ein großes Problem sind die Leiterbahnen aus Aluminium, so trivial
das erscheinen mag. Das hat zwei Gründe: Verringert man ihren
Querschnitt, so gelangt man bald an die Grenze der Strombelastbar-
keit von 10^9 Am^{-2}, bei der die Elektromigration einsetzt. Diese läßt
sich durch Hinzufügen von 4 % Kupfer zum Aluminium erheblich verringern. Außerdem nimmt bei Querschnittsverringerung der Spannungsabfall längs des Leiters unter Umständen bis zu nicht mehr trag-
baren Werten in der Höhe der Signalspannung zu.

Eine systematische Verkleinerung der Strukturen muß sich an den
Grenzwerten physikalischer Größen orientieren. Wichtige Größen sind
die Durchbruchfeldstärken im Gate-Oxid sowie im Halbleiter. Bei un-
veränderter elektrischer Feldstärke im Halbleiter bleiben auch die Ge-
schwindigkeiten der beweglichen Ladungsträger dieselben.

Die Feldstärken bleiben konstant, wenn man den sog. Verkleinerungsfaktor α (auch "scaling factor" genannt) bei allen Parametern ein-
führt.[3.13, 3.14]. Dabei werden alle linearen Dimensionen um den
Faktor α verkleinert. Dies schließt horizontale und vertikale Dimensionen ein. Bei den letzteren denkt man an Oxiddicke und Diffusions-
tiefe von Source und Drain (Tabellen 3.2 und 3.3). Die Dotierungskon-
zentrationen werden demgegenüber um den Faktor α erhöht, Ströme
und Spannungen um den Faktor α verkleinert. Insgesamt folgt daraus
auch eine Reduktion der Schwellenspannung U_T um etwa den Faktor α.

Tabelle 3.2. Verkleinerungsfaktor α

Veränderte Größen	Faktor	Ergebnisse	Faktor
Dotierungskonzentration	α	Packungsdichte	α^2
Laterale und vertikale Dimensionen	$1/\alpha$	Leistung pro Transistor	$1/\alpha^2$
Spannungen	$1/\alpha$	Leistung pro Fläche	1
Ströme	$1/\alpha$	Verzögerungszeit	$1/\alpha$

Die Einführung der um α geänderten Größen in (2.4), (2.18) und
(2.54) und die dabei erhaltene Gültigkeit der Gleichungen zeigt, daß
die Einführung des Verkleinerungsfaktors α sinnvoll ist. Die Packungsdichte steigt um α^2, während die Leistung pro Transistor auf $1/\alpha^2$
sinkt. Damit bleibt die thermische Flächenbelastung konstant.

Tabelle 3.3. Beispiele für Verkleinerungsfaktor α

	$\alpha = 1$	$\alpha = 2$
Dicke des Feldoxids	$1,2\ \mu m$	$0,6\ \mu m$
Dicke des Gate-Oxids	$0,12\ \mu m$	$0,06\ \mu m$
Diffusionstiefe	$1,2\ \mu m$	$0,6\ \mu m$
Kleinste Abmessungen	$5\ \mu m$	$2,5\ \mu m$
Justiergenauigkeit	$\pm\ 2\ \mu m$	$\pm\ 1\ \mu m$
Substratwiderstand	$5\ \Omega\ cm$	$2,5\ \Omega\ cm$
Schichtwiderstand der Diffusion	$25\ \Omega$	$25\ \Omega$
Schwellenspannung U_T:		
Dünnoxid	$1,8\ V$	$0,9\ V$
Dickoxid	$18\ V$	$9\ V$

Da das Verhältnis U/I erhalten bleibt, während die Oxidkapazitäten
mit $1/\alpha$ abnehmen, werden die Schaltzeiten ebenfalls mit $1/\alpha$ kleiner
werden.

Wie stark und in welche Richtung aktive und passive Elemente durch
die ähnliche Verkleinerung verändert werden, zeigt die Tabelle 3.4.

Die erste Spalte gilt für die "reine" ähnliche Verkleinerung, d.h. die
Feldstärke ist konstant, während die zweite Spalte für den Fall gilt,
bei dem zwar die Abmessungen verringert werden, die Betriebsspannung jedoch konstant gehalten wird. Bei konstanter Feldstärke wird
für die passiven Elemente (in erster Linie Verbindungsleitungen in
Aluminium, Polysilizium oder Diffusion) auch die Kapazität um α
verringert, allerdings steigt der Widerstand der Leitung um α, da die
Fläche und der Querschnitt der Leiterbahn reduziert werden. Der
Spannungsabfall entlang dieser Leiterbahn ist jedoch wegen des kleineren Stromes wieder konstant. Auch die RC-Zeitkonstante der Leitung bleibt gleich, nur die Stromdichte durch die Leitung steigt mit
α und verstärkt dadurch das Problem der Elektromigration.

Diese Veränderungen der Schaltungseigenschaften erhält man bei Berücksichtigung der strengen "scaling"-Regeln. Man sieht, daß bei den
aktiven Elementen nahezu alle Eigenschaften besser werden, während
das "scaling" bei den passiven Elementen einige Nachteile mit sich

Tabelle 3.4. Parameteränderungen aktiver und passiver Elemente
beim "scaling"

Parameter		Veränderungen bei konstanter	
		Feldstärke	Spannung
Aktive Elemente			
Strom im Element	I	$1/\alpha$	α
Kapazität	C	$1/\alpha$	$1/\alpha$
Verzögerungszeit	t_D	$1/\alpha$	$1/\alpha^2$
Verlustleistung	P	$1/\alpha^2$	α
Produkt	Pt_D	$1/\alpha^3$	$1/\alpha$
Verlustleistungs-dichte	P/F	1	α^3
Passive Elemente			
Kapazität	C	$1/\alpha$	$1/\alpha$
Widerstand	R	α	α
Spannungsabfall	IR	1	α^2
Zeitkonstante	RC	1	1
Stromdichte der Verbindungsleitungen	I/F	α	α^3

bringt. Man wird also gerade bei den Verbindungsleitungen so lange
wie möglich versuchen, die Dicke (Querschnitt) der Leiterbahnen nicht
zu verringern. Falls dies unumgänglich ist, muß man versuchen, niederohmige Materialien einzusetzen.

Mit der Verringerung der Strukturabmessung hat man im allgemeinen
die Versorgungsspannung der n-MOS-LSI-Schaltkreise von ca. + 12 V
bis + 15 V auf 5 V verringert und blieb somit im Rahmen der "idealen"
ähnlichen Verkleinerung. So haben die meisten heute käuflichen Mikroprozessoren, statische Speicher und Peripheriebausteine in n-MOS-
Technik, eine Betriebsspannung von + 5 V. Diese 5 V sind wegen der
Kompatibilität zu TTL-Bausteinen, die in Systemen mit MOS-LSI-
Schaltkreisen noch in hohem Maße eingesetz werden, von großer Bedeutung. Es ist derzeit die Tendenz festzustellen, daß man bei weiterer Strukturverkleinerung die Versorgungsspannung bei + 5 V beläßt.
Dies ist natürlich nur bis zu einer bestimmten Kanallänge möglich, die
derzeit bei ca. 2 µm liegt.

Die zweite Spalte in Tabelle 3.4 gilt für den Fall, daß man die Strukturen verkleinert, dafür aber die Spannung konstant läßt, z.B. Polysi-
liziumlängen von 5 µm auf 2,5 µm reduziert, dabei aber die Spannung
konstant auf + 5 V läßt. Hierbei steigt der Strom im Element, und bei
reduzierter Kapazität wird die Verzögerungszeit um α^2 kleiner. Allerdings steigt jetzt die Verlustleistung um α, das Pt_D-Produkt verringert sich nur um α und die Verlustleistungsdichte steigt um α^3.
Beim "scaling" mit konstanter Versorgungsspannung muß also dem Problem der Verlustleistung erhöhte Aufmerksamkeit geschenkt werden.
Auch für die passiven Elemente gilt das schon vorher Gesagte, daß
man nämlich den Querschnitt konstant lassen soll, um nicht zu hohe
Spannungsabfälle entlang der Leitungen und keine zu hohen Stromdichten
in den Leitungen zu bekommen.

Weiter tritt bei Verkleinerung der Strukturen und konstant gehaltener
Spannung das Problem von "heißen" Kanalelektroden auf [3.22]. Diesen Effekt hat man vornehmlich bei einem leitenden Transistor. Durch
die hohen Felder ($> 10^6$ V/m) in der Drain-nahen Raumladungszone
kann ein Teil der Elektronen eine so hohe Energie bekommen, daß sie
senkrecht zur Stromflußrichtung die Potentialbarriere überwinden und

in das SiO_2 gelangen. Diese Injektion von Elektronen führt zu einer
Veränderung der elektrischen Eigenschaften (z.B. Einsatzspannungs-
verschiebung) eines MOS-Transistors, die in erster Linie auf eine Zunahme der Grenzflächenzustände und der Oxidladung infolge von "Trap-
ping" zurückzuführen ist (Abschn. 2.2).

Zur Realisierung sehr feiner Strukturen, wie beispielsweise in Tabelle 3.3 rechts angegeben, lassen sich nicht alle in den vorhergehenden
Abschnitten beschriebenen Techniken unverändert übernehmen.

Für flache Dotierungen bietet sich anstelle der Diffusion die genauer
dosierbare Ionenimplantation an. Bei der Herstellung der Al-Kontakte
ist darauf zu achten, daß durch Diffusion von Si in das Al kein Kurzschluß zwischen Substrat und Leiterbahnen aus Aluminium entsteht. Eine Zugabe von etwa 2 % Si zum Al verhindert diesen Effekt, da dann
das Aluminium mit Silizium gesättigt ist. Man wendet vorteilhaft eine
in Abschn. 3.6 beschriebene Projektionsbelichtung nach Tabelle 3.1
unter a an.

In den Schichten aus SiO_2, Si_3N_4, Polysilizium und Aluminium müssen
Öffnungen erzeugt werden. Die Berücksichtigung der Unterätzung
(Abschn. 3.6) bei der Maskenvorlage wird bei kleinen Dimensionen
immer schwieriger. Hier bietet sich das anisotrope Plasmaätzen
[3.15] an. Für die Metallisierung kann auch die Abhebetechnik [3.16]
verwendet werden.

Daß es bei der Verkleinerung der Dimension nicht genügt, einzelne Dimensionen ohne Rücksicht auf die Größe der anderen zu verkleinern,
zeigt Bild 3.15. Hält man beispielsweise alle Maße fest und verkleinert nur die Kanallänge L, so verschmelzen schließlich die Verar-
mungsgebiete von Source und Drain, und die Oberfläche unter dem Gate
ist auch für $U_{GS} = 0$ an Trägern verarmt. Dann benötigt man nur noch
eine geringe Gate-Spannung, um einen leitenden Inversionskanal zu erzeugen: Die Schwellenspannung U_T verschiebt sich mit kürzer werdender Kanallänge L zu negativen Werten (Bild 3.15a). Im Gegensatz dazu
nimmt die Schwellenspannung mit kürzer werdender Kanalbreite W zu
(Bild 3.15b). Die Ursache liegt darin, daß bei gegebener Gate-Source-
Spannung die Grenze zwischen Raumladungsgebiet und neutralem Halb-

leiter bei schmalem Gate nicht so weit in den Halbleiter hineinreicht
wie im Idealfall (Bild 3.15c).

Es hat sich gezeigt, daß es einige Erscheinungen gibt, die einer Verkleinerung der Strukturen Grenzen setzen, bevor die Durchbruchfeldstärke im Oxid erreicht ist [3.17]. In MOS-Transistoren mit kürzerer
Kanallänge L macht sich die Verkürzung der effektiven Kanallänge infolge der Raumladungszone vor dem Drain-Gebiet in einem höheren
Strom I_D und gleichzeitig in einer Reduzierung der Schwellenspannung
U_T bemerkbar (Bild 3.15a). Dieser Effekt ist in (2.38) durch ein zu-
sätzliches von L und U_{DS} abhängiges negatives Glied zu berücksichtigen. Die Schwellenspannung U_T hängt damit von der jeweiligen Drain-
Spannung während des Betriebes der Schaltung und von den Schwankungen der Kanallänge infolge der Herstellungstoleranzen ab. Sie ist daher schwer reproduzierbar.

Aus (2.38) geht weiter hervor, daß durch die Erhöhung der Oxidkapazität C_{ox} wegen der geringeren Oxiddicke die Schwellenspannung U_T
abnimmt. Dies kann nur durch eine überproportionale Erhöhung der

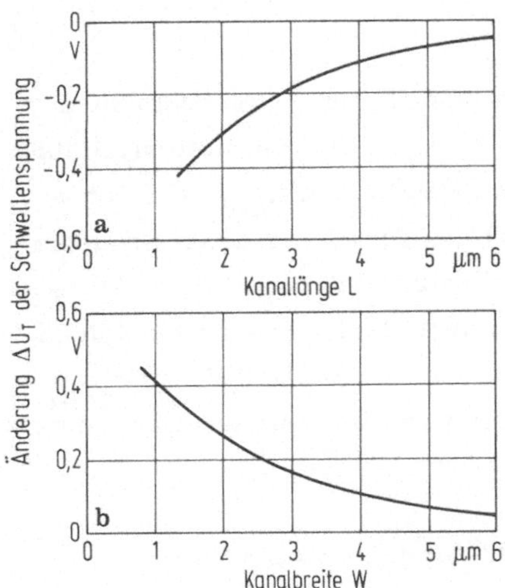

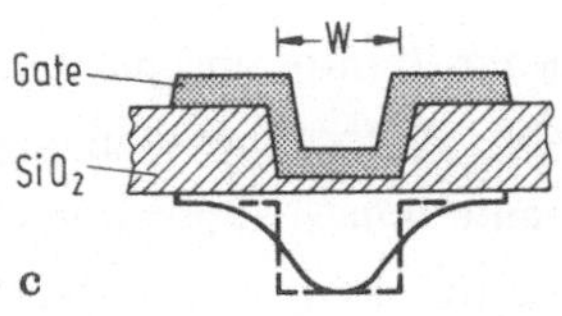

Bild 3.15. a) Änderung U_T der Schwellenspannung in Abhängigkeit von
der Kanallänge L bei konstanter Breite W. W = 10 µm [3.18]
b) Änderung U_T der Schwellenspannung in Abhängigkeit von der Kanalbreite W bei konstanter Länge L. L = 10 µm [3.18]
c) Begrenzung der Raumladungszone unter dem Gate bei kleiner Breite W. ------- ideale Grenze; ——————— tatsächliche Grenze

Dotierungskonzentration im Substrat ausgeglichen werden. Dies führt
wiederum zu einer Verminderung der Durchbruchspannung am pn-Übergang des Drain-Gebietes. Wegen der hohen elektrischen Feldstärke
zwischen Gate und Drain nimmt bei kleineren Werten von U_{DS} die
Durchbruchspannung mit wachsender Gate-Spannung U_{GS} ab. Dieses
experimentelle Ergebnis läßt sich verstehen, wenn man den MOS-Transistor mit kurzem Kanal als lateralen npn-Transistor auffaßt: Emitter
(Source)-Basis (Substrat)-Kollektor (Drain) [3.17]. Die Durchbruchspannung zwischen Source und Drain entspricht dann der Durchbruchspannung zwischen Emitter und Kollektor des lateralen npn-Transistors
mit offener Basis. Diese knappen Ausführungen mögen auf die mit ver-
kleinerten Dimensionen verbundenen Probleme hinweisen.

Daneben hat es eine Reihe von Untersuchungen gegeben, um festzustellen, bei welchen minimalen Abmessungen der MOS-Transistor theoretisch nicht mehr funktionsfähig ist. Vergleicht man die heute in bipolaren und MOS-Schaltungen genutzten Effekte mit den physikalischen Minimalabmessungen der Bauelemente, so ergibt sich als elementare
Strukturgröße die Sperrschichtdicke d

$$d = \sqrt{\frac{2\varepsilon_0\varepsilon_{Si}U}{q\,n_{a(d)}}} \ .$$

Dabei ist U die am pn-Übergang anliegende Spannung einschließlich
der sog. Diffusionsspannung von 0,7 V. $\varepsilon_0\varepsilon_{Si}$ ist die Dielektrizitätskonstante von Silizium, q die Elementarladung und $n_{a(d)}$ die Dotie-
rung (mit Akzeptoren oder Donatoren) des schwächer dotierten Gebie-
tes des pn-Überganges. Diese Formel zeigt, daß durch kleine Spannungen und hohe Dotierung die Elementargröße der Sperrschichtdicke
klein gehalten wird. Als Zahlenbeispiel sei für U = 1,7 V und $n_{a(d)}$ =
$2 \cdot 10^{18} cm^{-3}$ die Dimension von d = 0,03 μm als Wert für eine kleine
Spannung und eine hohe Dotierung angeführt.

Aus [3.19] ist zu entnehmen, daß aufbauend auf dieser Elementargröße unter Berücksichtigung von Durchbruchseffekten im Halbleiter in
Bereichen höherer Feldstärke und des Durchbruchs durch dünne Oxide
bei MOS-Transistoren für $\leq 2\,V$ Betriebsspannung, die Mindestabmes-
sung um 0,25 μm liegt. Die Überlegungen über die Mindestabmessun-
gen sind durch die Betrachtung der elektrischen Eigenschaften von

MOS-Transistoren und einfachen Schaltungen (Invertern) im Betrieb
bei sehr kleinen Versorgungsspannungen vorangetrieben worden (s.
[3.20]).

Aus diesen Überlegungen kann qualitativ abgeleitet werden, daß auch
bei Versorgungsspannungen unter 0,4 V eine ausreichende Nichtlineari-
tät für die sichere Funktion von elementaren Logikschaltungen vorliegt.
Eine detaillierte Analyse der dabei verwendeten MOS-Transistoren ergab Einsatzmöglichkeiten für Kanallängen bis zu 0,22 µm. Daneben
gibt es eine weitere physikalische Grenze für die Größtintegration:
Die Strukturen der Bauelemente sind so auszulegen, daß die Signal-
energien bei Rechenoperationen wie auch beim Speichern von Informationen wenigstens eine Größenordnung größer als die Energie kT des
thermischen Rauschens sind. Davon sind wir heute jedoch noch weit
entfernt [3.21].

Literatur zu 3

3.1.   Tsai, J.C.; van Beek, H.W.; Rose, C.C.; Schliesing, F:
       Proc. IEEE 55 (1967) 1121

3.2.   Gosney, W.M.; Hall, L.H.: IEEE Trans. Electron Dev.
       ED 20 (1973) 469

3.3.   Kooi, E.; van Lierop, J.G.; Verkujlen, W.H.C.G.;
       de Werdt, R.: Philips Res. Rep. 26 (1971) 166

3.4.   Preuß, E.; Pomper, M.; Raetzel, Ch.; Splittgerber, H.:
       Siemens Forsch. u. Entwickl.-Ber. 5 (1976) 338

3.5.   Tihanyi, J.; Widmann, D.: IEDM Dig. of Tech. Papers.
       Washington 1977, S. 399

3.6.   Ryssel, H.; Ruge, I.: Ionenimplantation. Stuttgart: Teubner
       1978

3.7.   Wittmaack, K.; Schulz, F.; Hietel, B.: Ion implantation in
       semiconductors. (Ed. Susuma Namba). Plenum Press,
       S. 193

3.8.   Baron, R.; Shifrin, G.A.; Marsh, O.J.; Mayer, J.W.: J.
       Appl. Phys. 40 (1969) 842

3.9.   Runge, H.: Siehe [3.7], S. 703

3.10. Leamy, H.J. (Ed.): Proc. Conf. "Laser-Solid Interactions
       and Laser-Processing". Boston 1978

3.11. Tarui, Y.; Hayasni, Y.; Sekigawa, T.: Proc. 1st Conf.
       Solid State Devices (1969) 105

3.12. Rodgers, T.J.; Meindl, J.D.: ISSCC Dig. of Tech. Papers, THAM. (II/74) 112

3.13. Dennard, R.H.; Gaensslen, F.H.; Kuhn, L.; Yu, H.N.: IEDM Washington 1972

3.14. Meusburger, G.; Sigusch, R.: Siemens Forsch. u. Entwickl.-Ber. 5 (1976) 332

3.15. Melliar-Smith, C.; Mogab, C.I.: Thin film processes. Academic Press 1978, S. 478

3.16. Mader, L.; Widmann, D.; Badalec, R.: Siemens Forsch. u. Entwickl.-Ber. 4 (1975) 4

3.17. Masuda, H.; Nakai, M.; Kubo, M.: IEEE Trans. Electron Dev. ED 26 (1979) 980

3.18. Hoffmann, K.: Proc. ESSDERC 1979 Inst. Phys. Conf. Ser. Nr. 53, S. 83

3.19. Hoeneisen, B.; Mead, C.A.: Solid State Electron. 15 (1972) 819

3.20. Meindl, J.; Ratnakumar, K.; Gerzberg, L.; Saraswat, K.: ISSCC Dig. of Tech. Papers. (1981) 36

3.21. Stein, K.U.: Tagungsband der 42. Physikertagung. 1978, S. 149

3.22. Ning, T.H.: Solid State Electron. 21 (1978) 273

3.23. Grove, A.S.: Physics and technology of semiconductor devices. New York: Wiley 1967

3.24. Ruge, I.: Halbleiter-Technologie. Berlin, Heidelberg, New York: 2. Auflage, Springer 1984

3.25. Ochoa, A.; Dawes, W.; Estreich, D.: IEEE Trans. Nucl. Sc. 26 (1979) 5065

4 MOS-Grundschaltungen

Die nächste Stufe nach den MOS-Transistoren ist die der Grundschaltungen. Unter ihnen versteht man Schaltungen aus einigen wenigen MOS-Schaltelementen, mit denen man Signale invertieren, verknüpfen, speichern, verzögern oder verstärken kann. Aus solchen Grundschaltungen werden komplexere Schaltungen, sog. Funktionsblöcke, aufgebaut, aus denen wiederum die großintegrierten Bausteine zusammengeschaltet werden. Diese Reihenfolge von den Grundschaltungen bis zu den großintegrierten Bausteinen ist in Tabelle 4.1 aufgezeichnet, in der sowohl für die Funktionsblöcke als auch für die großintegrierten Bausteine bekannte Beispiele angegeben sind.

Tabelle 4.1. Die Reihenfolge in der Schaltungstechnik: Grundschaltung - Funktionsblock - großintegrierter Baustein

Art der Signalverarbeitung	Grundschaltung (< 50 Schaltelemente)	Beispiel für Funktionsblock (50 – 1000 Schaltelemente)	Beispiel für großintegrierten Baustein (> 1000 Schaltelemente)
Invertieren	Inverter		
Verknüpfen	Gatter	Rechenwerk	
Verzögern	Schieberegisterstufe		Mikroprozessor
Speichern	Speicherzelle	Speicher	
Verstärken	Verstärkerstufe	D/A-Wandler	Codec

4.1 Der Inverter in statischer Technik

Die Grundschaltung für Logikschaltungen, Schieberegister, Speicher und Analogschaltungen ist der Inverter, d.h. eine Stufe, deren Ausgangs- und Eingangsspannungen jeweils einen entgegengesetzten ("in-

versen") Verlauf über der Zeit haben. Neben der Signalinvertierung
wird mit einem Inverter auch meist das Signal verstärkt, d.h. $\Delta U_A \geq \Delta U_E$ (Bild 4.1).

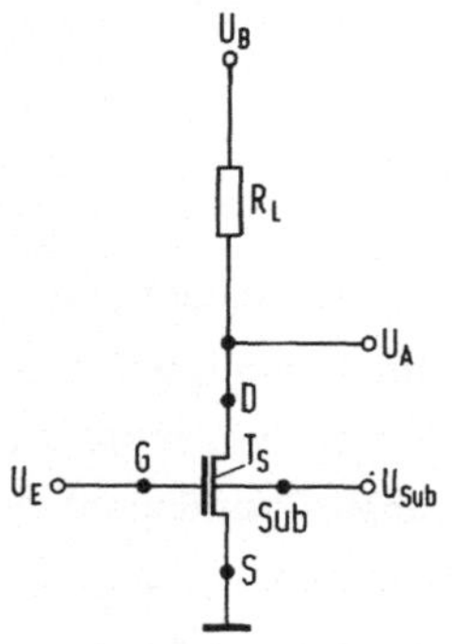

Bild 4.1. Mit einem MOS-Transistor T_S und einem Lastwiderstand R_L aufgebauter Inverter.

Das Grundprinzip eines Inverters erkennt man aus Bild 4.1. Der
Drain-Anschluß des MOS-Transistors T_S ist über den Lastwiderstand
R_L mit der Versorgungsspannung U_B verbunden. Gleichzeitig ist der
Drain-Anschluß auch der Inverterausgang. Während der Source-An-
schluß an Masse liegt, wird an die Gate-Elektrode die Eingangsspan-
nung angelegt. Das Substrat des Transistors liegt auf einem Potential
U_{Sub} (zum einfacheren Verständnis soll U_{Sub} vorerst 0V sein, d.h.
das Substrat liegt auf dem gleichen Potential wie die Source-Elektrode).
Ist nun die Eingangsspannung U_E kleiner als die Einsatzspannung des
Transistors, so sperrt T_S, durch den Widerstand R_L fließt kein
Strom und die Ausgangsspannung U_A liegt auf Batteriepotential U_B.
Wird jedoch die Spannung U_E über die Einsatzspannung U_T hinaus erhöht ($U_E = U_{GS} \geq U_T$), so wird der Schalttransistor geöffnet, es fließt
ein Strom durch den Widerstand R_L und den leitenden Transistor, und
die Spannung U_A sinkt. Steigt die Spannung U_E auf den Wert der Batteriespannung U_B, so bleibt noch eine Restspannung U_R des unteren
Transistors stehen. Diese Restspannung hängt vom Widerstandsverhältnis des Lastwiderstands R_L zum leitenden Transistor T_S ab und
muß im allgemeinen kleiner als U_T sein, um eine nachfolgende gleichartige Stufe sicher zu sperren.

Im Gegensatz zur bipolaren Technik werden in integrierten MOS-Schaltungen kaum Inverter mit ohmschen Lastwiderständen verwendet. Der Grund dafür liegt im höheren Innenwiderstand von MOS-Transistoren, der sehr hochohmige Lastwiderstände notwendig macht. In integrierten Schaltungen werden diese ohmschen Lastwiderstände als diffundierte Bahnwiderstände realisiert und benötigen für Inverter mit MOS-Transistoren sehr viel Fläche. Demgegenüber benötigt man bei Invertern mit bipolaren Transistoren Lastwiderstände zwischen 600 Ω und 6 kΩ, die sich noch wirtschaftlich integrieren lassen [4.1].

Bei integrierten MOS-Invertern verwendet man daher nahezu ausschließlich MOS-Transistoren als Lastwiderstände (Ausnahme: Statische Speicher, s. Abschn. 4.7). Die Möglichkeiten, wie man MOS-Lasttransistoren bei Invertern verbindet, zeigen die Bilder 4.2a-d. In Bild 4.2a ist der Gate-Anschluß des Lasttransistors mit der Versorgungsspannung verbunden, wogegen der Lasttransistor in Bild 4.2b eine eigene Gate-Spannung besitzt. Hat man Transistoren vom Verarmungstyp (Depletion-Transistoren), so wird der Lasttransistor nach Bild 4.2c verbunden, während bei Invertern mit Komplementärkanal-Transistoren (n- und p-Typ) beide Transistoren angesteuert werden (Bild 4.2d). Die Drain (D)- und Source (S)-Anschlüsse sowie der Substratanschluß (Sub) der einzelnen Transistoren sind ebenfalls in Bild 4.2 eingetragen. Welche Elektrode Source und welche Drain ist hängt beim MOS-Transistor von den Potentialen an den Anschlüssen ab. Am einfachsten merkt man sich, daß die Source-Elektrode eines <u>n-Kanal</u> Transistors immer an der <u>negativsten</u> Spannung, die eines <u>p-Kanal</u> Transistors immer an der <u>positivsten</u> Spannung liegt. Die andere Elektrode ist dann die Drain-Elektrode.

4.1.1 Übertragungsfunktion des Inverters

Im folgenden soll nun die statische Übertragungskennlinie des einfachen Inverters mit Hilfe der in Kap. 2 beschriebenen Grundgleichungen des Transistors abgeleitet werden. Als Beispiel wird der Inverter nach Bild 4.2a herangezogen, die Gleichungen für die anderen Invertertypen werden im Anschluß daran behandelt.

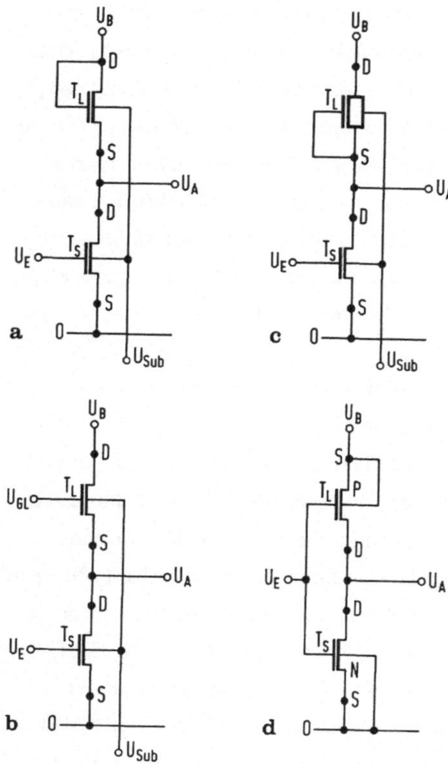

Bild 4.2. a) Inverter mit Lasttransistor T_L vom Anreicherungstyp, dessen Gate an der Versorgungsspannung U_B hängt. b) Inverter mit Lasttransistor T_L vom Anreicherungstyp, dessen Gate an einer weiteren Spannungsquelle U_{GL} hängt; c) Inverter mit Lasttransistor T_L vom Verarmungstyp, dessen Gate mit Source verbunden ist; d) Inverter mit Komplementärkanal (n- und p-Kanal)-Transistoren

Bei der Ableitung gehen wir von Bild 4.3 aus, in der das Ausgangskennlinienfeld eines n-Kanal-Transistors mit einem W/L von 0,5 dargestellt ist. Verwendet man die einfache Kennlinienformel (2.20), so ergibt sich für die Verbindungskurve K' aller Knickpunkte vom Triodengebiet ins Sättigungsgebiet ($U_{GS} = U_T - U_{DS}$):

$$I_D = K_n \frac{W}{L} \frac{(U_{GS} - U_T)^2}{2} = K_n \frac{W}{L} \frac{U_{DS}^2}{2} \qquad (4.1)$$

Verschiebt man diese Kennlinie um U_T in Richtung höherer Drain-Source-Spannungen, so erhält man die Kurve K mit der Gleichung

$$I_{DS} = K_n \frac{W}{L} \frac{(U_{DS} - U_T)^2}{2} . \qquad (4.1a)$$

Diese um U_T verschobene Parabel stellt zugleich die Kennlinie eines Lasttransistors mit $I_D = f(U_{DS})$ in Bild 4.2a für den Fall dar, daß U_{GS} immer gleich U_{DS} ist. Wählt man jedoch den Inverter nach Bild 4.2b, so kann man mit Hilfe der Spannung U_{GS} des Lasttransistors die Parabel beliebig verschieben (nach links bzw. nach rechts). Wählt man U_{GS} um die Einsatzspannung U_T höher als die Versorgungsspannung, so geht die Parabel durch den Nullpunkt (Verschiebung der Lastkennlinie um U_T). Bei dieser Betrachtung wurde der Einfluß der Substratspannung U_{Sub} auf die Ausgangsspannung U_A vorerst vernachlässigt.

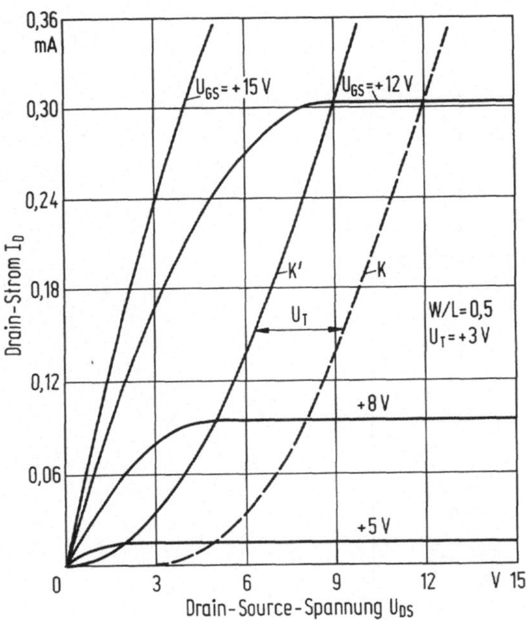

Bild 4.3. Kennlinienfeld eines MOS-Lasttransistors mit Kurve K', die die Grenze zwischen Trioden- und Sättigungsgebiet ist. K Kennlinie eines Lasttransistors nach Bild 4.2a

Um nun die Übertragungskennlinie des Inverters berechnen zu können, muß man die Kennlinie K des Lasttransistors T_L in das Kennlinienfeld des Schalttransistors T_S eintragen (Bild 4.4). Hierbei ist zu bemerken, daß für den Lasttransistor T_L die Drain-Spannung U_{DS} von rechts nach links ansteigt, während für den Schalttransistor T_S die Spannung U_{DS} von links nach rechts zunimmt. Die strichpunktierte Kurve in

Bild 4.4 ist die gestrichelt gezeichnete Lastkennlinie von Bild 4.3.
Man erkennt hier gleich folgendes: Ist der Schalttransistor gesperrt
$(U_{GS} < U_T)$, so liegt die Versorgungsspannung minus der Einsatzspannung von T_L am Ausgang des Inverters (Punkt 1). Leitet hingegen
der Schalttransistor $(U_{GS} = + 15\ V)$, so bleibt eine kleine Restspannung am Ausgang stehen (Punkt 2). Diese Restspannung hängt stark
von den W/L-Verhältnissen von T_L und T_S ab. Trägt man im Bereich
der Kennlinie K sämtliche Schnittpunkte der Kennlinien von Transistor
T_S mit der Kurve K in Abhängigkeit von der Gate-Spannung U_{GS} von
T_S auf, so erhält man die Übertragungskennlinie des Inverters, d.h.
die Abhängigkeit der Ausgangsspannung U_A von der an den Schalttransistor angelegten Eingangsspannung U_E (Bild 4.5).

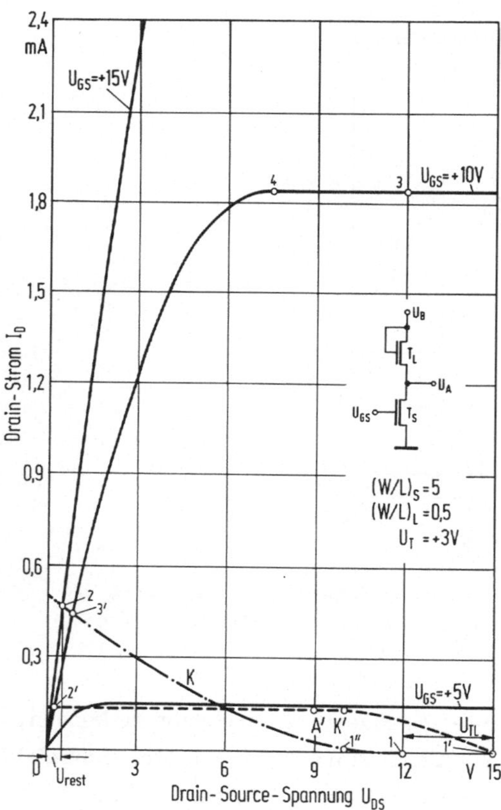

Bild 4.4. Kennlinienfeld eines MOS-Schalttransistors T_S und einge-
zeichneter Lastkennlinie K aus Bild 4.3. K' Kennlinie eines Lasttransistors nach Bild 4.2c

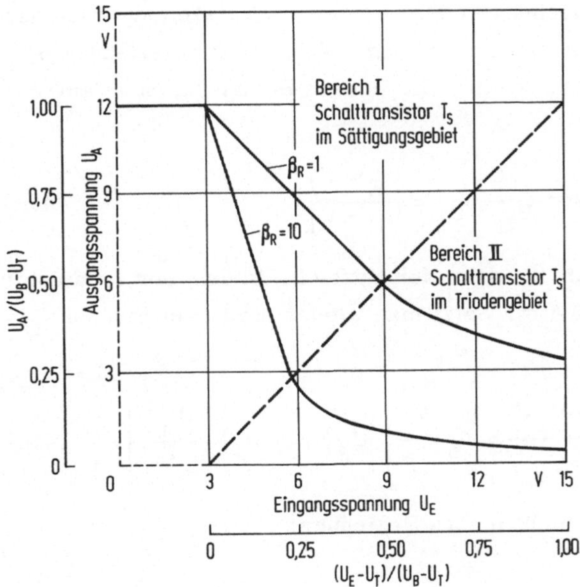

Bild 4.5. Statische Transferkennlinie für zwei MOS-Inverter mit unterschiedlichen β_R-Verhältnissen (1 und 10)

Für die Berechnung des Verlaufes von U_A als Funktion von U_E ergeben sich zwei Bereiche:

I Die Schnittpunkte der Kurve K mit den Kennlinien von Transistor T_S liegen im Sättigungsbereich des Transistors T_S.

II Die Schnittpunkte der Kurve K mit den Kennlinien von Transistor T_S liegen im Triodenbereich des Transistors T_S.

Der Lasttransistor T_S selbst befindet sich immer im Sättigungsgebiet. Setzt man die Drain-Ströme der beiden Transistoren gleich, so kann man für den Bereich I schreiben:

$$\frac{K_n}{2} \frac{W_L}{L_L} (U_B - U_A - U_T)^2 = \frac{K_n}{2} \frac{W_S}{L_S} (U_E - U_T)^2. \tag{4.2}$$

Setzt man

$$\beta_R = \frac{W_S/L_S}{W_L/L_L} = \frac{\beta_S}{\beta_L}, \tag{4.3}$$

so erhält man

$$\frac{U_A}{U_B - U_T} = \sqrt{\beta_R \cdot \frac{U_E - U_T}{U_B - U_T} + 1}. \tag{4.4}$$

141

Das ist eine lineare Beziehung in der normierten Darstellung zwischen U_A und U_E. Die Gerade hat die Neigung $-\sqrt{\beta_R}$. Diese Beziehung ist in Bild 4.5 graphisch dargestellt. Die lineare Beziehung endet am Knickpunkt mit

$$U_A = U_E - U_T, \quad \text{oder} \quad \frac{U_A}{U_B - U_T} = \frac{U_E - U_T}{U_B - U_T}. \tag{4.5}$$

Dort beginnt der Bereich II, d.h. der Bereich, in dem der Transistor T_S im Triodengebiet arbeitet. Setzt man wieder die Drain-Ströme I_D gleich, so gilt

$$K_n \frac{W_L}{L_L} \frac{(U_B - U_A - U_T)^2}{2} = K_n \frac{W_S}{L_S} \left[U_A(U_E - U_T) - \frac{U_A^2}{2} \right]. \tag{4.6}$$

Daraus erhält man eine nichtlineare Beziehung:

$$\frac{U_A}{U_B - U_T} = \frac{1 + \beta_R \frac{U_E - U_T}{U_B - U_T} - \sqrt{\left(\beta_R \frac{U_E - U_T}{U_B - U_T} \right)^2 + \beta_R \left(2 \frac{U_E - U_T}{U_B - U_T} - 1 \right)}}{1 + \beta_R}.$$

$$\tag{4.7}$$

Bild 4.5 zeigt die beiden normierten Beziehungen (4.4) und (4.7). Die Tangente im linearen Bereich ist entsprechend (4.4) allein durch β_R, also die geometrischen Verhältnisse der beiden Transistoren, bestimmt. Der Übergang vom linearen zum nichtlinearen Bereich erfolgt in der reduzierten Darstellung (4.4) bei der gestrichelten Geraden mit der positiven Steigung von $1(U_A = U_E - U_T)$. Bei Annäherung von U_E an U_B nimmt U_A nur langsam ab. Aus Bild 4.5 geht hervor, daß mit zunehmendem β_R, d.h. des Verhältnisses der Widerstände von Last- und Schalttransistor, der lineare Teil steiler wird, d.h. die Verstärkung

$$v = \frac{\Delta U_A}{\Delta U_E} = \sqrt{\beta_R}$$

nimmt zu. Mit $\beta_R = 10$, was unserem obigen Beispiel mit $W_S/L_S = 5$ und $W_L/L_L = 0,5$ entspricht, ändert sich U_A von + 12 V auf + 0,9 V, wenn U_E von + 3 V auf + 15 V steigt. Bleibt man im linearen Be-

reich, so ändert sich die Ausgangsspannung von + 12 V auf + 2,9 V,
wenn der Schalttransistor von 0 auf 5,85 V aufgesteuert wird. Für
die Verstärkung im Bereich I ergibt sich dann

$$v = \frac{12 - 2,9}{5,85 - 3} = 3,2 \sim \sqrt{10}.$$

Beim Entwurf von Invertern muß natürlich darauf geachtet werden,
daß die Ausgangsspannung U_A des Inverters bei voll ausgesteuertem
Eingang kleiner als die Einsatzspannung der darauffolgenden Stufe ist.
Zur Berechnung der Restspannung kann man sich (4.7) bedienen. Da
man maximal eine Eingangsspannung von U_B hat, ist bei dieser Eingangsspannung der Inverter voll ausgesteuert. Für $U_E = U_B$ gilt also
$U_A = U_R$. Setzt man diese Beziehung in (4.7) ein, so erhält man

$$U_R = U_A \Big|_{U_E = U_B} = (U_B - U_T) \left[1 - \sqrt{\frac{\beta_R}{1 + \beta_R}} \right]. \qquad (4.8)$$

Für eine gegebene Versorgungsspannung und Einsatzspannung der
Transistoren kann man nun das minimale β_R für einen Inverter berechnen, mit dem man den Eingang der nächstfolgenden Stufe noch
sperren kann. Aus (4.8) ergibt sich für $U_R = \frac{1}{2} U_T$

$$\beta_R \geq \frac{(2U_B - 3U_T)^2}{U_T(4U_B - 5U_T)}. \qquad (4.9)$$

Bei einer Betriebsspannung von + 15 V und einer Einsatzspannung von
+ 3 V muß das β_R eines Inverters mindestens 3,3 betragen.

Steuert man einen Inverter nach Bild 4.2a von einer gleichartigen Stufe an, so beträgt die maximale Gate-Spannung am Eingang des Inverters jedoch nur mehr $U_B - U_T$, d.h. in Bild 4.5 ist die Eingangsspannung nur + 12 V. Setzt man $U_E = U_B - U_T$, und $U_A = U_R$, so kann
man auch für diesen Fall mit Hilfe von (4.7) die Restspannung am Ausgang ausrechnen. Die Rechnung liefert:

$$U_R = U_A \Big|_{U_E = U_B - U_T} =$$

$$= \frac{(U_B - U_T) + \beta_R (U_B - 2U_T) - \sqrt{\beta_R^2 (U_B - 2U_T)^2 + \beta_R (U_B^2 - 4U_B U_T + 3U_T^2)}}{1 + \beta_R}.$$

$$(4.9a)$$

Setzt man wieder $U_R = \frac{1}{2} U_T$ ein, so läßt sich für diesen Fall das minimale β_R des Inverters berechnen, mit dem man den Eingang der nächstfolgenden Stufe sperren kann. Allerdings ist dieser Ausdruck nicht mehr so überschaubar wie der von (4.9). Bei einer Betriebsspannung von + 15 V und einer Einsatzspannung von + 3 V muß für den Fall, daß die Eingangsspannung nur $U_B - U_T$ beträgt, das β_R eines Inverters mindestens 4,5 betragen.

Bei den bisherigen Überlegungen war U_T für den Lasttransistor konstant, d.h. unabhängig von U_A betrachtet worden. Dazu hätte der Substratanschluß des Lasttransistors mit seinem Source-Kontakt, d.h. Ausgang A, verbunden werden müssen. Das ist nur bei Einzeltransistoren möglich, bei integrierten Schaltungen liegen sämtliche Substratgebiete auf dem gleichen Potential U_{Sub}. Man muß dann die in Abschn. 2.5 behandelte Abhängigkeit der Einsatzspannung von U_{Sub} nach (2.41) berücksichtigen. Ist diese Spannung U_{Sub} nicht Null, so muß man für sämtliche Transistoren auf dem Chip die durch U_{Sub} geänderte Schwellenspannung U_T nach (2.41) neu berechnen. Bei Schaltungen in Ein-Kanal-Technik tritt bei den Lastelementen noch eine zusätzliche Substratsteuerung auf. Ist bei dem Inverter nach Bild 4.2a der Schalttransistor gesperrt, so liegt am Ausgang die Spannung $U_B - U_T$ (Bild 4.4). Dies bedeutet, daß zwischen dem Source des Lasttransistors und dem Substrat eine Spannung von

$$U_{S\ Sub} = U_B - U_T + \left| U_{Sub} \right|$$

liegt. Durchfährt man die gesamte Inverterkennlinie, so kann man für $U_{S\ Sub}$ schreiben

$$U_{S\ Sub} = U_A(U_E) + \left| U_{Sub} \right|.$$

Neben der festen (von außen angelegt oder auf dem Chip generiert) Substratvorspannung ist am Lastelement also noch zusätzlich die Ausgangsspannung U_A als Substratsteuerspannung wirksam.

Damit gehen die einfachen Beziehungen (4.5) und (4.7) verloren. Eine genaue Ableitung dieses Zustandes würde hier zu weit führen. Man kann jedoch dieses Verhalten mit einer einfachen Erklärung verständlich machen. Bei $U_E = 0$ V ist die Ausgangsspannung U_A gleich $U_B - U_T$ (s. Bild 4.5). Mit der eben erläuterten Substratspannungsabhängigkeit müßte man jedoch genauer schreiben: $U_A = U_B - U_T(U_A)$, d.h. mit steigender Ausgangsspannung steigt auch die Einsatzspannung des Lasttransistors. Der resultierende Ausgangsspannungshub ΔU_A ist kleiner als bei konstantem Wert von U_T.

Bei der in Bild 4.5 dargestellten statischen Übertragungsfunktion der Inverterschaltung nach Bild 4.2a war das Gate des Transistors T_L fest mit dem Drain-Anschluß verbunden, d.h. $U_{GS} = U_B$ (für $U_A = 0$). Ist wie in Bild 4.2b die Gate-Spannung um einen festen Betrag von U_B verschieden, so wird sich die Kurve K in den Bildern 4.3 und 4.4 um denselben Betrag parallel nach rechts ($U_{GS} < U_B$) oder nach links ($U_{GS} > U_B$) verschieben, so als ob sich die Schwellenspannung geändert hätte. Bei der Berechnung der Übertragungsfunktion muß dann in (4.2) und (4.6) statt U_T der geänderte Wert U_{TL} stehen. Das ergibt in (4.5) und (4.7) jeweils im Nenner statt ($U_B - U_T$) die neue Differenz ($U_B - U_{TL}$). Die Übertragungsfunktion wird dann nicht in ihrer Form sondern nur in ihrem Maßstab verändert. Durch geeignete Wahl von U_{GS} ($U_{GS} > U_B$) kann man auch den Nachteil der Schaltung von Bild 4.2a, daß nämlich die maximale Ausgangsspannung um die Einsatzspannung verringert wird, kompensieren. Hierbei ist es gleichgültig, ob die Spannung U_{GS} über eine weitere Spannungsquelle angelegt oder kapazitiv hochgekoppelt wird (s. Abschn. 4.2).

Anders verhält es sich, wenn nach Bild 4.2c der Gate-Kontakt des Lasttransistors T_L mit seinem Source-Kontakt verbunden ist, d.h. $U_{GS} = 0$. Diese Beschaltung hat nur dann Sinn, wenn es sich um einen n-MOS-Transistor vom Verarmungstyp (depletion type) handelt. Dieser besitzt eine Schwellenspannung $U_T < 0$, so daß für $U_{GS} = 0$ bereits ein Strom fließt. Die gepunktete Kurve in Bild 4.4 (Kurve K') stellt die Beziehung $I_D = f(U_{DS})$ für einen solchen Lasttransistor mit $U_T = -6$ V dar. Die Kurve gilt für $U_{GS} = 0$, wie es die Schaltung nach Bild 4.2c zeigt. In diesem speziellen Fall wurde $W_S/L_S = 5$ mit $U_{TS} = +3$ V und $W_L/L_L = 0,5$ mit $U_{TL} = -6$ V angesetzt. Der Drain-Strom I_D liegt für $U_{GS} = U_E = +10$ V bei 135 µA, die Ausgangsspannung bei +10 V am Eingang bei +0,3 V (Punkt 2' in Bild 4.4). Ist der Schalttransistor T_S gesperrt, so liegt am Ausgang die volle Betriebsspannung U_B, man hat hier keinen Verlust der Ausgangsspannung mehr (Punkt 1' in Bild 4.4).

Zur Berechnung der Übertragungsfunktion teilen wir die I_D-Kurve von T_L in den Sättigungsbereich links vom Knickpunkt A' und in den Triodenbereich rechts von A' ein. Im ersteren Fall gilt für den Lasttransistor folgende Beziehung (Sättigungsgebiet):

$$I_D = K_n^L \left[\frac{W_L}{L_L} \frac{U_{TL}^2}{2} \right]. \tag{4.10}$$

Im zweiten Fall hat man

$$I_D = K_n^L \frac{W_L}{L_L} \left[(U_B - U_A)(- U_{TL}) - \frac{(U_B - U_A)^2}{2} \right]. \tag{4.11}$$

Der Schalttransistor T_S befindet sich von $U_A = 0$ V ausgehend im Triodenbereich nach (4.2), bis sein Sättigungsstrom mit dem Sättigungsstrom durch T_L nach (4.10) identisch wird:

$$K_n^L \frac{W_L}{L_L} \frac{U_{TL}^2}{2} = K_n^S \frac{W_S}{L_S} \frac{(U_E - U_T)^2}{2}. \tag{4.12}$$

Dann springt U_A auf den Wert + 9 V bei A'. Bis hin zu $U_A = U_B = + 15$ V wird dann I_D durch (4.1) wiedergegeben. Für das Gebiet von U_A vor und nach dem Sprung ergeben sich damit folgende Gleichungen:

$$I_D = K_n^L \frac{W_L}{L_L} \frac{U_n^2}{2} = K_n^S \frac{W_S}{L_S} \left[U_A(U_E - U_{TS}) - \frac{U_A^2}{2} \right] \tag{4.13}$$

$$I_D = K_n^L \frac{W_L}{L_L} \left[(U_B - U_A)(- U_{TL}) - \frac{(U_B - U_A)^2}{2} \right] =$$

$$= K_n^S \frac{W_S}{L_S} \frac{(U_E - U_T)^2}{2}. \tag{4.14}$$

Die Lösung für (4.13) lautet:

$$U_A = (U_E - U_{TS}) - \sqrt{(U_E - U_{TS})^2 - \frac{U_{TL}^2}{K_R \beta_R}}. \tag{4.15}$$

Der Lasttransistor T_L hat als Verarmungstyp eine andere Dotierung als der Schalttransistor T_S im Kanalbereich. Daraus folgt, daß die Beweglichkeiten im Kanal für den Schalt- und den Lasttransistor unterschiedlich sind. Diese unterschiedliche Beweglichkeit geht beim Transistor in die Größe K_n ein (2.20). Es wurden daher in (4.10) bis (4.14) unterschiedliche K_n-Werte angesetzt. Für die Größe K_R in (4.15) gilt

$$K_R = \frac{K_n^S}{K_n^L} \; .$$

Aus der Beziehung (4.14) erhält man für die Ausgangsspannung U_A:

$$U_A = U_B + U_{TL} - \sqrt{U_{TL}^2 - \beta_R \cdot K_R (U_E - U_{TS})^2} \; . \tag{4.16}$$

Den Verlauf der statischen Übertragungskennlinie des soeben beschriebenen Inverters zeigt Bild 4.6. Mit steigender Eingangsspannung U_E wird zuerst der Schalttransistor T_S leitend, hier gilt dann (4.16). Sobald beide Transistoren im Sättigungsbereich sind, verläuft die Kennlinie parallel zur U_A-Achse. Man hat hier im Idealfall einen Bereich mit unendlich hoher differentieller Spannungsverstärkung. Anschließend verläuft die Kurve nach (4.15). Aus Bild 4.6 erkennt man, daß auch ein Inverter mit $\beta_R = 1$ noch eine Spannungsverstärkung $v = \frac{\Delta U_A}{\Delta U_E} \geq 1$ besitzt. Zur Bestimmung der Restspannung muß man wieder (4.15) heranziehen. Man setzt wieder $U_E = U_B$ und erhält so für die Restspannung U_T

$$U_R = (U_B - U_{TS}) - \sqrt{(U_B - U_{TS})^2 - \frac{U_{TL}^2}{K_R \beta_R}} \; . \tag{4.17}$$

Für die maximale Restspannung setzt man wieder $U_R = \frac{1}{2} U_{TS}$. Führt man dies für (4.17) durch, so erhält man für β_R

$$\beta_R \geq \frac{(2U_{TL})^2}{K_R U_{TS}(4U_B - 5U_{TS})} \; . \tag{4.18}$$

Nimmt man wieder eine Versorgungsspannung von + 15 V, eine Einsatzspannung von + 3 V für T_S und – 6 V für T_L an, so muß β_R mindestens (K_R wurde zu 0,5 angesetzt) 2,1 betragen. Gegenüber der Schaltung nach Bild 4.2a kann man also Inverter mit kleinerem β_R wählen - dies ergibt einen Flächenvorteil bei integrierten Schaltungen.

Ein weiterer Vorteil der Schaltung nach Bild 4.2c liegt darin, daß der Drain-Strom I_D fast im ganzen Bereich von U_A konstant ist, so daß sich wesentlich kürzere Schaltzeiten als mit der Schaltung nach Bild 4.2a ergeben.

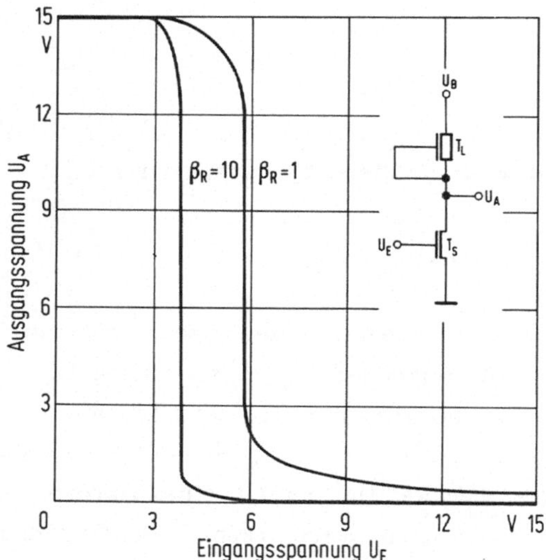

Bild 4.6. Statische Transferkennlinie für MOS-Inverter mit Depletion-Lastelementen und mit zwei unterschiedlichen β_R-Verhältnissen

Bei reellen Transistoren (sowohl für T_L als auch T_S) ist im Sättigungsgebiet des Ausgangskennlinienfeldes immer ein Anstieg der Kennlinie vorhanden (s. Kapitel 2, Kanallängensteuerung). Dadurch ist der mittlere Teil der Übertragungskurve nicht mehr parallel zur U_A-Achse, d.h. der Inverter besitzt eine endliche Spannungsverstärkung in diesem Gebiet. Eine weitere Abweichung von den idealen Zuständen tritt bei den Invertern nach Bild 4.2c – sowie bei denen nach Bild 4.2a – durch den Einfluß der Substratsteuerung auf. Auch hier gilt wieder für die Schwellenspannung des Lasttransistors T_L

$$U_{TL} = U_{TL}(U_A = 0) + \Delta U_{TL}(U_A).$$

Als letzte Möglichkeit für die Konstruktion eines Inverters zeigt Bild 4.2d eine Komplementärstufe, in der der Lasttransistor T_L aus einem p-Kanal-Transistor besteht. Bild 4.7 zeigt das Kennlinienfeld für

den n-Kanal-Schalttransistor mit $W_S/L_S = 1$ und $U_{TS} = + 3$ V. Die
Schnittpunkte der eingezeichneten Kennlinien eines p-Kanal-Lasttran-
sistors mit $W_L/L_L = 3$ und $U_{TL} = - 3$ V, mit denen des n-Kanal-
Schalttransistors geben die Werte von $I_D = f(U_A)$ für $U_E = + 5$ V,
+ 7 V, + 9 V und + 11 V wider. Man sieht, daß beim Übergang von
+ 7 V nach + 9 V sich die Ausgangsspannung U_A von + 13 V (Punkt
A) auf 0,8 V (Punkt A') verändert. Demnach ist die Übertragungsfunktion ähnlich steil wie in Bild 4.6. Bei $U_E < 3$ V und $U_E > 12$ V
fließt kein Drain-Strom.

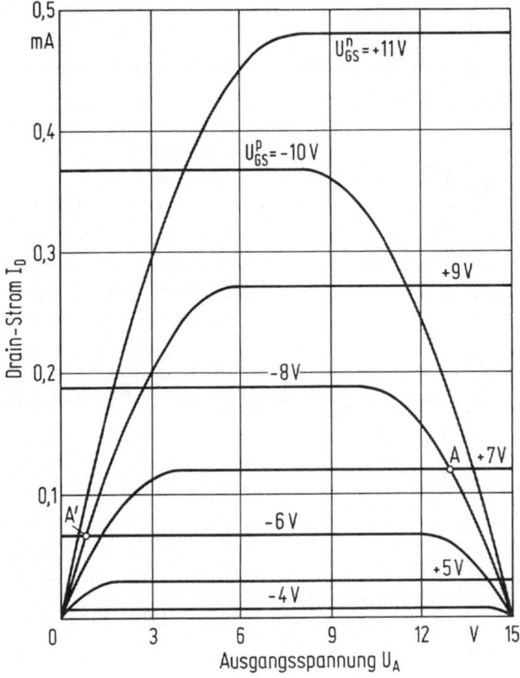

Bild 4.7. Kennlinienfelder eines p- und eines n-Kanal-Transistors,
die zu einem Inverter zusammengeschaltet sind.

Bei den beschriebenen Schaltungen nach den Bildern 4.2a und 4.2c ist
der Drain-Strom, der durch den Inverter fließt, eine monotone Funktion von der Eingangsspannung U_E, d.h. bei voll durchgesteuertem
Schalttransistor fließt ein Querstrom durch den Inverter, der durch
den Lasttransistor T_L bestimmt wird. Die eben beschriebene Komplementärstufe zeigt dieses Verhalten nicht, hier liegt das Maximum des

Stromes I_D - je nach Wahl der Einsatzspannungen von T_S und T_L - etwa bei $U_E/2$ und nimmt für kleine und große Werte von U_E sehr stark ab. Bei den Maximal- bzw. Minimalwerten von U_E ($U_E = U_B$ bzw. $= 0$ V) ist nämlich immer einer der Transistoren gesperrt, es fließt an diesen Punkten kein Querstrom. Komplementärinverter verbrauchen deswegen sehr wenig Leistung in ihren Endlagen.

Bei der Berechnung der Übertragungsfunktion hat man zwei Bereiche, in denen jeweils ein Transistor im Sättigungsbereich, der andere im Triodenbereich arbeitet. Im dritten dazwischenliegenden Bereich springt U_A.

Für den Fall, daß sich der Schalttransistor im Triodenbereich befindet, gilt für diesen (2.20). Für den p-Kanal-Transistor hat man dagegen:

$$I_D = K_p \frac{W_L}{L_L} \frac{(U_E - U_B - U_{TL})^2}{2}. \qquad (4.19)$$

Durch Gleichsetzen von (2.20) und (4.19) erhält man eine Beziehung zwischen U_A und U_E:

$$U_A = (U_E - U_T)(1 - \sqrt{1 - (U_E - U_B - U_{TL})^2/\beta^*(U_E - U_{TS})^2}). \qquad (4.20)$$

Hierbei gilt

$$\beta^* = \frac{K_n}{K_p} \frac{W_S/L_S}{W_L/L_L} = \frac{K_n}{K_p} \beta_R. \qquad (4.20a)$$

Im anderen Bereich gilt für den p-Kanal-Transistor (4.1) und für den n-Kanal-Transistor:

$$I_D = K_p \frac{W_L}{L_L} \left[(U_A - U_B)(U_E - U_B - U_{TL}) - \frac{(U_A - U_B)^2}{2} \right]. \qquad (4.21)$$

Aus beiden Gleichungen erhält man

$$U_A = U_B + (U_E - U_B - U_{TL})(1 - \sqrt{1 - \beta^*(U_E - U_{TS})^2/(U_E - U_B - U_{TL})^2}).$$

$$(4.22)$$

Die Grenzen der beiden Bereiche liegen bei

$$U_E = \frac{U_B + U_{TL} + \sqrt{\beta^*}\, U_{TS}}{1 + \sqrt{\beta^*}} \qquad\qquad (4.23)$$

Der einfachste Fall liegt für $\beta^* = 1$ und $U_{TL} = -U_{TS}$ vor. Dann liegen die Grenzen bei $U_E = U_B/2$, wobei es für U_A die beiden Werte $+4,5\,V$ und $+10,5\,V$ sind.

Bild 4.8 zeigt die Übertragungsfunktionen, wenn β^* die Werte 1,4 und 10 annimmt und U_{TS} bzw. U_{TL} jeweils $+3\,V$ bzw. $-3\,V$ betragen. Man erkennt die hohe Steilheit. In Bild 4.8 sind noch die in Bild 4.7 gezeichneten Punkte A und A' in die Übertragungskennlinie eingetragen. Überdies ist noch der Drain-Strom I_D (für den Fall $\beta* = 1$) gestrichelt eingezeichnet.

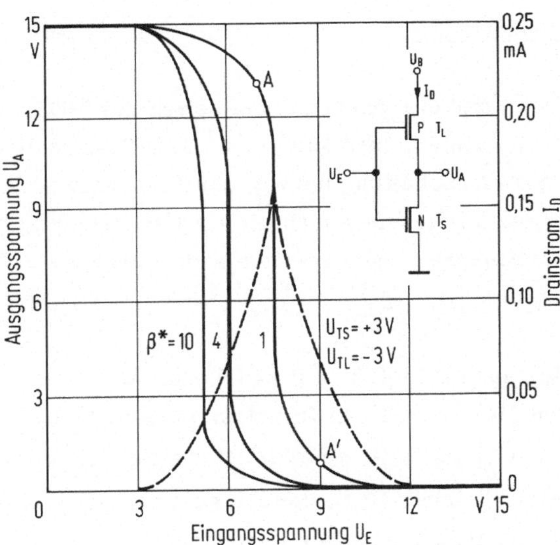

Bild 4.8. Statische Transferkurven von Komplementärkanal-Invertern mit unterschiedlichen β^*-Verhältnissen.

Die Höhe dieses Drain-Stromes ist für die beiden Bereiche von U_E durch die beiden Gl. (4.1) und (4.19) in Abhängigkeit von U_E gegeben:

$$I_D = K_p \frac{W_S}{L_S} \frac{(U_E - U_{TS})^2}{2} \qquad\qquad (4.1)$$

$$I_D = K_p \frac{W_L}{L_L} \frac{(U_E - U_B - U_{TL})^2}{2}\, . \qquad\qquad (4.19)$$

I_D wächst demnach quadratisch von beiden Enden des U_E-Bereiches bis zum Höchstwert $I_{D\,max}$ bei U_E nach (4.23):

$$I_{D\,max} = K_p \frac{W_L}{L_L} \frac{\beta^* U_{TS}^2}{2(1 + \sqrt{\beta^*})^2} \qquad (4.24)$$

Der bei den vorherigen Inverterstufen beschriebene und eine Abweichung von den idealisierten Kennlinien ergebende Substratsteuereffekt tritt bei Komplementärinvertern nicht auf, da beide Transistoren nicht in Serie sondern – gegenüber dem Ausgangsknoten – parallel geschaltet sind. Bei Transistor T_L (p-Kanal) liegen Source-Anschluß sowie Substrat an U_B (= höchste Spannung der Schaltung), während Source und Substrat des Schalttransistors T_S (n-Kanal) an Masse liegen (= negativste Spannung der Schaltung). Dies bedeutet, daß beide Source-Potentiale konstant und unabhängig von der Ausgangsspannung sind.

4.1.2 Schaltzeiten des MOS-Inverters

In Abschn. 2.6 wurde gezeigt, daß die inneren Schaltzeiten des MOS-Transistors sehr kurz sind. Im allgemeinen kann man diese Schaltzeit gegenüber den durch die äußere Beschaltung hervorgerufenen Verzögerungszeiten vernachlässigen. In diesem Abschnitt wird daher nur auf diese, die Arbeitszeit von MOS-Schaltungen bestimmende Verzögerungszeit, eingegangen.

Als Beispiel soll ein Inverter nach Bild 4.2a mit den Kennlinien des Bildes 4.4 betrachtet werden (Bild 4.9a). In Bild 4.9a sind noch zusätzlich die Lastkapazität C_L und parasitäre Kapazitäten eingezeichnet. Zu Beginn sei U_E nahe dem Erdpotential, so daß T_S gesperrt ist und $U_A = +12$ V beträgt (Punkt 1 in Bild 4.4). Der Kondensator C_L ist also auf 12 V aufgeladen. U_E werde nun plötzlich auf $+10$ V geändert, es entsteht sofort ein leitender Kanal in T_S und der Drain-Strom springt auf 1,83 mA (Punkt 3 in Bild 4.4). Mit diesem Sättigungsstrom wird jetzt der Kondensator entladen, bis U_A an den Knickpunkt gelangt ist (Übergang vom Sättigungsgebiet in das Triodengebiet von Transistor T_S). Beim Gang von 3 nach 4 gilt folgende Beziehung:

$$I_D = C_L \frac{dU_A}{dt}; \quad dt = C_L \frac{dU_A}{I_D}. \qquad (4.25)$$

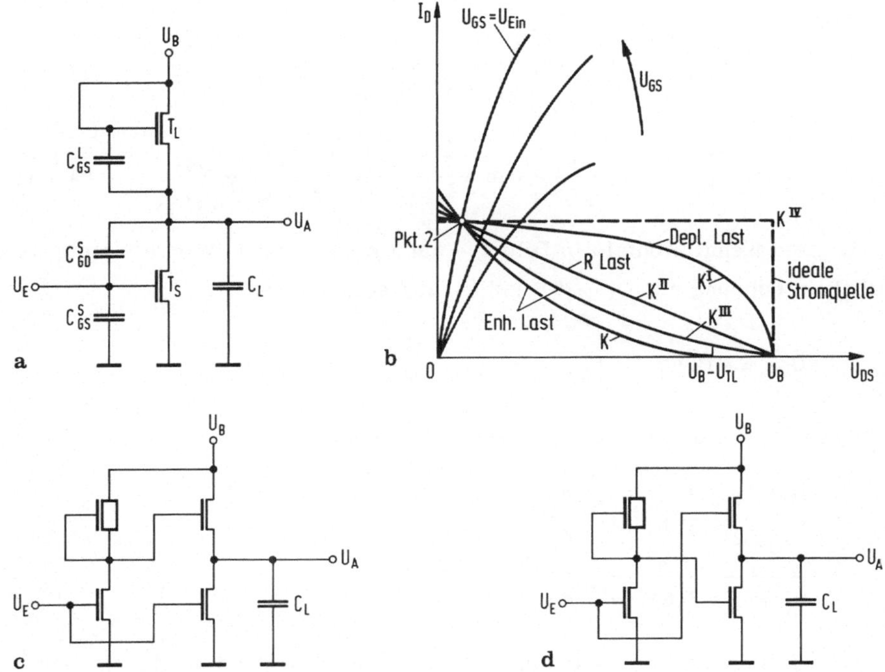

Bild 4.9. a) Inverter mit Lastelement vom Anreicherungstyp und eingezeichneten parasitären Kapazitäten; b) Lastkennlinien für ohmsche
Last, "Enhancement"-Lasttransistor und "Depletion"-Lasttransistor;
c) invertierende und d) nicht invertierende Gegentaktendstufe

Durch Integration dieser Gleichung erhält man

$$t_2 - t_1 = C_L \left| \frac{U_{A4} - U_{A3}}{I_D} \right| \tag{4.26}$$

mit

$$I_D = \frac{K}{2} (U_{GS} - U_T)^2$$

(Sättigungsgebiet).

Im weiteren Verlauf wird die Beziehung zwischen Entladestrom I_D des
Kondensators und U_A durch die Kennlinie für $U_{GS} = + 10$ V im Triodenbereich zwischen Punkt 4 und 3' gegeben. Hier hängt I_D nach

(2.20) von U_A ab. Aus (4.25) erhält man:

$$dt = \frac{C_L}{K_n} \frac{L_S}{W_S} \frac{dU_A}{U_A(U_E - U_T) - U_A^2/2} \qquad (4.27)$$

$$t_3 - t_2 = \frac{C_L L_S}{K_n W_S} \frac{1}{|U_E - U_T|} \ln \frac{[2(U_E - U_T) - U_{A3'}]U_{A4}}{[2(U_E - U_T) - U_{A4}]U_{A3'}} . \qquad (4.28)$$

Aus dem Kennlinienfeld in Bild 4.4 kann man folgende Werte für die Zeitberechnung nach (4.26) und (4.28) entnehmen:

$$U_{A3} = +12\,V; \qquad U_{A4} = +7\,V; \qquad U_{A3'} = +0,9\,V.$$

Damit ergibt sich für $C_L = 1$ pf:

$$t_2 - t_1 = 2,7 \cdot 10^{-9}\,s$$
$$t_3 - t_2 = 5,1 \cdot 10^{-9}\,s$$

$$\overline{t_3 - t_1 = 7,8 \cdot 10^{-9}\,s}$$

Nach 7,8 ns ist der Lastkondensator C_L bis auf 0,9 V entladen. Tatsächlich wird diese Zeit größer sein, da ja nicht berücksichtigt ist, daß mit abnehmenden Beträgen von U_A der Strom durch den Lasttransistor T_L wächst und durch T_S fließt. Das ist für große β_R-Werte und hohe Schwellenspannungen jedoch ohne praktische Bedeutung, da es ja nur darauf ankommt, daß U_A unter die Schwellenspannung von + 3 V des nachfolgenden Transistors absinkt. Dies geschieht nach obigen Gleichungen bereits nach insgesamt 3,56 ns ($U_{A3'}$ jetzt + 3 V). Im Gegensatz zum quasistationären Einschalten läuft die I_D - U_A-Beziehung nicht entlang der Kurve K sondern über den hohen Sättigungsstrom bei den Punkten 3 und 4.

Als nächstes werde plötzlich durch Annähern von U_E an das Erdpotential der Schalttransistor T_S gesperrt. Dann wird über den Strom durch den Lasttransistor der Lastkondensator wieder aufgeladen. U_A läuft jetzt auf der strichpunktierten Lastkurve K in Bild 4.4 von + 0,9 V auf + 12 V zu. Da der Drain-Strom I_D, wie aus dem Bild zu ersehen ist, deutlich kleiner als im Falle der Entladung ist, dauert das Aufladen von C_L wesentlich länger als das Entladen. Die Aufladezeit beim Übergang von Punkt 3' nach 1 in Bild 4.4 läßt sich wie folgt berechnen:

$$I_D = C_L \frac{dU_A}{dt} = K_n \frac{W_L}{L_L} \frac{(U_B - U_A - U_{TL})^2}{2} \, , \qquad (4.29a)$$

$$dt = \frac{2C_L}{K_n} \frac{L_L}{W_L} \frac{dU_A}{(U_B - U_A - U_{TL})^2} \, ,$$

$$t_4 - t_3 = \frac{2C_L L_L}{K_n W_L} \left[\frac{1}{(U_B - U_{A3'} - U_{TL})} - \frac{1}{(U_B - U_{A1} - U_{TL})} \right] \, .$$

$$(4.29b)$$

Wählt man in unserem Beispiel für U_{A1} den Wert + 12 V, so würde $t_4 - t_3$ über alle Grenzen wachsen. Beschränken wir uns daher auf $U_{A1''}$ = + 10 V, so ergeben sich für $t_4 - t_3$ etwa 0,11 µs, also eine sehr lange Zeit. Diese ist mit einer geringen Verlustleistung von 6,6 mW im geöffneten Zustand erkauft worden. Alle Formeln für die Zeiten enthalten den Faktor L/W oder $1/I_D$. Das heißt, mit zunehmendem Ruhestrom und damit mit zunehmender Verlustleistung sinken die Schaltzeiten.

Neben dem Inverter nach Bild 4.2a, für den das Zeitverhalten (Lade- und Entladezeit) abgeleitet wurde, gibt es ja noch weitere Möglichkeiten, Lastelemente von Invertern zu realisieren (Bilder 4.1 und 4.2b bis d). Es sollen zunächst die Ladezeit für verschiedene Inverter mit nicht geschalteten Lastelementen verglichen werden, d.h. die Schaltungen der Bilder 4.1 und 4.2a bis c. Da der Schalttransistor in allen Fällen gleich groß angenommen werden kann, und die Entladezeit im vorangegangenen Fall abgeleitet wurde, genügt es zunächst, die Lastkennlinien der verschiedenen Inverter zu vergleichen. In Bild 4.9b ist der untere Teil von Bild 4.4 nochmals vergrößert herausgehoben worden. Es ist die Kennlinie für U_{GS} = + 15 V des Schalttransistors eingezeichnet. Daneben sind noch eingetragen die Lastkennlinie K eines in Sättigung betriebenen Lasttransistors (Bild 4.2a), die Lastkennlinie K' eines Lasttransistors vom Verarmungstyp (Bild 4.2c), sowie die Kennlinie eines ohmschen Widerstandes K'' (Bild 4.1) und eines Lasttransistors, der im Triodengebiet K''' betrieben wird (Bild 4.2b). Alle diese Lastkennlinien schneiden die U_{GS} = + 15 V – Kennlinie des Schalttransistors im gleichen Punkt 2, d.h. bei + 15 V am Eingang des Inverters ist die Restspannung am Ausgang mit den vier verschiedenen Lastelementen immer gleich groß. Weiter ist in Bild 4.9b noch eine Kurve K^{IV} einer idealen Stromquelle als Last eingezeichnet. Aus Bild 4.9b erkennt man zunächst, daß die Geschwindigkeit, mit der eine Lastkapazität C_L am Ausgang des Inverters aufgeladen werden kann, von dem Strom abhängt, der zum Aufladen zur Verfügung steht, wenn der Schalttransistor abgeschaltet wird (U_{GS} von + 15 V auf + 0 V). Ferner sieht man, daß die Lastkennlinie K' den meisten Strom liefert, da der Transistor (solange er im Sättigungsgebiet ist) als Konstantstromquelle arbeitet. Im Triodengebiet nimmt der Strom dann ab. Gegenüber der idealen Stromquelle liefert der ohmsche Lastwiderstand (Kennlinie K'') nur halb soviel Ladestrom.

Definiert man nun eine Anstiegszeit t_R so, daß in dieser Zeit die Ausgangsspannung von 10 % der Betriebsspannung U_B auf 90 % von U_B angestiegen ist, so gilt für den Inverter mit dem ohmschen Widerstand eine Anstiegszeit t_{RR}:

$$t_{RR} = \frac{2,2 \cdot C_L \cdot U_B}{I_{max}} \qquad (4.30a)$$

I_{max} ist der maximal über den Widerstand fließende Strom (Bild 4.9b). Rechnet man nun dieselbe Anstiegszeit für eine Konstantstromquelle aus, so erhält man

$$t_{RK} = \frac{0,8 \cdot C_L \cdot U_B}{I_{max}} \cdot \qquad (4.30b)$$

Man erhält also eine kürzere Ladezeit. Da man jedoch immer die Lastkurve K' und nicht K^{IV} hat, ergibt sich im praktischen Betrieb eine längere Ladezeit. Für einen realen Lasttransistor vom Verarmungstyp erhält man dann etwa

$$t_{RV} = \frac{1,1 \cdot C_L \cdot U_B}{I_{max}} \cdot \qquad (4.30c)$$

Bei dem Inverter nach Bild 4.2a muß man berücksichtigen, daß die Ausgangsspannung nicht auf U_B sondern nur bis ($U_B - U_T$) steigen kann. Hierfür gilt dann

$$t_{RS} = \frac{8,89 \cdot C_L \cdot (U_B - U_T)}{I_{max}} . \qquad (4.30d)$$

Will man auch mit zwei Transistoren vom Anreicherungstyp die volle Betriebsspannung U_B am Ausgang erzielen, so muß man den Lasttransistor mit einer zusätzlichen Gate-Spannung im Triodengebiet betreiben (Bild 4.2b). Diese Gate-Spannung muß mindestens um die Einsatzspannung höher sein als U_B. Für einen solchen Inverter errechnet sich die Ladezeit zu [4.48, 4.49]:

$$t_{RNS} = \frac{(2,2 \text{ bis } 8,89) \cdot C_L \cdot U_B}{I_{max}} . \qquad (4.30e)$$

Ist die Spannung an der Gate-Elektrode des Lasttransistors gerade eine Einsatzspannung U_T höher als die Betriebsspannung U_B, so gilt der Faktor 8,89 in (4.30)e. Wird die Gate-Spannung sehr viel größer, z.B. 5 bis 8 mal größer als die Betriebsspannung U_B gewählt, so erreicht der Faktor in (4.30e) fast den Grenzwert von 2,2. Die Ladezeit für einen solchen Lasttransistor liegt also zwischen der Zeit für einen Transistor in Sättigung (Gl. (4.30d)) und der Zeit für einen Inverter mit ohmschem Lastwiderstand (Gl. (4.30a)). Die Gleichungen (4.30a bis e) zeigen, daß die Ladezeit eines Inverters mit kapazitiver Last am Ausgang für die Schaltung nach Bild 4.2c am kürzesten und mit der Schaltung nach Bild 4.2a am längsten ist. In modernen hochintegrierten n-MOS-Logikschaltungen werden heutzutage fast ausschließlich Inverter und Gatter nach Bild 4.2c verwendet.

Für den Vergleich der unterschiedlichen Ladezeiten wurde angenommen, daß bei durchgesteuertem Schalttransistor der Verluststrom, der von der Spannungsquelle nach Masse fließt, bei allen Invertern gleich groß war. Will man einen Inverter in einer vorgegebenen Technologie schneller machen, so muß man den Lasttransistor niederohmiger dimensionieren. Bei konstant gehaltenem Schalttransistor bewirkt dies einen Anstieg der Restspannung und des Verluststromes. Da die Restspannung wegen der Störsicherheit (Abschn. 4.1.3) geringer als die Einsatzspannung sein muß, ist es nicht möglich, den Lasttransistor beliebig niederohmig zu machen.

Bei der Dimensionierung von Logikschaltungen muß man zunächst die
geometrischen Größen von Schalt- und Lasttransistoren so wählen, daß
eine genügend kleine Restspannung erreicht wird. Anschließend errechnet man mit der am Ausgang vorhandenen kapazitiven Last die er-
zielbaren Lade- und Entladezeiten. Sind diese Zeiten zu lang, so muß
man den Lasttransistor größer dimensionieren, gleichzeitig aber das
Verhältnis von Schalt- zu Lasttransistor konstant halten. Mit einem
niederohmigeren Lastelement fließt aber auch ein höherer Verluststrom.
Man hat also bei Invertern mit ungesteuerten Lastelementen immer eine
enge Kopplung zwischen Verlustleistung und Geschwindigkeit. Will man
eine schnelle Schaltung, so muß man entsprechend viel Leistung spen-
dieren.

Möchte man den Zusammenhang zwischen Geschwindigkeit und Verlustleistung entkoppeln, so muß man dazu übergehen, sowohl den Schalt-
wie auch den Lasttransistor von dem Eingangssignal anzusteuern. Die
für die beiden Transistoren benötigten Steuersignale müssen gegenpha-
sig sein, d.h. wenn der Schalttransistor leitet, sperrt der Lasttransistor, und wenn dieser leitet, so sperrt der Schalttransistor. Inverter mit diesem Verhalten sind in CMOS-Technik einfach zu realisieren (Bild 4.2d).

Der untere Transistor ist vom gleichen Typ wie im vorigen Beispiel.
Für $U_E = 0$ ist er gesperrt. Der obere Transistor hat die entgegengesetzten Eigenschaften: Er ist für $U_E = U_B$ gesperrt; bei $U_E < U_B -
|U_T|$ ist er geöffnet. Bei den Schaltzuständen $U_E = |U_T|$ und
$U_E = U_B - |U_T|$ ist jeweils ein Transistor geöffnet, der andere gesperrt. Man erhält also sowohl beim Entladen als auch beim Aufladen
des Lasttransistors kurze Schaltzeiten und hat außerdem den Vorteil,
daß im Ruhezustand in beiden Zuständen nur der sehr geringe Leckstrom fließt. Für die Bestimmung der Lade- und Entladezeiten von
CMOS-Invertern kann man in beiden Fällen (4.27) und (4.28) heranziehen. Beim Entladevorgang gelten die Gleichungen für den n-Kanal-
Transistor, beim Ladevorgang für den p-Kanal-Transistor. Um bei
CMOS-Invertern die Lade- und Entladeflanke gleich steil zu machen,
müssen beide Transistoren den gleichen Strom liefern können. Wegen
der geringeren Beweglichkeit der Löcher im p-Kanal-Transistor muß
man diesen größer machen. Bei realisierten CMOS-Invertern ist das

Verhältnis K_n/K_p (Gl.(4.20a)) etwa 2. Für $\beta^* = 1$ (Gl.(4.20)) muß
also das geometrische Verhältnis von p- zu n-Kanal-Transistor 0,5
sein, d.h. $\beta_R = 0,5$. Die statische Verlustleistung des Komplementär-
kanal-Inverters ist durch das Produkt aus dem Leckstrom des nicht-
leitenden Bauelements und der Versorgungsspannung gegeben.

Das Prinzip der gegenphasigen Ansteuerung eines Inverters kann man
auch bei Ein-Kanal-Techniken ausnützen. Hierbei müssen die gegenphasigen Signale erzeugt und getrennt an Last- und Schalttransistor angelegt werden (Bild 4.9c). Die Lastkennlinie des Transistors Tr2 verläuft wie die Kennlinie K in Bild 4.9b, doch kann bei der Schaltung
nach Bild 4.9c der Lasttransistor wesentlich größer gewählt werden,
und das β_R kann auch kleiner als 1 sein, da bei leitendem Schalttransistor Tr1 der Lasttransistor abgeschaltet ist. Auch bei diesem Inverter fließt in der aus Tr1 und Tr2 gebildeten Stufe kein Verluststrom
von U_B nach Masse. Der Transistor Tr2 kann auch vom Verarmungstyp sein, hierbei muß dann aber das β_R-Verhältnis berücksichtigt und
im allgemeinen größer als 1 sein. In einer solchen Anordnung fließt
dann auch ein statischer Ruhestrom. Solche Gegentaktinverter, mit
denen man auch große kapazitive Lasten treiben kann, werden in
Abschn. 4.2.2 noch genauer beschrieben.

<u>Der Ringoszillator</u>

Die Verzögerungszeiten eines Inverters lassen sich über die Zeitkonstanten am Ausgang bestimmen. Allerdings werden die Flanken durch
die kapazitive Belastung des Meßkopfes (Tastkopf eines Oszillographen)
meist stark beeinflußt. Die nahezu unbeeinflußte Messung von
Verzögerungszeiten erhält man an sog. Ringoszillatoren [4.2].
Sie stellen rückgekoppelte und deshalb selbstschwingende Inverter-
ketten dar. Bild 4.10a zeigt das Schaltbild eines 11-stufigen Ringoszillators mit dem dazugehörigen Ausgangssignal (Bild 4.10b).
Der Oszillator ist mit Invertern, die einen Lasttransistor vom Verarmungstyp haben, aufgebaut. Damit die Kette schwingt, muß die Anzahl der Stufen ungeradzahlig und die Verstärkung der einzelnen Stufen
≥ 1 sein. Das Signal wird über einen mitintegrierten Transistor, der
als Source-Folger mit einem extern dazugeschalteten Widerstand R

arbeitet, ausgekoppelt. Aus der gemessenen Schwingfrequenz kann man dann die Verzögerungszeit t_D pro Stufe bestimmen. Die Formel hierfür lautet:

$$t_D = \frac{T}{2N} \cdot$$

(4.31)

Hierbei ist T die Periode des Ausgangssignals und N die Anzahl der Stufen (z.B. 11 in Bild 4.10a). Bestimmt man nun auch den Strom, der in die Schaltung hineinfließt, so kann man die Leistung pro Inverter berechnen, und zwar

$$P = \frac{I_D U_B}{N} \cdot$$

(4.32)

Bildet man nun das Produkt aus (4.31) und (4.32), so erhält man das sog. Verzögerungszeit-Leistungsprodukt Pt_D (speed-power-product) [4.3]. Dieses Pt_D ist ein Gütekriterium für die verschiedenen Technologien von integrierten Schaltungen. Ein Pt_D-Diagramm ist in Bild 4.11 dargestellt; verschiedene Werte aus der Literatur sind eingezeichnet. Bei der Interpretation solcher Diagramme bzw. von veröffentlichten Pt_D-Werten ist jedoch Vorsicht geboten. Es sollen möglichst nur Werte von Ringoszillatoren mit gleicher Stufenzahl verglichen werden, da die Gesamtverlustleistung je Stufe von der Frequenz mit der er schaltet (s. Gl. 4.33) und somit von der Stufenzahl abhängt. Die Werte eines 265-stufigen Oszillators bezüglich der Verlustleistung (die Verzögerungszeit t_D ist unabhängig von der Stufenanzahl) sind zwar sehr niedrig, aber für die Praxis im allgemeinen wenig realistisch. Ein weiterer Punkt ist die Belastung der einzelnen Stufen (Fan-out). Sind alle Stufen identisch, so hat der Inverter ein Fan-out von 1, d.h. die kapazitive Last, die er treiben muß, ist gleich groß wie die Last, mit der sein Eingang die vorhergehende Stufe belastet. Dieser Fall tritt zwar in komplexen MOS-Schaltungen hin und wieder auf (wenn ein Signal verzögert werden soll, und z.B. fünf Stufen hintereinander geschaltet werden). Im allgemeinen müssen jedoch Inverter Kapazitäten treiben, die größer sind als ihre eigene Eingangskapazität. Ringoszillatoren mit Stufen, deren Fan-out 1 beträgt, sind zwar sehr schnell und leistungsarm, das resultierende Pt_D-Produkt ist aber weitgehend realitätsfern.

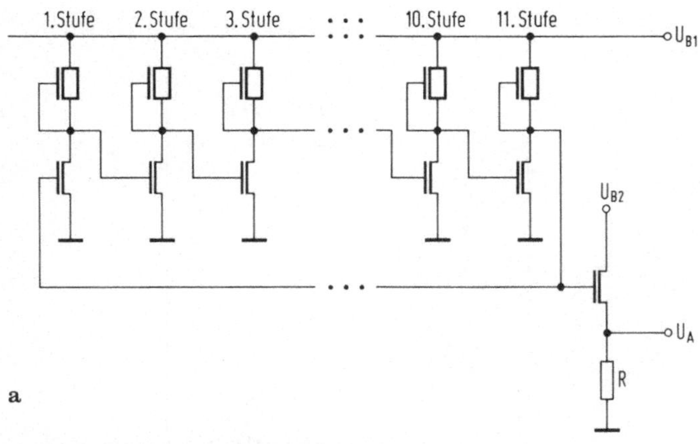

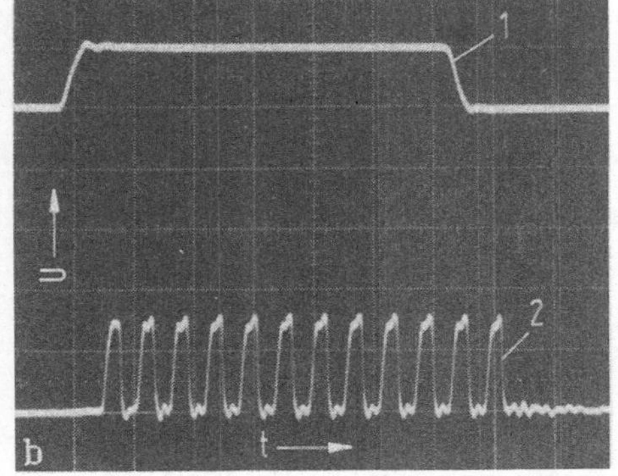

Bild 4.10. Schaltbild eines aus Invertern mit Depletion-Lastelementen aufgebauten Ringoszillators (a) und über den Source-Folger gemessenes Ausgangssignal (b), 1 Takt, mit dem der Ringoszillator aktiviert wird, 2 Ringoszillatorschwingung

Es haben sich Ringoszillatoren mit einem Fan-out von 3 als sinnvoll herausgestellt. Wenn man Pt_D-Werte vergleicht, so muß das Fan-out der einzelnen Stufen auch gleich sein. Diese Betrachtungen gelten für den Vergleich von unterschiedlichen MOS-Technologien. Will man MOS-Technologien mit z.B. bipolaren Technologien vergleichen (z.B. I^2L), so ist noch eine Reihe weiterer Kriterien, die man aus dem Verständnis der Technologien gewinnen muß, zu beachten.

Ein besonders für den Leistungsverbrauch von integrierten MOS-Schaltungen weiteres wichtiges Diagramm ist das P-f-Diagramm (Bild 4.12). Hier ist die Verlustleistung von Invertern über der Frequenz f,

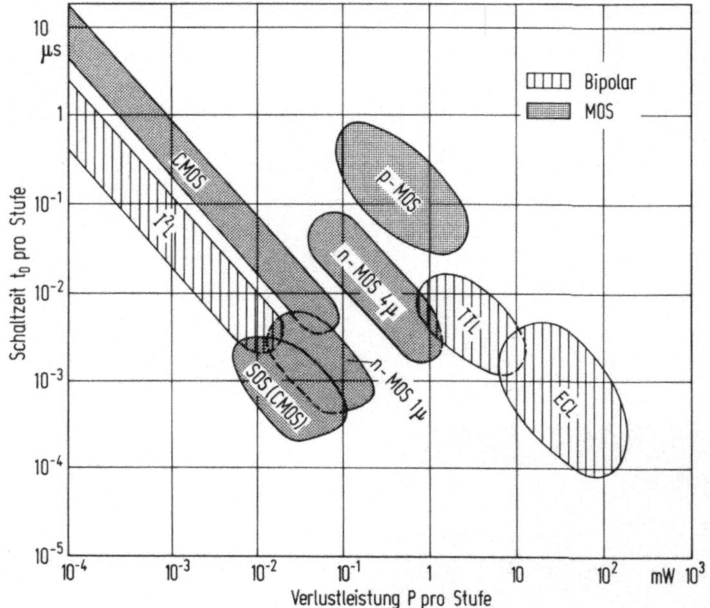

Bild 4.11. Verlustleistungs-Verzögerungszeit (Pt_D)-Diagramm der heutigen Silizium-Technologien [7.3]

mit der sie geschaltet werden, aufgetragen. Für die Verlustleistung eines Inverters kann man nämlich schreiben:

$$P = P_{stat} + P_{dyn} = P_{stat} + C_L U_B \Delta U f. \tag{4.33}$$

Hierin ist C_L die kapazitive Last des Inverters, U_B die Versorgungsspannung, ΔU der Ausgangsspannungshub und f die Frequenz. Die Verlustleistung von MOS-Invertern ist also linear von der Frequenz abhängig. Aus Bild 4.12 erkennt man jetzt, daß die CMOS-Technologie zwar eine sehr geringe statische Leistung hat, im Betrieb jedoch die Leistung durchaus so groß oder größer als bei Ein-Kanal-Technologien werden kann. Den steileren Anstieg kann man durch die erhöhte kapazitive Belastung erklären. Ein CMOS-Inverter muß ja immer zwei Transistoren gleichzeitig ansteuern (siehe Bild 4.2d): Für einen Schaltkreis, der ständig bei seiner maximalen Taktfrequenz betrieben wird, bringt also die CMOS-Technologie keine großen Vorteile, während bei Schaltungen, die deutlich unter ihrer maximalen Taktfrequenz

arbeiten, die geringe statische Verlustleistung von CMOS-Invertern
ein entscheidender Vorteil sein kann.

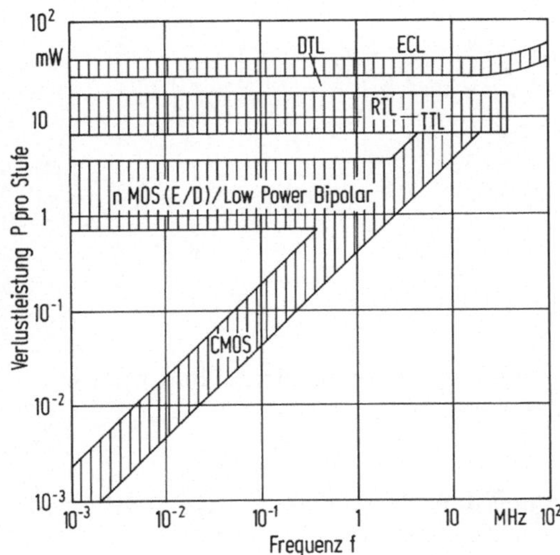

Bild 4.12. Abhängigkeit der Verlustleistung von der Frequenz für verschiedene Techniken

4.1.3 Störsicherheit

Die statische Transferkurve kann zur Bestimmung der statischen Störsicherheit herangezogen werden. Hierzu ist in Bild 4.13 die Transferkurve eines Inverters nochmals dargestellt. Auf ihr kann man zwei
Punkte A und B definieren, in denen die Steigung (differentielle Verstärkung des Inverters) 1 ist. Diese zwei Punkte werden auch oft als
Schaltpunkte definiert. Die maximale Steigung der Transferkurve liegt
zwischen diesen zwei Punkten und hängt vom β_R-Verhältnis sowie vom
verwendeten Invertertyp ab. In Bild 4.13 sind noch zusätzlich die Ein-
gangsspannungswerte U_{SL} und U_{SH} der Punkte A und B sowie die bei
voller Aussteuerung am Ausgang liegende Restspannung U_R eingetragen.

Wird nun ein Inverter (oder ein Gatter) von einem gleichartigen Inverter angesteuert, so liegt im ausgeschalteten Zustand die Restspannung
U_R des vorhergehenden Inverters an seinem Eingang. Für den ausge-

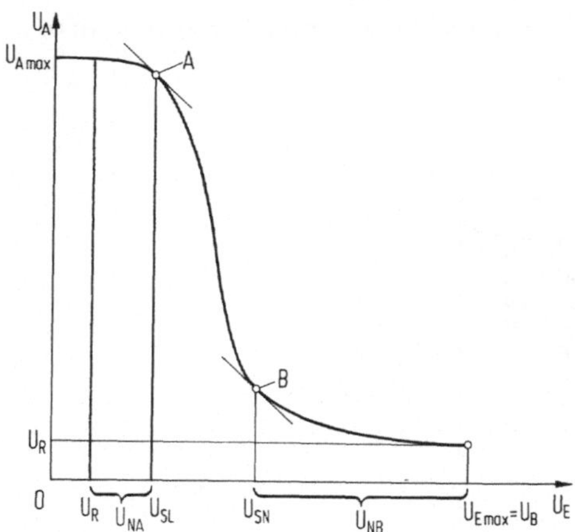

Bild 4.13. Statische Transferkurve mit eingetragenen Schaltpunkten U_{SL} und U_{SH} sowie der Restspannung U_R

schalteten Inverter kann man daher einen Störabstand U_{NA} definieren [4.4]:

$$U_{NA} = U_{SL} - U_R.$$ (4.34)

Ein ausgeschalteter Inverter kann also eine Störspannung in dieser Höhe an seinem Gate verkraften, ohne daß er schaltet. Für den Störabstand U_{NB} des eingeschalteten Inverters kann man ebenso schreiben

$$U_{NB} = U_B - U_{SH}.$$ (4.35)

Die so definierten Störabstände sind am größten, wenn die Kennlinie bei $U_{Emax}/2$ möglichst sprungartig steil von U_{Amax} auf 0 wechselt. Dies ist bei Invertern mit Komplementärtransistoren möglich (Kurve für $\beta^* = 1$ in Bild 4.8). Bei Ein-Kanal-Invertern verläuft die Kurve unsymmetrisch und daher ist U_{NB} größer als U_{NA}. Der Grund für dieses Verhalten liegt darin, daß bei Ein-Kanal-Invertern das Lastelement passiv ist, der Schalttransistor den Ausgangspegel nach Massepotential zieht sobald die Einsatzspannung überschritten wird. Bei Ein-Kanal-Techniken muß man also bei der Dimensionierung besonders darauf achten, daß die Restspannung möglichst klein ist. Auch zu hochohmige Masseverbindungen (Masseleitung liegt z.B. auf 0,5 V statt auf 0 V) können den Störabstand empfindlich beeinträchtigen. Die hier

definierten Störabstände sind die statischen Störabstände. Im Betrieb
kann es jedoch vorkommen, daß kurzzeitige Störimpulse den Inverter
bzw. das Gatter über die Schaltpunkte hinaus aussteuern.

Ist die Dauer des Störimpulses kurz gegenüber der Schaltzeit des Inverters, so wird keine falsche Information übertragen. Die Störsicherheit im Betrieb ist also im allgemeinen größer als die in diesem
Abschnitt angegebenen Werte.

4.1.4 Vergleich der verschiedenen Inverterarten

Folgende wichtige elektrische Eigenschaften sollen von der Inverter-
stufe erreicht werden:
- Symmetrische Übertragungskennlinie: Die Transistoren sollen gera-
  de beim halben Spannungshub des Eingangssignals umschalten.
- Kurze Schaltzeiten: Über den jeweils leitenden Transistor wird die
  Ausgangskapazität C_L rasch umgeladen.
- Hohe Störsicherheit: Über den jeweils leitenden Transistor wird das
  Ausgangspotential möglichst nahe am entsprechenden Versorgungs-
  spannungspotential gehalten und damit der jeweilige Zustand des Inverters am Ausgang beibehalten.
- Geringe Verlustleistung: Im Ruhezustand leitet nur ein Transistor,
  so daß der Querstrom durch den Inverter und damit seine Verlust-
  leistung möglichst gering ist.

In Wirklichkeit lassen sich diese idealen Eigenschaften eines Inverters
in der MOS-Technik nur näherungsweise erreichen.

Der Inverter, bei dem der Lasttransistor und der Schalttransistor ein
MOS-Transistor vom Anreicherungstyp (Bild 4.2a) sind, und der somit im einfachsten MOS-Prozeß hergestellt werden kann, zeigt ein
Verhalten, das von dem eines idealen Inverters weit entfernt ist. Im
Arbeitspunkt 3 in Bild 4.4, bei dem der Schalttransistor leitend ist,
fließt ein relativ hoher Strom durch den Inverter, da am Lasttransistor
eine verhältnismäßig hohe Gate-Spannung liegt. Legt man von den Abmessungen her den Schalttransistor so aus, daß sein Innenwiderstand
klein ist im Vergleich zu dem des Lastwiderstandes, so wird im Arbeitspunkt 1 die Störsicherheit beeinträchtigt. Hier ist der Schalttransistor gesperrt, der Lasttransistor weist dann einen verhältnis-

mäßig hohen Innenwiderstand auf, da die angelegte Gate-Spannung an diesem Transistor in diesem Fall sehr niedrig ist. Die Verlustleistung im Arbeitspunkt 1 ist damit praktisch Null. Da in diesem Arbeitsbereich der Innenwiderstand des Lasttransistors verhältnismäßig hoch ist, sind die Flanken beim Umschalten vom niedrigen auf den hohen Pegel entsprechend flach. Außerdem ist die Übertragungskennlinie dieses Invertertyps nicht symmetrisch, da die Schwelle durch die Einsatzspannung des Schalttransistors bestimmt ist und sich damit mit der Betriebsspannung nicht ändert. Die Übertragungskennlinie wird wegen des kleineren Wertes von β_R flacher als in Bild 4.5 verlaufen und damit den Bereich der Störsicherheit für hohe Eingangsspannungen U_E einengen.

Beim Inverter mit einem Lasttransistor vom Verarmungstyp wirkt der Lastwiderstand als Quelle eines konstanten Stromes (Bild 4.2c). Man erreicht dadurch, daß der Innenwiderstand rechts von Punkt A' kleiner ist als im Arbeitspunkt 2', so daß man der Forderung eines idealen Inverters schon näherkommt. Die Herstellung dieser Lasttransistoren benötigt einen zusätzlichen Prozeßschritt, der meistens durch Ionenimplantation durchgeführt wird. Die Inverterkennlinie ist noch unsymmetrisch, ihr Verlauf jedoch steiler (Bild 4.6).

Beim Inverter mit komplementärem Lasttransistor werden die Eigenschaften eines idealen Inverters nahezu erreicht. Man sieht aus dem Transistor-Kennlinienbild, daß für $|U_E| < 3$ V und $|U_E| > 12$ V in Bild 4.7 jeweils nur ein Transistor leitend ist, während der andere Transistor gesperrt ist. Dies führt zu einer verschwindend kleinen Ruheverlustleistung, einer hohen Störsicherheit und kurzen Schaltzeiten. Sind beide Transistoren so ausgelegt, daß sie bei den jeweiligen Betriebsspannungen den gleichen Innenwiderstand aufweisen, so bekommt man auch eine symmetrische Inverterkennlinie, die unabhängig von der angelegten Betriebsspannung symmetrisch bleibt (Kurve für $\beta^* = 1$ in Bild 4.8). Der einzige Nachteil gegenüber einem idealen Inverter ist, daß im Übergangsbereich relativ hohe Ströme fließen (Bild 4.7) und der Widerstand der leitenden Transistoren aus Gründen des Flächenbedarfs nicht beliebig niedrig gemacht werden kann.

4.1.5 Der MOS-Transistor als Transferelement (Transfergatter)

Neben dem Einsatz von MOS-Invertern wird in integrierten MOS-
Schaltungen sehr oft der Transistor als Transferelement eingesetzt.
Ein Transferelement oder Transfertransistor ist nichts anderes als die
Verbindung zweier Schaltungspunkte über einen MOS-Transistor. Durch
geeignete Spannungen am Gate des MOS-Transistors kann diese Verbindung durchgeschaltet (Transistor leitet) oder aufgetrennt (Transistor sperrt) werden.

Bild 4.14 zeigt ein solches Transferelement in Ein-Kanal-Technik. Die
Kondensatoren C_E und C_A sind die an diesen Knoten liegenden Kapazitäten. Mit der Spannung U_S wird der Transistor ein- bzw. ausgeschaltet. Da ein MOS-Transistor unipolar ist, kann sowohl eine
Spannung von Knoten A nach Knoten E, als auch von Knoten E nach
Knoten A übertragen werden. Liegt an E die Betriebsspannung U_B
und hat das Steuersignal U_S auch die Spannung U_B, so wird am Knoten
A, so wie bei dem Lastelement des Inverters nach Bild 4.2a, auch nur
die Spannung $U_B - U_T$ maximal vorhanden sein. Liegt hingegen eine Null
an Knoten E, so wird diese bei leitendem Transistor auch an A sein.

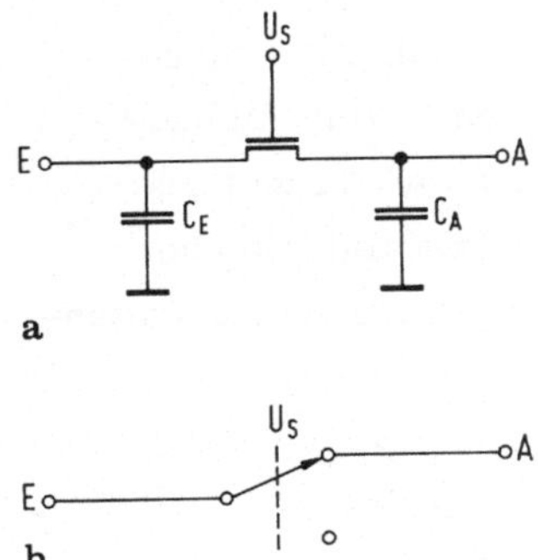

Bild 4.14. Schaltung eines als Transfertransistor verwendeten MOS-
Transistors (a) und das dazugehörige Schalterersatzschaltbild (b)

Hat man eine Komplementärkanal-Technik zur Verfügung, so kann man
mit je einem n- und einem p-Kanal-Transistor einen Transferschalter
aufbauen, der nun nicht mehr den Nachteil besitzt, daß die Schwellenspannung des Transistors an ihm abfällt.

Ein solcher Transferschalter ist in Bild 4.15 dargestellt. Die beiden
Transistoren werden mit den inversen Signalen U_S und $\overline{U}_S$ angesteu-

ert. Sind z.B. $U_S = 0$ V und $\overline{U}_S = +12$ V, so leiten sowohl der n- als auch der p-Kanal-Transistor. Während jedoch der n-Kanal-Transistor eine Spannung von + 12 V an E nur auf eine Spannung von $+12$ V $- U_T$ an A übertragen würde, überträgt der p-Kanal-Transistor die vollen + 12 V an A, da ja für diesen Transistor der Punkt E jetzt das Source-Gebiet ist. Hier hat man also beim Durchschalten in beiden Richtungen keinen Einsatzspannungsverlust. Ein weiterer Vorteil der Anordnung nach Bild 4.15 ist die Tatsache, daß das Laden bzw. Entladen der Kondensatoren C_E und C_A rascher erfolgt, da zwei parallel geschaltete Transistoren zur Umladung zur Verfügung stehen.

Trägt man den Durchlaßwiderstand R_D des Transfergliedes über der Eingangsspannung U_E auf, so erhält man einen Verlauf nach Bild 4.15c. Mit steigender Eingangsspannung U_E erhöht sich der Durchlaßwiderstand des n-Kanal-Transistors R_{Dn} während der p-Kanal-Transistor niederohmiger wird. Die ausgezogene Kurve im Bild 4.15c ist der Gesamtdurchlaßwiderstand R_D des Transferglieds. Voraussetzung für diesen Kurvenverlauf ist eine konstante Spannung auf den Gate-Elektroden beider Transistoren (z.B. 5 V am n-Kanal-Transistor und OV am p-Kanal-Transistor).

Das Transferelement ist in der MOS-Schaltungstechnik ein sehr gebräuchliches und oft eingesetztes Schaltungselement. Vom Aufbau her unsymmetrische MOS-Transistoren wie DMOS sind für Transferelemente weniger geeignet. Dies ist auch einer der Nachteile solcher Strukturen. Auf Beispiele, in denen mit Transfergattern Logikschaltun-

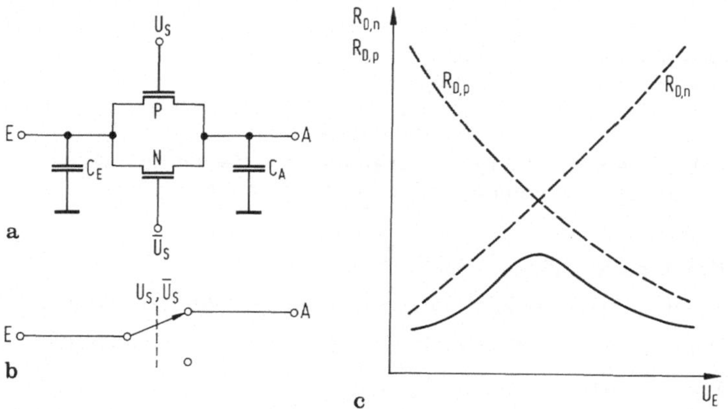

Bild 4.15. Ein aus Komplementärkanal-Transistoren aufgebautes Transferglied (a) das dazugehörige Schalterersatzschaltbild (b) sowie der resultierende Durchlaßwiderstand R_D (c)

gen realisiert werden können, soll in den nächsten Abschnitten eingegangen werden.

4.2 Der Inverter in dynamischer Technik

Während im Abschn. 4.1 das Verhalten von MOS-Invertern mit Lastwiderständen bzw. -transistoren behandelt wurde, deren Gate-Anschluß an einer festen Spannung angeschlossen war, wird in diesem
Abschnitt der Inverter mit getakteten Lastelementen erläutert. Darüber
hinaus sollen in diesem Abschnitt auch die in heutigen MOS-Schaltungen
in zunehmendem Maße verwendeten Bootstrap-Schaltungen beschrieben
werden.

4.2.1 Der Inverter mit getakteten Lastelementen

Bei allen Invertern in Ein-Kanal-Technik fließt ein Querstrom von der
Versorgungsspannung nach Masse, wenn der Schalttransistor leitend
geschaltet wird. Dieser Querstrom hat eine erhöhte statische Verlustleistung zur Folge. Will man diese Verlustleistung klein halten, so
muß man versuchen, den Querstrom zu unterdrücken bzw. so klein wie
möglich zu halten. Hierfür eignet sich vorzugsweise der schon in
Abschn. 4.1 beschriebene Inverter in CMOS-Technik, da jeweils nur
einer der Transistoren leitend geschaltet ist. Hat man keine komplexe
CMOS-Technik zur Verfügung, so kann man mit getakteten Lastelementen den Querstrom eines Inverters unterdrücken.

In Bild 4.16 ist ein solcher Inverter dargestellt. Der Transistor Tr2
ist der eigentliche Schalttransistor. Zum Vorladen wird der Transistor
Tr1 mit Hilfe des Taktes Φ_1 leitend geschaltet. Hierbei bleibt der
Transistor Tr3 gesperrt, der Zustand von Transistor Tr2 ist unin-
teressant. Der Kondensator C_1 (Lastkondensator plus Knotenkapazi-
tät) und evtl. C_2 werden aufgeladen. Sobald Transistor Tr1 sperrt,
wird mit Hilfe des Taktes Φ_2 der Transistor Tr3 leitend geschaltet.
Während dieser Taktperiode ist der Ausgang gültig, d.h. bei leitendem
Tr2 geht die Ausgangsspannung gegen 0 V, während bei gesperrtem
Tr2 der Vorladepegel am Ausgang erhalten bleibt. Aus dieser Betriebsweise läßt sich auch erkennen, daß hier nie ein Querstrom fließen kann,
und nur dynamische Leistung verbraucht wird. Wichtig ist beim Ent-

wurf einer solchen Stufe, daß der Kondensator C_1 wesentlich größer
als der Kondensator C_2 sein muß. Es kann nämlich zu einem Ausgleich der Ladungen von C_1 und C_2 kommen, was zu einer Verfälschung der Information führen könnte, wenn C_1 und C_2 in etwa gleich
sind (im engl. als "charge sharing" bezeichnet). Die Größe der Transistoren Tr1 und Tr3 wird bei so einer Schaltung nur durch die Zeiten bestimmt, mit denen der Kondensator C_1 geladen und entladen
werden soll und muß in keinem festen Widerstandsverhältnis zu Tr2
stehen (ratioless circuit). Der Widerstand von Tr2 muß nur klein
sein. Je nachdem, ob man sich den Verlust des Ausgangshubes um
die Einsatzspannung erlauben kann oder nicht, liegen die Pegel der
Takte Φ_1 und Φ_2 bei U_B oder um die Einsatzspannung höher.

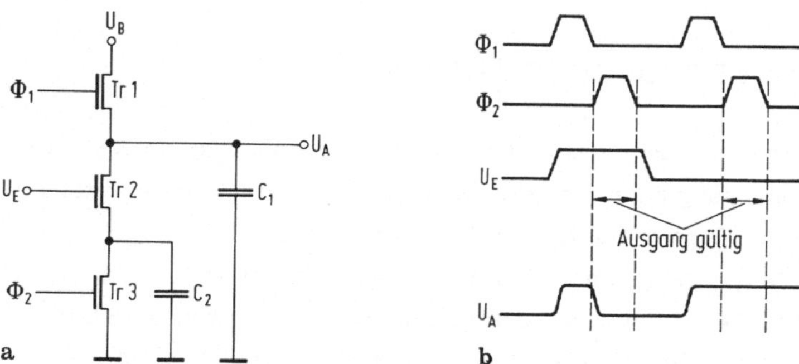

Bild 4.16. Dynamischer Inverter (a) und die beim Betrieb auftretenden Taktimpulse (b)

Dieser Inverter ist die Grundschaltung für die meisten Logikschaltungen in dynamischer Technik, wie z.B. Gatter, Schieberegister, PLAs
usw. (s. Abschn. 4.4 und 4.6). Beim Leistungsvergleich solcher
dynamischen Schaltungen mit statischen, muß man immer die Taktlei-
stung bzw. die Verlustleistung des evtl. auf dem Chip integrierten
Takttreibers mit berücksichtigen.

4.2.2 Der Bootstrap-Inverter

Eine weitere Möglichkeit, das dynamische Verhalten einer MOS-Kapazität für Inverter auszunützen, ist der sog. "Bootstrap"-Inverter
[4.5]. Bei einer Inverterstufe nach Bild 4.2a erreicht die Ausgangsspannung nie die volle Betriebsspannung, sie liegt immer um eine Ein-

satzspannung darunter (s. Abschn. 4.1). Will man die volle Betriebsspannung am Ausgang, so muß man einen Inverter mit Depletion-Lastelement, einen CMOS-Inverter oder eine zusätzliche Spannungsquelle U_{GL} für den Lasttransistor verwenden. Hat man diese Möglichkeiten nicht zur Verfügung, so kann man einen Bootstrap-Inverter nach Bild 4.17 verwenden. Das Prinzip ist folgendes:

Liegt am Eingang des Inverters eine "1" ("1" = U_B), so leitet Transistor Tr2, der Ausgang liegt auf 0 V. Über den Transistor Tr1 wird der Bootstrap-Kondensator C_B auf die Betriebsspannung, verringert um die Einsatzspannung von Tr1, aufgeladen. Diese Spannung liegt am Gate des Transistors Tr3. Wird der Eingang nun auf "0" geschaltet ("0" = 0 V), so steigt die Spannung am Ausgangsknoten. Diese Spannungsänderung koppelt über den Kondensator C_B auf das Gate von Transistor Tr3. Da der Transistor Tr1 gesperrt ist und diese Spannungserhöhung nicht ableiten kann, folgt das Gate von Tr3 dieser Spannungsänderung. Diese ist im günstigsten Fall gleich U_B.

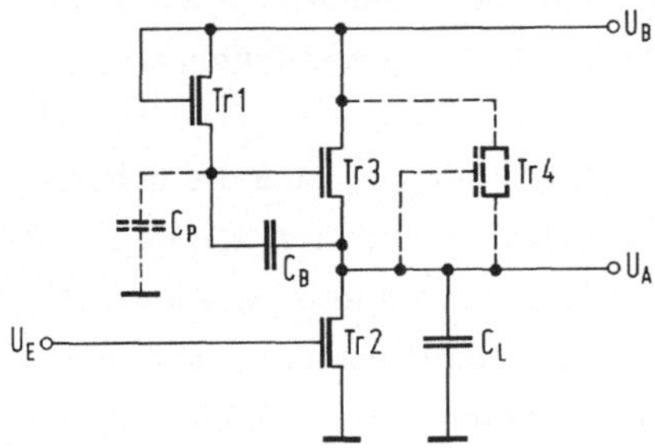

Bild 4.17. Inverter mit Bootstrap-Kondensator (C_B) und Haltetransistor Tr4

Für einen spannungsunabhängigen Kondensator C_B kann man für die Spannung U_{BK} am Gate von Transistor Tr3 schreiben:

$$U_{BK} = U_{BK0} + rU_B. \tag{4.36}$$

Hierbei ist U_{BK0} jene Spannung, auf die das Gate von Tr3 vorgeladen war, in diesem Fall also $U_B - U_T$.

Die Größe r ist das sog. Bootstrap-Verhältnis zwischen Koppelkapazität C_B und der parasitären Kapazität C_P:

$$r = \frac{C_B}{C_P + C_B}.$$ (4.37)

Für $r \sim 1$ und $U_{BK0} = U_B - U_T$ gelangt man zu $U_{BK\,max}$:

$$U_{BK\,max} = 2U_B - U_T.$$ (4.38)

Mit einer so hohen Gate-Spannung an Tr3 erreicht man dann am Ausgang die volle Betriebsspannung.

Man kann den Kondensator C_B auch als spannungsabhängigen MOS-
Kondensator ausführen (in der integrierten MOS-Technik üblich) und
bekommt dann eine etwas kompliziertere Abhängigkeit der maximalen
Spannung U_{BK} von der Vorladespannung U_{BK0} und dem Verhältnis r.
Für beide Fälle gilt jedoch die Aussage, daß der Lasttransistor (hier
Tr3) um so besser leitend wird, je höher die Vorladespannung U_{BK0}
ist und je näher r bei 1 liegt. Neben der vollen Batteriespannung U_B
erzielt man durch das höhere Aussteuern des Lasttransistors auch eine
steilere Anstiegsflanke für die Spannung am Ausgang des Inverters.

Bei Bootstrap-Schaltungen muß berücksichtigt werden, daß die hohe
Gate-Spannung dynamisch hochgetaktet worden ist und sich mit der Zeit
über Leckwiderstände (Leckströme der Diffusionsgebiete) wieder auf
den statischen Wert von $U_B - U_T$ entlädt und somit auch die Ausgangsspannung unter U_B absinkt. Will man das Absinken der Ausgangsspannung verhindern, so muß man parallel zum Transistor Tr3 einen Depletion-Transistor dazuschalten (in Bild 4.17 gestrichelt eingezeichnet).
Dieser dazugeschaltete Depletion-Transistor ist besonders dann sinnvoll, wenn man eine im Gegentakt betriebene Treiberstufe ("Push-
pull"-Stufe) mit einem solchen Haltetransistor ausstattet (Bild 4.18).
Die Transistoren Tr3 und Tr4 bilden die Gegentaktendstufe. Der zusätzliche Bootstrap-Kondensator C_B koppelt den Ausgang der Stufe zurück an die Gate-Elektrode von Tr3. Nach dem Erreichen der Betriebsspannung U_B am Ausgang kann ein Absinken der Gate-Spannung von
Transistor Tr3 (infolge von Leckströmen) und damit auch ein Absinken
der Ausgangsspannung durch Transistor Tr5 verhindert werden.

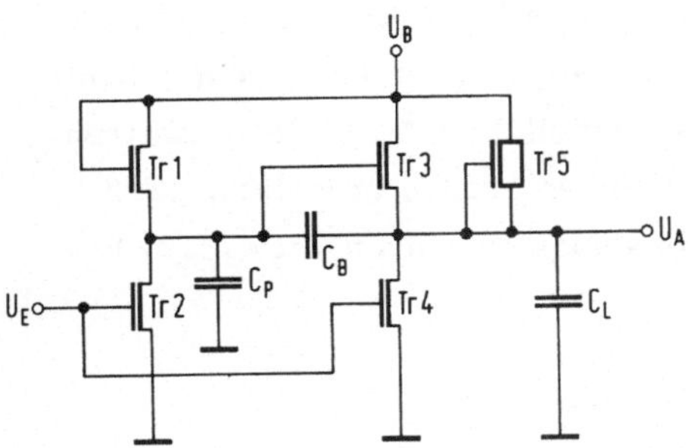

Bild 4.18. Gegentaktendstufe mit Bootstrap-Kondensator (C_B) und Haltetransistor Tr4

Der besondere Vorteil einer solchen Treiberstufe gegenüber einer üblichen Inverterstufe mit Depletion-Lastelementen ist der geringere Stromverbrauch, da nur im Inverter, der aus den Transistoren Tr1 und Tr2 gebildet wird, Querstrom fließen kann. Bei der Gegentaktstufe ist ja immer einer der Transistoren (Tr3 oder Tr4) gesperrt. Der Haltetransistor Tr5 kann klein genug dimensioniert werden, so daß, wenn Transistor Tr4 leitet, der Querstrom durch Tr5 und Tr4 nur unwesentlich zum gesamten Stromverbrauch beiträgt.

Eine weitere Ausführungsform einer Bootstrap-Ausgangsstufe ist in Bild 4.19 dargestellt. Hier wird der Bootstrap-Kondensator über einen Vorladetakt und Transistor Tr1 aufgeladen. Geht der Eingang nun auf 0 V zurück, so sperrt Transistor Tr1, und das Gate von Transistor Tr3 kann über den Kondensator C_B auf einen Spannungswert größer als die Versorgungsspannung hochgekoppelt werden. Der Vorladetakt muß nicht besonders erzeugt werden, man kann auch den ursprünglichen Impuls als Vorladetakt verwenden, und den Eingangsimpuls aus einem invertierten und verzögerten Ursprungsimpuls erzeugen.

Bei Dekodergattern von Halbleiterspeichern wird auch oft von dem Bootstrap-Effekt Gebrauch gemacht. Bild 4.20 zeigt solch einen Dekoder. Diese Dekoder sind meist als mehrfache NOR-Gatter aufgebaut. Die Wortleitungen stellen eine hohe kapazitive Belastung dar, so daß man für eine kurze Zugriffszeit (Wortleitung wird rasch auf die Betriebsspannung hochgezogen) möglichst niederohmige Lasttransistoren Tr1 brauchte. Dieser Forderung steht der Nachteil gegenüber, daß bei einem Dekoder mit NOR-Gattern nur das ausgewählte Gatter

keinen Strom zieht, alle restlichen N-1-Gatter zeihen Strom und tragen stark zum Stromverbrauch bei (s. Abschnitt 4.7.4). Man macht
daher das Dekodergatter so klein wie möglich, d.h. kleinen Lasttransistor, und lädt die Wortleitung über einen großen Transistor (Tr3
in Bild 4.20), der im Source-Folger-Mode (s. Abschnitt 4.8.2) betrieben wird, auf.

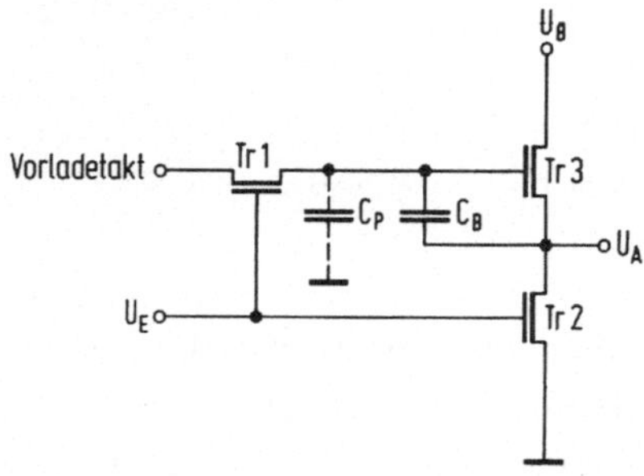

Bild 4.19. Inverter mit Vorladetakt für den Bootstrap-Kondensator
(C_B)

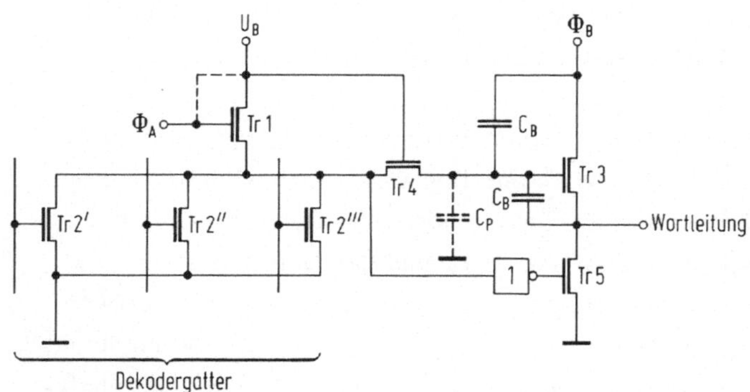

Bild 4.20. Dekodergatter mit angeschlossenem Treibertransistor Tr3
dessen Gate-Spannung über die Bootstrap-Kondensatoren C_B hochgekoppelt wird

Der an den Drain-Anschluß angelegte Takt Φ_B wird im Schaltkreis erzeugt. Damit die Wortleitung mit angelegtem Takt Φ_B auf die volle
Taktspannung aufgeladen wird, schaltet man Bootstrap-Kondensatoren
C_B zwischen Gate und Drain sowie zwischen Gate und Source des
Transistors Tr3. Steigt der Takt Φ_B nun von 0 V auf die Betriebsspannung, so wird die vorgeladene Gate-Elektrode mitgekoppelt und man
erhält die volle Taktspannung Φ_B an der Wortleitung. Der Trenntran-

174

sistor Tr4 dient dazu, die Gate-Elektrode von Tr3 von dem Lasttransistor Tr1 zu trennen, und zwar dann, wenn die Spannung am Gate von Tr3 über die Spannung $U_B - U_T$ steigt. Bei nicht ausgewähltem Dekoder (Tr2 leitend) wird die über C_B eingekoppelte Spannung über Tr4 und Tr2 abgeleitet und Tr3 bleibt gesperrt.

Damit sämtliche nicht ausgewählten Wortleitungen abgeschaltet bleiben, kann man sie über den Transistor Tr5, der über einen Inverter I angesteuert wird, an Massepotential halten. Bei ausgewähltem Dekodergatter gibt Tr5 die Wortleitung frei. Der Lasttransistor Tr1 kann ein Enhancement-Transistor mit verbundenem Gate und Drain, ein Depletion-Transistor mit Gate an der Source-Elektrode oder, wie bei dynamischen Speichern üblich, ein getakteter Lasttransistor (Enhancement-Typ) sein.

4.3 Bistabile MOS-Schaltungen

Das einfachste Flipflop ist aus zwei Ein-Kanal-Invertern zusammengesetzt (Bild 4.21). Es wird wie ein bipolares Flipflop durch Anlegen von zwei Spannungen U_D und $U_{\overline{D}}$ entgegengesetzten logischen Pegels an die Knotenpunkte D und $\overline{D}$ gesetzt. Legt man z.B. an den Knoten D die Spannung 0 V, so sperrt der Transistor Tr2, während Tr1 leitet. Die Pegel an den Knoten $\overline{D}$ und D sind dann jeweils U_B und U_R. Nimmt man jetzt die Spannungen, mit denen man das Flipflop gesetzt hat, weg, so bleibt das Flipflop in seinem definierten Zustand und klappt erst beim Anlegen von entgegengesetzten Spannungspegeln in den anderen Zustand um. Ebenfalls wird durch Feststellen der Potentiale von D und $\overline{D}$ der Zustand des Flipflops gelesen.

Das Diagramm eines Ein-Kanal-Flipflops ist in Bild 4.22 dargestellt. Es besteht aus den zwei statischen Übertragungskennlinien des rechten und des linken Inverters analog zu Bild 4.5. In Bild 4.22 gibt es einen labilen Punkt 0 in der Mitte und zwei stabile Lagen S_1 und S_2. Verbindet man den Ursprung des Achsenkreuzes mit dem labilen Punkt 0, so erhält man eine Gerade, die man Separatrix nennt. Diese Separatrix trennt die beiden stabilen Bereiche. Um vom stabilen Punkt S_1 in den

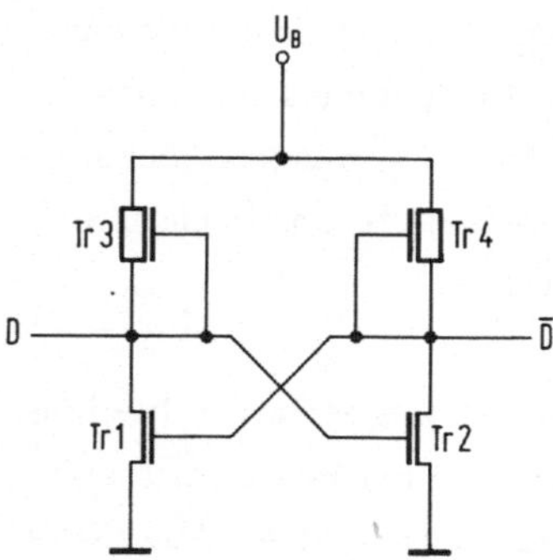

Bild 4.21. Bistabile Kippstufe (kreuzgekoppeltes Flipflop), das aus Invertern mit Depletion-Lasttransistoren aufgebaut ist

Punkt S_2 zu gelangen, muß man die Spannungspegel an den Knoten D und $\bar{D}$ um eine kleine Spannung ΔU über bzw. unter die Spannungen am Knotenpunkt 0 bringen. Überläßt man dann das Flipflop sich selbst, so wird es in den Zustand S_2 gelangen. Die teilweise recht komplizierten Vorgänge vor und während des Umkippvorganges sind in [4.6] ausführlich erläutert worden.

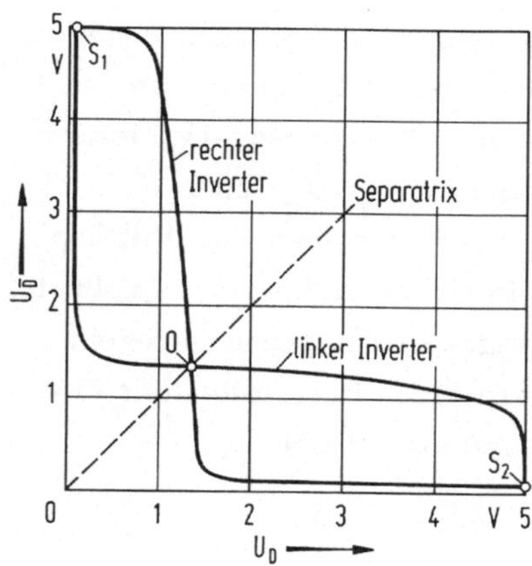

Bild 4.22. Transferkurven der beiden Inverter eines Flipflops, die sich in den stabilen Punkten S1 und S2 sowie im labilen Punkt 0 schneiden sowie mit der die beiden stabilen Bereiche trennenden Gerade (Separatrix)

Hat man das Flipflop unsymmetrisch dimensioniert (z.B. β_R des linken Inverters größer als das des rechten), so läuft die Separatrix

nicht mit einer Steigung von 1. Man braucht nun eine höhere Spannung,
um das Flipflop von einem Zustand in den anderen zu bringen als umgekehrt. Bei reellen Flipflops ergibt sich immer eine gewisse Unsymme-
trie durch Parameterstreuungen (z.B. könnte die Einsatzspannung von
Transistor Tr1 um 10 mV größer sein als von Tr2). Dadurch besitzt
jedes Flipflop eine gewisse Vorzugslage, in die es beim Einschalten
der Versorgungsspannung U_B kippen wird. Während diese sehr kleinen
Unsymmetrien bei Verwendung als Speicherzelle oder als Logikschaltung nahezu keine Rolle spielen, muß man diese Eigenschaften des Flipflops genau kennen, wenn man es als empfindlichen Bewerter/Verstär-
ker in Speicherschaltungen einsetzen will (s. auch Abschn. 4.7).

Das Flipflop von Bild 4.21 kann man ebenso mit Lasttransistoren vom
Anreicherungstyp herstellen. Hierbei sind dann die Gate-Anschlüsse
von Transistor Tr3 und Tr4 mit dem Knoten U_B verbunden. In beiden Fällen fließt in einem der Inverterzweige ein Querstrom von U_B
nach Masse, dessen Größe durch die Größe des Lasttransistors bestimmt wird. Dieser bestimmt somit die statische Verlustleistung.
Will man diese Verlustleistung so klein wie möglich halten, so muß
man die Komplementärkanal-Technik verwenden. Ein Flipflop in dieser
Technik zeigt Bild 4.23. In beiden stabilen Zuständen leitet entweder
nur Transistor Tr1 und Tr4 oder Transistor Tr3 und Tr2. Es fließt
nur beim Umschaltvorgang ein Querstrom.

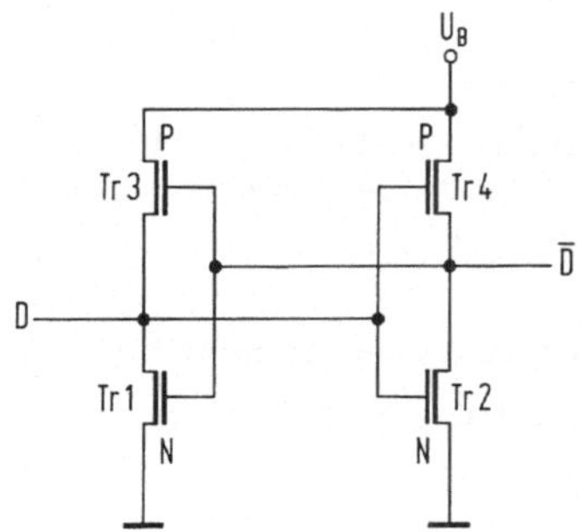

Bild 4.23. Kreuzgekoppeltes Flipflop in Komplementär-Kanal-Technik

Setzt man das Flipflop in Logik- und Speicherschaltungen ein, so muß
man noch einige weitere Transistoren zum Steuern des bistabilen Elements hinzufügen. In Bild 4.24a ist z.B. ein RS-(Rücksetz/Setz)-
Flipflop dargestellt. Die Signale werden an die R- und S-Anschlüsse

angelegt und das Flipflop in die gewünschte Lage gesetzt. Will man das
Setzen (oder Rücksetzen) nur zu definierten Zeitpunkten durchführen,
so schaltet man in Serie zu Transistor Tr5 und Tr6 noch je einen wei-
teren Transistor, der von einem Takt T gesteuert wird (Bild 4.24b).
Das Flipflop kann jetzt erst kippen, wenn der Takt T anliegt und die
Transistoren Tr7 und Tr8 leiten. Ein taktgesteuertes RS-Flipflop in
Komplementär-Kanal-Technik zeigt das Bild 4.24c.

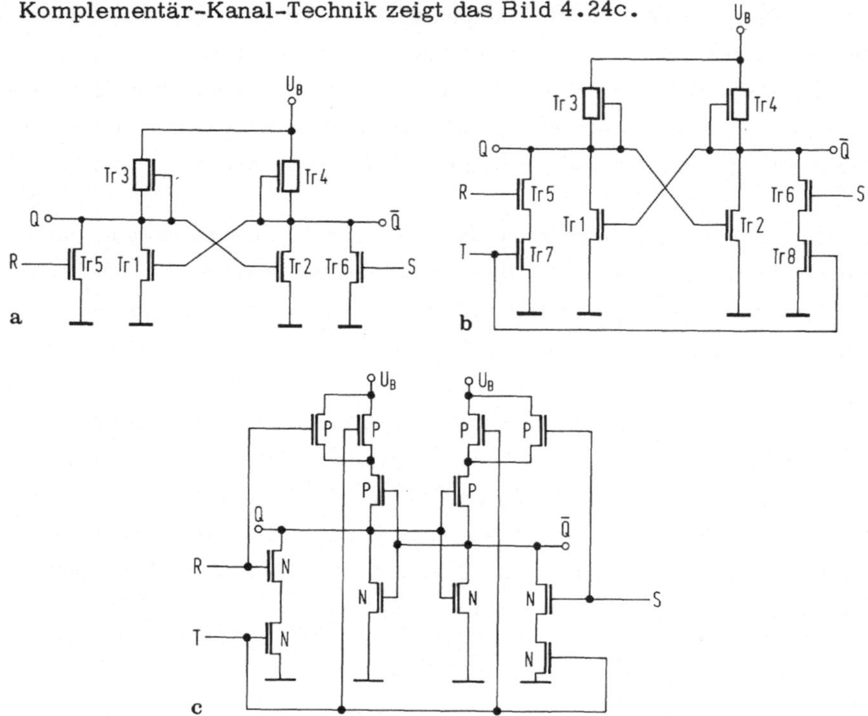

Bild 4.24. RS-Flipflop (a) und taktgesteuertes RS-Flipflop (b) in
MOS-Technik mit Depletion-Lastelementen (c) dieselbe Schaltung in
CMOS-Technik

Will man ein Flipflop haben, das bei jedem Taktvorgang seinen Zustand
ändert, so kann man in der MOS-Technik die Schaltung nach Bild 4.25
verwenden. Liegt der Takt T auf 0 V (es wird n-Kanal-Technik und positive Logik vorausgesetzt), so sperren die Transistoren Tr5 und Tr6,
der Ausgang des Inverters I liegt jedoch auf U_B und die Transistoren
Tr9 und Tr10 leiten. Somit werden die Kondensatoren C_1 und C_2 von
den an den Knoten Q und $\overline{Q}$ des Flipflops liegenden Spannungen aufgeladen, z.B. $\overline{Q} = U_B$ und Q = 0 V. Geht der Takt nun auf die Versorgungsspannung U_B, so sperren die Transistoren Tr9 und Tr10, aber
jetzt leiten Tr5 und Tr6. Nachdem C_1 auf $U_B - U_T$ und C_2 auf 0 V

aufgeladen wurde, wird nun der Knoten $\overline{Q}$ durch die leitenden Transistoren Tr5 und Tr7 auf Masse gezogen, während der Knoten Q von Masse isoliert ist (Tr8 sperrt). Das Flipflop kippt also in den anderen stabilen Zustand. Dieser Vorgang wiederholt sich bei jedem Taktimpuls. Wichtig ist bei dieser Anordnung, daß die Übergangszeit des Taktimpulses von U_B auf 0 V (oder umgekehrt) kurz ist gegenüber der Zeit, in der sich die Ladung an den Kondensatoren C_1 und C_2 von selbst, d.h. durch Leckströme abbaut.

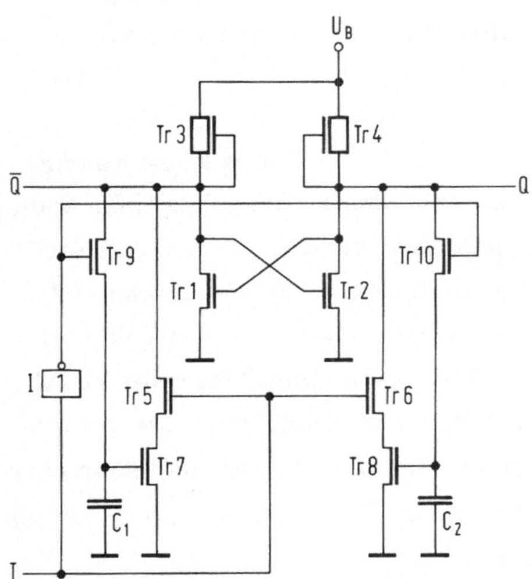

Bild 4.25. Zählflipflop mit Depletion-Lastelementen und dynamischer Zwischenspeicherung in den Kondensatoren C_1 und C_2

Aus Bild 4.24a,b ersieht man, daß für $R = S = U_B$ der Zustand des Flipflops undefiniert ist, ebenso wie entsprechende Flipflops in Bipolartechnik.

Man kann in MOS-Technik ebenso wie schon mit Röhren oder Bipolartechnik die bekannten Flipfloptypen wie D, J-K und RS Master/Slave Flipflops aufbauen. Man kann die aus der Bipolartechnik bekannten Gatterschaltbilder in entsprechende MOS-Schaltungen umsetzen. Eine bessere Lösung ist es jedoch die unterschiedlichen Flipflops MOS-gerecht aufzubauen.

In der MOS-Technik nützt man die Möglichkeit aus, einen der Rückkopplungszweige des Flipflops über einen Transfertransistor zu ver-

binden. Diese Schaltung ist in Bild 4.26a dargestellt. Hat der Taktimpuls die Spannung U_B, so liegt die Eingangsspannung U_E am Eingang des ersten Inverters (Transistor Tr2 und Tr5). Das gleiche Signal liegt ebenfalls am Ausgang A, da es zweimal invertiert wurde. Da
der Transistor Tr4 von dem inversen Takt T angesteuert wird, ist er
in dieser Phase gesperrt. Soll nun die Information im Flipflop gespeichert werden, so wird der Takt T abgeschaltet. Nun sperrt der Transistor Tr1, während der Transistor Tr4 leitet. Der Zustand der Inverter wird hierbei über den Rückkopplungszweig "verriegelt", weshalb diese Anordnung in der angelsächsischen Literatur auch vielfach
als "Latch"=Riegel bezeichnet wird.

Realisiert man die gleiche Schaltung in der CMOS-Technik, so gelangt
man zu der in Bild 4.26b dargestellten Anordnung. Hier setzt man auch
oft noch eine andere Anordnung ein, und zwar zieht man das Transfergatter im Rückkopplungszweig mit einem der Inverter zusammen und
gelangt so zu der im Bild 4.26c dargestellten Schaltung. Die Zahl der
Transistoren der beiden Schaltungen (Bild 4.26b und c) ist zwar gleich,
doch hat die Schaltung nach Bild 4.26c Vorteile hinsichtlich des geometrischen Entwurfes (Layout). Aus diesen Beispielen kann man sehr einfach ein D-Master/Slave-Flipflop aufbauen. Bild 4.26d zeigt eine solche Schaltung, sie besteht aus zwei in Kette geschaltenen Flipflops
nach Bild 4.26c. Ist der Takt T = 0, so wird die Information in das
erste Flipflop (Master) geschrieben, das zweite speichert die vor-
herige Information. Schaltet der Takt von 0 auf 1, so sperrt das
Transfergatter am Eingang, die eingeschriebene Information wird
gespeichert und an das zweite Flipflop (Slave), dessen Rückkopplungszweig nun aufgetrennt ist, weitergeleitet. Aus einem solchen
Master/Slave-D-Flipflop kann man mit Hilfe einer Vorschaltlogik
auch ein JK-Master/Slave-Flipflop realisieren. Die Schaltung dieser
Vorschaltlogik zeigt Bild 4.26e.

Als weitere Schaltung soll im Rahmen dieses Abschnitts noch der
Schmitt-Trigger beschrieben werden. Die Schaltung eines Schmitt-
Triggers in MOS-Technik zeigt Bild 4.27a. Mit steigender Eingangsspannung U_{Ein} fangen die Transistoren Tr1 und Tr2 zu leiten an. Ist
die Drain-Source-Spannung an Tr1 größer als die Einsatzspannung U_T
von Transistor Tr4, so fließt neben dem Strom I_1, der durch den

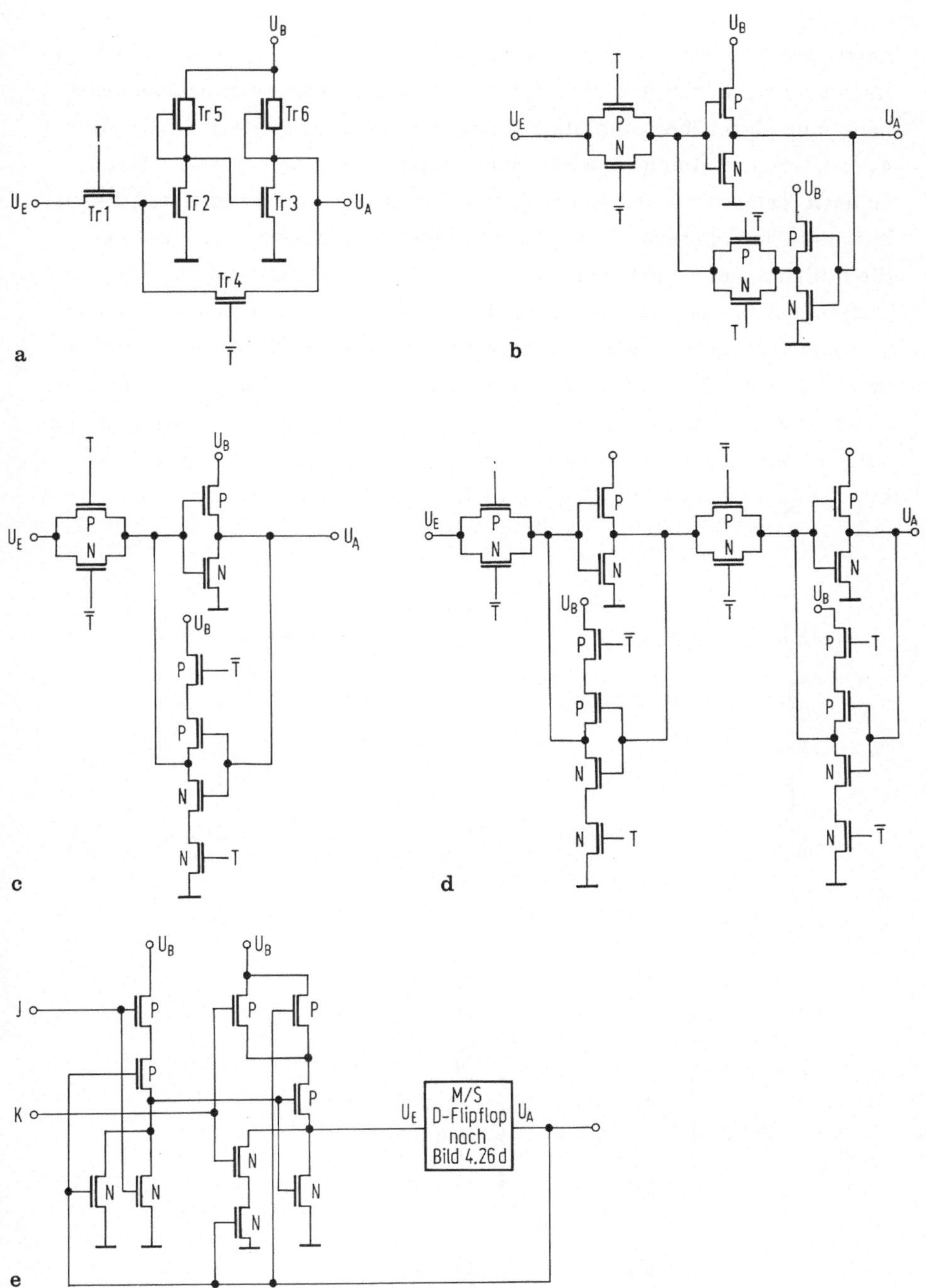

Bild 4.26. Bistabile Kippstufe mit auftrennbarer Rückkopplung ("latch") in n-Kanal-Technik (a) in Komplementär-Kanal-Technik (b, c). D-Master/Slave-Flipflop (d) und Vorschaltlogik um ein JK-Flipflop zu realisieren (e)

Lasttransistor Tr3 bestimmt wird, noch der Strom I_2, der von Tr4 geliefert wird, durch den Transistor Tr2. Die angelegte Eingangsspannung muß also höher sein als bei einem einfachen Inverter (z.B. Bild
4.2c), um die gleiche Restspannung am Ausgang zu erzielen. Der
Schmitt-Trigger hat daher bei geeigneter Dimensionierung der β-Ver-
hältnisse der einzelnen Transistoren einen Schaltpunkt U'_{SL}, bei dem
die Steigung der Übertragungskennlinie 1 beträgt, und der bei höherer
Eingangsspannung als beim einfachen Inverter liegt (Bild 4.27b). Bei
voll ausgesteuertem Eingang sperrt der Transistor Tr4, während Tr1
und Tr2 voll leitend sind. Schaltet man U_{Ein} wieder ab, so steigt die
Ausgangsspannung bei einer Gate-Spannung, die niedriger liegt, als es
beim Einschalten der Fall war. Der Schaltpunkt liegt also jetzt bei
$U''_{SL} < U'_{SL}$ (Bild 4.27b). Je nach Dimensionierung kann man diese

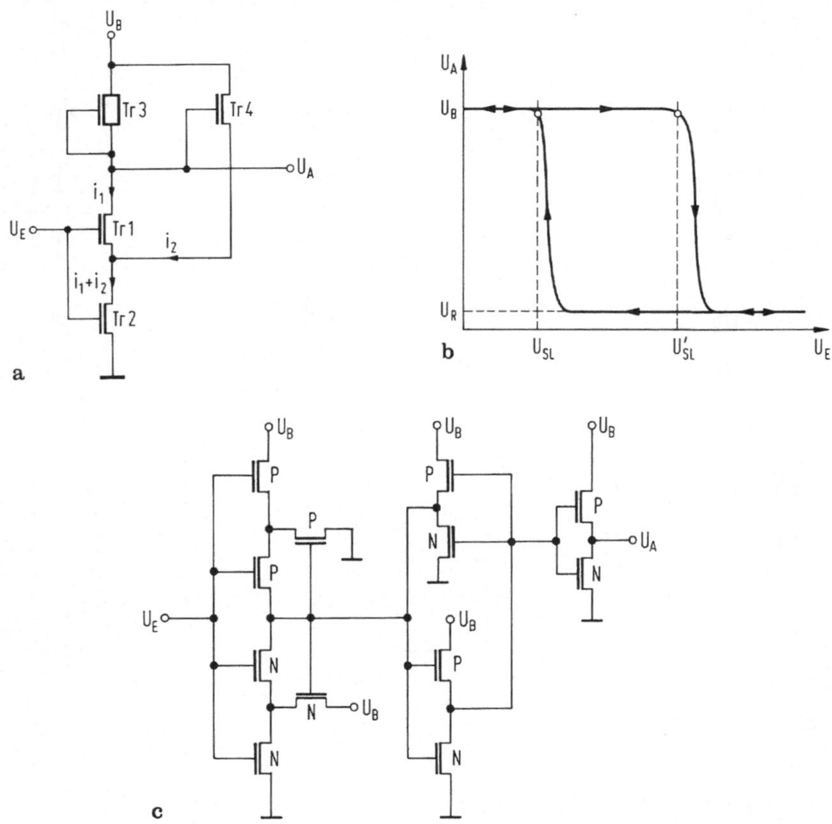

Bild 4.27. Schmitt-Trigger in n-Kanal-Technik (a), die dazugehörige
Hysteresekurve (b) sowie eine Realisierung in Komplementär-Kanal-
Technik (c)

Breite der Hysterese der Übertragungskurve verändern. Neben dem
Einsatz als Oszillator gibt es Vorschläge, den Schmitt-Trigger als sta-
tische Speicherzelle zu verwenden [4.20]. Einen Schmitt-Trigger in
CMOS-Technik zeigt das Bild 4.27c.

4.4 MOS-Logik in statischer Technik

4.4.1 Einfache Gatter

Mit dem in Abschn. 4.1 beschriebenen Inverter lassen sich Schaltungen aufbauen, die logische Funktionen realisieren.

In Bild 4.28 sind Wahrheitstabellen für die beiden Grundfunktionen UND
und ODER der Variablen A und B mit den entsprechenden Symbolen
aufgezeichnet. Eine genaue Beschreibung der Booleschen Algebra würde den Rahmen dieses Buches überschreiten, der Leser sei daher auf
die zahlreich vorhandene Literatur verwiesen, z.B. [4.7].

Die Zuordnung der konkreten physikalischen Größen des technischen
Bauelements zu den Binärzeichen 0 und 1 der formelmäßigen Beschreibung kann prinzipiell auf zweierlei Weise erfolgen, und zwar
so, daß im ersten Fall der logischen "1" die positive Spannung und der
logischen "0" die negative Spannung zugewiesen wird (positive Logik)
oder umgekehrt, d.h. die logische "1" entspricht der negativen Spannung und die logische "0" der positiven (negative Logik). In den Beispielen dieses Buches wird durchwegs positive Logik verwendet.

a

A	B	X	$\bar{X}$
0	0	0	1
1	0	0	1
0	1	0	1
1	1	1	0

c

A	B	X	$\bar{X}$
0	0	0	1
1	0	1	0
0	1	1	0
1	1	1	0

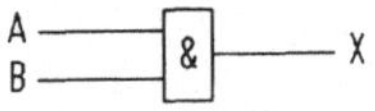

b
$$X = A \wedge B$$

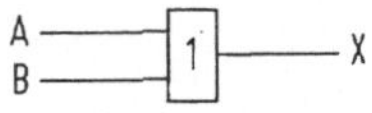

d
$$X = A \vee B$$

Bild 4.28. Wahrheitstabelle (a) und Symbol (b) einer UND-Funktion
Wahrheitstabelle (c) und Symbol (d) einer ODER-Funktion

Will man nun mit MOS-Transistoren eine UND-Funktion realisieren,
so gelangt man zu der Schaltung gemäß Bild 4.29. Die Transistoren
T1 und T2 sind in Serie geschaltet und bilden zusammen mit dem Lasttransistor T_{L1} ein negiertes UND-Gatter (oft als NAND-Gatter bezeichnet). Liegt an beiden oder an einem der Eingänge A bzw. B eine
logische "0", so bleibt der Ausgang $\overline{X}$ des Gatters auf dem Potential
U_B, der Ausgang ist eine logische "1". Erst wenn an beiden Eingängen A und B eine logische "1" liegt, leiten beide Transistoren T1
und T2, der Ausgang geht gegen 0 V und entspricht nun einer logischen
"0". Werden diese beiden Zustände zusätzlich invertiert, so hat man
die UND-Funktion. Dazu muß man hinter das NAND-Gatter den aus den
Transistoren T3 und T_{L2} gebildeten Inverter schalten. Geht man davon aus, daß + 12 V an den Eingängen A bzw. B einer logischen "1"
entspricht und 0 V einer logischen "0", so kann man die Wahrheitstabelle von Bild 4.28 für das UND-Gatter mit Hilfe der Schaltung nach
Bild 4.29 leicht verifizieren.

Bei der Dimensionierung einer NAND-Stufe, muß man folgendes beachten: Leiten beide Transistoren T1 und T2, so muß gewährleistet sein,
daß das Ausgangspotential unter die Schwellenspannung des nächstfolgenden Einganges sinkt. Hierfür ist nach Abschn. 4.1 die Größe β_R
ein wichtiges Maß. Hat man nun N Schalttransistoren in Serie, so gilt

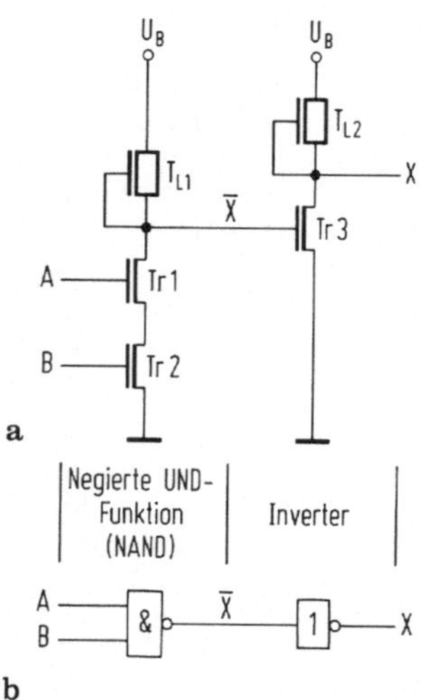

Bild 4.29. Schaltbild (a) und Symboldarstellung (b) einer UND-Funktion in MOS-Technik (positive Logik)

für das W/L-Verhältnis der Serienschaltung:

$$\left[\frac{W}{L}\right]_{gesamt}^{-1} = \sum_{n=1}^{N}\left[\left(\frac{W}{L}\right)_n\right]^{-1} . \qquad (4.39)$$

Für das Beispiel Bild 4.29 ergibt dies für gleichgroße Transistoren T1 und T2

$$\left(\frac{W}{L}\right)_{gesamt} = \frac{W_{T_1,T_2}}{2L_{T1,T2}} .$$

Dies bedeutet, daß die Breite W der Gates der Transistoren T1 und T2 doppelt so groß gemacht werden muß gegenüber einem Inverter mit dem gleichen β_R, aber nur einem Schalttransistor. Hat man z.B. ein NAND-Gatter mit vier Eingängen, so müßte die Breite des Gates jedes einzelnen Transistors das Vierfache eines entsprechenden Einzeltransistors sein.

Bei einem NAND-Gatter in CMOS-Technik muß gewährleistet sein, daß kein Querstrom zwischen der Versorgungsspannung U_B und der Masse fließt, d.h. daß kein Zustand existiert, bei dem beide Transistoren leiten. Die Schaltung für NAND-Gatter in CMOS-Technik zeigt Bild 4.30. Leiten beide n-Kanal-Transistoren, so sind beide p-Kanal-Transistoren gesperrt.

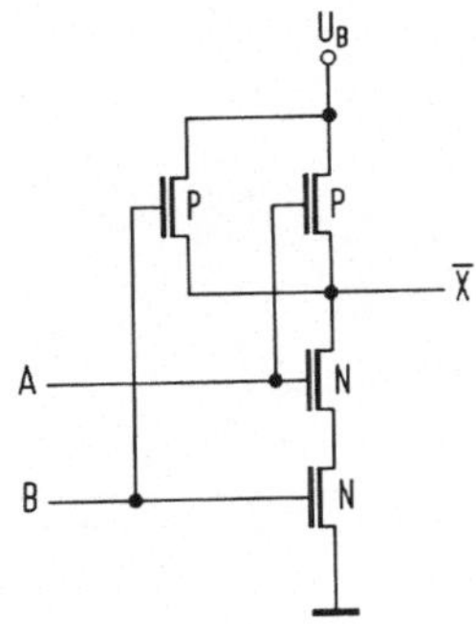

Bild 4.30. NAND-Gatter in Komplementär-Kanal-Technik

Wie aus (4.39) ersichtlich, benötigt man für NAND-Gatter mit mehreren Eingängen sehr große Schalttransistoren. Da diese mehr Fläche und mehr Treiberleistung benötigen (die Schalttransistoren müssen ja von der vorhergehenden Stufe getrieben werden), versucht man in der MOS-Technik, NAND-Gatter mit mehreren Eingängen (z.B. > 3) zu vermeiden.

Das zweite Grundgatter ist das ODER-Gatter (Bild 4.28c,d). Die schaltungsmäßige Realisierung dieser Funktion mit MOS-Transistoren ist in Bild 4.31 dargestellt. Auch hier wird zunächst die negierte ODER-Funktion mit Hilfe eines NOR-Gatters und durch anschließende Negation die gewünschte ODER-Funktion realisiert. Wenn einer der beiden Transistoren T1 bzw. T2 oder beide leiten, wird der Ausgangsknoten an Masse gezogen. Erst wenn beide Transistoren nicht leiten, liegt der Ausgang auf der Betriebsspannung U_B. Für das β_R des NOR-Gatters gilt analog zu (4.39) für das W/L-Verhältnis der Parallelschaltung

$$\left[\frac{W}{L}\right]_{gesamt} = \sum_{n=1}^{N}\left[\left(\frac{W}{L}\right)_n\right]. \tag{4.40}$$

Für das Beispiel Bild 4.31 ergibt dies für gleichgroße Transistoren T1 und T2

$$\left[\frac{W}{L}\right]_{gesamt} = \frac{2W_{T1,T2}}{L_{T1,T2}} .$$

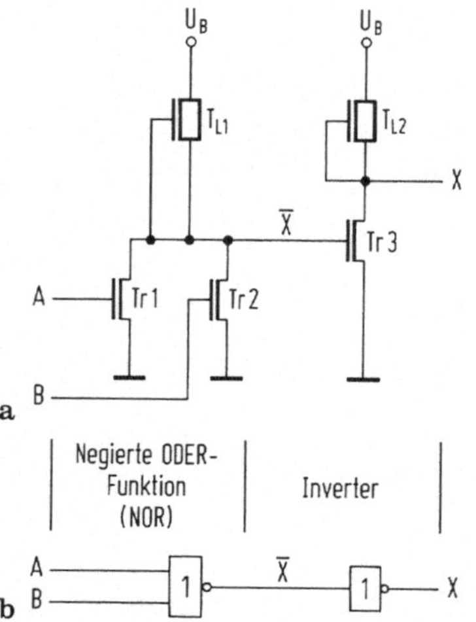

Bild 4.31. Schaltbild (a) und Symboldarstellung (b) einer ODER-Funktion in MOS-Technik (positive Logik)

Hier könnte man also die Weite W der Transistoren gegenüber einem
einfachen Inverter um den Faktor 2 verringern. Da jedoch im schlech-
testen Fall nur einer der beiden Transistoren T1 oder T2 leitet, müssen die Schalttransistoren wie bei einem einfachen Inverter dimensioniert werden.

Ein NOR-Gatter in CMOS-Technik zeigt Bild 4.32. Der Vergleich der
beiden Gatter in CMOS-Technik mit denen in Ein-Kanal-Technik macht
zwei Unterschiede deutlich, die bereits beim Inverter in Abschn. 4.1
erläutert wurden.

- Bei den CMOS-Gattern ist im eingeschwungenen Zustand nie ein
  Strompfad zwischen U_B und Masse möglich (für $U_T < U_B$, was im-
  mer erzielt wird). Bei Ein-Kanal-MOS ist dies, wenn die Schalt-
  transistoren leiten, sehr wohl der Fall. Der Ruhestrom von CMOS-
  Schaltungen ist daher um Größenordnungen kleiner als bei Ein-Kanal-
  MOS-Schaltungen.

- Die Eingangslast der Gatter, die für eine davorliegende Stufe die Last
  darstellt, ist bei CMOS-Schaltungen größer als bei Ein-Kanal-MOS.
  Vergleicht man die NOR-Gatter, so ist die Eingangslast der Schaltung nach Bild 4.31 im wesentlichen die Eingangskapazität von Transistor T1 (bzw. T2). Beim CMOS-Gatter nach Bild 4.32 wird die
  Eingangskapazität aus dem n-Kanal- und dem - wegen der geringeren
  Beweglichkeit doppelt so großen und wegen der Serienschaltung von
  zwei Transistoren nochmals verdoppelten - p-Kanal-Transistor gebildet. Die Eingangskapazität der Schaltung nach Bild 4.32 ist also fünfmal so hoch wie die in Bild 4.31 dargestellte. In Logikschaltkreisen
  mit hoher Schaltfrequenz kann daher die Verlustleistung von CMOS-
  Schaltungen (vornehmlich dynamische Verlustleistung) gleich oder
  sogar größer als die Verlustleistung von vergleichbaren Schaltungen
  in n-MOS-Technik sein.

- Aus diesen beiden Beispielen (NAND- und NOR-Gatter) kann man
  auch ein einfaches Gesetz ableiten, mit dem man jede logische
  Schaltung aus einer Ein-Kanal-Technik in eine entsprechende CMOS-
  Schaltung umsetzen kann. Das Gesetz lautet: Übernehme die n-Kanal-Transistoren wie sie sind und ersetze das Lastelement (Widerstand oder "depletion"-Transistor) durch ein Netzwerk von p-Kanal-
  Transistoren. Hierbei soll jede Serienschaltung des n-Kanal-Netz-

werks einer Paralellschaltung des p-Kanal-Netzwerks entsprechen.
Ebenso muß eine Paralellschaltung im n-Kanal-Netzwerk eine entsprechende Serienschaltung in p-Kanal-Netzwerk besitzen.

Als generelle Richtlinie kann man sagen, daß in einer Ein-Kanal-
Technik (z.B. n-MOS mit "depletion"-Lastelementen) Logikschal-
tungen meist mit NOR-Gattern realisiert werden, während in der
CMOS-Technik Realisierungen mit NAND-Gattern günstiger sind.

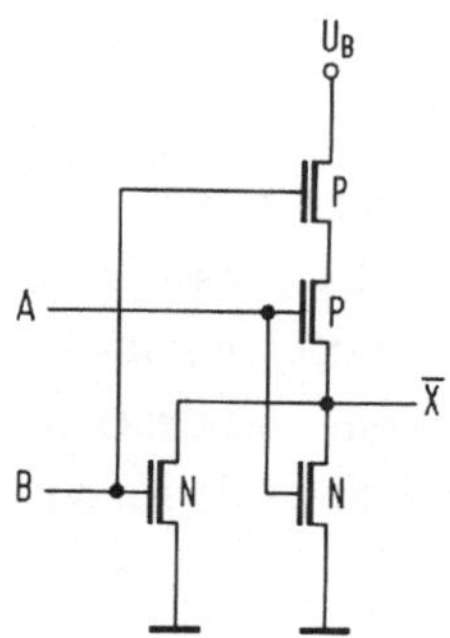

Bild 4.32. NOR-Gatter in Komplementärkanal-Technik

Eine weitere einfache Logikschaltung, die oft benötigt wird, ist das
Exklusiv-ODER. Die Wahrheitstabelle und eine Schaltung in n-Kanal-
Technik, mit der diese Funktion realisiert werden kann, zeigt Bild
4.33. Sind die Eingänge A und B beide 0 oder 1, so ist das Ausgangssignal 0, sind die Eingangssignale verschieden, so ist das Ausgangssignal 1.

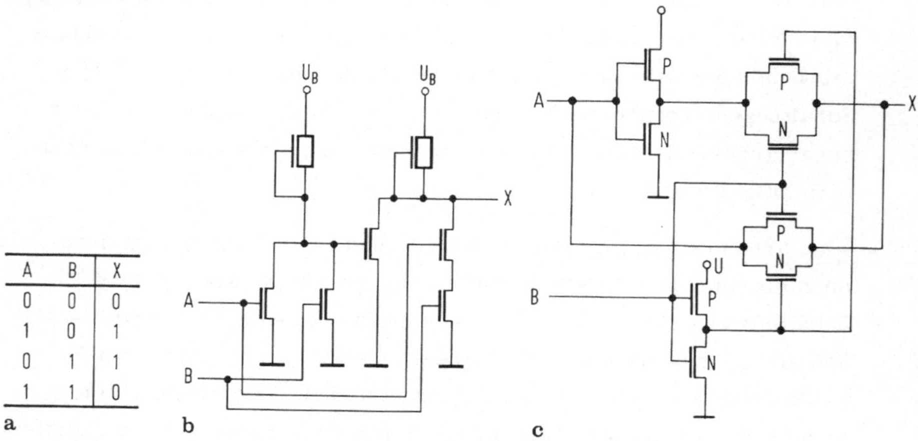

A	B	X
0	0	0
1	0	1
0	1	1
1	1	0

a   b   c

Bild 4.33. Wahrheitstabelle (a) und Schaltbild einer Exklusiv-ODER-
Schaltung in n-Kanal-Technik (b) und Komplementär-Kanal-Technik (c)

In der MOS-Technik werden Logikgatter auch sehr oft ineinander verschachtelt. Hierbei wird die gewünschte Funktion durch Serien- und Parallelschaltung der Schalttransistoren realisiert. An den Ausgang wird dann noch das Lastelement angeschlossen (Bild 4.34).

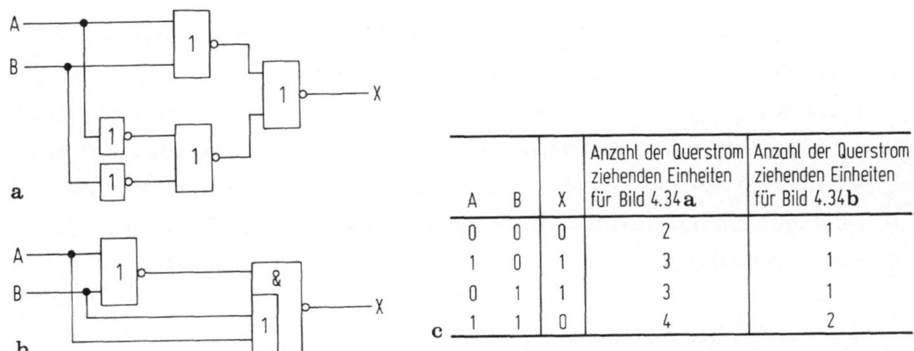

A	B	X	Anzahl der Querstrom ziehenden Einheiten für Bild 4.34a	Anzahl der Querstrom ziehenden Einheiten für Bild 4.34b
0	0	0	2	1
1	0	1	3	1
0	1	1	3	1
1	1	0	4	2

Bild 4.34. Logikverknüpfung einer Exklusiv-ODER-Schaltung (a), Verschachtelung bei Einsatz von MOS-Transistoren (b) und Wahrheitstabelle (c) mit Zahl der Querstrom ziehenden Einheiten für (a) und (b)

Die Symboldarstellung der Exklusiv-ODER-Schaltung, wie man sie in jedem Lehrbuch finden kann [4.9], würde der Darstellung in Bild 4.34a entsprechen. Sie besteht aus drei NOR-Gattern und zwei Invertern. Zählt man die Schalt- und Lasttransistoren zusammen, so benötigt man für die Schaltung nach Bild 4.34a 13 Transistoren. Durch Zusammenfassung der Gatter kann man dieselbe Funktion in MOS-Technik jedoch auch mit der Schaltung nach Bild 4.33 realisieren. Hier benötigt man nun nur mehr sieben Transistoren. Die Symboldarstellung dieser Realisierung zeigt Bild 4.34b. Neben dem Vorteil der geringeren Anzahl von Transistoren hat die Anordnung nach Bild 4.33 (bzw. Bild 4.34b) auch den Vorteil eines geringeren Stromverbrauchs. Die Wahrheitstabelle in Bild 4.34c zeigt, wieviele Gatter bzw. Inverter bei den verschiedenen logischen Zuständen in Ein-Kanal-Technik einen Querstrom ziehen und somit zur Verlustleistung beitragen.

Man kann die Exklusiv-ODER-Funktion auch mit Hilfe von Transfergattern realisieren. Eine entsprechende Schaltung in der CMOS-Technik zeigt Bild 4.33c. Ist B = 0, so leitet das Transfergatter, das zwischen Eingang A und dem Ausgang X liegt; gilt B = 1, so wird über den Inverter das invertierte Eingangssignal an den Ausgang X geführt.

Ein weiteres Beispiel für MOS-Logikschaltkreise und die Möglichkeit
ihrer Vereinfachung wird anhand von Bild 4.35 erläutert. Es soll die
Funktion

$$X = \overline{\overline{A \wedge B} \vee C \wedge D}$$

realisiert werden. Bild 4.35 zeigt die Wahrheitstabelle und Symboldarstellung dieser Funktion. Ihre Realisierung in Ein-Kanal-MOS-
Technik erfolgt zunächst mit zwei NAND- und einem NOR-Gatter (Bild
4.36a). Durch Zusammenfassung und Vereinfachung gelangt man dann
schließlich zu der weniger Transistoren und auch weniger Verlustleistung benötigenden Schaltung nach Bild 4.36b. Die CMOS-Version
dieser Schaltung zeigt das Bild 4.36c.

A	B	C	D	X
0	0	0	0	1
1	0	0	0	1
0	1	0	0	1
1	1	0	0	1
0	0	1	0	1
1	0	1	0	1
0	1	1	0	1
1	1	1	0	1
0	0	0	1	1
1	0	0	1	1
0	1	0	1	1
1	1	0	1	0
0	0	1	1	1
1	0	1	1	1
0	1	1	1	1
1	1	1	1	1

$$X = \overline{\overline{\overline{A \wedge B} \vee C} \wedge D}$$
$$= \overline{\overline{\overline{A} \vee \overline{B}} \vee C} \wedge D$$
$$= \overline{\overline{\overline{A} \vee \overline{B} \wedge \overline{C}}} \wedge D$$
$$= \overline{A \wedge B \wedge \overline{C}} \wedge D$$

a

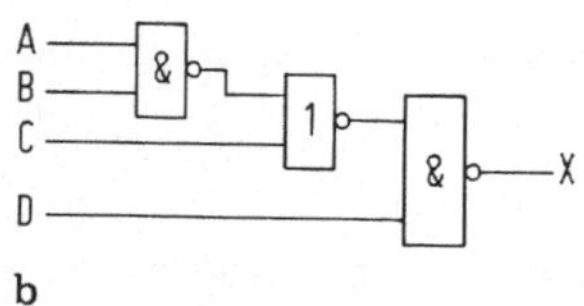

b

Bild 4.35. Wahrheitstabelle (a) und Symboldarstellung (b) der Logikverknüpfung $X = \overline{\overline{A \wedge B} \vee C \wedge D}$

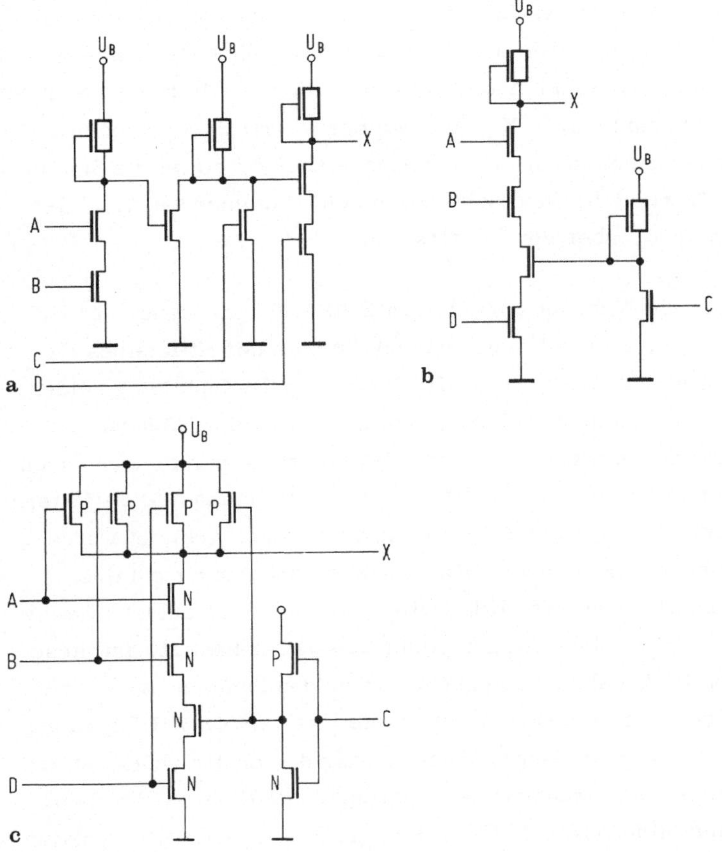

Bild 4.36. Realisierung der Logikverknüpfung von Bild 4.35. Gatterschaltbild (a) und MOS-gerechte Lösung in n-Kanal-Technik (b) und
Komplementär-Kanal-Technik (c)

4.4.2 Addierstufen in statischer Technik

Um mit Binärzahlen arithmetische Operationen (Addieren, Subtrahie-
ren, Dividieren, Multiplizieren) durchführen zu können, benötigt man
Rechenwerke, auch oft ALU (arithmetic logic unit) genannt. Diese
ALUs bestehen aus mehreren Addierstufen, da alle vier Grundrech-
nungsarten auf Additionen zurückgeführt werden können [4.8]. In diesem Abschnitt soll nun erläutert werden, wie man in der integrierten
MOS-Technik solche Addierstufen aufbaut und welche Probleme dabei
auftreten.

Die Funktionsweise einer einfachen Addierstufe (sog. Halbaddierer)
läßt sich am besten mit Hilfe der dazugehörigen Wahrheitstabelle erklären (Bild 4.37a). Sind beide Summanden der zu addierenden Summen
0, so ist sowohl die Summe X_s als auch der Übertrag $X_ü$ ebenfalls 0.
Ist nur einer der Summanden 1, der andere aber 0, so ist die Summe
1, aber der Übertrag 0; sind schließlich beide Summanden 1, so ist
zwar die Summe 0, aber der Übertrag 1.

Vergleicht man die Wahrheitstabelle von Bild 4.37a mit denen der Bilder 4.33 und 4.28, so sieht man, daß die Summe mit Hilfe eines Exklusiv-ODER und der Übertrag mit Hilfe einer UND-Funktion gebildet
werden kann. Die Exklusiv-ODER-Schaltung von Bild 4.33 kann zur
Summenbildung herangezogen werden. Der Übertrag müßte noch durch
eine zusätzliche UND-Funktion, die man mit Hilfe eines NAND-Gatters
und einer anschließenden Inversion realisieren kann, gebildet werden.
Andererseits kann man aber die UND-Funktion auch dadurch bilden,
daß man die Eingänge für ein NOR-Gatter über Inverter anlegt. Da die
Schaltung von Bild 4.33 am Eingang ein NOR-Gatter besitzt, ist diese
Lösung für den Halbaddierer geeignet. Die beiden Summanden A und
B werden jeweils über einen Inverter an die Exklusiv-ODER-Schaltung
gemäß Bild 4.33 angeschlossen. Der Ausgang des ersten NOR-Gatters
ist dann der Übertrag, während der Ausgang des Exklusiv-ODER-Gat-
ters die Summe bildet (Bild 4.37b). Für die Exklusiv-ODER-Funktion
spielt es keine Rolle, ob man mit den negierten oder den nichtnegierten
Eingängen arbeitet. Es gibt außer der Schaltung nach Bild 4.37b noch
andere Möglichkeiten, die Wahrheitstabelle von Bild 4.37a zu realisieren.

Für eine vollständige Addition von Binärzahlen benötigt man einen sog.
Volladdierer [4.29]. Dieser hat drei Eingänge, und zwar die Summanden A_n und B_n sowie den Übertrag $X_{ü(n-1)}$ der vorhergehenden Stufe. Die Ausgänge sind wieder die Summe X_s und der Übertrag $X_{ü(n)}$.
Aus der Wahrheitstabelle in Bild 4.38a können die Booleschen Gleichungen für die Summe X_s und den Übertrag $X_{ü(n)}$ abgeleitet werden.

$$X_s = (A \wedge B \wedge X_{ü(n-1)}) \vee (A \wedge \overline{B} \wedge \overline{X}_{ü(n-1)}) \vee (\overline{A} \wedge B \wedge X_{ü(n-1)}) \vee (\overline{A} \wedge B \wedge \overline{X}_{ü(n-1)})$$

$$X_{ü(n)} = (A \wedge B) \vee (A \wedge X_{ü(n-1)}) \vee (B \wedge X_{ü(n-1)}).$$

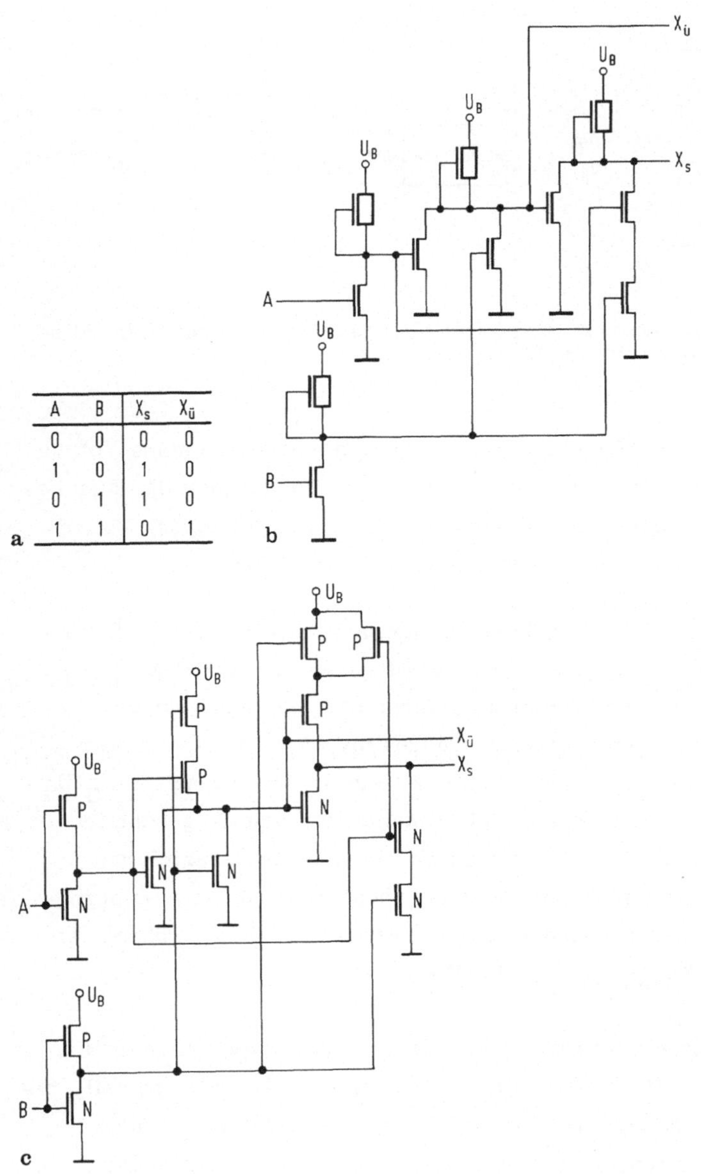

Bild 4.37. Wahrheitstabelle (a) und Schaltbild einer 2-Bit-Addierstufe (Halbaddierer) in n-Kanal-Technik (b) und in Komplementär-Kanal-Technik (c)

Das Blockschaltbild eines Volladdierers, aufgebaut mit Hilfe von Halbaddierern, zeigt Bild 4.38b. Während die Summe $X_{s(n)}$ weiterverarbeitet werden kann, muß man den Übertrag $X_{\ddot{u}(n)}$ noch invertieren.

$A_{(n)}$	$B_{(n)}$	$X_{ü(n-1)}$	$X_{s(n)}$	$X_{ü(n)}$
0	0	0	0	0
1	0	0	1	0
0	1	0	1	0
1	1	0	0	1
0	0	1	1	0
1	0	1	0	1
0	1	1	0	1
1	1	1	1	1

a   b

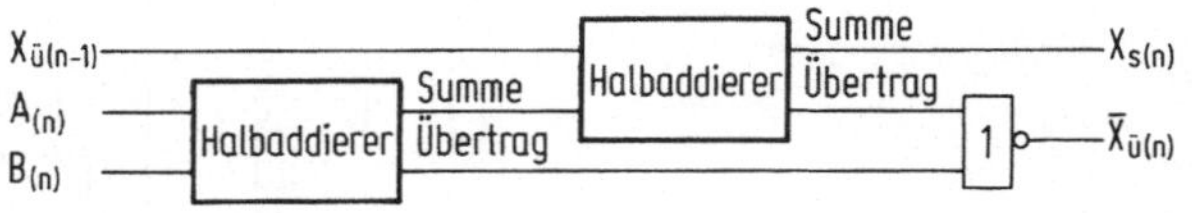

Bild 4.38. Wahrheitstabelle (a) und Verknüpfung von zwei Halbaddierern zu einem 1-Bit-Volladdierer (b)

Eine Schaltung in n-MOS-Technik, mit dem die Funktion eines Volladdierers realisiert werden kann, ist in Bild 4.39a dargestellt. Man benötigt 14 Schalt- und 4 Lasttransistoren. Die Darstellung des Volladdierers mit Hilfe von Gattersymbolen zeigt Bild 4.39b.

An der Schaltung von Bild 4.39a kann man abschätzen, wie groß die kapazitive Last ist, die jeder der drei Eingänge A, B und $X_{ü(n-1)}$ für eine vorhergehende Treiberstufe darstellt. Man geht zunächst davon aus, daß der Schalttransistor T6 des Inverters des Übertrages $X_{ü(n)}$ den kleinsten Schalttransistor mit einer Gate-Kapazität C_G darstellt. Die Gatter, bei denen zwei Transistoren in Serie geschaltet sind, haben dann Schalttransistoren mit einer Gate-Kapazität von jeweils $2C_G$. Führt man diese Rechnung nach (4.39) durch, so ergibt sich für die Eingänge A und B eine Belastung von $9C_G$, während sie beim Übertrag $X_{ü(n-1)}$ $7C_G$ beträgt.

Die vorgestellten Addierstufen addieren jeweils immer nur zwei Bit, d.h. wenn man z.B. zwei 8-Bit-Zahlen miteinander addieren will, benötigt man 8 Stufen nach Bild 4.39. Wie solche Stufen zusammengeschaltet werden, zeigt Bild 4.40. Der Übertrag $X_ü$ jeder Addierstufe wird als dritter Eingang für die nächstfolgende Addierstufe verwendet. Die erste Addierstufe kann auch, da noch kein Übertrag gebildet worden ist, als Halbaddierer ausgeführt werden. Anhand dieser Anordnung erkennt man, daß z.B. die Summe $X_{s(1)}$ erst gebildet werden kann, wenn der Übertrag von der ersten Addierstufe am Eingang der zweiten anliegt. Die letzte Summe $X_{s(7)}$ ist also erst dann gültig, wenn der vorletzte Übertrag $X_{ü(6)}$ an der letzten Addierstufe anliegt. Braucht

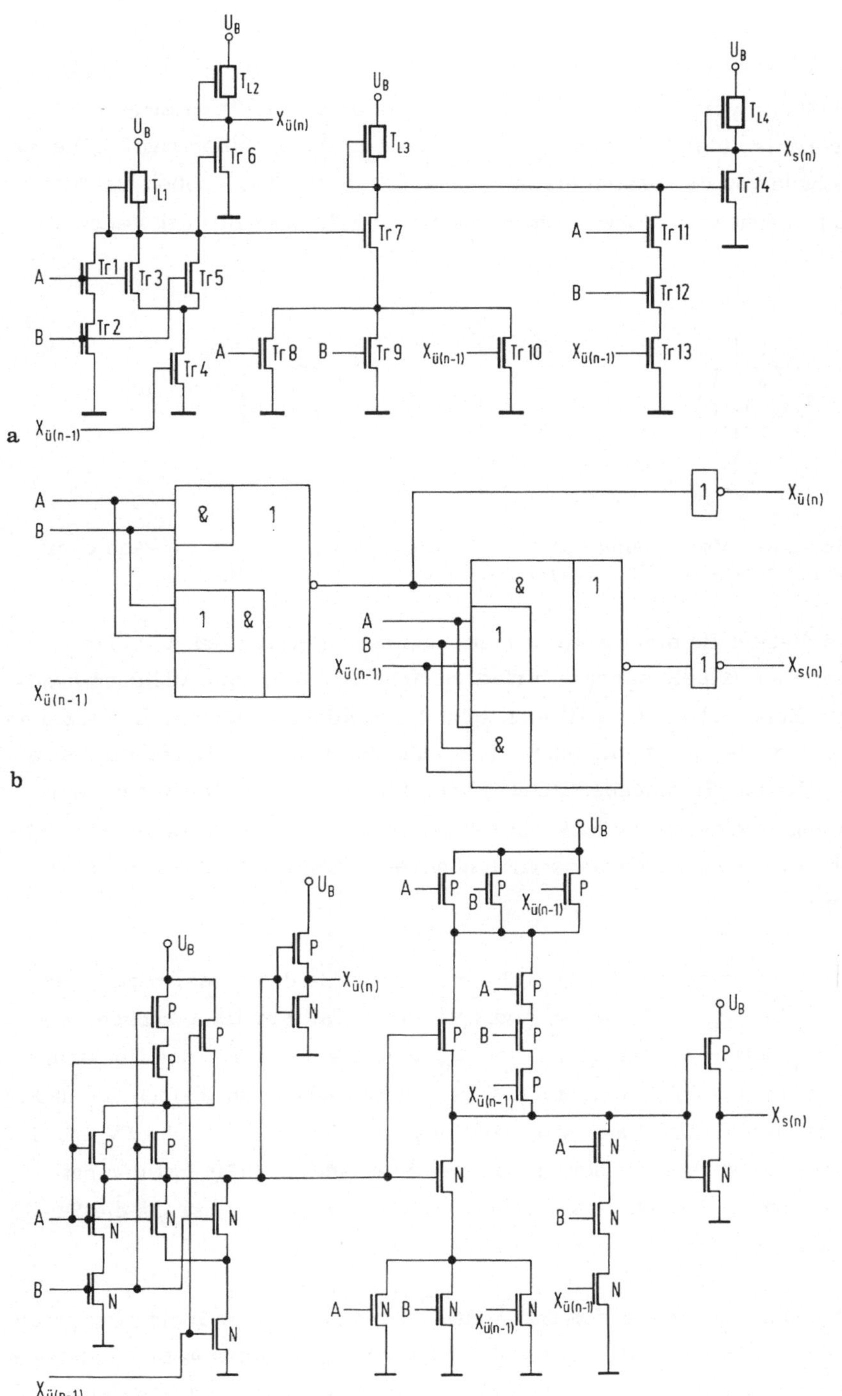

Bild 4.39. Schaltbild (a) und Symboldarstellung (b) des aus zwei Halbaddierern aufgebauten 1-Bit-Volladdierers. Die Realisierung in Komplementär-Kanal-Technik (c)

die Berechnung des Übertrages eine Zeit $t_{\ddot{u}}$, und die Berechnungen einer Summe die Zeit t_s, so benötigt man für die Addition zweier 8-Bit-Zahlen eine Zeit von $t_{Add} = 7 \cdot t_{\ddot{u}} + t_s$. Da der Übertrag bei dieser Methode von der ersten bis zur achten Stufe durchgeschoben werden muß, nennt man diese Methode auch häufig "ripple-through carry".

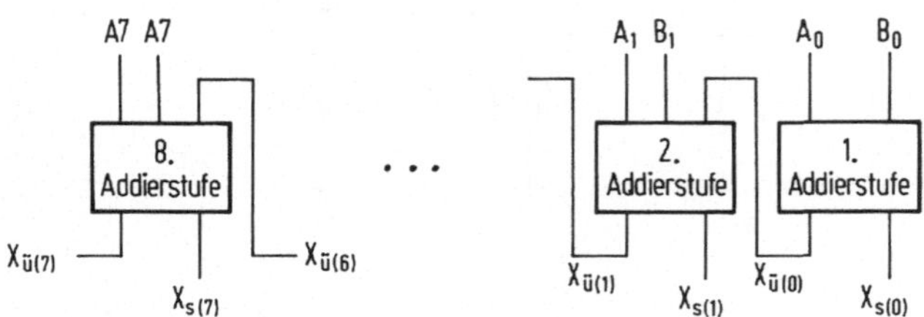

Bild 4.40. Verbindung von 8 Volladdierern zu einem 8-Bit-Addierer mit sequentieller Übertragsberechnung ("ripple-through")

Aus diesem Beispiel erkennt man, daß der Übertrag bei Addierern, die nach dem "ripple carry"-Verfahren arbeiten, die zum Addieren benötigte Zeit bestimmt. Will man schnellere Addierer bauen, so muß man den Übertrag jeder einzelnen Stufe abhängig von allen Eingangsgrößen parallel zur Summenberechnung bestimmen. Dieses Verfahren heißt im englischen "carry look-ahead" [4.28]. Ein solcher Addierer erfordert allerdings einen wesentlich höheren schaltungstechnischen Aufwand.

Bild 4.41a zeigt das Schaltbild der Addierstufe des niederwertigsten Bits, die Signale für einen Addierer mit paralleler Übertragsberechnung liefert. Die Terme P_0 und G_0 sind die Summen- und Übertragswerte des ersten Halbaddierers (sie entsprechen den Werten X_s und $X_{\ddot{u}}$ in Bild 4.37a). Bei jeder Addierstufe müssen sämtliche P- und G-Werte der vorhergehenden niederwertigen Addierstufen mit den entsprechenden Werten dieser Addierstufe verknüpft und daraus die Summe und der Übertrag dieser Stufe erzeugt werden.

Die Schaltung für einen 4-Bit-Addierer mit paralleler Übertragsberechnung ist in Bild 4.41b dargestellt. Dieses Beispiel des 4-Bit-Addierers zeigt, daß hier die Zeit zur Bildung des Übertrags nur durch einen Halbaddierer und ein Gatter bestimmt wird. Man sieht auch aus Bild 4.41c, daß für einen 4-Bit-Addierer ein fünffaches NAND-Gatter benö-

tigt wird. Ein n-Bit-Addierer mit der "carry look-ahead"-Methode
brauchte also ein n+1faches NAND-Gatter.

Wegen des großen Flächenbedarfs für das NAND-Gatter hat die Anwendung dieser Methode in der MOS-Technologie ihre Grenzen. Man kann
sich oft damit behelfen, daß man kleinere Gruppen der einzelnen Addierstufen zusammenfaßt (z.B. wie in Bild 4.41b), in denen dann ein
"carry look-ahead" durchgeführt wird. Von Gruppe zu Gruppe wird der
Übertrag dann nach der "ripple through"-Methode weitergeschoben. Es
besteht natürlich auch die Möglichkeit, das n+1fache NAND-Gatter in
ein NOR-Gatter umzuwandeln. Eine solche Umwandlung eines dreifa-

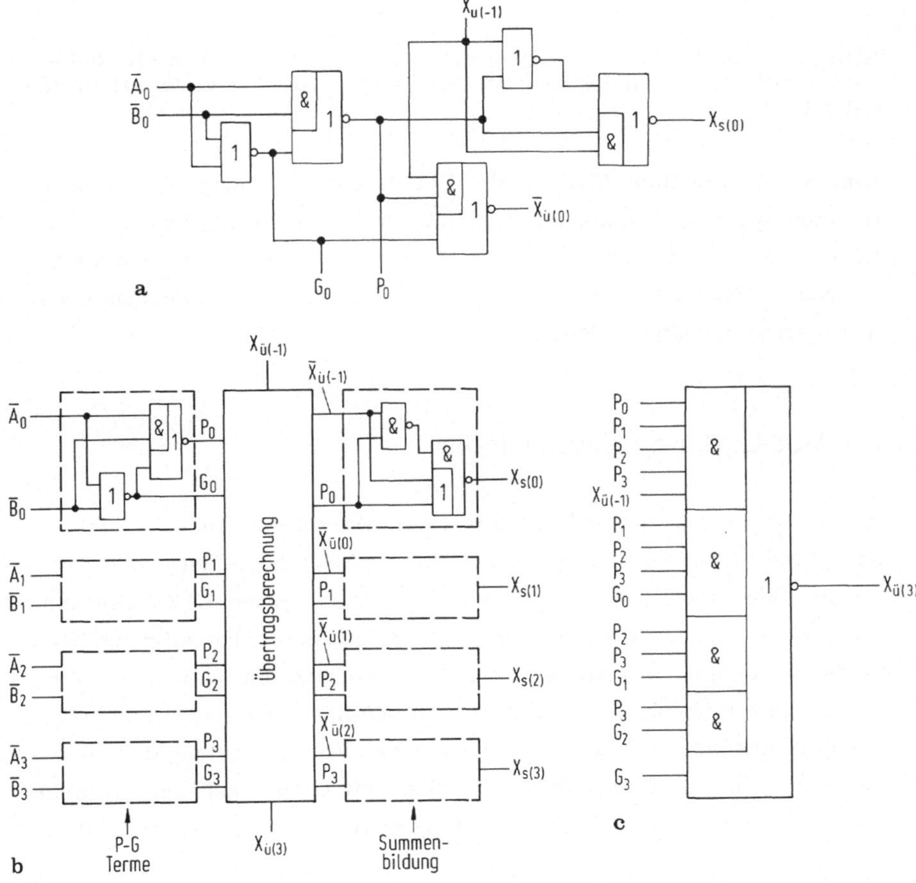

Bild 4.41. a) Volladdierer mit Signalen $(G_0, P_0, X_{\ddot{u}(0)})$, die für
eine parallele Berechnung des Übertrags benötigt werden ("carry look
ahead"); b) 4-Bit-Addierer mit paralleler Übertragsberechnung über
alle 4 Bits; c) Gatter für die Berechnung des Übertrags $X_{\ddot{u}(3)}$

chen NAND-Gatters in ein NOR-Gatter zeigt Bild 4.42. Es besteht zwar
jetzt nicht mehr das Problem der großen Schalttransistoren, dafür ergibt sich eine um zwei Inverter längere Laufzeit zwischen den Eingangs-
variablen A, B und C und dem Ausgangssignal X.

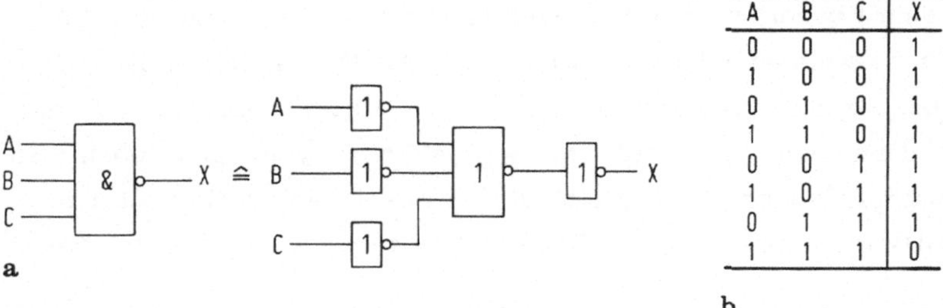

<table>
<tr><td></td><td>A</td><td>B</td><td>C</td><td>X</td></tr>
<tr><td></td><td>0</td><td>0</td><td>0</td><td>1</td></tr>
<tr><td></td><td>1</td><td>0</td><td>0</td><td>1</td></tr>
<tr><td></td><td>0</td><td>1</td><td>0</td><td>1</td></tr>
<tr><td></td><td>1</td><td>1</td><td>0</td><td>1</td></tr>
<tr><td></td><td>0</td><td>0</td><td>1</td><td>1</td></tr>
<tr><td></td><td>1</td><td>0</td><td>1</td><td>1</td></tr>
<tr><td></td><td>0</td><td>1</td><td>1</td><td>1</td></tr>
<tr><td></td><td>1</td><td>1</td><td>1</td><td>0</td></tr>
</table>

Bild 4.42. Aufteilung eines Dreifach-NAND-Gatters (a) in ein NOR-
Gatter mit dazugeschalteten Invertern (c); dazugehörige Wahrheitstabelle (b)

Eine andere mögliche Methode der Übertragsberechnung, die bei getakteten Systemen verwendet werden kann, ist in [4.27] beschrieben.
Hier wird die Übertragsleitung durch einen Takt vorgeladen und bleibt
auf hohem Potential oder wird auf 0 V heruntergezogen, abhängig von
den Werten der Operanden.

4.5 MOS-Logik in dynamischer Technik

In Abschn. 4.2 wurde der dynamische Inverter beschrieben. Solche
sog. "Ratioless"-Schaltungen kann man auch für Logikfunktionen heranziehen. Man kennt Zweiphasen- und Vierphasensysteme. Schaltet man
parallel oder in Serie zu dem in Bild 4.16 gezeigten dynamischen Inverter weitere Schalttransistoren, so erhält man ein NOR- bzw. ein
NAND-Gatter (Bild 4.43). Der Vorteil solcher Schaltungen ist, wie
schon in Abschn. 4.2 erwähnt, die geringe Verlustleistung und die
Tatsache, daß die Transistorgeometrien weitgehend unabhängig voneinander entworfen werden können (daher der Name "ratioless circuit").

Der Nachteil von dynamischen Logikschaltungen hingegen ist der erhöhte Aufwand an notwendigen Taktimpulsen und -leitungen. Bei sehr
komplexen Systemen vermindern im allgemeinen die notwendigen Takt-

impulse die Übersichtlichkeit des Systems erheblich. Eine Ausnahme
bilden die dynamischen Schieberegister, wo man durchaus das dynamische Prinzip auch bei Registern mit hoher Bitzahl (1024 und darüber) verwendet (s. Abschn. 4.6).

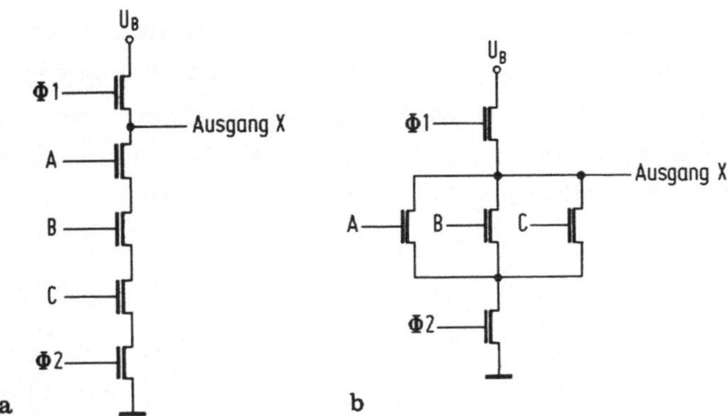

Bild 4.43. Schaltbild eines dreifachen dynamischen NAND-Gatters (a)
und eines dreifachen dynamischen NOR-Gatters (b)

In der CMOS-Technik läßt sich ein getaktetes Gatter sehr elegant mit
nur einer Taktleitung aufbauen (Bild 4.44a), da man Transistoren unterschiedlicher Polarität hat. Zum Aufladen des Ausgangsknotens verwendet man einen p-Kanal-Transistor , zum Entladen einen n-Kanal.
Als Schalttransistoren werden meist n-Kanal-Transistoren eingesetzt.
Gerade bei statischen CMOS-Gattern mit vielen Eingängen ist die Eingangskapazität hoch, da sowohl Last- als auch Schalttransistoren angesteuert werden. Hier bietet die dynamische CMOS-Schaltungstechnik
große Vorteile, da nur der Schalttransistor in n-Kanal angesteuert
werden muß. In einer Gatterkette muß man dafür sorgen, daß die einzelnen dynamisch betriebenen Gatter erst dann schalten, wenn am
Eingang die richtige Information anliegt. Dies kann man entweder mit
Hilfe von mehreren Takten erzielen (z.B. Vier-Phasen Takt) oder, in
der CMOS-Technik, mit entsprechenden Trenninvertern.

Das Schaltbild einer solchen Gatterkette mit Trenninvertern zeigt Bild
4.44b. Solange der Takt auf Masse liegt, leiten sämtliche p-Kanal-Vor-
ladetransistoren, die Ausgänge $\overline{X}_1$, $\overline{X}_2$ und $\overline{X}_3$ liegen auf hohem Potential. Dabei werden die Ausgänge X_1, X_2 und X_3 der Inverter I_1, I_2
und I_3 an Masse gelegt und die Signaleingänge der Gatter von den vor-

hergehenden Ausgängen isoliert. Sobald der Takt Φ auf hohes Potential schaltet, wird das erste Gatter aktiviert. Bleibt hierbei Ausgang X_1 auf hohem Potential, so ändert sich nichts am Zustand des Inverters I_1. Geht jedoch $\overline{X}_1$ auf 0, so entsteht am Ausgang von I_1 eine 1. Die einzelnen Inverter nehmen daher, gemäß der an den Eingängen liegenden Pegel, nacheinander ihre logischen Ausgangspegel an. Hätte man keine Inverter dazwischengeschaltet, würde mit dem Hochschalten von Φ an allen Gattern gleichzeitig eine 1 an den Eingängen liegen, was zur Fortpflanzung einer falschen Information führen würde. Durch die Inverter ist gewährleistet, daß jedes Gatter zwar mit Φ aktiviert wird,

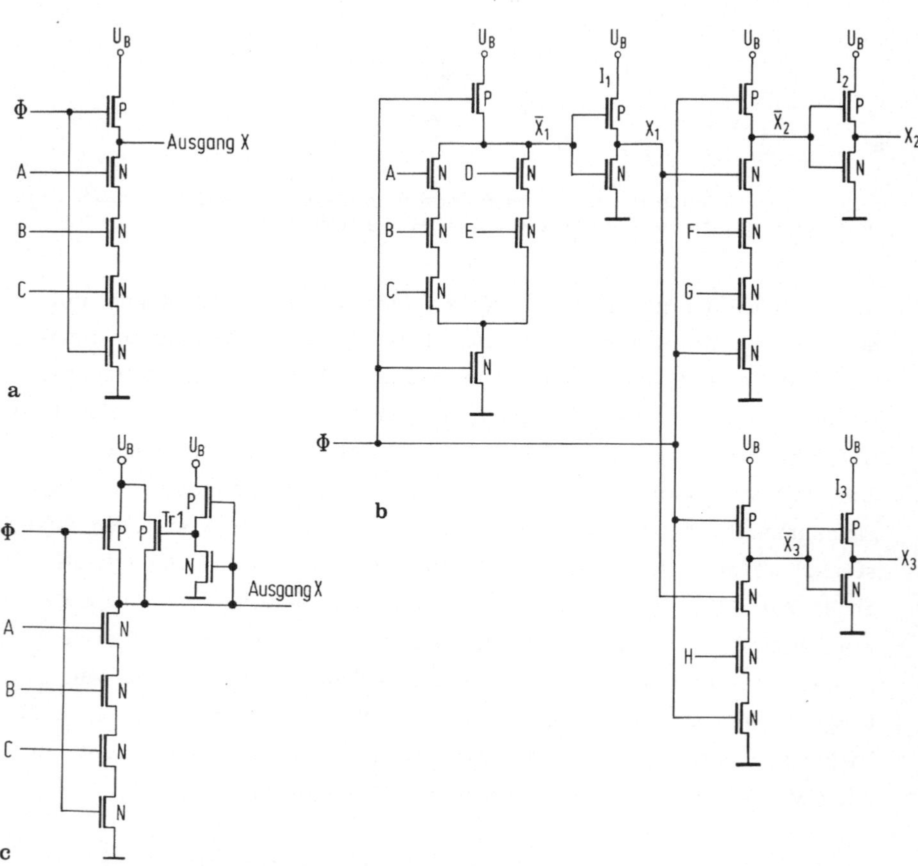

Bild 4.44. a) Schaltbild eines dreifachen dynamischen NAND-Gatters in Komplementär-Kanal-Technik; b) Schaltbild einer Logikschaltung in Komplementär-Kanal-Technik nach dem Prinzip der Domino-Schaltungstechnik; c) Halteschaltung für dynamische Gatter in Komplementär-Kanal-Technik

die richtigen logischen Pegel sich aber der Reihe nach fortpflanzen.
Dieses Fortpflanzen entspricht dem Umkippen von in Reihe aufgestell-
ten Dominosteinen, weshalb diese Art von dynamischer CMOS-Schaltungstechnik auch Domino-CMOS genannt wird [4.33].

Bei dynamischen Schaltungen sollte man berücksichtigen, daß Schaltungsknoten immer auf definierten Potential hängen. Hierzu werden
oft Halteschaltungen verwendet. Im einfachsten Fall besteht die Halteschaltung aus einem hochohmigen Transistor, der das Potential des
Knotens auf Betriebsspannung oder Masse hält. Von den Schalttransistoren kann dieser hochohmige Transistor jedoch leicht überspielt
werden. In der dynamischen CMOS-Technik setzt man oft die Halteschaltung nach Bild 4.44c ein. Der Ausgang steuert einen Inverter,
dessen Ausgang mit einem hochohmigen p-Kanal-Transistor Tr1 verbunden ist. In der Vorladephase wird dieser hochohmige Transistor
über den Inverter leitend geschaltet. Soll der Ausgang gegen Masse
gezogen werden, so müssen die n-Kanal-Transistoren bis zur Schalt-
welle des Inverters gegen diesen hochohmigen Lasttransistor arbeiten. Nach Überschreiten der Schaltschwelle wird der Lasttransistor
abgeschaltet und der Ausgang auf OV gezogen.

In diesem Abschnitt wird noch anhand von zwei weiteren Beispielen das
Prinzip von dynamischen Logikschaltungen erläutert. Es soll z.B. die
Funktion $\overline{X} = \overline{A} \wedge B \vee C$ in dynamischer Technik realisiert werden. Die
Schaltung mit Gatterfunktionen zeigt Bild 4.45a. Die Realisierung mit
n-Kanal (oder p-Kanal)-Transistoren zeigt Bild 4.45b. Der Ausgang
wird zunächst über den Takt Φ_1 vorgeladen, unabhängig davon, ob die
Signale A, B und C schon anliegen oder nicht. Diese Signale müssen
erst dann anliegen, wenn Φ_1 abgeschaltet und der Takt Φ_2 aktiviert
wird. Während der Takt Φ_2 aktiv ist, ist das Ausgangssignal gültig.

Das zweite Beispiel ist ein Volladdierer in dynamischer Technik. Das
Blockschaltbild einer solchen Anordnung ist in Bild 4.46a dargestellt.
Der erste Block Ü wird von den Takten Φ_1 und Φ_2 gesteuert und dient
zur Berechnung des Übertrags. Der zweite Block S dient zur Berechnung der Summe und wird von den Takten Φ_3 und Φ_4 gesteuert. Summe
und Übertrag werden jeweils invertiert generiert und müssen daher vor
der weiteren Verwendung nochmals invertiert werden. Diese Inverter

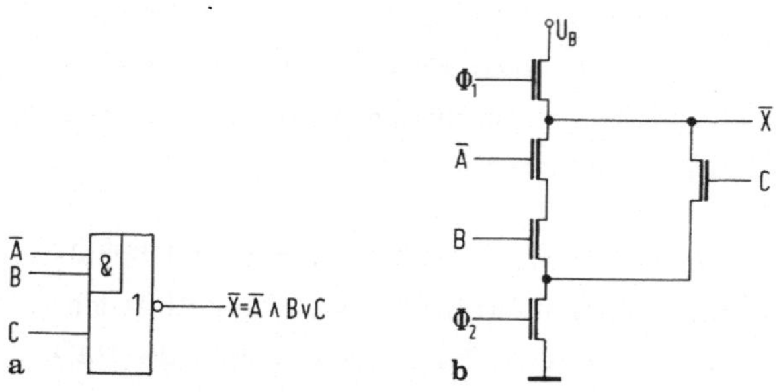

Bild 4.45. Gattersymbol (a) und Schaltbild (b) der logischen Verknüpfung $\overline{X} = \overline{A} \wedge B \vee C$ in dynamischer Schaltungstechnik

I_1 und I_2 werden auch getaktet. Die nicht überlappenden Takte Φ_1 bis Φ_4 (Bild 4.46b) steuern der Reihe nach Ü, I_1, S und I_2.

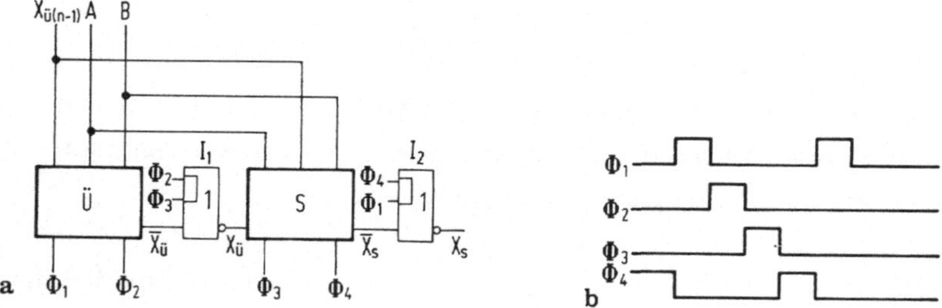

Bild 4.46. Schematisches Bild (a) und Taktdiagramm (b) eines 1-Bit-Addierers in dynamischer Schaltungstechnik

Eine schaltungsmäßige Realisierung in Ein-Kanal-Technik zeigt Bild 4.47. Während der Impuls Φ_1 aktiv ist, wird der Ausgangsknoten der Übertragsberechnung $\overline{X}_{\ddot{u}}$ vorgeladen. Nach dem Abschalten von Φ_1 geht Φ_2 hoch, und der Übertrag wird aus den drei Eingängen A, B und $X_{\ddot{u}(n-1)}$ gebildet. Gleichzeitig mit der Bildung von $X_{\ddot{u}}$ wird der Inverter I_1 vom Takt Φ_2 vorgeladen. Ist nun Φ_3 aktiv, so liegt der richtige Übertrag am Eingang der Schaltung zur Summenbildung. Diese Schaltung wird mit Hilfe von Takt Φ_3 vorgeladen. Geht nun der Takt Φ_4 auf hohes Potential, so kann die Summe $\overline{X}_s$ gebildet und der auf die Summenbildung folgende Inverter aufgeladen werden. Beim Aktivieren des Taktes Φ_1 ist damit das Ausgangssignal des Addierers gültig. Gleichzeitig wird mit diesem Takt die Schaltung zur Übertragsberechnung für die nächsten Eingangssignale vorgeladen.

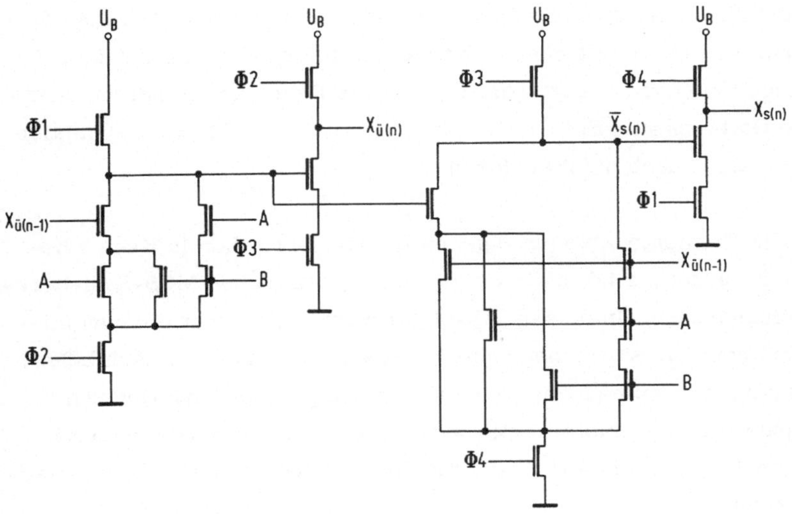

Bild 4.47. Schaltbild eines 1-Bit-Addierers in dynamischer Schaltungstechnik

Für weitere Schaltungen in dynamischer Technik sei auf [4.4], [4.50] und Abschn. 4.6 verwiesen.

4.6 MOS-Schieberegister

Zu den Grundbausteinen von integrierten MOS-Schaltungen gehören auch die Schieberegister. Bei Schieberegistern wird ein am Eingang eingegebenes Signal in analoger oder digitaler Form um eine bestimmte Zeit, die auch mit Hilfe eines von außen angelegten Taktes gesteuert werden kann, verzögert. Neben den Anwendungen in Logikschaltkreisen unterschiedlicher Komplexität (bis zum Mikrocomputer auf einem Chip) hat man in der MOS-Technik auch schon komplette Speicher nach dem Schieberegisterprinzip aufgebaut. Hierbei kreist die Information ständig im Schieberegister, dessen Ein- und Ausgang miteinander verbunden sind. Nur beim Auslesen wird das Signal über eine eigene Ausgangsschaltung herausgeholt.

In der MOS-Technik kennt man statische und dynamische Schieberegister. Bei statischen Schieberegistern kann man zu jedem Zeitpunkt anhalten und die Information auslesen, die Information geht hierbei

nicht verloren. Bei dynamischen Schieberegistern ist das Anhalten des
Taktimpulses immer mit einem Verlust der Information verbunden.
Allerdings muß noch gesagt werden, daß die Dauer des Anhaltens hierbei eine Rolle spielt. Bei Zeiten von 1 bis 100 µs geht die Information
im allgemeinen noch nicht verloren.

Auch CCD-Elemente, die als eigenes Bauelement schon in Kap. 3 beschrieben wurden, sind in die Gruppe der dynamischen MOS-Schiebere-
gister einzuordnen. In diesem Abschnitt werden zunächst die dynamischen und dann die statischen Schieberegister behandelt. Anschließend
soll kurz auf den Aufbau von Zählern eingegangen werden. Den Schluß
bilden jene Schieberegister, mit denen man - im Gegensatz zu den in
den Abschn. 4.6.1 bis 4.6.3 behandelten - auch analoge Signale verzögern kann.

4.6.1 Schieberegister in dynamischer Technik

Genauso wie bei den dynamischen Speicherzellen (Abschn. 4.7) nützt
man auch bei den Schieberegistern den nahezu unendlich hohen Eingangswiderstand des MOS-Transistors aus, um Information kurzzeitig
zu speichern. Die MOS-Technik erlaubt, mit Hilfe von Transfertransistoren Verbindungen zu schaffen, die in beide Richtungen leiten.
Überdies kann man, um Leistung zu sparen, auch durch Takten einzelner Transistoren den Querstrom unterbrechen. Das einfachste dynamische Schieberegister mit 2-Phasen-Takten ist in Bild 4.48 dargestellt. Die Funktionsweise ist wie folgt: Die Takte Φ_1 und Φ_2 sind nicht
überlappend. Liegt am Eingang ein Impuls (logische "1"), so wird
während der Phase, in der der Transistor Tr1 über Φ_1 eingeschaltet
wird, der Kondensator C_{G1} auf das Potential des Eingangssignals aufgeladen. Der Kondensator C_{G1} ist im allgemeinen nicht als eigenes
Bauelement realisiert, sondern er ist die Eingangskapazität von Tr2
und die Kapazität der Verbindungsleitung des Drain (bzw. Source)-
Anschlusses von Tr1 zum Gate von Tr2. Wird nun dieser Kondensator
C_{G1} auf die logische "1" aufgeladen (z.B. + 5 V), so leitet der Transistor Tr2, und der Ausgang des von Tr2 und Tr3 gebildeten Inverters sinkt auf 0 V ab. Schaltet nun Takt Φ_1 auf 0 zurück, so bleibt
der Ladungszustand an C_{G1} erhalten und damit der Inverterausgang

auf 0 V. Mit dem Einschalten von Takt Φ_2 wird nun der Kondensator C_{G2} auf 0 V entladen (Transistor Tr2 leitet) und der Transistor Tr5 sperrt. Der Ausgang dieses Inverters liegt dann - so wie die Eingangsinformation - wieder auf dem Pegel der logischen "1". Mit Hilfe der Takte Φ_1 und Φ_2 ist also die Information weitergeschoben worden und liegt nun mit der gleichen Polarität am Eingang der nächsten Stufe also bei Tr7. Die folgenden Stufen sind ebenso wie die erste aufgebaut. Die Information wird also in den Kondensatoren C_G jeweils so lange gespeichert, bis mit dem Einschalten des Taktes Φ_1 eine neue Information an den Eingang der Stufe gelangt. Wählt man die maximale Amplitude der Takte so hoch wie die maximale Betriebsspannung U_B (meist der Fall), so liegt am Eingang eines Inverters (nach dem jeweiligen Transfertransistor) nur die Spannung $U_B - U_T$. Die Inverter (z.B. Tr2 und Tr3) müssen also so dimensioniert sein, daß auch mit dieser Eingangsspannung die Restspannung am Ausgang klein genug ist, um den darauffolgenden Inverter zu sperren.

Weiterhin muß berücksichtigt werden, daß die parasitären Kapazitäten C_{P1}, C_{P2} und C_{P3} groß gegenüber den Speicherkondensatoren C_{G1} bis C_{Gn} sind. Wird nämlich durch Takt Φ_2 der Transfertransistor Tr4 leitend geschaltet, so tritt zunächst ein Ladungsausgleich zwischen den Kondensatoren C_{P1} und C_{G2} auf. Hierbei soll für eine sichere Fortpflanzung der Information die Spannung am Kondensator C_{P1} die Spannung am Eingang der folgenden Stufe bestimmen.

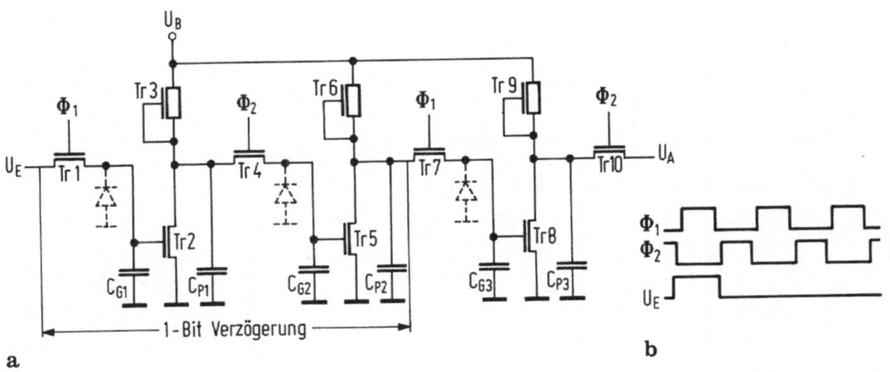

Bild 4.48. Dynamisches Schieberegister mit "ratio"-Invertern und Depletion-Lastelementen (a) sowie das dazugehörige Taktschema (b)

Macht man die Periodendauer von Φ_1 und Φ_2 immer länger (abnehmende Taktfrequenz), so muß die Ladung an den Kondensatoren C_{G1} bis C_{Gn} immer länger gespeichert bleiben, bis eine neue Information eingeschrieben wird. Während der Zeit zwischen zwei Takten, entlädt sich der Kondensator wenn er im "1"-Zustand ist, über den pn-Übergang am sourceseitigen Ende der Transfertransistoren (in Bild 4.48 als Diode eingezeichnet). Ab einer bestimmten Frequenz wird der Abbau der Ladungen zu groß sein, und es wird eine falsche Information weitergeschoben. Solch ein Schieberegister hat also eine untere Grenzfrequenz, unter der es nicht mehr betrieben werden darf. Diese unteren Grenzfrequenzen liegen im allgemeinen im Bereich von einigen 10 kHz.

Bei dem Schieberegister nach Bild 4.48 ziehen alle Inverter, deren Kondensator C_{Gn} auf die logische "1" aufgeladen wurde, auch im Ruhezustand (Taktpausen) Querstrom, der zur Verlustleistung beiträgt. Will man diese Verlustleistung gering halten, so kann man die Lasttransistoren auch mittakten. Das Schaltbild eines solchen Schieberegisters zeigt Bild 4.49. Die Gate-Anschlüsse der Lasttransistoren Tr3, Tr6 und Tr9 sind jetzt mit den Taktleitungen Φ_1 und Φ_2 verbunden. Bei eingeschaltetem Takt Φ_1 arbeiten z.B. Tr3 und Tr2 wie ein Inverter und müssen auch so dimensioniert werden ("ratio type"-Schieberegister). Wird der Takt Φ_2 abgeschaltet, so fließt kein Querstrom, und die Verlustleistung ist, vor allem bei Takten mit langen Taktpausen, geringer als bei der Schaltung in Bild 4.48. Beträgt die maximale Taktspannung U_B, so liegt am Ausgang des Inverters und auch am Eingang

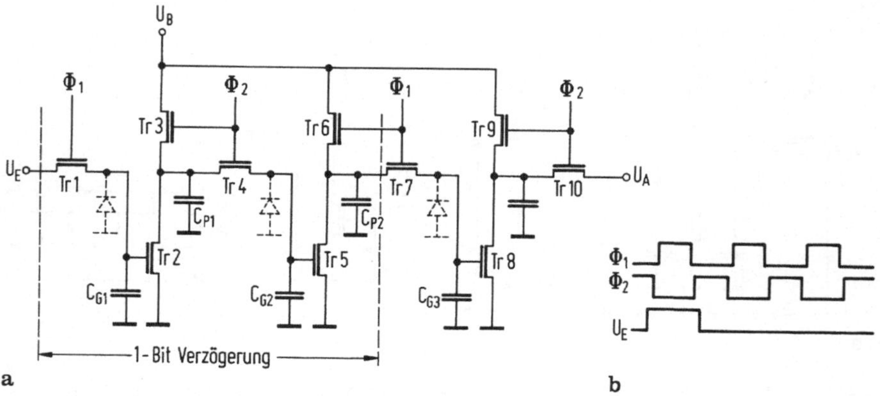

Bild 4.49. Dynamisches Schieberegister mit "ratio"-Invertern und getakteten Lastelementen (a) sowie das dazugehörige Taktschema (b)

der nächsten Stufe maximal nur die Spannung $U_B - U_T$. Das W/L-Verhältnis (β_R) der beiden Transistoren Tr2 und Tr3 (bzw. Tr5 und Tr6) muß wieder so gewählt werden, daß die Restspannung klein genug ist, um die darauffolgende Stufe zu sperren.

Die beiden Schaltungen der Bilder 4.48 und 4.49 benötigen zwar im Vergleich zu rein statischen Schieberegistern (Abschn. 4.6.2) nur eine sehr geringe Fläche, der Nachteil, daß der Takt nicht ohne Verlust der Information angehalten werden darf, macht sie jedoch für verschiedene Anwendungsfälle nicht geeignet. Man kann aber auch solche dynamischen Schieberegister mit Hilfe eines zusätzlichen Transistors zu statisch speichernden Schieberegistern machen. Hierfür muß man, ähnlich wie bei dem "latch" in Abschn. 4.3 (Bild 4.26), den Eingang mit dem Ausgang der folgenden Schieberegisterstufe (zwei Inverterstufen) über einen Transistor verbinden. Eine solche Schaltung zeigt Bild 4.50. Die Ein- bzw. Ausgänge der Stufen Tr2/Tr3 bzw. Tr5/Tr6 können über den Transistor Tr11 kurzgeschlossen werden. Somit bleibt die eingeschriebene Information erhalten, solange Takt Φ_3 und Takt Φ_2 eingeschaltet bleiben, während Takt Φ_1 ausgeschaltet werden kann. Einen solchen Rückkopplungstransistor benötigt man für jedes Bit. Im Prinzip kann man eine solche Anordnung auch für die Schaltung nach Bild 4.49 vorsehen, doch muß dann im statischen Speicherzustand auch Φ_1 eingeschaltet bleiben, da ja sonst keine Inverterfunktion möglich ist.

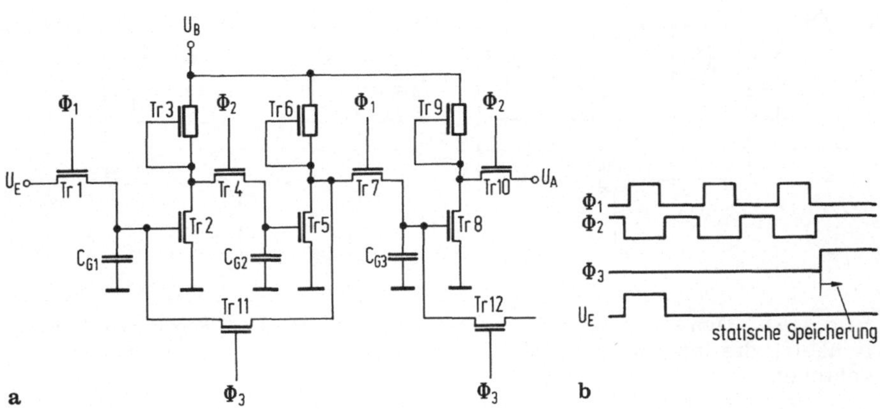

Bild 4.50. Dynamisches Schieberegister (a) nach Bild 4.48 mit der Möglichkeit, die Information statisch zu speichern, sowie das dazugehörige Taktschema (b)

Fügt man zwischen die Inverter von Bild 4.50, die nicht durch einen
Rückkopplungstransistor verbunden sind, einen solchen ein, so hat
man ein Schieberegister, das mit geeigneten Takten die Information
wahlweise nach links oder nach rechts schiebt und in dem man die Information auch statisch speichern kann. Das Schaltbild eines solchen
Schieberegisters zeigt Bild 4.51. Schaltet man die Takte Φ_3 und Φ_4
ab, so funktioniert die Schaltung wie die in Bild 4.48 beschriebene, die
Information wird also mit Hilfe der Takte Φ_1 und Φ_2 von links nach
rechts weitergeschoben. Schaltet man nun die Takte Φ_1 und Φ_2 ab und
steuert die Takte Φ_3 und Φ_4 mit derselben Frequenz an, so wird die
Information jetzt von rechts nach links weitergeschoben. Auch hier
kann man wie in Bild 4.50 die Information bei geeignet angelegten Spannungen an die getakteten Transfertransistoren statisch speichern.

In Abschn. 4.3 wurde die Funktionsweise des getakteten Inverters beschrieben. Man kann nun solche getakteten Inverter auch für den Bau
von Schieberegistern verwenden. Ein solches Schieberegister zeigt
Bild 4.52. Statt eines statischen wird nun ein dynamischer Inverter
verwendet. Die Verbindung zwischen den Inverterstufen wird wieder
von Transfertransistoren gebildet. Zunächst werden die Knoten 1 und
2 (bzw. 5 und 6) über die von Takt Φ_1 eingeschalteten Transistoren

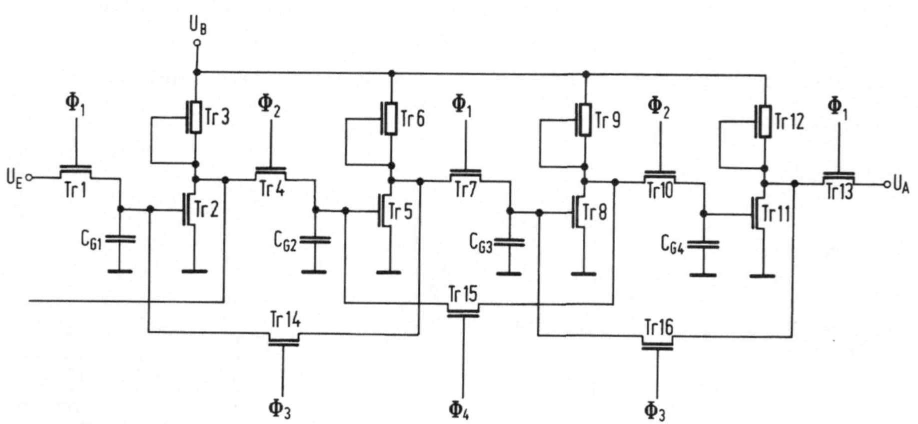

Bild 4.51. Dynamisches Schieberegister nach Bild 4.48 mit der Möglichkeit, die Information sowohl nach links als auch nach rechts zu
schieben

Tr1 und Tr4 (bzw. Tr9 und Tr12) vorgeladen. Anschließend wird bei
abgeschaltetem Φ_1 und eingeschaltetem Φ_2 die Bewertung vorgenom-

men, d.h., wurde eine logische 1 am Kondensator C_{G1} gespeichert,
so werden über die leitenden Transistoren Tr3 und Tr2 der Kondensator C_{P1} und über den leitenden Transistor Tr5 der Kondensator C_{G2} entladen. Gleichzeitig mit dem Bewerten im ersten Inverter wird im zweiten der Knoten 4 durch Takt Φ_2 vorgeladen. Beim neuerlichen Einschalten von Φ_1 erfolgt nun die Bewertung im zweiten Inverter (Tr6 bis Tr8), während der erste Inverter (Tr2 bis Tr4) wieder vorgeladen wird.

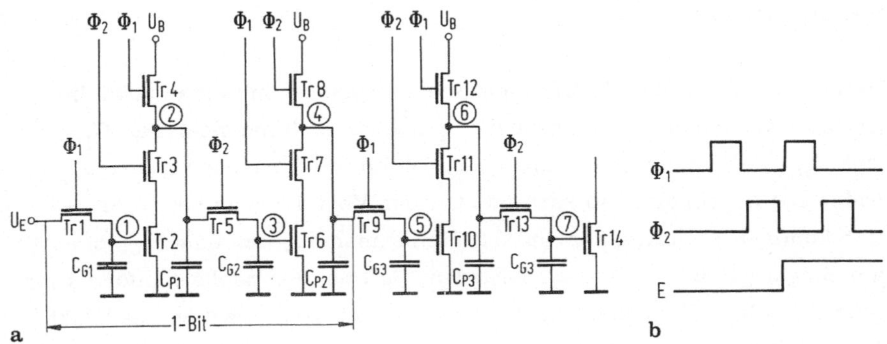

Bild 4.52. Zweiphasen-dynamisches Schieberegister (a) mit "ratioless"-Invertern und das dazugehörige Taktschema (b)

Die Information wird also wie auch in den vorangegangenen Beispielen mit Hilfe der 2-Phasen-Takte und mit der Frequenz dieser Takte weitergeschoben. Der Unterschied zu den vorangegangenen Schaltungen besteht darin, daß durch die volldynamische Technik der einzelnen Inverter kein Querstrom zwischen der Betriebsspannung und der Masse fließt und daher nur dynamische Verlustleistung verbraucht wird. Durch diese dynamische Technik sind die W/L-Verhältnisse der einzelnen Transistoren nicht mehr für die Restspannung maßgebend, man kann sie dem Ladeverhalten entsprechend wählen ("ratioless circuit"). Allerdings muß man pro Bit 2 Transistoren mehr vorsehen, und auch die Takttreiber der Takte Φ_1 und Φ_2 müssen eine höhere Last treiben. Während nämlich in Bild 4.48 pro Bit für einen Takt nur ein Transistor zu treiben ist, sind es in der Schaltung nach Bild 4.52 zwei pro Bit.

Hat man vier Phasentakte zur Verfügung, so kann man auch ein Schieberegister nach Bild 4.53 aufbauen. Durch die nicht überlappenden Takte Φ_1 bis Φ_4 kann man erstens wieder voll dynamisch (ohne Querstrom) und zweitens auch ohne Transfertransistor arbeiten. Mit dem Takt Φ_1 wird der Kondensator C_{G1} vorgeladen. Wenn nun der Takt Φ_2 eingeschaltet wird, bleibt der Kondensator C_{G1} entweder geladen, wenn das Eingangssignal des Inverters auf 0 V liegt (Tr1 sperrt), oder er wird entladen, wenn am Eingang eine "1" ist (Tr1 leitet). Mit den Takten Φ_3 und Φ_4 erfolgt derselbe Vorgang wie mit den Takten Φ_1 und Φ_2. Die inverse Information wird nun durch den aus den Transistoren Tr2, Tr5 und Tr8 gebildeten dynamischen Inverter weitergeschoben.

Beim Entwurf solcher Zweiphasen-Schieberegister muß man auch die an den Zwischenknoten vorhandenen parasitären Kondensatoren C_{P1} und C_{P2} berücksichtigen. Liegt C_{P1} in der Größenordnung von C_{G1} (oder sogar größer), so kann es zu einer Verfälschung der Information kommen ('charge sharing'). Nimmt man an, daß eine logische "1" am Eingang liegt, so ist C_{P1} entladen. Soll nun als nächste Information eine logische "0" durchgeschoben werden, so wird, während der Takt Φ_2 eingeschaltet ist, ein Teil der Ladung von C_{G1} auf den Kondensator C_{P1} fließen. Bei großem C_{P1} kann es dazu kommen, daß die Spannung an C_{G1} nicht mehr ausreicht, um den Transistor Tr2 durchzusteuern. Der Ausgang des von den Transistoren Tr8, Tr5 und Tr2 gebildeten Inverters bleibt dann auf hohem Potential und die falsche Information wird weitergeschoben. Man muß daher beim Entwurf solcher Schiebe-

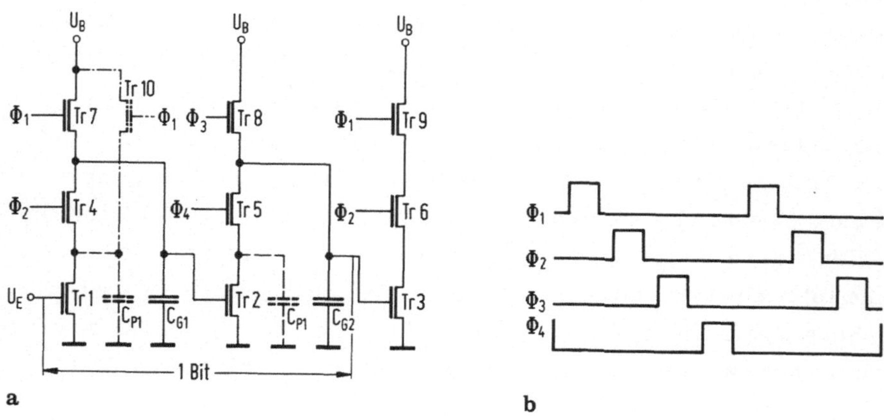

Bild 4.53. Vierphasen-dynamisches-Schieberegister mit "Ratioless"-Invertern (a) und das dazugehörige Taktschema (b)

register sehr genau darauf achten, daß der Kondensator $C_{G1} \gg C_{P1}$ ist.

Eine weitere Möglichkeit, dieses Problem zu umgehen, besteht darin, den Kondensator C_{P1} (bzw. C_{P2}) mit Hilfe des Taktes Φ_1 (bzw. Φ_3) aufzuladen. Hierzu muß noch ein Transistor Tr10 eingeführt werden. Ist der Transistor Tr1 gesperrt, so wird der Kondensator C_{P1} (oder C_{P2}) auf die um die Schwellenspannung U_T verminderte Betriebsspannung U_B aufgeladen. Ist Tr1 leitend, so wird das Potential an C_{P1} (oder C_{P2}) gleich wieder an Masse abgeleitet (W/L von Tr1 $\gg$ W/L von Tr10).

Es gibt eine große Zahl von Varianten der getakteten Schieberegister in der n-MOS- und in der CMOS-Technologie [4.4, 4.50].

4.6.2 Schieberegister in statischer Technik

In den Anfängen der MOS-Technik hat man viele Logikfunktionen aus den TTL-Schaltungen übernommen, indem man lediglich bipolare Transistoren durch MOS-Transistoren ersetzte. Ein Beispiel hierfür ist die Schieberegisterzelle in statischer Technik (Bild 4.54). Bild 4.54a zeigt das Gatterschaltbild eines taktgesteuerten RS-Flipflops. Setzt man dieses Schaltbild den Gattern gemäß in eine MOS-Schaltung um, so gelangt man zu der Schaltung nach Bild 4.54b. Für diese Schaltung benötigt man 13 Schalt- und 5 Lasttransistoren. Setzt man jedoch ein MOS-gerechtes RS-Flipflop mit auftrennbarer Rückkopplung ein (Abschn. 4.3, Bild 4.26), so gelangt man zu einem flankengesteuerten Schiebeflipflop in statischer Technik, das nur noch 9 Transistoren benötigt (Bild 4.55). Wird der Takt Φ auf 0 V gehalten, so bleibt die Information gespeichert. Bei der ansteigenden Flanke des Taktes wird die neue am Eingang liegende Information übernommen (bei n-Kanal, positive Logik) während gleichzeitig die Rückkopplung (von Φ gesteuert) aufgetrennt wird. Ein solches Registerelement läßt sich auch einfach in CMOS-Technik realisieren (Bild 4.56). Die Rückkopplung wird wieder mit Hilfe von Transfertransistoren gebildet. Ein solches Transfergatter in CMOS-Technik hat den Vorteil, daß bei Verwendung von n- und p-Kanal-Transistoren und gegenphasigen Takten über das Gatter keine Einsatzspannung verloren geht. Für $\Phi = 1$ oder $\overline{\Phi} = 0$ wird die Information in der Registerzelle gespeichert.

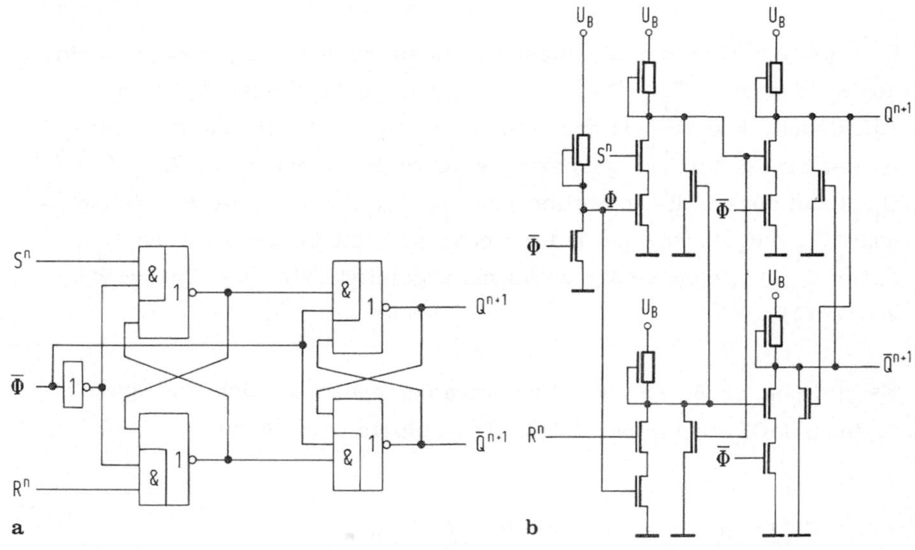

Bild 4.54. Schieberegisterzelle in statischer Schaltungstechnik. a) Gatterschaltbild; b) Transistorschaltbild

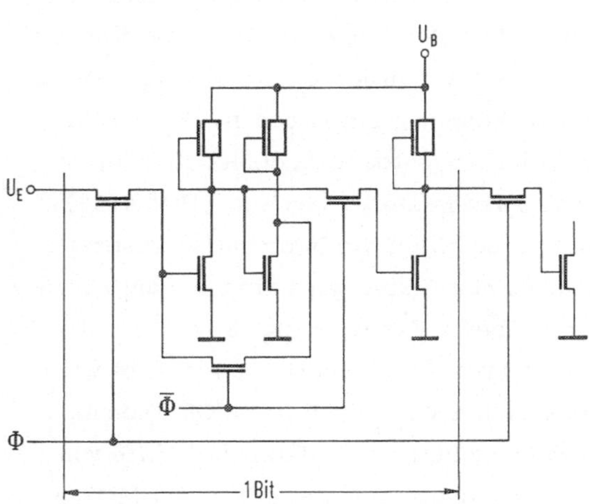

Bild 4.55. MOS-Schieberegisterzelle in statischer Schaltungstechnik

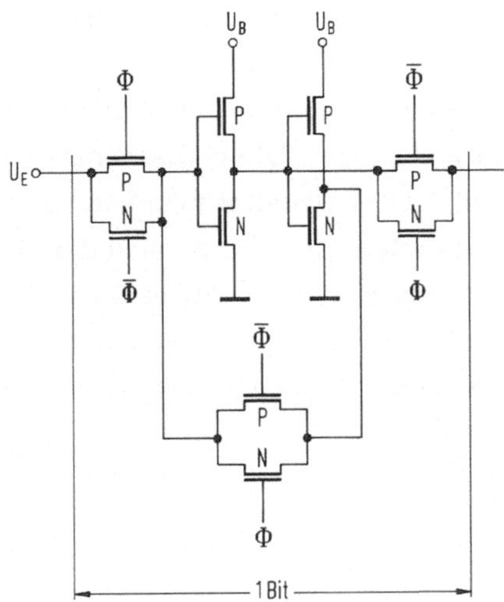

Bild 4.56. MOS-Schieberegisterzelle mit Komplementärkanal-Transistoren in statischer Schaltungstechnik

<u>4.6.3 Zähler</u>

Zähler werden in der Digitaltechnik im allgemeinen aus Flipflops aufgebaut, die die Frequenz des Eingangstaktes um den Faktor 2 herunterteilen. Will man bis zu einer bestimmten Zahl zählen, so werden mit Hilfe einer geeigneten Logik beim Erreichen dieser Zahl sämtliche Zählflipflops auf 0 zurückgesetzt. Man kann Zähler nach der Art des Codes, in dem das Zählergebnis vom Zähler geliefert wird, einteilen. Man kann sie auch danach einteilen, ob sie vorwärts oder rückwärts zählen. Eine dritte Einteilung geht von der Organisation der Arbeitsweise der einzelnen Zählelemente (Flipflops) aus. Man spricht von synchronen Zählern, wenn alle Flipflops im gleichen Takt schalten, andernfalls von asynchronen Zählern. Die große Anzahl von verschiedenen Zählern soll hier nicht diskutiert werden, hier sei auf die zahlreich vorhandene Literatur [4.8, 4.9] verwiesen.

Die MOS-gerechte Realisierung eines Zählflipflops wurde bereits in Abschn. 4.3 (Bild 4.25) beschrieben. Die Gatterschaltung eines solchen Zählflipflops sowie das dazugehörige Impulsdiagramm zeigt Bild 4.57. Aus dem Impulsdiagramm (Bild 4.57b) des Eingangs- und Ausgangssignals erkennt man, daß die Periode des Eingangssignals um den

Faktor 2 heruntergeteilt wird. Vor dem Zählanfang bzw. nach Erreichen einer vorgegebenen Zahl kann man mit Hilfe des Transistors Tr9
und eines Rücksetzimpulses R alle in Kette geschalteten Zählflipflops
auf ihren Anfangszustand (0 oder 1) zurücksetzen. Die Gatterschaltung eines solchen Zählflipflops zeigt Bild 4.57a. Schaltet man solche
Zählflipflops in Kette, so kann man den Inverter I weglassen und die
Ausgänge Q und $\bar{Q}$ zur Ansteuerung der Leitung T und $\bar{T}$ der nächstfolgenden Stufe verwenden. Für eine solche Stufe benötigt man dann nur
11 Transistoren. Sie enthält dann noch einen Querstrom ziehenden Inverter.

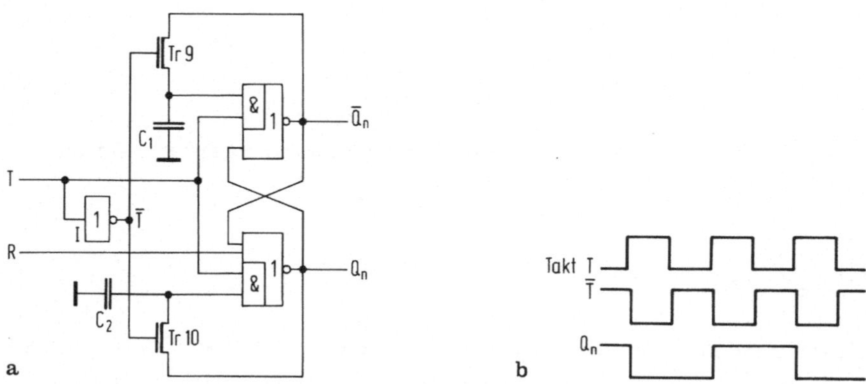

Bild 4.57. Zählflipflop mit dynamischer Zwischenspeicherung der Information. a) Gatterschaltbild; b) Taktdiagramm

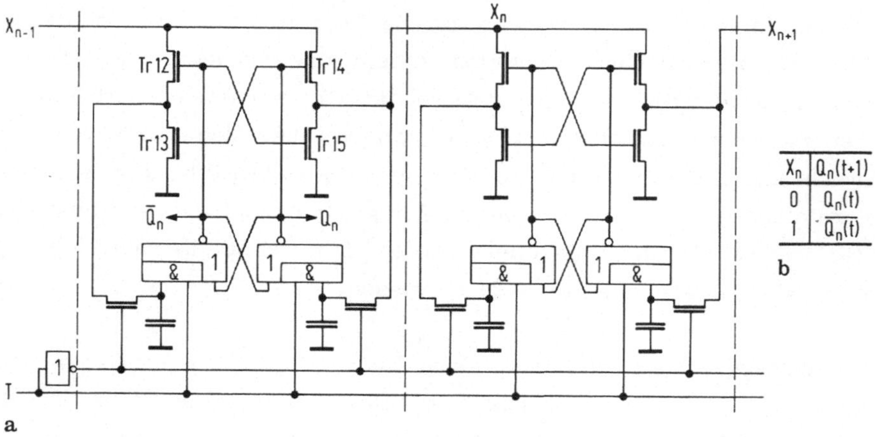

Bild 4.58. Schaltbild eines synchronen Zählers (a) und die dazugehörige Wahrheitstafel (b), t und t + 1 bezeichnen die Zahl der Flanken von
0 auf 1 des Eingangstaktes T

214

Wie man mit solchen Zählflipflops einen Synchronzähler aufbauen kann,
zeigt Bild 4.58 [4.10]. Mit Hilfe der zusätzlichen Transistoren Tr12
und Tr15 werden die Ausgänge der einzelnen Zählstufen verkoppelt,
und mit dem Takt T wird jede Stufe zum gleichen Zeitpunkt geschaltet.
Die Lage, in die die einzelnen Zählflipflops nach jeder Taktperiode kippen, wird durch die Transistoren Tr12 bis Tr15 bestimmt. Das Prinzip ist ähnlich wie bei der Übertragsbildung von Binäraddierern.

4.6.4 Schieberegister für Analogsignale

Die CCD-Verzögerungsleitung

Die in den Abschn. 4.6.1 bis 4.6.3 beschriebenen Schieberegister-
schaltungen dienen alle zur Verschiebung von Signalen, die in digitaler
Form vorhanden sind. Es gibt jedoch Anwendungen - besonders in der
Signalverarbeitung -, wo es notwendig ist, Signale in Analogform zu
verzögern. Das Bauelement, mit dem man heute vornehmlich Verzögerungsleitungen für Analogsignale aufbaut, ist das CCD. Die Funktionsweise des CCD-Elementes wurde schon in Kap. 2 beschrieben, so daß
in diesem Abschnitt nur mehr die Signalein- und -ausgabe behandelt
werden soll.

In einem CCD werden mit Hilfe geeigneter angelegter Takte die Ladungspakete von einer Elektrode zur nächsten weitergeschoben. Am Eingang
muß nun das als Spannung vorhandene Signal in Ladungspakete umgewandelt werden. Die umgekehrte Umwandlung, d.h. von Ladung in Spannung, muß am Ausgang des CCDs erfolgen, damit das Signal weiter
verarbeitet werden kann.

Die heute gebräuchlichste Schaltung zur Signaleingabe ist die Methode
des Gleichgewichtspotentials, im englischen auch oft als "Fill and
spill"-Methode benannt. In Bild 4.59 ist eine solche Eingabeanordnung
im Querschnitt dargestellt. Zusätzlich zur Eingangsdiode ED und der
Steuerelektrode EG sind noch die Verschiebeleketroden Φ_1 und Φ_3
(Dreiphasen-CCD) eingezeichnet. Die gestrichelte Linie stellt den Verlauf des Potentials an der Oberfläche dar. Die Funktionsweise ist folgende:

Das Analogsignal wird an die Steuerelektrode EG angelegt. Liegt nun
an der ersten CCD-Elektrode Takt Φ_2, so bildet sich unter EG und
dieser Elektrode eine Potentialstufe. Schaltet man nun die Eingangsdiode ED vom gesperrten Zustand auf 0 V, so werden von diesem pn-
Übergang bewegliche Ladungsträger (in diesem Fall Elektronen) die
Raumladungszone der Elektrode EG und der ersten Taktelektrode über-
schwemmen. Schaltet man anschließend die Diode wieder in Sperrichtung, so werden sämtliche Ladungsträger bis auf die in dem Potentialtopf unter der Elektrode Φ_2 befindlichen zur Diode zurückfließen, soweit sie oberhalb des Potentials der Elektrode EG liegen. Da die Taktspannung Φ_2 immer konstant ist, ist die Größe des Ladungspaketes nun
von der Höhe der an EG angelegten Analogspannung abhängig. Die Größe des Ladungspaketes ist also eine Funktion von der Fläche unter der
Φ_2-Elektrode sowie dem Potentialunterschied $U_{EG} - U_{\Phi_2}$. Der Weitertransport der Ladungen erfolgt wie in Kap. 2 beschrieben, d.h., wenn
Takt Φ_2 auf Null geht, wird Takt Φ_3 eingeschaltet und übernimmt das
Ladungspaket. Aus Bild 4.59 kann man erkennen, daß bei einer hohen
Signalspannung (tiefe Raumladungszone) wenig Ladungen, bei einer niederen Signalspannung jedoch viele Ladungsträger als Signal vorhanden
sind. Die kontinuierliche Eingangsspannung ist also in diskrete Ladungspakete umgewandelt worden. Diese Ladungspakete werden mit der Frequenz des Taktsystems weitergeschoben.

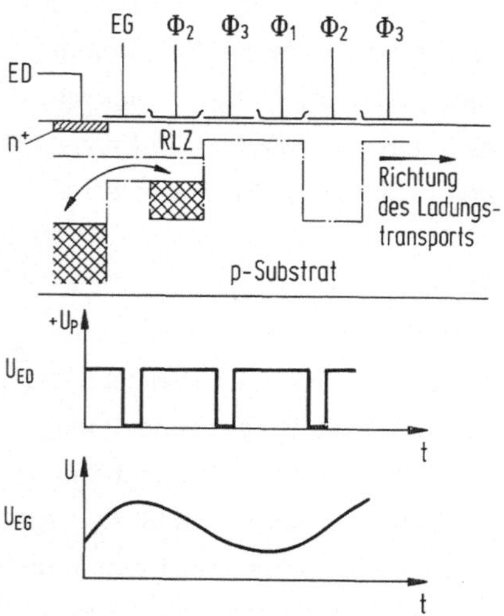

Bild 4.59. Eingangsschaltung eines CCDs nach der "Fill and spill"-Me-
thode. Einer hohen Signalspannung an EG entsprechen wenig bewegliche,
einer niederen Signalspannung viele bewegliche Ladungsträger

Will man ein komplementäres Signal, d.h. hohe Spannung = viele Ladungsträger, niedrige Spannung = wenige Ladungsträger, erzeugen, so muß man das Analogsignal nun an die Φ_2-Elektrode anlegen. Das Bild einer solchen Anordnung zeigt Bild 4.60. Die Elektrode G wird an Gleichspannung gelegt, an die Elektrode EG das Analogsignal. Die Eingangsdiode ED wird in dem schon oben beschriebenen Verfahren zwischen 0 V und Sperrspannung gepulst. Hat man eine hohe Signalspannung, so ist der Potentialtopf zwischen Elektrode G und EG tief, es bleiben viele Ladungsträger in diesem Topf. Nach dem Abfließen der überschüssigen Ladungsträger durch die Diode ED, wird der erste Verschiebetakt Φ_3 eingeschaltet und die abgemessene Ladungsmenge übernommen und weitergeschoben.

Bei der Dimensionierung einer solchen Eingabeschaltung muß man noch berücksichtigen, daß die ersten beiden Verschiebeelektroden (Elektrode Φ_3 und Φ_1 in Bild 4.60) größer (länger oder weiter) gemacht werden müssen als die nachfolgenden Elektroden, damit die von der Eingangselektrode EG abgemessene Ladungsmenge unvermindert über-

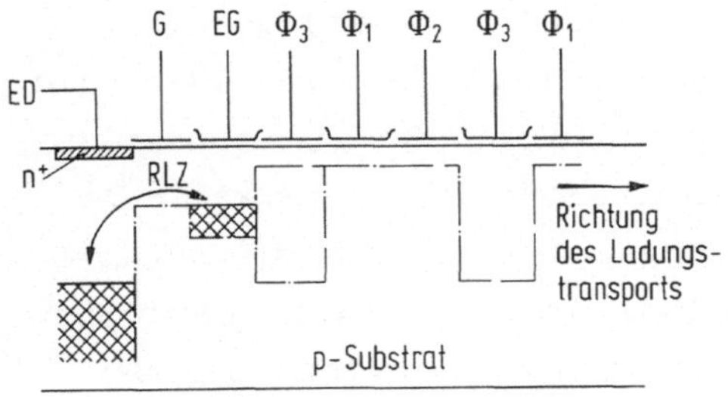

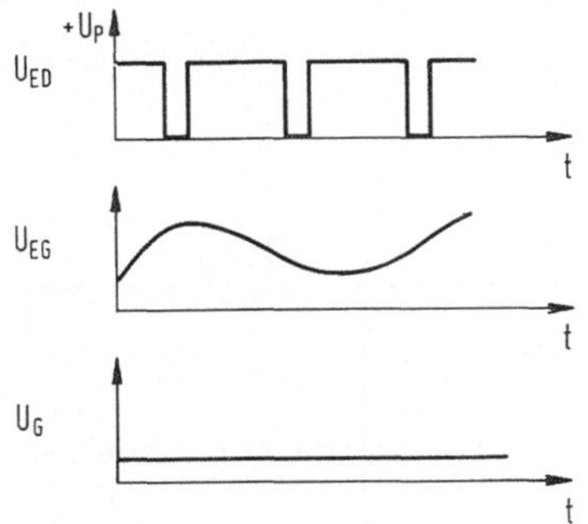

Bild 4.60. Eingangsschaltung eines CCDs nach der "Fill and spill"-Methode. Hier entsprechen einer hohen Signalspannung an EG viele bewegliche Ladungsträger

nommen wird. Zum Studium der für Analogsignale besonders wichtigen
Charakteristiken wie Linearität und Rauschen solcher Eingangsstufen sei
auf Fachbücher verwiesen [4.11, 4.12].

Am Ausgang der CCD-Elemente müssen nun die unterschiedlich großen Ladungspakete wieder in ein Spannungssignal umgewandelt werden.
Hier wird man das Ladungspaket in eine Raumladungszone füllen und an
der Elektrode den Potentialunterschied, der durch das Einfüllen der beweglichen Ladungsträger entsteht, messen. Eine solche Ausgangsan-
ordnung zeigt Bild 4.61. Am Ende der CCD-Anordnung befindet sich eine Ausgangselektrode AG, die auf einen mittleren Gleichspannungspe-
gel gelegt wird. Zunächst wird die Source-Elektrode von Transistor Tr1
mit Hilfe des Vorladetaktes Φ_{RG} auf die Spannung $U_B - U_T$ gelegt. Somit bildet sich unter dem Source-Diffusionsgebiet eine Raumladungszone, die auch bei Abschalten des Φ_{RG}-Taktes erhalten bleibt. Nun wird
mit dem Zurückschalten von Takt Φ_3, das Ladungspaket über die von
Elektrode AG gebildete Schwelle in diese Raumladungszone umgefüllt.
Da das Source-Gebiet auf keinem Potential liegt (es "floatet"), bewirken die eingefüllten Ladungsträger eine Potentialänderung des n^+-Gebie-
tes. Dieses n^+-Gebiet steuert das Gate eines weiteren Transistors
(Transistor Tr2), der entweder wie in Bild 4.61 als Source-Folger mit
einem externen Widerstand oder auch als Verstärker (Lastelement zwischen Ausgang und U_B, gestrichelt eingezeichnet) dienen kann. Das
Verhältnis von transportierter Ladungsmenge zur Größe des auffangen-
den n^+-Gebietes sowie die Verstärkung (Verstärker) bzw. Dämpfung
(Source-Folger) bestimmt die Höhe der Spannungsverstärkung oder
evtl. -dämpfung zwischen Ein- und Ausgang eines CCDs.

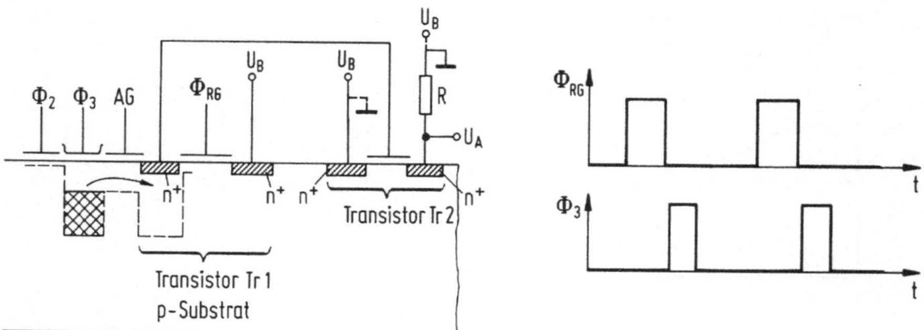

Bild 4.61. Ausgabeschaltung eines CCDs mit periodisch vorgeladenem
Diffusionsgebiet ("floating diffusion output")

Vor der Ankunft des nächsten Ladungspaketes muß das Source-n^+-Gebiet wieder vorgeladen werden. Hierbei wird die vom vorherigen Lesevorgang noch vorhandene Ladung über den leitenden Transistor Tr1 abgesaugt. Die Signalladung wird also beim Lesen zerstört. Will man jedoch in einem CCD die Signalgröße zerstörungsfrei abfühlen, so verwendet man das Prinzip der "schwebenden" Gate-Elektrode ("floating gate amplifier = FGA").

Der Querschnitt durch eine solche FGA-Anordnung ist in Bild 4.62 abgebildet. Über die kapazitive Kopplung der Elektrode mit Takt Φ_1 wird die schwebende Elektrode FG auf ein bestimmtes Potential vorgespannt. Anschließend wird durch Abschalten des Taktes Φ_3 das Ladungspaket in die Raumladungszone unter der schwebenden Elektrode eingefüllt. Das sich dadurch ändernde Oberflächenpotential bewirkt nun eine Änderung des Potentials an der Elektrode FG. Diese Potentialänderung an FG steuert das Gate eines weiteren auf dem Chip integrierten MOS-Transistors, der nun wieder als Verstärker oder als Source-Folger geschaltet werden kann. Das Vorladen der schwebenden Gate-Elektrode kann entweder, wie schon beschrieben, durch die kapazitive Teilung der darüberliegenden Elektrode erfolgen oder mit Hilfe eines weiteren Transistors, der neben der schwebenden Gate-Elektrode aber senkrecht zur Ladungstransportrichtung angeordnet werden kann. Da beim FGA-Verfahren das Ladungspaket unverändert weitertransportiert wird, kann man mehrere solcher Leseverstärker entlang eines CCDs anordnen. Derartig verteilte FGA-Anordnungen sind für Halbleitersensoren, die auf dem CCD-Prinzip beruhen, angewendet worden [4.13].

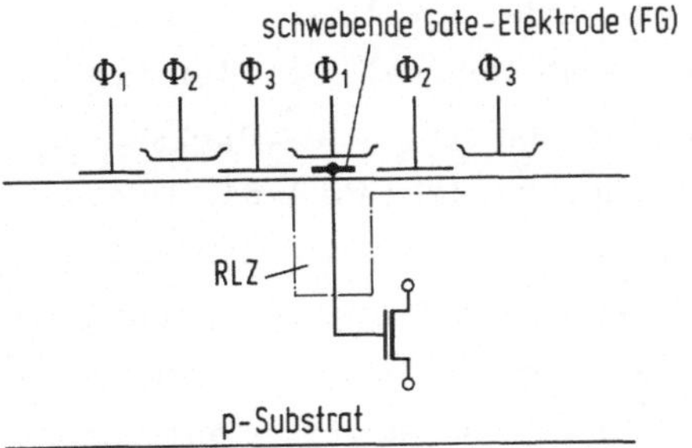

Bild 4.62. Ausgabeschaltung eines CCDs mit periodisch vorgeladener, schwebender Elektrode ("floating gate amplifier")

Das Analogsignal, das am Ausgang eines CCDs abgenommen werden
kann, ist nicht kontinuierlich, sondern als abgetastete Analogspannung
vorhanden. Dieses abgetastete Signal soll nun zur Weiterverarbeitung
wieder in ein kontinuierliches Signal umgewandelt werden. Hierfür benötigt man eine Abtast- und Halteschaltung (im engl. als "sample and
hold" bezeichnet). Das Prinzip einer solchen Schaltung zeigt Bild 4.63.
Wenn der Ausgang der CCD-Anordnung einen der Ladung entsprechenden
Spannungswert liefert, wird der Transistor Tr1 über den Takt Φ_S
durchgeschaltet und die Spannung auf dem Kondensator C gespeichert.
Sobald der Rücksetzimpuls für die Ausleseanordnung am CCD wieder
aktiv ist, wird der Transistor Tr1 gesperrt, und es bleibt nur der Ana-
logwert gespeichert. Hinter diesem Abtast- (Transistor Tr1) und Hal-
teglied (Kondensator C) wird in Bild 4.63 wieder ein einfacher Source-
Folger verwendet. Hier können allerdings auch komplexere Schaltungen
und Verstärker eingesetzt werden.

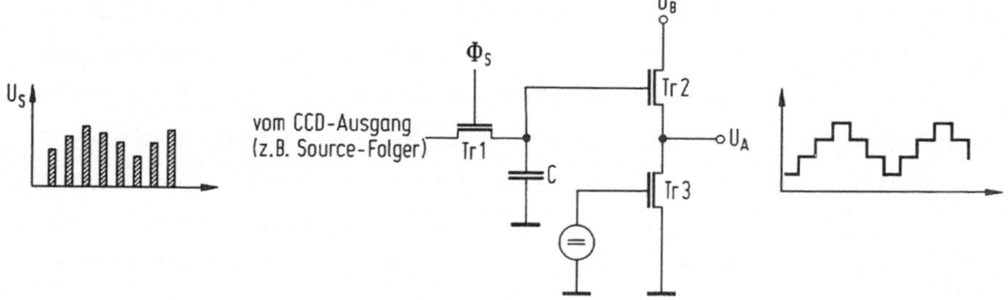

Bild 4.63. Prinzip einer Abtast- und Halteschaltung ("sample and hold")

Die BBD-Verzögerungsleitung

Lange bevor das CCD-Prinzip erfunden wurde (1970) hat man schon
mit Hilfe von Verstärkern (damals noch mit Röhren), Schaltern und
Kondensatoren Verzögerungsleitungen für Analogsignale aufgebaut. Das
Schaltbild einer solchen einfachen Anordnung zeigt Bild 4.64. Durch
kurzzeitiges Schließen der Schalter S werden die Kondensatoren C über
die Verstärker V auf den Momentanwert der Analogspannung aufgeladen
und das Signal mit der Taktfrequenz, mit der die Schalter betätigt werden, durchgeschoben. Die Umladung der Kondensatoren erfolgt ähnlich
wie das Umladen von Wassereimern beim Feuerlöschen, wie es die
Feuerwehren in früheren Jahren praktiziert haben. Deshalb auch der

Name Eimerkettenschaltung bzw. im englischen "bucket brigade devices" (BBD).

In MOS-Technik sieht eine BBD-Schaltung wie die in Bild 4.64c gezeigte aus. Über die Takte Φ_1 und Φ_2 werden die Transistoren Tr1 bis Tr4 ein- bzw. ausgeschaltet. Wird z.B. über den Takt Φ_2 der Transistor Tr2 eingeschaltet, so wird die Ladung von C_1 nach C_2 übertragen. Wichtig hierbei ist, daß ein Anschluß des Kondensators mit dem Gate des Transistors verbunden ist und nicht an Masse. Würde der Kondensator mit einem Anschluß an Masse hängen, wäre zwischen den Transistoren nur ein Ladungsausgleich aber keine Ladungsübertragung möglich. Eimerkettenschaltungen kann man - im Gegensatz zu CCD-Elementen - sowohl in integrierter Form als auch mit diskreten Elementen, d.h. einzelnen MOS-Transistoren und Kondensatoren, aufbauen. Auch BBD mit bipolaren Transistoren sind schon realisiert worden [4.11].

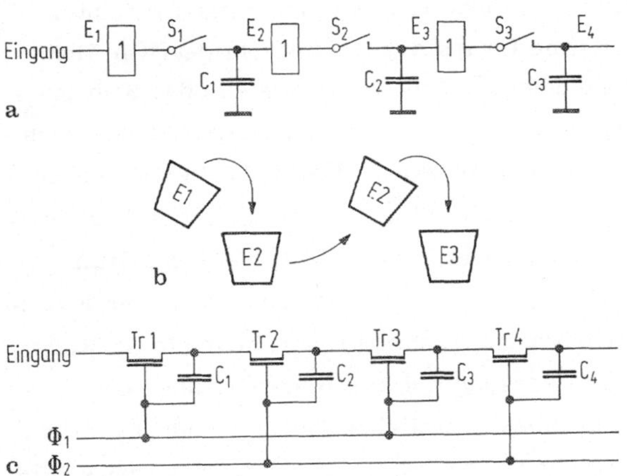

Bild 4.64. a) Ladungsübertragungsschaltung mit idealen Treiberstufen; b) schematisches Zweiphasensystem einer Eimerkettenschaltung mit Wassereimern; c) Schaltbild einer Eimerkettenschaltung mit MOS-Transistoren

Den Querschnitt durch eine integrierte Eimerkettenschaltung zeigt Bild 4.65. Die Elektroden auf dem Siliziumdioxid sind gegenüber den n^+-Gebieten versetzt angeordnet. Die überlappende Fläche zwischen Elektrode und n^+-Gebiet bildet den in der Ersatzschaltung (Bild 4.64c) eingezeichneten Kondensator. Durch Anlegen eines positiven Taktimpulses

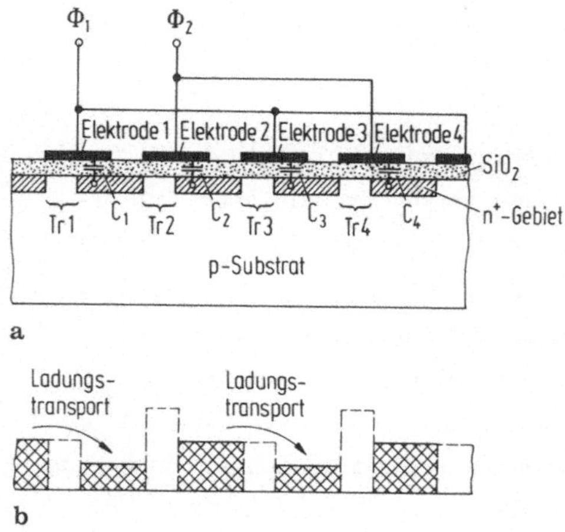

Bild 4.65. Querschnitt (a) und Potentialverlauf (b) einer MOS-Eimer-kettenschaltung

Φ_1 an die Elektroden 1 und 3 werden die rechts von der Elektrode liegenden n^+-Gebiete kapazitiv mitgekoppelt, und gleichzeitig wird unter der Elektrode im p-Substrat eine Inversionsschicht gebildet. Die links von den Gate-Elektroden liegenden n^+-Gebiete wirken wie das Source-Gebiet eines MOS-Transistors und es fließen Ladungsträger in das rechte n^+-Gebiet, das wie ein Drain-Gebiet wirkt. Den Potentialverlauf bei eingeschalteten Transistoren Tr1 und Tr3 und abgeschalteten Transistoren Tr2 und Tr4 zeigt Bild 4.65b. Die Drain-Elektrode jeder Stufe kann nur bis zur Spannung $U_G - U_T$ aufgeladen werden. Vor dem Erreichen dieses Grenzwertes arbeitet der Transistor mit sehr kleiner Gate-Source-Spannung, und die Übertragung der restlichen Ladung benötigt viel Zeit. Verzichtet man auf diesen restlichen Teil der Ladung, so muß man Verluste bei der Ladungsübertragung in Kauf nehmen. Genauso wie beim CCD (Bild 2.34) hat man also auch bei BBD-Verzögerungsleitungen Verluste, die mit kürzer werdenden Übertragungszeiten anwachsen. Die Abhängigkeit der Verluste von der Übertragungszeit zeigt Bild 4.66.

Neben dem Einsatz von BBD-Leitungen zur Verzögerung von Analogsignalen findet man in MOS-Schaltungen, in denen ein sehr kleiner Spannungshub bewertet und verstärkt werden muß, oft einen einzigen Transistor im BBD-Betrieb [4.17]. Die Schaltung einer solchen Anordnung ist in Bild 4.67 dargestellt. Zunächst ist vorausgesetzt, daß der Kondensator C_A größer als der Kondensator C_E ist. Die Funktionsweise

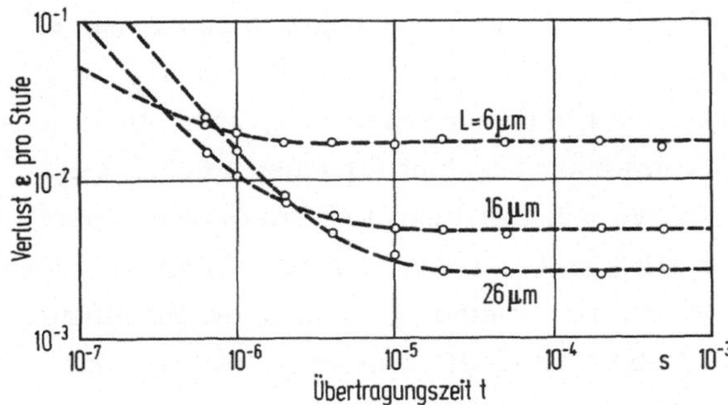

Bild 4.66. Gemessene Verluste von Eimerkettenschaltungen mit MOS-Transistoren unterschiedlicher Kanallänge L [4.31]

ist nun folgende: Über den Transistor Tr1 und der Taktspannung U_Φ ($U_\Phi > U_B$) wird der Knoten 1 auf die Betriebsspannung U_B gelegt. Gleichzeitig liegt über dem leitenden Transistor TrB der Knoten 2 (Source des Transistors TrB) auf der Spannung $U_B - U_T$. Nun wird der Takt abgeschaltet und das zu bewertende Signal an den Knoten 2 angelegt. Dieses Signal muß so gepolt sein, daß es den Knoten 2 gegen Masse zieht. Wird der Knoten 2 nun um einige Millivolt negativer als sein Gleichgewichtswert $U_B - U_T$, so fängt Transistor TrB zu leiten an, bis die Spannung an Knoten 2 wieder $U_B - U_T$ ist. Die für diesen Stromfluß notwendige Ladungsmenge muß hierbei dem Kondensator C_E entzogen werden. Da ja $C_E \ll C_A$ gilt, hat man nun einen größeren Spannungshub am Kondensator C_E als der ursprüngliche Signalhub am Kondensator C_A. Ist die Spannungsänderung an Knoten 2 ΔU_A, so gilt für den Kondensator C_A die Beziehung

$$\Delta U_A C_A = \Delta Q_A . \tag{4.41}$$

Die Ladungsmenge ΔQ_A wird aber vom Kondensator C_E geliefert, so daß man für die Spannungsänderung ΔU_E an C_E schreiben kann

$$\Delta U_E C_E = \Delta Q_A . \tag{4.42}$$

Da die Ladung nicht verlorengeht, gilt für ΔU_E

$$\Delta U_E = \Delta U_A \frac{C_A}{C_E} . \tag{4.43}$$

Für $C_A \gg C_E$ kann man daher den kleinen Spannungshub an Knoten 2
verstärkt an Knoten 1 abgreifen. Neben dem Verhältnis von C_A zu C_E
wird die mögliche Verstärkung durch den maximal möglichen Ausgangsspannungshub begrenzt. Ein Anwendungsgebiet für einen solchen BBD-
Verstärker (auch oft als "charge transfer amplifier" bezeichnet) sind
die dynamischen Eintransistorzellen (s. Abschn. 4.7). Im allgemeinen
hat man viele solcher Speicherzellen an einer gemeinsamen Bitleitung,
die ein großes diffundiertes Gebiet darstellt, hängen. Liest man das
Signal aus dem kleinen Speicherkondensator über diese große Bitleitung
(große Kapazität) aus, so gelangt das gespeicherte Signal stark ge-
dämpft zum Leseverstärker. Schaltet man nun hinter die Bitleitung einen BBD-Transistor, so kann man damit das schwache Signal der Bitleitung verstärken.

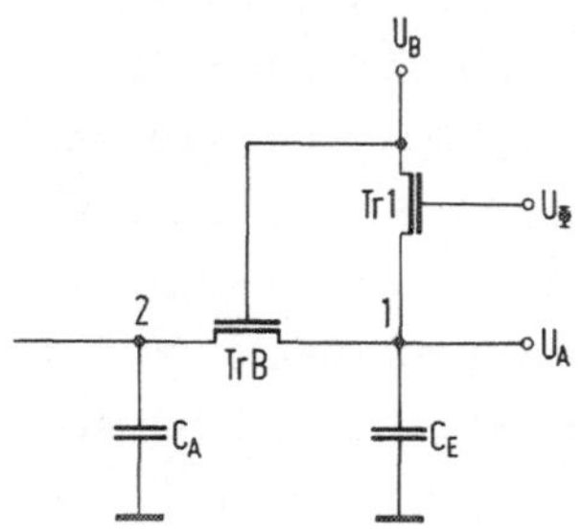

Bild 4.67. Schaltbild eines Verstärkers nach dem BBD-Prinzip

Den Querschnitt und die Ersatzschaltung einer solchen Anordnung zeigt
Bild 4.68. Der kleine Spannungshub ΔU_{BL} an der Bitleitung wird zu
einem größeren Spannungshub ΔU_S am Ausgang verstärkt. Rechnet man
aus, wieviel der in der Zelle gespeicherten Spannung man am Aus-
gangskondensator C_E abgreifen kann, so erhält man folgende Gleichung:

$$U_S = (U_1 - U_0)\, \frac{C_S}{C_E} \, . \tag{4.44}$$

Hierin sind U_1 und U_0 die in der Speicherzelle bei einer logischen
"1" bzw. "0" gespeicherten Spannungen. Die Kapazitäten C_S und C_E
sind in Bild 4.68b dargestellt. Aus (4.44) erkennt man, daß für den
Ausgangsspannungshub die Kapazität C_{BL} der Bitleitung nicht eingeht,
sondern nur das Verhältnis von Speicherkapazität C_S zu Kapazität C_E
des Drain-Gebietes des Transistors TrB. Man kann also viele Spei-

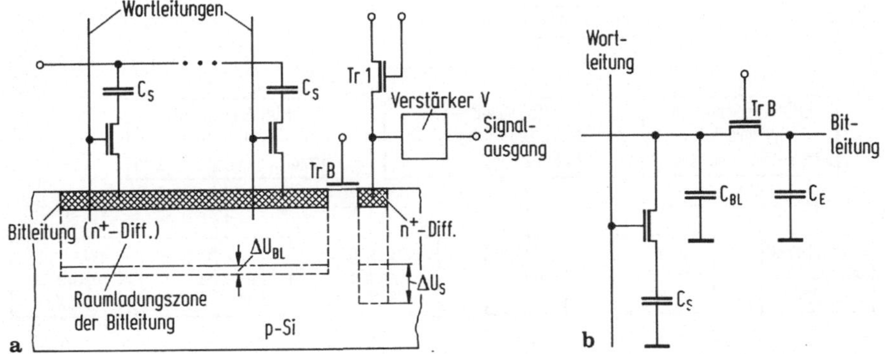

Bild 4.68. Querschnitt (a) und Schaltbild (b) eines Ein-Transistor-
Elements mit einem im BBD-Betrieb arbeitenden Verstärkertransistor
TrB

cherzellen an eine Bitleitung hängen (C_{BL} sehr groß) und trotzdem an
dem Kondensator C_E (der klein gemacht werden kann) noch einen für
den Bewertungsvorgang ausreichenden Spannungshub erhalten.

Das BBD-Verstärkerprinzip hat allerdings den Nachteil, daß es trotz
der hohen Empfindlichkeit sehr langsam ist. Man kann sich dies dadurch erklären, daß der BBD-Transistor bei kleinen Spannungshüben
mit sehr kleinen Source-Gate-Spannungen arbeitet und daher der La-
dungstransport langsam vor sich geht. Für die modernen Halbleiterspeicher mit kurzen Zugriffszeiten wird dieses Verstärkungsverfahren
derzeit nich eingesetzt. Für Anwendungen, bei denen die Geschwindigkeit nicht so wichtig ist, liefert das BBD-Verfahren jedoch einen sehr
empfindlichen Verstärker.

4.7 Speicherschaltungen

Die integrierten Schaltungen, die den höchsten Integrationsgrad besitzen und die Integration am stärksten vorantreiben, sind die MOS-Speicher. Mit solchen Speichern ist es zum ersten Mal gelungen, die Kernspeicher aus den meisten Rechnern zu verdrängen und durch Halbleiterspeicher zu ersetzen.

Man kann MOS-Speicher nach verschiedenen Gesichtspunkten unterteilen. Im folgenden wird zunächst die Aufteilung nach Art ihrer Informationsspeicherung vorgenommen (Bild 4.69).

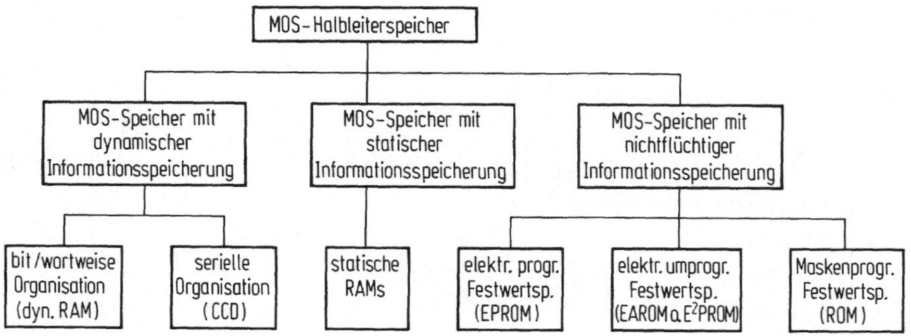

Bild 4.69. Die Einteilung von MOS-Halbleiterspeichern nach Art ihrer Informationsspeicherung

Nach diesem Übersichtsdiagramm kann man drei große Gruppen unterscheiden. Die erste Gruppe sind Speicher mit dynamischer Informationsspeicherung. Hier wird die Information nur kurzzeitig (von Millisekunden bis Sekunden) gespeichert, nach dieser Zeit geht sie verloren oder muß wieder aufgefrischt bzw. regeneriert werden. Nach diesem Prinzip lassen sich heute Speicher mit sehr hoher Packungsdichte und geringer Verlustleistung realisieren. Allerdings benötigen sie einen erhöhten Schaltungsaufwand für das periodische Regenerieren der Information.

Die zweite Gruppe von MOS-Speichern sind die statischen Speicher. Hier wird die Information nach dem Einschreiben in einer Speicherzelle gespeichert, die ihren einmal gesetzten Zustand so lange behält, bis die Versorgungsspannung abgeschaltet wird. Dann erst geht die Information verloren. Beim neuerlichen Einschalten der Versorgungsspannung ist in der Speicherzelle eine beliebige Information (logische "0" oder "1") gespeichert.

Die dritte Gruppe von Speichern sind die Speicher mit nichtflüchtiger Informationsspeicherung. Hier bleibt die Information nach dem Einschreiben in der Zelle, unabhängig davon, wie oft die Versorgungsspannung ein- und ausgeschaltet wurde [4.14, 4.15, 4.25].

Entsprechend ihrer Organisation kann man wortweise organisierte, bitweise organisierte, seriell organisierte und assoziative Speicher unterscheiden. In den Abschn. 4.71 bis 4.7.3 sollen nun die Speicher-

zellen der in Bild 4.69 dargestellten Speicherarten kurz beschrieben
werden. Dabei wird auch auf die häufigsten Organisationsformen der
einzelnen Typen und die Technik, in der sie realisiert werden, eingegangen. Zu einem voll funktionsfähigen Speicher gehören allerdings
auch noch periphere Schaltungen (z.B. Dekoder, Leseverstärker etc.),
auf die in Abschn. 4.7.4 eingegangen wird. Schließlich werden in
Abschn. 4.7.5 noch allgemeine Gesichtspunkte beim Betrieb, sowie
Tendenzen in der Speicherentwicklung aufgezeigt.

4.7.1 Speicher mit dynamischer Informationsspeicherung

Im Bestreben, möglichst wenig Schaltelemente zur Speicherung eines
Informationsbits zu verwenden, gelangte man von der statischen Sechs-
Transistor-Zelle (Abschn. 4.7.2) zur dynamischen Vier-, später
Drei- und schließlich zur Ein-Transistor-Zelle (Bild 4.70) [4.22].
In allen drei Fällen wird die Information in einem MOS-Kondensator ge-
speichert.

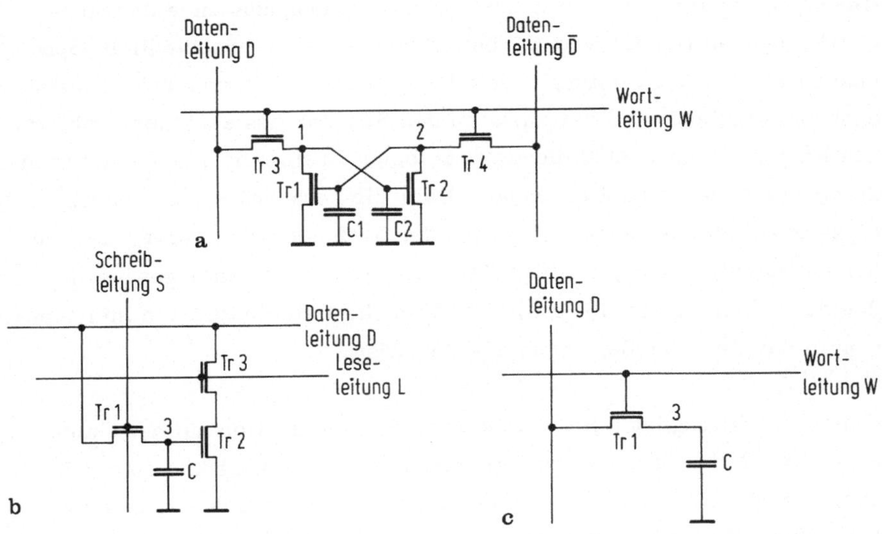

Bild 4.70. Dynamische MOS-Speicherelemente mit a) 4 Transistoren;
b) 3 Transistoren; c) 1 Transistor

In den Schaltungen nach Bild 4.70a und b ist der Speicherkondensator C
(bzw. C1 und C2) die Gate-Kapazität eines Transistors, während bei

der Schaltung nach Bild 4.70c für die Speicherung ein eigener MOS-
Kondensator verwendet wird. Bei allen drei Speicherzellen wird die
Information nach einer Zeit von etwa 20 bis 100 ms durch die an den
pn-Übergängen (Knoten 1 und 2 in Bild 4.70a und Knoten 3 in Bild
4.70b,c) vorhandenen Leckströme abgebaut. Die Information muß in
periodischen Abständen regeneriert werden.

Die Schaltung in Bild 4.70a ist das aus Abschn. 4.3 bekannte kreuzgekoppelte Flipflop ohne die Lasttransistoren. Überdies sind zum Ansteuern des Flipflops noch zwei weitere Transistoren, die die Flipflopknoten mit der Datenleitung D bzw. $\overline{D}$ verbinden, dazugeschaltet. Die
Kondensatoren C1 und C2 (sie stellen die Gate- und Knoten-Kapazi-
täten dar) werden über die Datenleitungen D und $\overline{D}$, auf denen die Information und die inverse Information liegen, auf 0 V bzw. auf die
Versorgungsspannung, weniger der Einsatzspannung, aufgeladen. Zum
Auslesen der Information werden die zwei Auswahltransistoren mit Hilfe der gemeinsamen Wortleitung leitend geschaltet und die Flipflopknoten mit den Datenleitungen D und $\overline{D}$, die auf dem gleichen Potential
liegen, verbunden. Die unterschiedlichen Ladungszustände der Speicherkondensatoren C1 und C2 bewirken hierbei unterschiedliche Spannungen auf den Datenleitungen und den Gates von Tr1 und Tr2. Dieser
Spannungszustand wird verstärkt an den Ausgang des Speichers geführt.
Die Knoten 1 und 2 sind die Source- bzw. Drain-Anschlüsse der Transistoren und daher pn-Übergänge. Über die Leckströme, die durch
diese pn-Übergänge abfließen, wird der Speicherkondensator, der auf
hohem Potential liegt, mit der Zeit entladen. Nach einer gewissen
Zeitdauer (ca. 2 bis 100 ms) muß über die Datenleitung die Information in der Zelle wieder regeneriert werden.

Bei der Schaltung nach Bild 4.70b wird die Information auf der Gate-
Kapazität C des Transistors Tr2 gespeichert. Je nachdem ob der Kondensator C geladen ist oder nicht, leitet oder sperrt der Transistor
Tr2. Über den Lese-Transistor Tr3 kann dieser Zustand auf die Datenleitung ausgelesen werden. Zum Einschreiben der Information wird
der Transistor Tr1 leitend geschaltet, und die Spannung an der
Datenleitung gelangt auf den Kondensator C. Am Knoten 3 hängt
der Source-Anschluß des Transistors Tr1. Durch dessen Leckstrom
wird der Kondensator C entladen, nachdem eine logische "1" (Be-

triebsspannung) eingeschrieben war. Die Information muß also in periodischen Abständen wieder regeneriert werden. Dies erfolgt durch einen Lesevorgang und einen unmittelbar darauffolgenden Schreibvorgang:

Zwei weitere Eigenschaften dieser Zelle kann man noch erkennen:
- Durch geeignete Wahl der Größen von Transistor Tr2 und Tr3 kann erreicht werden, daß das Lesesignal auf der Datenleitung etwa so groß ist wie der gespeicherte Signalhub. Der an die Datenleitung angeschlossene Leseverstärker muß also nicht sehr empfindlich sein.

- Die Information wird zerstörungsfrei ausgelesen, d.h. innerhalb einer Regenerierperiode kann die Zelle beliebig oft ausgelesen werden, ohne die Information neu einschreiben zu müssen.

Mit dieser Zelle gelang Anfang der 70er Jahre der große Durchbruch der integrierten MOS-Halbleiterspeicher. Die ersten Speicher mit dieser Zelle hatten eine Kapazität von 1024 Bit. Damit gelang es, den Kernspeicher aus Datenverarbeitungsanlagen herauszudrängen und durch Halbleiterspeicher zu ersetzen.

In dem Bestreben, die Packungsdichte von Speichern noch weiter zu erhöhen, wurde die Zelle nach Bild 4.70b noch weiter vereinfacht, und man gelangte zu der heute in nahezu allen dynamischen MOS-Speichern verwendeten Ein-Transistor-Zelle (Bild 4.70c). Zum Speichern der Information hat man hier nur mehr einen Speicherkondensator C und einen Schalttransistor Tr1, um den Kondensator an die Datenleitung D (Schreib-Leseleitung) anzuschließen bzw. von ihr zu trennen. Die Zahl der Elemente zur Speicherung eines Informationsbits ist auf ein Minimum reduziert worden.

Die Funktionsweise der Ein-Transistor-Zelle soll nun mit Hilfe von Bild 4.71 näher erläutert werden. Bild 4.71a zeigt wieder die Ersatzschaltung der Zelle, Bild 4.71b zusätzlich den Querschnitt der Zelle in der derzeit für dynamische Speicher üblichen Doppel-Poly-Si-Technik. Die Datenleitung D wird als Diffusionsgebiet geführt und läuft senkrecht zur Zeichenebene und damit auch senkrecht zu der als Aluminiumleitung geführten Wortleitung W. Diese Al-Leitung wird über

ein Kontaktloch an die Poly-Si 2-Elektrode des Auswahltransistors angeschlossen. Die Poly-Si 2-Elektrode überlappt die Poly-Si 1-Elektro-
de, die die eine Elektrode des Speicherkondensators C darstellt und
an die Versorgungsspannung U_B angeschlossen ist. Die Gleichspannung U_B an der Speicherelektrode (Poly-Si 1-Schicht) influenziert im
Halbleiter - vor dem Einschreiben - eine leitende Inversionsrandschicht
(Bild 2.4e). Nahezu die gesamte Betriebsspannung fällt nun am Gate-
Oxid ab und dessen Dicke bestimmt somit die Größe der Speicherkapazität.

Soll nun die Information "0" eingeschrieben werden, so wird an die
Datenleitung D eine Spannung von 0 V angelegt und gleichzeitig über
die Wortleitung W der Auswahltransistor Tr1 eingeschaltet. Das Po-

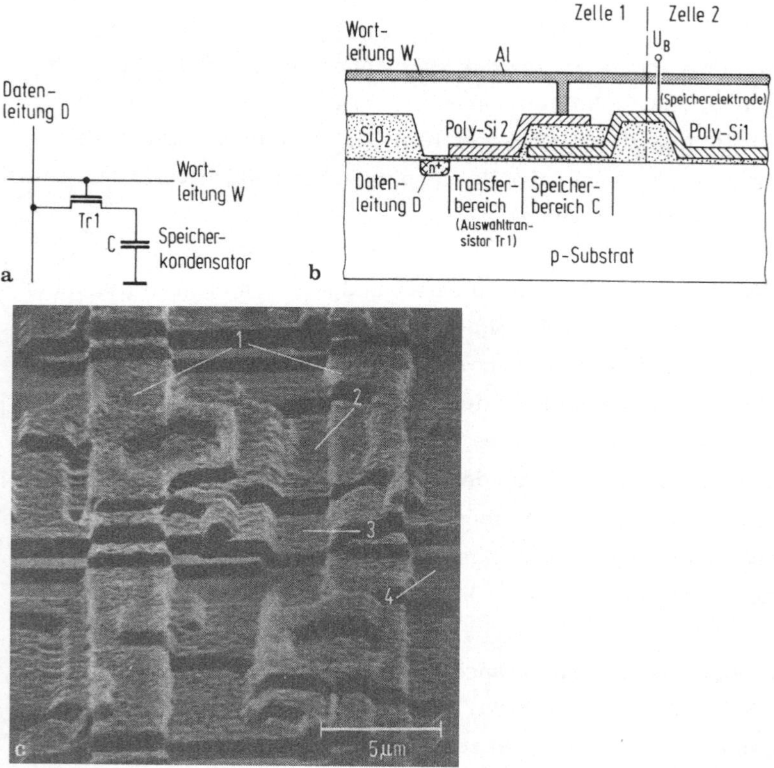

Bild 4.71. Schaltbild (a), Querschnitt (b) und Photo (c) eines dynamischen Ein-Transistor-Elements

1 Wortleitungen, 2 Speicherkondensator, 3 Transfergebiet (Auswahltransistor), 4 Bitleitungen

tential an der Grenzfläche des Speicherkondensators wird nun auf etwa
0 V bleiben. Nach dem Abschalten des Transistor Tr1 bleibt diese Information gespeichert. Da diese Information auch dem Gleichgewichtszustand des MOS-Kondensators entspricht, muß dieser Zustand nicht
regeneriert werden. Soll nun eine "1" eingeschrieben werden, so legt
man die Schreibspannung U_S (meist $U_S = U_B$) an die Datenleitung und
schaltet den Transistor Tr1 ein. Die an der Grenzfläche vorhandenen
beweglichen Ladungsträger werden nun über Tr1 von der an der Datenleitung liegenden Spannung abgesaugt, es entsteht unter der Speicherelektrode eine tiefe Raumladungszone (Bild 2.4d). Die Spannung U_B
am Speicherkondensator fällt sowohl im Oxid als auch in der Raumladungszone ab.

Da der MOS-Kondensator nicht im thermischen Gleichgewicht ist, werden an der Oberfläche und aus dem homogenen Gebiet um die Raumladungszone herum Ladungsträger erzeugt, die an die Grenzfläche wan-
dern und das Potential an dieser Stelle erniedrigen (Übergang von Bild
2.4d nach Bild 2.4e). Wartet man lange genug (einige 100 ms bis Sekunden), stellt sich also wieder der "0"-Zustand (Gleichgewichtszustand) ein. Der "1"-Zustand muß daher in periodischen Abständen regeneriert werden. Dies erfolgt durch Auslesen, Verstärken und neu-
erliches Einschreiben der Information.

Zum Auslesen der Information wird die Datenleitung D zunächst auf
einen definierten Pegel vorgespannt und dann von der Spannungsquelle
abgetrennt ("floaten"). Anschließend öffnet man den Auswahltransistor Tr1, und die Ladungen im Speicherkondensator und auf der Datenleitung können sich ausgleichen. Dieser Ladungsausgleich verursacht
eine Spannungsänderung auf der Bitleitung, die noch verstärkt an den
Ausgang des Speichers gebracht wird. Das Auslesen der Information
erfolgt bei der Ein-Transistor-Zelle zerstörend, d.h. nach jedem Lesevorgang muß die Information wieder eingeschrieben werden. Wie
dies erfolgt und welche Schaltungen beim Auslesen Verwendung finden,
soll in Abschn. 4.7.4 ausführlich beschrieben werden.

Zur Gruppe von Speichern mit dynamischer Informationsspeicherung
gehören auch die CCD-Speicher. Die Funktionsweise von CCD-Elementen wurde bereits in Abschn. 2.7 ausführlich beschrieben. Die Signal-

ladungen werden über eine Eingangselektrode eingegeben und über eine Ausgangsschaltung ausgelesen. Da die Ladungen in den Potentialminima nur temporär gespeichert sind, ordnet man CCD-Speicher den dynamischen MOS-Speichern zu. Solche CCD-Speicher werden aus geschlossenen Schieberegisterschleifen mit dazwischenliegender Signalauffrischung aufgebaut.

Den gebräuchlichsten Aufbau von CCD-Speichern zeigt Bild 4.72 [4.32]. Die logische Information ("0" oder "1") wird in das CCD 1 mit m Bit hineingeschoben. Wenn das CCD 1 vollgeschrieben ist, werden die Signale in das CCD 2 mit n Bit parallel übernommen. Nach dem n-ten Bit kommt das Signal in das CCD 3 und wird seriell herausgelesen. Vor dem Ausgang ist noch ein Regenerierverstärker (REFR). CCD-Speicher, die so aufgebaut sind, werden auch oft als SPS (seriell-parallel-seriell)-organisierte Speicher bezeichnet. Sie haben keinen wahlfreien sondern einen seriellen Lese- und Schreibzugriff. Eine Möglichkeit, die Bitdichte von CCD-Speichern zu erhöhen, ist die Methode, mehrere Informationsbits in einem Potentialtopf zu speichern (multilevel storage). Hat man z.B. 2 Bit in einem Potentialtopf, so muß die darin befindliche Ladungsmenge auf 4 unterschiedliche Ladungspegel hin bewertet werden. Die Schwierigkeiten dieses Verfahrens liegen daher im Entwickeln eines entsprechenden Leseverstärkers (bei 4 Bit in einem Topf müßte der Leseverstärker 16 verschiedene Ladungspegel unterscheiden können!).

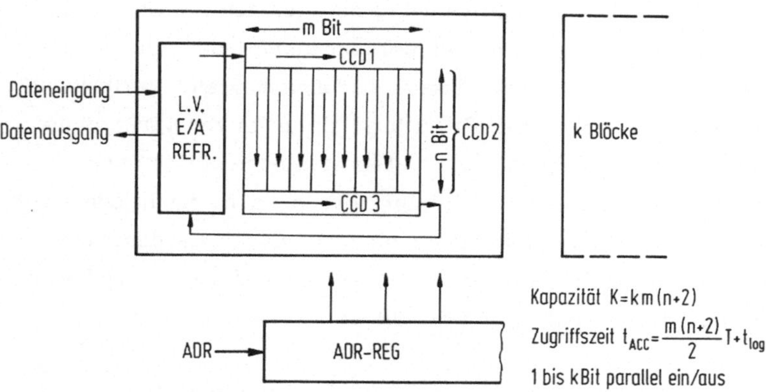

$$\text{Kapazität } K = k\,m\,(n+2)$$
$$\text{Zugriffszeit } t_{ACC} = \frac{m\,(n+2)}{2}\,T + t_{log}$$

1 bis k Bit parallel ein/aus

Bild 4.72. CCD-Speicher mit einer SPS (seriell-parallel-seriell)-Organisation

4.7.2 Speicher mit statischer Informationsspeicherung

Die Speicherzelle bei statischen MOS-Speichern ist das kreuzgekoppelte Flipflop (Bild 4.73), wie es schon in Abschn. 4.3 beschrieben wurde. Die zwei Auswahltransistoren Tr1 und Tr2 stellen die Verbindung zwischen den beiden Bitleitungen und den Flipflopknoten her. Je nachdem, ob der linke Flipflopknoten an Masse liegt oder auf dem Potential der Versorgungsspannung, ist eine logische "0" oder "1" gespeichert (die Zuteilung ist willkürlich).

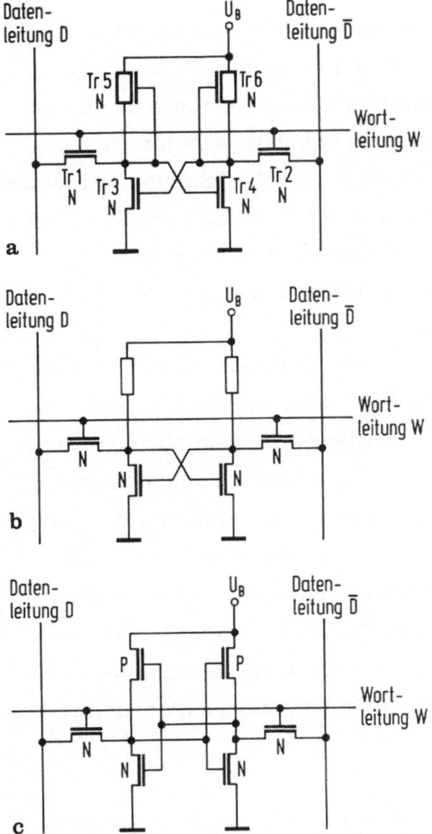

Bild 4.73. Statische Speicherzelle mit Lasttransistoren vom Verarmungstyp (a), mit Lastwiderständen (b), sowie in Komplementärkanal-Technik (c)

Es gibt verschiedene MOS-Techniken, mit denen statische Speicher aufgebaut werden können. Die verlustärmste Technik ist die CMOS-

Technik (Abschn. 3.3), (Bild 4.73c). In beiden statischen Zuständen
fließt in dieser Zelle kein Strom zwischen U_B und Masse, da in beiden
Flipflopzweigen einer der Transistoren gesperrt, der andere leitend geschaltet ist. Ist z.B. im linken Zweig der n-Kanal-Transistor leitend,
so sperrt sein p-Kanal-Transistor. Im rechten Zweig ist es dann genau
umgekehrt, der p-Kanal-Transistor leitet, der n-Kanal sperrt. Hat
man eine Ein-Kanal-Technik (z.B. n-Kanal) zur Verfügung, so fließt
in einem der beiden Zweige immer ein Querstrom, der eine Verlustleistung bewirkt und daher so klein wie möglich gehalten werden muß.
Dies erreicht man durch möglichst hochohmige Lastelemente. Verwendet man als Lastelemente MOS-Transistoren vom Verarmungstyp
(Bild 4.73a), so müssen diese Transistoren eine große Kanallänge und
geringe Kanalweite haben. Gleichzeitig soll ihre Einsatzspannung nur
schwach negativ (n-Kanal) sein. Dies widerspricht jedoch dem
Wunsch nach schnellen Treiberschaltungen in der Peripherie, bei denen
die Einsatzspannungen der Lasttransistoren stark negativ (hohe Stromergiebigkeit) sein sollen. Eine Lösung dieses Problems ist die Verwendung von zwei unterschiedlich starken Depletion-Implantationen.

Eine elgante und platzsparende Lösung ist die Verwendung von Polysi-
lizium-Lastwiderständen (Bild 4.73b). Hier wird für die Lastelemente
undotiertes Polysilizium mit einem Widerstand von rund 50 GΩ/□ verwendet. Man erzielt hiermit nicht nur eine geringere Verlustleistung,
da die Querströme meist $\leq 1\,\mu$A sind, sondern auch eine kleinere Zel-
lenfläche, da das Flipflop platzsparender aufgebaut werden kann [4.14].
Im Vergleich zu den dynamischen Speichern haben statische Speicher
im allgemeinen immer eine um den Faktor 4 bis 8 geringere Bitdichte.
Infolge des Wegfalls von empfindlichen Leseverstärkern kann die Peripherie von statischen Speichern jedoch einfacher und auch schneller
gemacht werden.

Statische Speicher können sowohl bitweise als auch wortweise organisiert sein, d.h. beim Anlegen einer Adresse wird nur ein einzelnes
Bit ausgelesen (bitweise organisiert) oder ein ganzes Wort (üblich sind
4-Bit- und 8-Bit-Worte). Auf der Basis von statischen und dynamischen
Speicherzellen gibt es mehrere Vorschläge für assoziative Speicher.
Bei solchen Speichern wird eine von außen angelegte Information mit
der gespeicherten Information verglichen und festgestellt, ob und wo

diese Information im Speicher vorhanden ist. Hierfür hat jede Speicherzelle eine Vergleichslogik, die ein Signal abgibt, falls die gespeicherte
und angelegte Information identisch sind.

Die Schaltung einer assoziativen Speicherzelle zeigt Bild 4.74. Die
Transistoren Tr1 bis Tr6 bilden die schon bekannte statische Speicherzelle (Bild 4.73a). Die Vergleichslogik pro Zelle wird von den Transistoren Tr7 bis Tr9 gebildet. Es sei nun angenommen, daß die Information "1" eingeschrieben wurde, d.h. der Knoten Q ist über eine an
der Datenleitung D angelegten "1" und den leitend geschalteten Transistor Tr1 auf den logischen Pegel "1" gelegt worden. Auf dem Knoten $\bar{Q}$ liegt dann die logische "0". Beim Vergleichsvorgang legt man
nun die zu vergleichende Information an die Datenleitungen D und $\bar{D}$,
die Wortleitung bleibt abgeschaltet. Wird nun die der gespeicherten In-

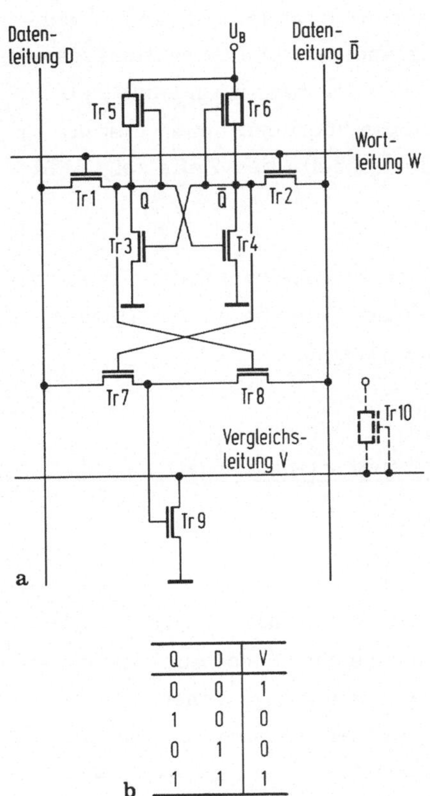

Q	D	V
0	0	1
1	0	0
0	1	0
1	1	1

b

Bild 4.74. Statische Speicherzelle mit assoziativer Vergleichslogik
(a) und die dazugehörige Wahrheitstabelle (b)

formation inverse Information angelegt, so geht die Datenleitung D auf
die logische "0", $\overline{D}$ hingegen auf die logische "1". Da der Knoten Q
auf "1" liegt, leitet der Transistor Tr8 die logische "1" auf $\overline{D}$ an den
Gate-Anschluß von Tr9. Dieser leitet und zieht die Vergleichsleitung V
an Masse (logische "0"). Liegt hingegen die gespeicherte Information
an den Datenleitungen an (D auf logischer "1", $\overline{D}$ auf logischer "0"),
so leitet Transistor Tr8 wie im vorhergehenden Fall, jedoch überträgt
er nun die logische "0" an das Gate von Tr9 und dieser sperrt. Die
Leitung V wird über den Lasttransistor Tr10 auf die logische "1" gezogen.

Assoziative Speicher sind meistens wortweise oganisiert, und die Vergleichsleitung V verbindet alle Zellen eines Wortes. Der Lasttransistor Tr10 ist nur einmal vorhanden. Alle Tr9-Transistoren eines
Wortes bilden zusammen mit Tr10 ein Mehrfach-NOR-Gatter. Ist mindestens ein Schalttransistor (Tr9) dieses Gatters leitend (keine Übereinstimmung zwischen angelegter und gespeicherter Information), so
liegt die Vergleichsleitung V auf logisch "0". Erst wenn sämtliche
angelegten und gespeicherten Informationen übereinstimmen, ist die
Leitung V auf logisch "1". Die Wahrheitstabelle der Zelle zeigt Bild
4.74b.

Es gibt, je nach Anwendungsfall, noch andere Speicherzellen für Asso-
ziativspeicher. Einen Überblick über diese Zellen sowie den Einsatz
und Aufbau von Assoziativspeichern gibt [4.19].

4.7.3 Speicher mit nichtflüchtiger Informationsspeicherung

Nur-Lese-Speicher (ROM)

Die einfachste Form von Halbleiterspeichern mit nichtflüchtiger Informationsspeicherung sind sog. Nur-Lese-Speicher (read only memories:
ROM). Hier sind die Transistoren matrixförmig angeordnet, und das
Vorhandensein bzw. Nichtvorhandensein eines Transistors entspricht
einer gespeicherten "1" bzw. "0" (Bild 4.75). Die Lage der Transistoren bzw. der Leerstellen muß vor der Herstellung des Schaltkreises bekannt sein. Die Programmierung des ROM kann man in ver-

schiedenen Ebenen vornehmen. Die die geringste Fläche beanspruchen-
de Anordnung ist jene, bei der die Programmierung in der Diffusions-
ebene erfolgt. Das Layout eines solchen ROM zeigt Bild 5.3. Man
kann die Programmierung auch in der Metallisierungsebene durchführen, muß dann allerdings mehr Fläche pro Bit vorsehen. Solche Speicher sind vorwiegend wortweise organisiert und nur dann wirtschaftlich interessant, wenn der Anwender große Stückzahlen benötigt. Klas-
sische Anwendungsgebiete für Nur-Lese-Speicher sind Tabellen, Code-
umwandlungen oder Mikroprogramme.

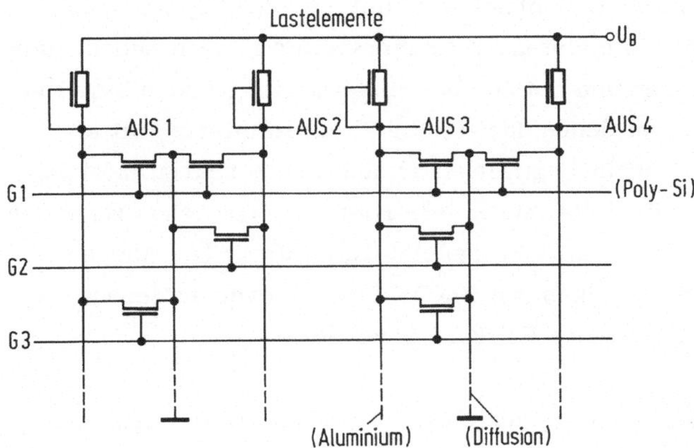

Bild 4.75. Schaltbild eines Festwertspeichers (ROM)

Elektrisch programmierbare Festwertspeicher (PROM, EPROM)

Will der Anwender die Belegung eines Nur-Lese-Speichers selbst vornehmen, so kommen Halbleiterspeicher zum Einsatz, bei denen die
Information elektrisch "eingebrannt" werden kann. Hierbei werden mit
Hilfe von elektrischen Impulsen Verbindungsstrecken auf dem Halbleiterchip durchgeschmolzen. Solche Speicher nennt man "programmable
read only memory" (PROM). Eine einmal durchgeschmolzene Siche-
rungsstrecke kann nicht mehr verbunden werden, sie ist irreversibel
unterbrochen. Da bei dem Durchschmelzvorgang hohe Stromstärken
benötigt werden, sind solche Speicher vornehmlich mit bipolaren Transistoren aufgebaut.

In der MOS-Technik wird für elektrisch programmierbare Festwertspeicher ein anderes Prinzip verwendet, und zwar das der "schweben-

den" Gate-Elektrode (floating gate). Die Funktionsweise solcher Transistoren wurde bereits in Abschn. 2.8 erläutert. Speicherfelder mit diesen Elementen werden so wie ROMs (Bild 4.75) aufgebaut. Nur sitzt hier an jedem Platz ein Transistor, dessen Einsatzspannung über geeignete elektrische Impulse verändert wird oder nicht [4.16].

Elektrisch umprogrammierbare Festwertspeicher (EAROM)

Seit dem Ersetzen von Magnetkernspeichern durch Halbleiterspeicher haftet den Halbleiterspeichern immer noch der Nachteil an, daß die gespeicherte Information beim Abschalten der Versorgungsspannung verlorengeht. Obwohl die meisten Systemhersteller gelernt haben, mit diesem Nachteil zu leben und ihn zu überwinden, gibt es doch eine Reihe von Anwendungen, bei denen das leichte Programmieren mit elektrischen Impulsen in Verbindung mit einer nichtzerstörbaren Informationsspeicherung unbedingt notwendig ist. Hier hat man schon Ende der 60er Jahre das Prinzip des MNOS-Transistors entdeckt (s. Abschn. 2.8). Aufbau und Betrieb eines mit MNOS-Transistoren aufgebauten Speichers entspricht dem eines EPROM bzw. ROM.

Man hat sich auch Möglichkeiten überlegt, EPROM-Zellen elektrisch zu löschen. Eine dieser Möglichkeiten ist die SIMOS-Zelle (Abschn. 2.8, Bild 2.39).

4.7.4 Peripherieschaltung für Halbleiterspeicher

Zu einem funktionsfähigen Halbleiter-Speicherchip gehören nicht nur die Speicherzellen, sondern auch die Peripherieschaltungen Dekoder, Leseverstärker und Ein-/Ausgangsverstärker. In diesem Abschnitt werden verschiedene Schaltungen, die bei Halbleiterspeichern Verwendung finden, beschrieben, ihre Vor- und Nachteile sowie ihr Einsatzbereich aufgezeigt.

Dekoder

Bei bit- bzw. wortweise organisierten Speichern sind die Zellen matrixförmig angeordnet (Bild 4.76). Um nun eine bestimmte Zeile bzw. Spalte anzuwählen, verwendet man einen Dekoder. Beim Anlegen einer

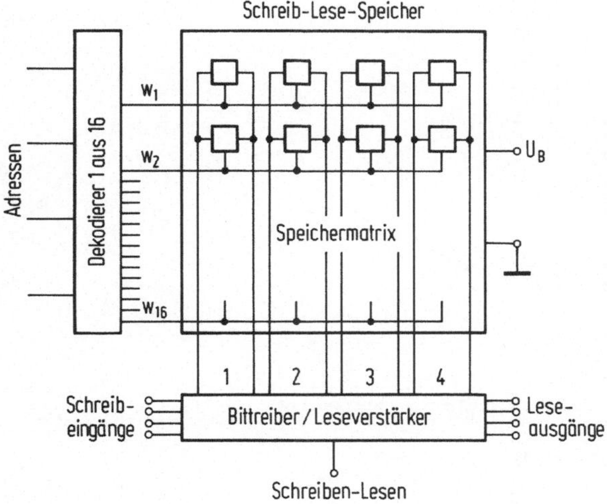

Bild 4.76. Prinzipielle Anordnung von Speicherzellen

Adresse mit n Bit wird eine der N Zeilen (Wortleitungen) aktiviert. Es gilt die einfache Beziehung

$$N = 2^n,$$

d.h., um aus 256 Wortleitungen eine zu aktivieren, muß man einen Dekoder mit 8 Adressenbits haben. Die Grundschaltung des Dekoders ergibt sich aus der Forderung, daß alle Wortleitungen, außer der gerade ausgewählten, auf "0" Potential liegen müssen und nur der ausgewählte Ausgang auf hohes Potential gezogen werden darf.

Die Bedingung erfüllt ein mehrfaches NOR-Gatter. Bild 4.77 zeigt ein Beispiel für zwei Adressen. Aus der Wahrheitstabelle (Bild 4.77b) erkennt man, daß jeweils nur für eine Adresse der Ausgang eines der vier Gatter auf hohem Potential liegt, die übrigen Gatter auf "0" Potential liegen. Man muß daher jeder Wortleitung WL ein NOR-Gatter zuordnen.

Die Schalttransistoren des Gatters werden allerdings von unterschiedlichen Adreßleitungen angesteuert. Für einen Dekoder mit 3 Adreßleitungen (= 8 Wortleitungen) hat das Gatter für die Adresse 000 Transistoren, die von den Leitungen x_0, x_1 und x_2 angesteuert werden, für die Adresse 101 werden die Transistoren $\overline{x}_0$, x_1 und $\overline{x}_2$ angesteu-

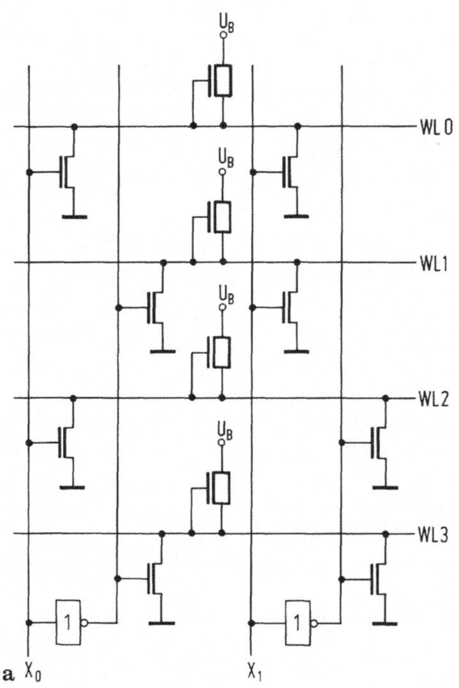

X_0	X_1	WL0	WL1	WL2	WL3
0	0	1	0	0	0
1	0	0	1	0	0
0	1	0	0	1	0
1	1	0	0	0	1

Bild 4.77. Schaltbild eines aus NOR-Gattern aufgebauten Dekoders (a) mit zwei Eingängen und die dazugehörende Wahrheitstabelle (b)

ert. Wird nun die Adresse 101 angelegt, so sperren alle Schalttransistoren, die an den Leitungen $\overline{x}_0$, x_1 und $\overline{x}_2$ hängen. Der Ausgang des Gatters für die Adresse 101 bleibt hierbei auf hohem Potential, in allen anderen Gattern ist mindestens ein Transistor leitend, alle anderen Wortleitungen werden auf Massepotential gezogen. Aus der Beschreibung der Funktionsweise eines Dekoders ersieht man auch schon, daß in diesen Schaltungen verhältnismäßig viel Verlustleistung verbraucht wird, da von N-Dekodergattern nur ein Gatter keinen Querstrom zieht, bei allen anderen (N-1)-Gattern hat man einen statischen Verluststrom. Da bei großen Speichern die Belastung der Wortleitung ziemlich hoch ist, müßte man, um einen schnellen Zugriff zu haben, den Lasttransistor des Dekoders niederohmig machen (hohe Stromergiebigkeit). Wegen der hohen Verlustleistung des Dekoders hält man jedoch im allgemeinen das Gatter so klein wie möglich und schaltet dahinter noch eine Treiberstufe, die die Belastung der Wortleitung treiben kann (s. Abschn. 4.2.2, Bild 4.20).

Bei dynamischen Speichern wird im allgemeinen auch der Dekoder getaktet betrieben, d.h., der Lasttransistor des Dekodergatters wird nur während der Ladeperiode von der Phase Φ_L angesteuert (Bild 4.78a). Das Gatter treibt nun das Gate eines Transistors Tr1, an dessen Source die Wortleitung angeschlossen ist. Ist das Gatter ausgewählt, so leitet der Transistor Tr1, und der Ansteuertakt gelangt vom Drain an die Wortleitung. Sieht man noch einen Bootstrap-Kondensator C_B (s. Abschn. 4.2.2) zwischen Drain und Gate des Transistors Tr1 vor, so kann man das Gate hochkoppeln, und die volle Taktspannung gelangt an die Wortleitung. Damit beim Hochkoppeln der Gate-Anschluß des Transistors Tr1 nicht mit einem festen Potential und einer großen parasitären Kapazität C_p verbunden ist, sieht man noch einen Trenntransistor Tr2 vor.

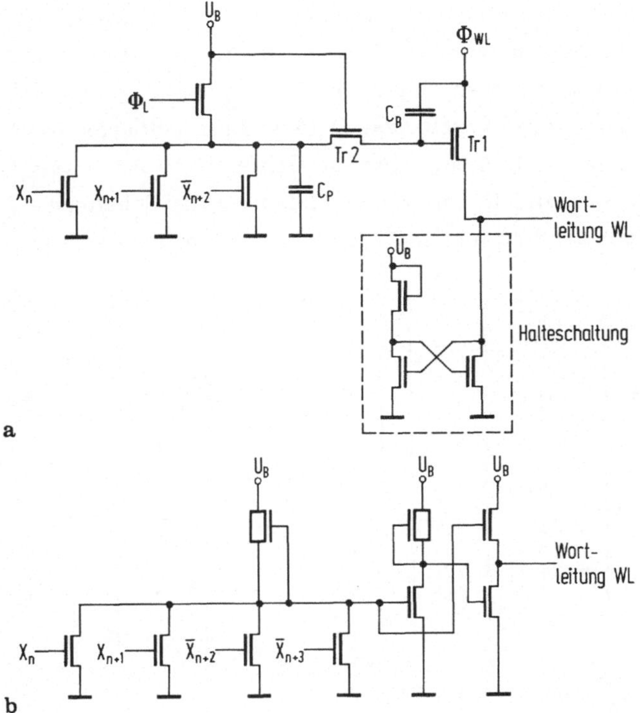

Bild 4.78. Dekoder in dynamischer Technik mit Halteschaltung (a) und statischer Dekoder mit Ausgangsgegentakttreiber (b)

Bei statischen Dekodern steuert man die Wortleitung oft über eine dem Gatter nachgeschaltete Treiberstufe, z.B. Push-pull-Stufe, an (Bild

4.78b). Diese Schaltung hat einen weiteren Vorteil, und zwar den, daß
bei nicht ausgewähltem Gatter die Wortleitung mit Hilfe des unteren
Transistors fest an das "0"-Potential gezogen wird. Da dies in der
Schaltung nach Bild 4.78a nicht der Fall ist, muß man bei solchen Dekodern noch eine sog. Halteschaltung (Bild 4.78a) vorsehen, die
dafür sorgt, daß bei nicht ausgewähltem Dekoder die Wortleitung auf
Massepotential bleibt. Die Halteschaltung in Bild 4.78a muß so dimensioniert sein, daß sie bei Hochtakten der Wortleitung leicht überspielt
werden kann.

Neben dem NOR-Gatter gibt es in der MOS-Technik noch eine weitere
Möglichkeit, einen Dekoder aufzubauen, und zwar mit Hilfe von Transfertransistoren (Bild 4.79). Ein solcher Dekoder wird wegen seiner
Form auch oft Baumdekoder ("tree-decoder") genannt. Auf der Leitung
G liegt entweder der Ausgang eines Takttreibers oder die Betriebsspannung. Legt man in dem Beispiel von Bild 4.79a die Adresse 01 an,
so wird die zweite Leitung von oben (WL1) mit der Leitung G über die
durchgeschalteten Transistoren verbunden. Alle anderen Leitungen sind
vom Anschluß G getrennt. Die nicht angesteuerten Wortleitungen sowie einige Zwischenknoten des Baumdekoders liegen in der Schaltung
gemäß Bild 4.79a nicht auf definiertem Potential. Diesen Nachteil kann

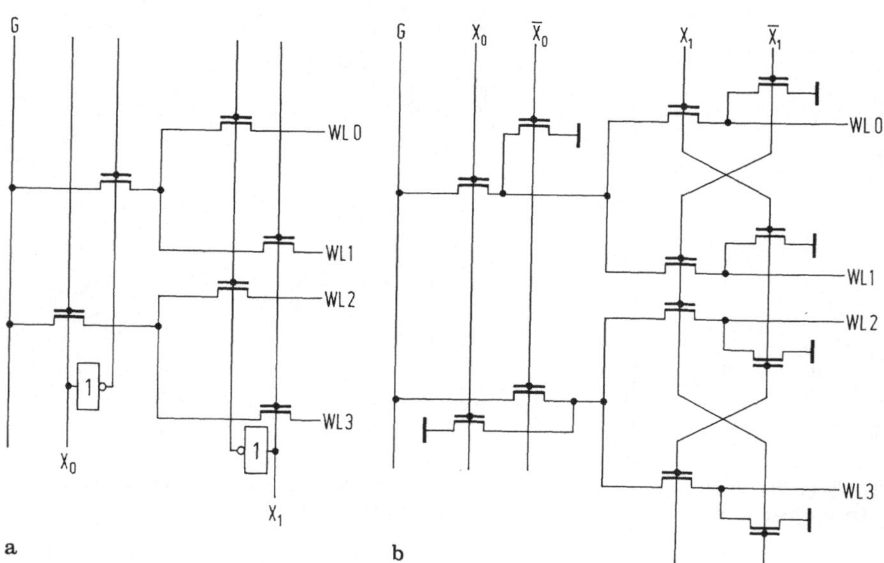

Bild 4.79. a) Prinzipschaltbild eines Baumdekoders; b) Baumdekoder
mit auf definiertem Potential liegenden Zwischenknoten

man mit Hilfe der Dekoderversion nach Bild 4.79b beheben. Hier liegen sämtliche Wortleitungen und auch Zwischenknoten auf definiertem Potential.

Der Vorteil von Baumdekodern liegt in ihrer geringen Verlustleistung (keine Gatter mit Querstrom). Der Nachteil besteht - vor allem bei großen Dekodern -, in der doch beträchtlichen Laufzeit durch die einzelnen Transfertransistoren. Sie werden daher vornehmlich in Speichern eingesetzt, bei denen nicht auf höchste Geschwindigkeit Wert gelegt wird.

Bei CMOS-Speichern benötigt man Mehrfach-NOR-Gatter in CMOS-Technologie [4.26]. Ein solches CMOS-Dekodergatter mit vier Adressen zeigt Bild 4.80a. Es sind vier p-Kanal-Transistoren zwischen Ausgang und Betriebsspannung U_B in Serie geschaltet, es fließt in keinem der 2^4-Dekodergatter Querstrom. Will man einen CMOS-Dekoder mit einer kleinen Fläche haben, so kann man zu einer Schaltung mit einem

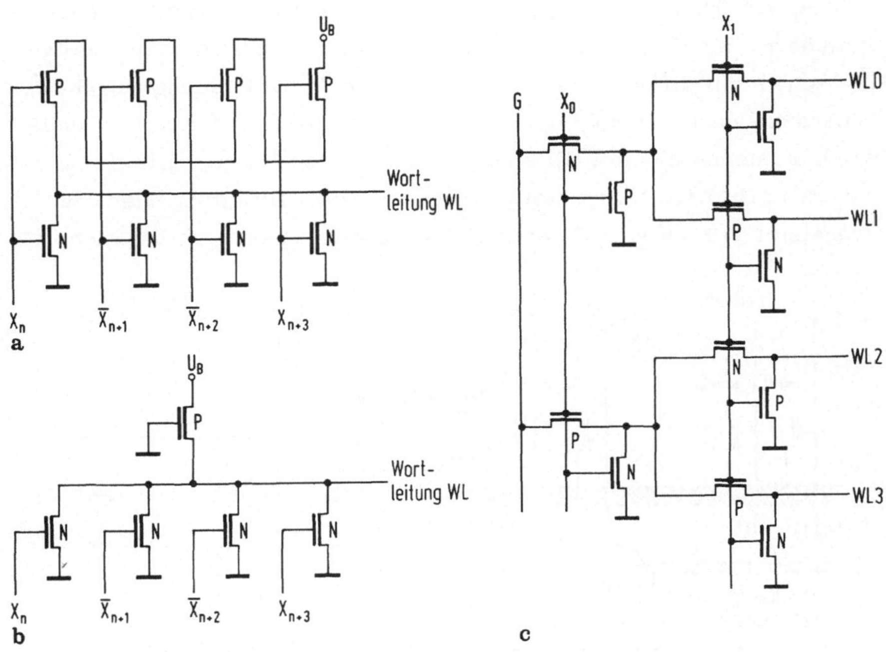

Bild 4.80. a) Vierfach NOR-Dekodergatter in Komplementärkanal-Technik; b) Vierfach NOR-Dekoder mit einem einzelnen Lastelement; c) Baumdekoder in Komplementärkanal-Technik

Lastwiderstand (Bild 4.80b) übergehen, der jedoch wieder eine höhere
Verlustleistung hat (wie bei Ein-Kanal-Techniken). Bei einem Baumdekoder mit Komplementärkanal-Transistoren (Bild 4.80c) hat man den
Vorteil, daß nur die Adreßleitungen (x_n), nicht aber deren Komple-
ment ($\bar{x}_n$) durch den Dekoder laufen müssen. Die Auswahl erfolgt
durch den abwechselnden Einsatz von n- und p-Kanal-Transistoren.

Leseverstärker

Leseverstärker, die das schwache Signal, das man beim Lesen einer
Speicherzelle erhält, verstärken und an den Ausgangsanschluß des
Speicherchips führen, gibt es in sehr vielen Ausführungsformen, und
neben der Entwicklung immer kleinerer Speicherzellen ist die Arbeit
an Leseverstärkern eine der Hauptarbeiten beim Entwurf von Halbleiterspeichern.

Im Rahmen dieses Buches sollen nur die zwei gebräuchlichsten Beispiele beschrieben werden, und zwar das Auslesen und der Leseiver-
stärker von dynamischen Speichern und das Auslesen von statischen
Speichern. Im allgemeinen sind dynamische Speicher in Doppel-Poly-
Si-Technik mit diffundierten Bitleitungen und Al-Wortleitung aufgebaut,
neuerdings auch mit Poly-Si-Bitleitung und Al-Wortleitung. Das Auslesen der Information mit Hilfe einer diffundierten Bitleitung ist im Querschnitt in Bild 4.81 dargestellt. Zuerst wird die Bitleitung über den
Transistor Tr1 auf eine Referenzspannung vorgespannt, so daß sich un-

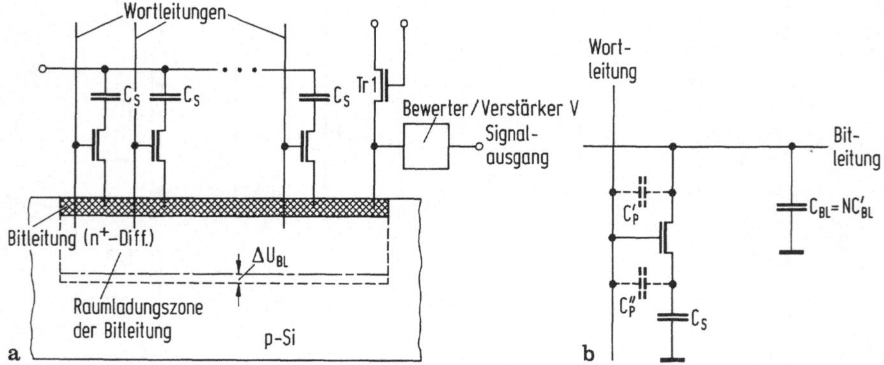

Bild 4.81. Querschnitt (a) und Ersatzschaltbild (b) einer Ausle_sean-
ordnung mit diffundierter Bitleitung für dynamische Ein-Transistor-
Speicherelemente

ter dem diffundierten Gebiet eine Raumladungszone bildet. Nun wird
mit Hilfe der Wortleitung ein Auswahltransistor leitend geschaltet, und
es erfolgt ein Ausgleich der Ladungen zwischen der Speicherkapazität
und der Bitleitung. Sind im Speicherkondensator bewegliche Ladungsträger vorhanden (gespeicherte "0"), so wird das Potential der Bitleitung
sinken. Diese Änderung des Potentialzustandes wird mit Hilfe des Bewerters V weiter verstärkt und gelangt anschließend zum Speicherausgang.

Man kann die Potentialänderung an der Bitleitung in Abhängigkeit von
der eingefüllten Ladungsmenge relativ einfach berechnen. Wenn man
einen abrupten pn-Übergang annimmt und die laterale Ausdehnung der
Raumladungszone der Bitleitung vernachlässigt, so kann man für die
Änderung der Bitleitungsspannung ΔU_{BL} schreiben

$$\Delta U_{BL} = Q_S \frac{2}{K} \sqrt{U_R + U_D} - \frac{Q_S^2}{K^2} \tag{4.45}$$

mit

$$K = NA_B \sqrt{2e\varepsilon_{Si}\varepsilon_0 n_a}.$$

In (4.45) ist Q_S die eingefülllte Signalladung, U_R die Spannung, auf die
die Bitleitung vorgespannt wird, U_D die Diffusionsspannung der Bitleitung, N die Anzahl der Speicherzellen auf einer Bitleitung, A_B die
Fläche der Bitleitung pro Zelle, e die Elementarladung, ε_{Si} und ε_0
die relative und die absolute Dielektrizitätskonstanten von Silizium und
n_a die Dotierung des Substratmaterials.

Aus (4.45) kann man ersehen, daß das Ausgangssignal mit steigender
Anzahl von Speicherzellen kleiner und mit hochohmigem Substrat größer wird. Den Zusammenhang von (4.45) kann man auch mit Hilfe der
elektrischen Ersatzschaltung zeigen. Die Ersatzschaltung der Anordnung von Bild 4.81a ist in Bild 4.81b dargestellt. Nach dem Ansteuern
der Wortleitung erfolgt der Ladungsausgleich zwischen der Speicherkapazität C_S und der Bitleitungskapazität C_{BL}. Nach dem Umladevorgang stellt sich die Spannung ΔU_{BL} an der Bitleitung ein. Für die Spannung ΔU_{BL} kann man schreiben

$$\Delta U_{BL} = \pm \frac{U_1 - U_0}{2\left(1 + N \dfrac{C'_{BL}}{C_S}\right)}. \tag{4.46}$$

In (4.46) ist U_1 die Spannung einer gespeicherten "1", U_0 die Spannung einer gespeicherten "0", C'_{BL} die Bitleitungskapazität pro Speicherelement und N die Anzahl der Speicherzellen pro Bitleitung. Bei den derzeit hergestellten Speichern ist ΔU_{BL} in der Größe von 100 bis 500 mV. Damit die Kapazität der Bitleitung möglichst klein ist, macht man sie im allgemeinen so schmal wie möglich. Sie stellt daher einen relativ großen Widerstand dar. Dieser Widerstand verhindert, daß der Leseverstärker V die ganze Signalladung im Augenblick des Bewertens "sieht" und daher die Speicherzellen am äußeren Ende der Bitleitung einen geringeren Spannungshub liefern als die in der Nähe des Leseverstärkers V. Überdies sind in Bild 4.81b noch die parasitären Kapazitäten C'_P und C''_P gestrichelt eingetragen. Diese Kapazitäten rufen Fehlsignale hervor und müssen beim Auslesen berücksichtigt bzw. kompensiert werden. Daneben gibt es noch das Ausleseverfahren mit Hilfe eines BBD (bucket brigade device)-Transistors [4.17], das zwar sehr empfindlich ist, wegen der geringen Geschwindigkeit jedoch in dynamischen Speichern kaum Verwendung findet (s. Abschn. 4.6.4).

Es gibt seit der Einführung der Ein-Transistor-Zelle mehrere Vorschläge, wie man den in Bild 4.81a mit V bezeichneten Bewerter/Verstärker aufbauen kann, doch hat sich bei nahezu allen dynamischen Speichern das symmetrische Flipflop als Bewerter und Verstärker des Spannungshubes auf der Bitleitung durchgesetzt. Das symmetrische Flipflop zum Bewerten wurde erstmalig im Jahre 1972 vorgestellt [4.22], und es gibt mittlerweile eine Vielzahl von Variationen dieser Schaltung, die dazu dienen, die Empfindlichkeit des Flipflops zu erhöhen [4.23].

Es soll hier nicht näher auf die unterschiedlichen Schaltungsmöglichkeiten eingegangen werden, sondern anhand einer typischen Schaltung die grundsätzliche Funktionsweise erläutert werden. Die Schaltung des Bewerterflipflops nach [4.24] mit dem dazugehörigen Taktprogramm beim Auslesen einer "1" und einer "0" ist in Bild 4.82 dargestellt. Im Ruhezustand werden die Bitleitungen über die eingeschalteten Transistoren Tr5 und Tr6 auf dem Potential U_{Ref} gehalten. Vor dem Bewertungsvorgang wird der Takt CE eingeschaltet und die Bitleitungen werden von dem Referenzpotential abgetrennt (Transistoren Tr5 und Tr6 sperren). Dann wird über den Wortdekoder eine Wortleitung ausgewählt, in die-

sem Fall z.B. die Wortleitung der rechten Speicherzelle. Wenn in der
Zelle eine "1" gespeichert war, so wird der rechte Flipflopknoten
(Knoten 2 in Bild 4.82a) etwas über der Referenzspannung U_{Ref} liegen. Falls in der Zelle eine "0" gespeichert war, ist die Spannung am
Knoten 2 unter U_{Ref} abgesunken. Der Fußpunkt des Flipflops (ge-
meinsames Source-Gebiet der Transistoren Tr3 und Tr5) liegt während des Auslesevorgangs auf $U_{Ref} - U_T$, da der Transistor Tr9 gesperrt ist. Zum Bewerten der Potentialdifferenz zwischen Knoten 1
und 2 wird nun der Fußpunkt des Flipflops mit Hilfe von Takt Φ_S und
dem leitend geschalteten Transistor Tr9 an Masse gelegt. Während der
Fußpunkt gegen Masse gezogen wird, wird - da die Spannung an Knoten
2 (Fall einer gespeicherten "1") höher als an Knoten 1 ist - der Transistor Tr3 früher leitend als Transistor Tr4. Wird nun die Gate-Spannung (Φ_L) der Lasttransistoren Tr1 und Tr2 eingeschaltet, so kippt
das Flipflop in eine stabile Lage, so daß am Knoten 2 die Spannung
$U_B - U_T$ und an Knoten 1 die durch das Widerstandsverhältnis von Tr1
und Tr3 (Tr9 ist sehr niederohmig) vorgegebene Restspannung liegen.
Bis zum Erreichen der stabilen Lage bleibt die Wortleitung WL eingeschaltet und somit wird nach dem Auslesen auch gleich wieder die in
dem Speicherkondensator vorhandene Information eingeschrieben.

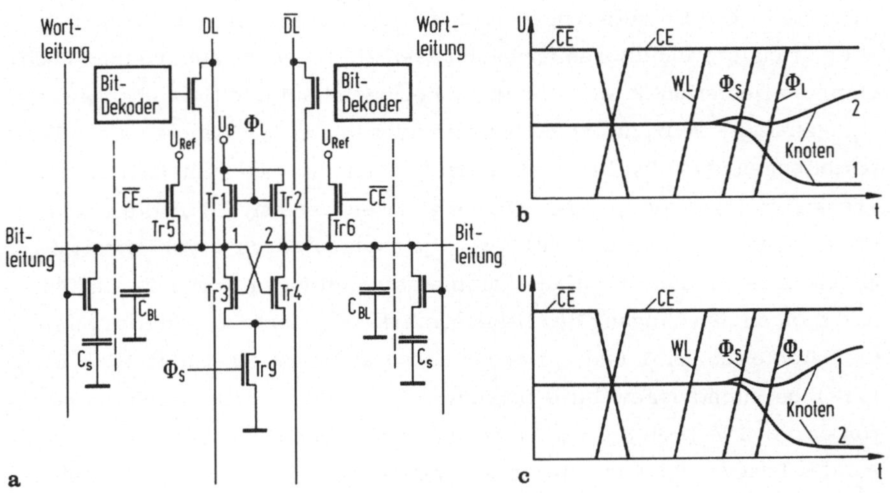

Bild 4.82. Schaltung eines Bewerterflipflops (a) und Spannungsverläufe beim Auslesen einer "1" (b) und einer "0" (c) einer am Knoten
2 liegenden dynamischen Ein-Transistor-Speicherzelle

Der Taktablauf sowie die Spannungen an den einzelnen Flipflopknoten
sind für den rechten Knoten 2 für das Auslesen einer "1" und einer
"0" in den Bildern 4.82a und b dargestellt. Beim Anlegen einer Spannung einer Wortleitung werden sämtliche Bewerterflipflops einer Spalte aktiviert und alle Zellen auf der Wortleitung ausgelesen und wieder
neu eingeschrieben. Beim Bewerten von solch kleinen Spannungshüben
sind natürlich noch eine Reihe von Sekundäreffekten zu berücksichtigen,
die den Betrieb und die Empfindlichkeit der Schaltung stark beeinflussen können. Dies sind z.B. Takteinkopplungen, Streuungen der Einsatzspannung der Transistoren (daraus ergibt sich eine Vorzugslage
des Flipflops), unterschiedliche Kapazitäten der Bitleitungen usw.
Nachdem das Bewerterflipflop seine stabile Lage eingenommen hat,
werden über den Bitdekoder die Datenleitungen mit den Knoten des
Flipflops verbunden (Bild 4.82a). Diese Datenleitungen führen zu einem kräftigen Leistungsverstärker, der imstande ist, TTL-Pegel und
hohe kapazitive Lasten (50 bis 100 pF) zu treiben.

Zum Auslesen von statischen Speichern verwendet man auch oft ein an
die Bitleitungen D und $\overline{D}$ (Bild 4.73) angeschlossenes Verstärkerflipflop, ähnlich wie in Bild 4.82. Daneben werden aber auch in zunehmendem Maße Leseverstärker nach dem Differenzverstärkerprinzip
eingesetzt. Einen solchen Leseverstärker für statische Speicher zeigt
Bild 4.83. Die Datenleitungen D und $\overline{D}$, an denen die Speicherzellen
über Transfertransistoren angeschlossen sind, werden über einen hochohmigen Depletion-Transistor im Ruhezustand auf der Betriebsspannung
U_B gehalten. Wird die Speicherzelle ausgelesen, so kann eine der Datenleitungen über den leitenden Transfertransistor und einem leitenden
Transistor im Flipflop gegen Masse gezogen werden. Über die Transfertransistoren Tr13 und Tr14 wird je nach Bitadresse die Potentialdifferenz an D und $\overline{D}$ auf die Sammeldatenleitungen 1 und 2, und somit auch an den Eingang des Leseverstärkers gelegt. Die beiden Sammeldatenleitungen 1 und 2 werden durch die Spannungsteiler (Tr9 bis
Tr12) bei nichtausgewählter Speicherzelle auf ein mittleres Potential
von ca. 2,5 V (bei U_B = 5 V) vorgespannt. Beide Ausgänge A_1 und
A_2 des Leseverstärkers führen in diesem Fall hohes Potential. Stellt
sich bei Auswahl einer Speicherzelle durch die Wortleitung zwischen
den beiden Datenleitungen ein Potentialunterschied von ungefähr 0,5 V
ein, so schaltet der Differenzverstärker. Über eine Rückkopplungs-

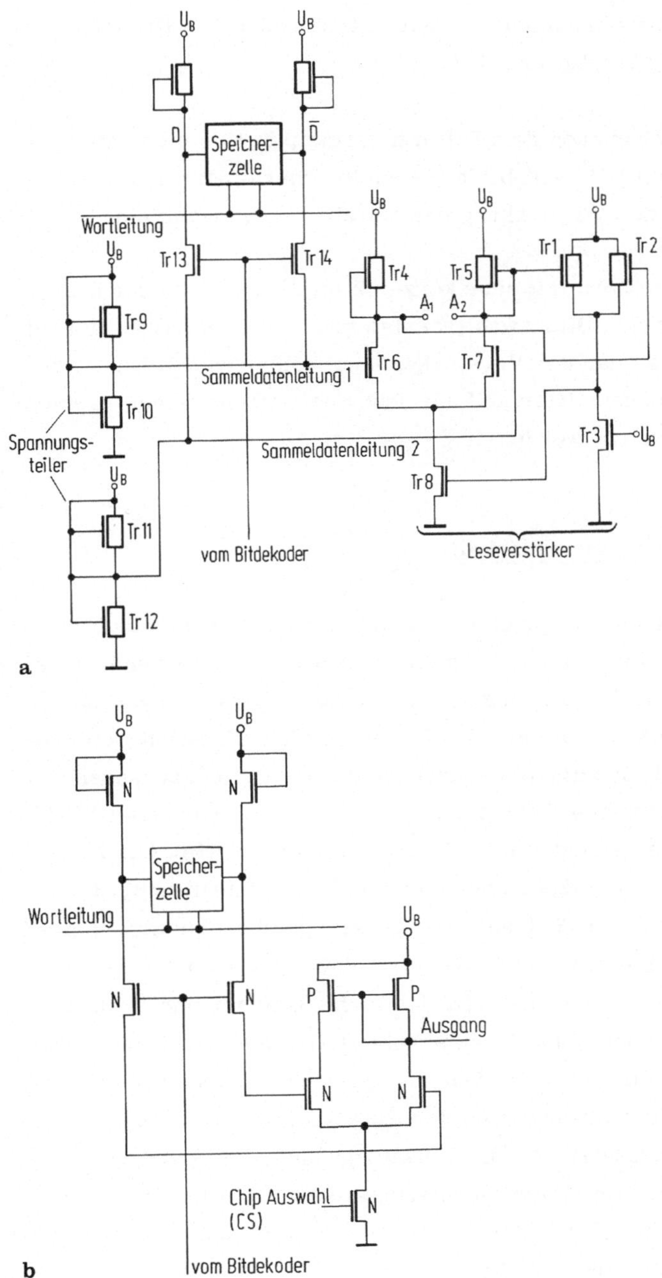

Bild 4.83. Leseverstärker eines statischen Speichers nach dem Differenzverstärkerprinzip in n-Kanal-Technik (a) und in Komplementär-Kanal-Technik (b)

schaltung (Tr1 bis Tr3) wird der Transistor Tr8 am Fußpunkt des Differenzverstärkers angesteuert. Der Spannungshub am Differenzverstärkerausgang beträgt ca. 4 V.

Einen Leseverstärker nach dem Differenzprinzip in Komplementär-Kanal-Technik zeigt Bild 4.83b. In vielen Speichern setzt man mehrere solcher Stufen zur Verstärkung und Pegelrückgewinnung ein.

Bei statischen Speichern mit sehr kurzer Zugriffszeit wird der Leseverstärker oft vor den Bitauswahltransistoren (Tr13 und Tr14 in Bild 4.83) eingefügt, so daß der Verstärker unmittelbar an den Datenleitungen D und $\overline{D}$ hängt. Hier muß für jede Speicherspalte ein eigener Verstärker vorgesehen werden.

Eingangs- und Ausgangsverstärker

In Systemen werden MOS-Speicher und Logikbausteine sehr häufig mit TTL-Schaltkreisen verdrahtet. Zu diesem Zweck ist es notwendig, daß die Takt-, Adreß- und Signaleingänge sowie die Informationsausgänge Spannungspegel liefern, die mit den Pegeln der TTL-Schaltung kompatibel sind. Ein TTL-Schaltkreis liefert am Ausgang die Spannungen + 0,4 V (für die logische "0") bzw. + 2,4 V (für die logische "1"). Diese Spannungswerte sind Maximal- bzw. Minimalwerte. Die Eingangsschaltung des MOS-Speichers muß nun so ausgelegt sein, daß dieser Spannungshub von 2 V auf den für den Speicherchip notwendigen Spannungspegel umgesetzt wird. Hat man einen MOS-Schaltkreis, der nur mit + 5 V betrieben wird (z.B. statische Speicher oder Mikroprozessoren), so kann man im einfachsten Fall zwei hintereinandergeschaltete Inverter mit einem großen β_R verwenden. Das hohe β_R bedeutet eine hohe Verstärkung, und der Eingangspegel wird auf den vollen MOS-Pegel umgesetzt. Da die Einsatzspannung der gebräuchlichen n-MOS-Transistoren im allgemeinen auch größer als + 0,4 V ist (typische Werte sind + 0,7 bis 1,0 V), wird der Eingangsinverter bei der logischen "0" nicht eingeschaltet.
Der Ausgangsverstärker von MOS-Speichern muß in der Lage sein, mindestens einen TTL-Eingang plus mehrere 10 bis 100 Pikofarad an Leitungskapazität zu treiben (Bild 4.84a und b). Die für den Eingang eines TTL-Gat-

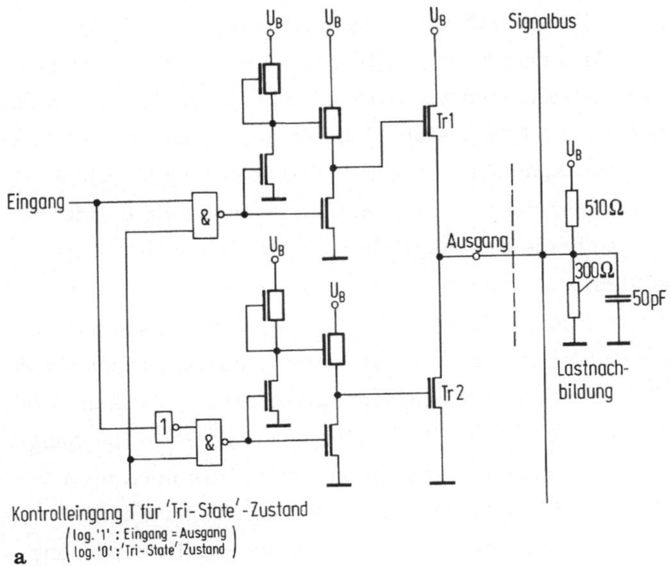

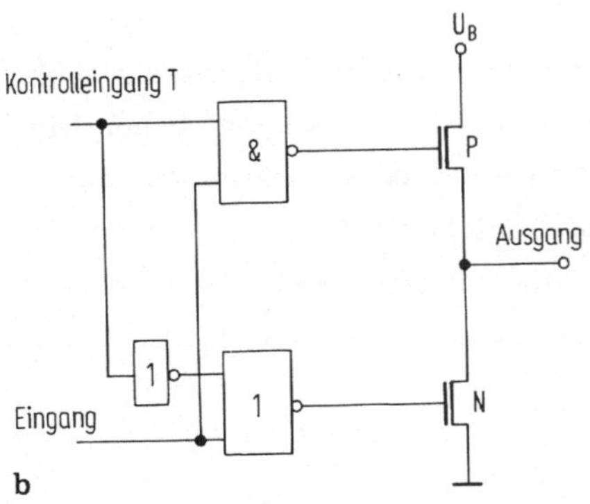

Bild 4.84. Ausgangstreiber in n-Kanal-Technik mit Kontrolleingang für den "Tri-state"-Zustand und nachgebildete Last (a); "Tri-state"-Treiber in Komplementär-Kanal-Technik (b)

ters notwendigen Spannungen sind mindestens + 2,0 V für die logische "1" und maximal + 0,8 V für die logische "0". Gleichzeitig muß der Ausgangstreiber auch in der Lage sein, den Eingangsstrom des TTL-Gatters von 1,6 mA zu liefern. Die kapazitive Belastung, die der Ausgangstreiber noch zusätzlich treiben muß, liegt im Bereich von ca. 50 bis 100 pF. Aus diesen Werten kann man ersehen, daß Ausgangstreiber von MOS-Schaltungen, die TTL-Schaltkreise ansteuern müssen, relativ viel Fläche benötigen.

Eine weitere wichtige Eigenschaft von Ausgangstreibern ist die Möglichkeit, sie von der Anschlußleitung zu trennen, wie es z.B. bei Bussen, auf die mehrere Schaltungen zugreifen können, der Fall ist. Man nennt diesen Betrieb auch oft "Tri-state", da er neben der "0" und der "1" einen dritten Betriebszustand darstellt. Die Schaltung in Bild 4.84 ist für diesen Betrieb ausgelegt. Ist das Signal an Anschluß T eine logische "1", so werden beide Ausgangstransistoren Tr1 und Tr2 gesperrt und auf den Signalbus kann von einer anderen Schaltung eine Spannung eingeprägt werden. Dieser "Tri-state"- oder hochohmige Zustand macht es notwendig, in der Endstufe beide Gegentakttransistoren Tr1 und Tr2 als Enhancement-Transistoren auszuführen, da man ja bei einem Depletion-Lasttransistor (an Tr1) eine negative Gate-Spannung anlegen müßte, um den Transistor ganz zu sperren. Als maximale Spannung im Schaltzustand "1" hat man dadurch am Ausgang nur $U_B - U_T$ zur Verfügung. Doch reicht auch bei einer Betriebsspannung von 5 V diese Spannung aus, um ein TTL-Gatter anzusteuern.

Die Schaltungen nach Bild 4.84 sind geeignet, sowohl externe als auch interne Busse auf dem Chip auszusteuern. Die hier beschriebenen Ein- und Ausgangsverstärker wurden zwar im Rahmen der MOS-Speicher besprochen, doch ist ihr Anwendungsfeld nicht auf Speicher beschränkt. Gerade MOS-Logikschaltungen (z.B. Mikroprozessoren, Peripherieschaltungen u.ä.) benötigen solche Verstärker in großer Zahl.

<u>Substratvorspannungsgenerator</u>

Hochintegrierte Schaltungen in n-MOS-Technik verwenden in den meisten Fällen eine negative Substratvorspannung (z.B. - 5 oder - 2,5 V). Die Substratvorspannung verringert die Transistor- und Sperrschichtkapazitäten und erhöht die Dickoxidschwellenspannungen. Diese Vorteile muß man sich im allgemeinen mit einem zusätzlichen Anschluß-Pin, über den die negative Spannung zugeführt wird, erkaufen. Hat man keinen Anschluß-Pin mehr frei, so kann man auch einen sog. Substratvorspannungsgenerator auf dem Chip mitintegrieren [4.30]. Man legt dann nur noch eine positive Spannung von z.B. + 5 V an, und die negative Substratvorspannung wird auf dem Chip erzeugt.

Die Schaltung eines solchen Vorspannungsgenerators zeigt Bild 4.85. Sie enthält einen dreistufigen Ringoszillator, bestehend aus den drei

Invertern I_1 bis I_3 und den dazwischengeschalteten Transfertransistoren Tr1 und Tr2, sowie die Belastungskapazitäten C_1 und C_2. Diese
bestimmen die Schwingfrequenz von ca. 10 bis 20 MHz. Die Schwin-
gung wird über eine Gegentakttreiberstufe, bestehend aus den Transistoren Tr3 bis Tr6, an die Koppelkapazität C_K von einigen Pikofarad angeschlossen. Die Transistoren Tr7 und Tr8 bilden eine Gleichrichterschaltung. Durch die kapazitive Ankopplung der Gegentaktendstufe über den Koppelkondensator C_K an die Gleichrichterschaltung
stellt sich am Knoten A während des Entladevorganges ein negatives
Potential ein. Damit kann der als Diode geschaltete Transistor Tr11
öffnen, und es werden Elektronen zum Substrat gepumpt. Am Substrat
stellt sich ein negatives Potential gegenüber der von außen angelegten
Masse ein. Der Kondensator C_A stellt die an A vorhandenen parasitären Kapazitäten dar und sollte so klein wie möglich gehalten werden.
Die Substratspannungsschaltung liefert ständig die durch Generation in
den gesperrten pn-Übergängen erzeugten Ladungsträger nach.

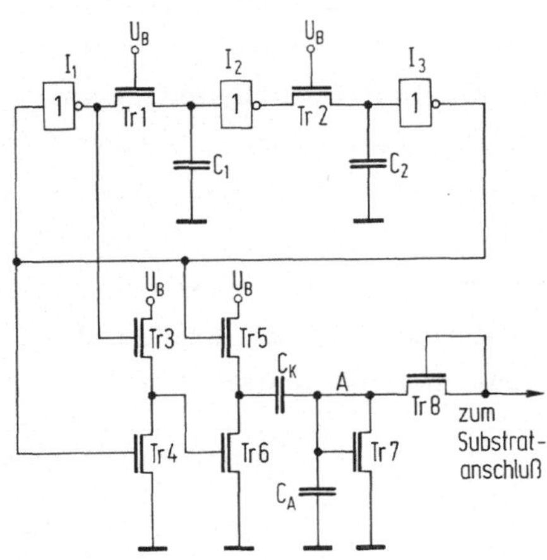

Bild 4.85. Schaltbild eines Substratvorspannungsgenerators

Die Abhängigkeit der Substratvorspannung von dem Substratstrom der
integrierten Schaltung zeigt Bild 4.86. Je höher der Substratstrom
(z.B. bei höherer Temperatur), um so kleiner wird die erzeugte
Substratvorspannung. Solche und ähnliche Substratvorspannungsgene-
ratoren sind Bestandteil der meisten modernen n-MOS-Logik- und
Speicherschaltungen.

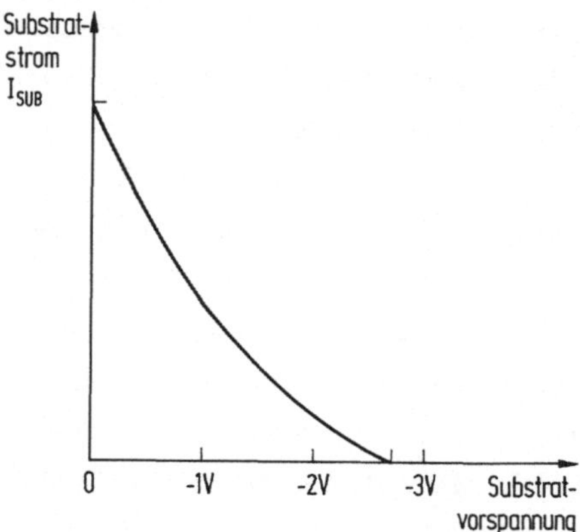

Bild 4.86. Abhängigkeit der Substratvorspannung U_{sub} von dem Substratstrom I_{sub}

Eingangsschutzschaltung

Um die Empfindlichkeit von MOS-Eingangsstufen gegenüber statischer Aufladung zu verringern, benützen heute sämtliche integrierten MOS-Schaltungen Eingangsschutzstrukturen. Geht die Eingangsleitung vom Anschlußfleck (Pad) direkt auf das Gate der ersten Stufe, so kann durch die Handhabung dieses Gate statisch so hoch aufgeladen werden, daß die Durchbruchfeldstärke des Oxids (ca. 4 bis $6 \cdot 10^8$ V/m) überschritten wird. Ein solcher Durchbruch ist meist irreversibel, d.h. es entsteht ein Kurzschluß zwischen Gate-Elektrode und Si-Substrat, der nicht ausheilbar ist und zu einem fehlerhaften Schaltkreis führt.

Für die statische Spannung gilt $U_{stat} = Q_{stat}/C_{Gate}$. Da die Gate-Kapazität C_{Gate} meist sehr klein ist (einige 10 fF), so genügen schon geringe Ladungsmengen, um die Eingangs-Gates zu zerstören. Zum Schutz der Eingangs-Gatebereiche benutzt man Eingangsschutzstrukturen, die bei einer Spannung, die unter der Durchbruchspannung des Gates liegt, einschalten und die Ladungen zur Masse ableiten. Eine solch typische Schutzschaltung zeigt Bild 4.87. Unmittelbar vor der Eingangsschaltung liegt eine n^+p-Diode, deren Durchbruchspannung mit einer an Masse liegenden Elektrode (Feldplatte) niedrig gehalten wird. Vor dem Serienwiderstand R_2 (als Diffusionsbahn realisiert)

liegt ein Dickoxidtransistor, der leitet, sobald die Schwellenspannung
des Dickoxids überschritten ist. Am Pad liegt noch eine sog. Funken-
strecke. Diese besteht aus zwei breiten Al-Bahnen mit einem festen
Abstand, der die Spannung bestimmt, bei der ein Überschlag erfolgt.
Allerdings werden Funkenstrecken nur in MOS-Schaltungen verwendet,
die für Anwendungen bei hohen Spannungen (> 50 V) vorgesehen sind.
Die Zeitkonstante $\tau = (R_1 + R_2) \cdot C_{Gate}$ muß bei sehr schnellen Schaltungen mit berücksichtigt werden.

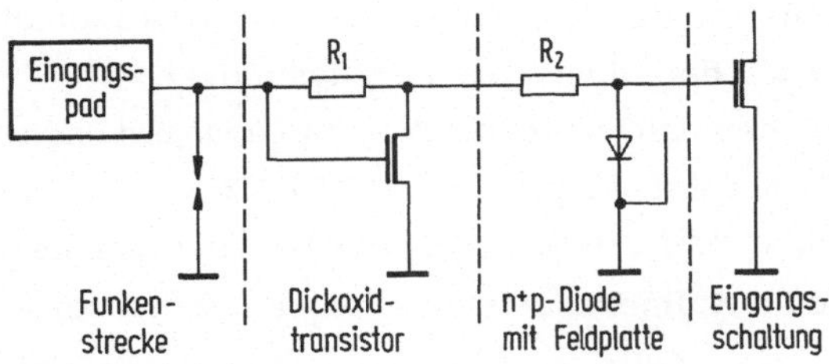

Bild 4.87. Eingangsschutzstruktur für die Eingänge von MOS-Schaltungen

4.7.5 Strahlungsempfindlichkeit

Für den Einsatz von integrierten MOS-Schaltungen in Satelliten und
Raumschiffen ist der Einfluß von hochenergetischer Strahlung auf den
MOS-Transistor schon eingehend untersucht worden [4.21]. Dabei
wurde beobachtet, daß solche Strahlen die Grenzladungsterme Q_f (s.
Abschn. 2.2) an der Grenze Si/SiO_2 beeinflussen. Dadurch wird die
Einsatzspannung des Transistors verschoben.

Man kann davon ausgehen, daß diese Einflüsse und Effekte nur im Welt-
raum auftreten, nicht jedoch im üblichen Einsatz auf der Erde. In den
letzten Jahren hat man aber entdeckt, daß auch unter normalen Bedingungen integrierte MOS-Schaltkreise eine Strahlenempfindlichkeit zeigen. Diese Empfindlichkeit, die sich nicht in einer Verschiebung der
Schwellenspannung bemerkbar macht, wurde zunächst bei dynamischen
Speichern beobachtet. Der Effekt beruht darauf, daß α-Teilchen in den
Halbleiter eindringen und dabei in einer Raumladungszone bewegliche
Ladungsträger erzeugen. Da hierbei keine bleibenden Schäden im

Schaltkreis auftreten, werden diese Schäden "soft errors" genannt,
im Gegensatz zu "hard errors", bei denen bleibende Fehler entstehen
[4.18].

Betrachtet man nun eine dynamische Ein-Transistor-Zelle mit einer
gespeicherten logischen "1" (keine beweglichen Ladungsträger), so
erkennt man sofort, daß die von einem α-Teilchen in dieser Raumladungszone erzeugten Ladungsträger an die Si/SiO_2-Grenzfläche gelangen
werden und eine "0" vortäuschen können. Es hängt nun von der Menge
der gespeicherten Ladungen ab, ob die so generierten Ladungsträger die
Information verfälschen können oder nicht. Bei den dynamischen
4-K Bit-Speichern trat wegen der großen gespeicherten Ladungsmengen
dieses Problem nicht auf. Erst bei den neueren 16-K Bit-Speichern
wurde dieses Problem entdeckt. Bei den zukünftigen 64-K Bit-Speichern
muß man diesem Effekt erhöhte Aufmerksamkeit schenken. Ein Querschnitt durch eine Ein-Transistor-Zelle mit einfallendem α-Strahl ist
in Bild 4.88 dargestellt. Neben der Speicherzelle - und dort nur die logische "1" - sind auch die Bitleitung bzw. der Leseverstärker für
α-Strahlung empfindlich, und zwar deshalb, weil die pn-Übergänge dynamisch vorgeladen und dann von der Betriebsspannung abgetrennt werden. Trifft ein α-Teilchen auf solch einen Knoten, so wird sich durch die
generierten Ladungsträger das Potential verändern. Besonders beim
empfindlichen Leseverstärker kann solch eine unsymmetrische (das
α-Teilchen trifft nur auf eine Bitleitung) Potentialänderung zum Auslesen einer falschen Information führen.

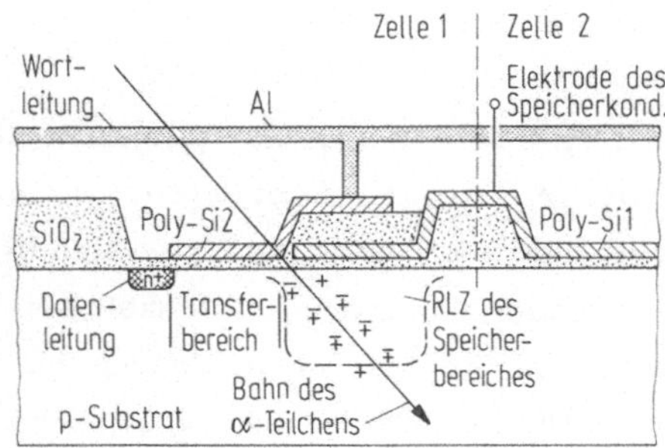

Bild 4.88. Querschnitt eines dynamischen Ein-Transistor-Elements,
das von einem α-Teilchen getroffen wird

Aber nicht nur dynamische Speicher sind von diesem Effekt betroffen,
auch statische Speicher zeigen bei immer kleiner werdenden Strukturen
eine zunehmende Anfälligkeit gegenüber "soft errors". Hat man zur
Informationsspeicherung eine statische Flipflopzelle mit hochohmigen
Lastwiderständen, so kann das Auftreffen eines α-Teilchens an den
Flipflopknoten, der auf hohem Potential liegt, zu einem Umkippen der
Zelle führen: An dem Knoten, der hohes Potential hat, ist unter dem
pn-Übergang eine Raumladungszone. Trifft nun das α-Teilchen auf diese Zone, so werden Ladungsträger generiert, die über den hochohmigen Lastwiderstand von der Betriebsspannung abgesaugt werden. Ist
der Widerstand jedoch zu hochohmig, so kann das Absaugen nicht rasch
genug erfolgen und die Zelle kippt in den anderen Zustand.

Empfindlich für α-Strahlen sind also immer diejenigen Punkte, die
hochohmig mit der Betriebsspannung verbunden sind. Diesen Umstand
muß man bei der zukünftigen Verkleinerung von MOS-Schaltungen (statisch und dynamisch) berücksichtigen. Eine Lösung ist sicher der
Übergang zur CMOS-Technologie, da hier immer ein relativ niederohmiger Pfad zu Masse bzw. U_B vorhanden ist. Bei Speichern kann man
mit geeigneter Leitungsführung (z.B. Bitleitung nicht als diffundierte
Bahn, sondern als Poly-Si-Bahn), günstigeren Taktfolgen und Abschir-
mung die Empfindlichkeit gegen α-Strahlen stark reduzieren. Auch der
Aufbau des gesamten Speichers auf eine Epitaxieschicht bringt wohl eine gewisse Abhilfe. Bei Speichern bzw. Speichersystemen mit hohen
Sicherheitsanforderungen wird man jedoch um eine softwaremäßige Abhilfe (Fehlerkorrektur) nicht herumkommen.

4.8 MOS-Analogschaltungen

Während man MOS-Transistoren als Einzelbauelemente schon sehr
bald nach ihrer Einführung für Analogschaltungen (HF-Verstärker etc).
eingesetzt hat, waren bis vor einigen Jahren nahezu sämtliche integrierte MOS-Schaltkreise Digitalschaltungen, d.h. Schaltungen, die nur die
logische "0" und die logische "1" verarbeitet haben. Die Entwicklung
in den letzten Jahren zeigt jedoch, daß integrierte MOS-Schaltungen,
die Analogsignale verarbeiten, immer mehr an Bedeutung gewinnen.
Diese ansteigende Zahl von analogen MOS-ICs geht allerdings nicht auf

Kosten der digitalen Schaltungen, sondern ist eine Entwicklung, die
parallel läuft. Es ist durchaus abzusehen, daß es künftig eine Reihe von
integrierten Schaltungen - z.B. in der Kommunikationstechnik - geben
wird, die sowohl digitale wie auch analoge Signalverarbeitung auf einem
Chip durchführen. Aber auch einige Schaltungen, die in den entsprechenden Abschnitten des 4. Kapitels beschrieben wurden, sind im Grunde Analogschaltungen. So arbeitet z.B. der in Abschn. 4.7.4 behandelte Leseverstärker streng genommen im Analogbetrieb.

Der Unterschied zwischen Digital- und Analogschaltungen wird deutlich, wenn man die Arbeitspunkte anhand der Transferkurve eines Inverters (Bild 4.89a) vergleicht. Liegt die Eingangsspannung unter der
Schwellenspannung des Schalttransistors Tr1, so sperrt dieser, und
der Pegel am Ausgang entspricht einer logischen "1". Wird Transistor
Tr1 so weit ausgesteuert, daß die Restspannung am Ausgang kleiner ist
als die Schwellenspannung des nächstfolgenden Schalttransistors, so
ist dieser Pegel eine logische "0". Dazwischen liegt der Arbeitspunkt A
für den Analogbetrieb. Er muß möglichst im linearen Teil der Kennlinie
liegen und die differentielle Steigung (Verstärkung) soll im allgemeinen
so groß wie möglich sein. Während im digitalen Betrieb der Transistor
Tr1 einmal leitet und das andere Mal sperrt, sind im Analogbetrieb sowohl der Last- als auch der Schalttransistor immer leitend.

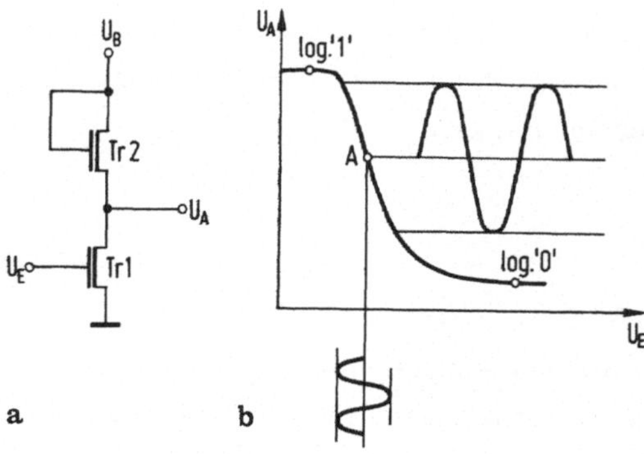

Bild 4.89. Schaltbild eines Verstärkers (Inverters) (a) in Ein-Kanal-
MOS-Technik und die dazugehörige Transferkurve (b) mit eingezeichneten Arbeitspunkten für Digital- und Analogbetrieb

Nach diesen einfachen Überlegungen sollen in den folgenden Abschnitten
zunächst die Grundschaltungen für die Analogsignalverarbeitung erklärt

und beschrieben werden. Anschließend werden dann Schaltungen behandelt, mit denen verschiedene Funktionen realisiert werden können.

4.8.1. Das Kleinsignalersatzschaltbild

Wie bei anderen aktiven Bauelementen ist es auch beim MOS-Transistor sinnvoll, die nichtlineare Kennlinie in einem kleinen Aussteuerungsbereich zu linearisieren. Man kann dann Kleinsignalparameter wie z.B. die Steilheit angeben, aus denen dann ein Kleinsignalersatzschaltbild ableitbar ist. Die Steilheit S wurde im Kap. 2 für den Trioden- und den Sättigungsbereich bereits abgeleitet, s. (2.27) und (2.28). Eine weitere wichtige Größe ist der differentielle Leitwert $G = \delta I_D / \delta U_{DS}$, der im Sättigungsbereich beim idealen Transistor den Wert 0 hat, während man beim realen Transistor mit Kanallängenverkürzung zu dem in (2.51) abgeleiteten Ausdruck gelangt. Für den Triodenbereich gilt für G die Gl. (2.22). Die einzelnen Gleichungen lauten: Im Triodenbereich

$$G = \frac{\delta I_D}{\delta U_{DS}} = K \frac{W}{L} (U_{GS} - U_T - U_{DS}), \tag{2.22}$$

$$S = \frac{\delta I_D}{\delta U_{GS}} = K \frac{W}{L} U_{DS} = g_m . \tag{2.27}$$

Im Sättigungsbereich

$$G_{Sat} = \frac{\delta I_D}{\delta U_{DS}} = \frac{1}{2} \cdot \frac{\sqrt{2\varepsilon_0 \varepsilon_{Si}/e\, n_a \cdot I_{D\,max}}}{\left\{ L\sqrt{U_{DS}-(U_{GS}-U_T^X)} - \sqrt{2\varepsilon_0 \varepsilon_{Si}/e\, n_a [U_{DS}-(U_{GS}-U_T^X)]} \right\} \cdot A} \tag{2.51}$$

$$A = \left\{ 1 - \sqrt{2\varepsilon_0 \varepsilon_{Si}/e\, n_a \left[U_{DS} - (U_{GS} - U_T^X) \right]} \right\} .$$

$$S_{Sat} = \frac{\delta I_D}{\delta U_{GS}} = K \frac{W}{L} (U_{GS} - U_T) = g_{ms} . \tag{2.28}$$

Da die Steilheit S, vornehmlich in der angelsächsischen Literatur, fast immer als g_m angegeben wird, soll im weiteren Verlauf dieses Abschnitts die Steilheit mit g_m bezeichnet werden. Auch bei integrierten MOS-Analogverstärkern wird, genauso wie bei Digitalschaltungen, sehr oft als Lastelement ein MOS-Transistor eingesetzt. Bei Lasttransistoren in Ein-Kanal-Technik tritt jedoch die bereits in Abschn. 4.1 beschriebene Substratsteuerung auf. Diese Steuerung S_{Sub} muß im Kleinsignalersatzschaltbild berücksichtigt werden. Für S_{Sub} kann man schreiben

$$S_{Sub} = \frac{\partial I_D}{\partial U_{S\,Sub}} = a\, S_{Sat} \, .\qquad (4.47)$$

Hierbei gilt für a

$$a = \frac{1}{2C_{ox}} \sqrt{\frac{2\varepsilon_0 \varepsilon_{Si}\, e\, n_a}{|U_{S\,Sub}| + 2\varphi_F}} = \frac{\gamma}{2\sqrt{|U_{S\,Sub}| + 2\varphi_F}} \, . \qquad (4.48)$$

(4.47) gilt sowohl für den Trioden- als auch für den Sättigungsbereich. Die Größe γ heißt Substratsteuerfaktor und ist bereits in (2.41) enthalten. In (4.48) ist $U_{S\,Sub}$ die Spannung zwischen der Source-Elektrode und dem Substratanschluß.

Neben diesen Größen müssen in dem Kleinsignalersatzschaltbild des MOS-Transistors noch die einzelnen Kapazitäten berücksichtigt werden. Bild 4.90 zeigt den MOS-Transistor mit den dazugehörigen Nutz- und parasitären Kapazitäten in den zwei Betriebszuständen. Die Kondensatoren $C_{ÜS}$ und $C_{ÜD}$ entstehen aus der Überlappung von Gate-Elektrode und Source- bzw. Drain-Diffusionsgebiet. Ähnlich wie in Bild 4.9a stellen die Kondensatoren C_{GD} und C_{GS} (Bild 4.90c) die Kapazitäten zwischen der Gate-Elektrode und der Drain- bzw. Source-Elektrode dar [4.34]. Die Kondensatoren $C_{D\,Sub}$ und $C_{S\,Sub}$ sind die Sperrschichtkapazitäten zwischen Drain und Substrat sowie zwischen Source und Substrat.

Aus diesen Größen ergibt sich das Ersatzschaltbild für die Source-Schaltung (Bild 4.91). Das wichtigste Element ist der Stromgenerator $g_m\, U_{GS}$; er kennzeichnet die Steuerwirkung des Transistors. Der Eingangskreis wird durch die Gate-Kapazität C_{GS} bestimmt, die sich aus der für die Steuerung notwendigen Gate-Kanal-Kapazität C_G und der unvermeidlichen Streukapazität zwischen Gate- und Source-Elektrode (Überlappkapazität) zusammensetzt. Da die Leckströme zwischen Gate und den anderen Elektroden beim MOS-Transistor verschwindend klein sind (10^{-12} A), wurden die dazugehörigen Leitwerte im Kleinsignalersatzschaltbild von Bild 4.91 nicht eingezeichnet. Die Größen g_m und G in Bild 4.91 gelten zunächst allgemein für beide Arbeitsbereiche (Sät-

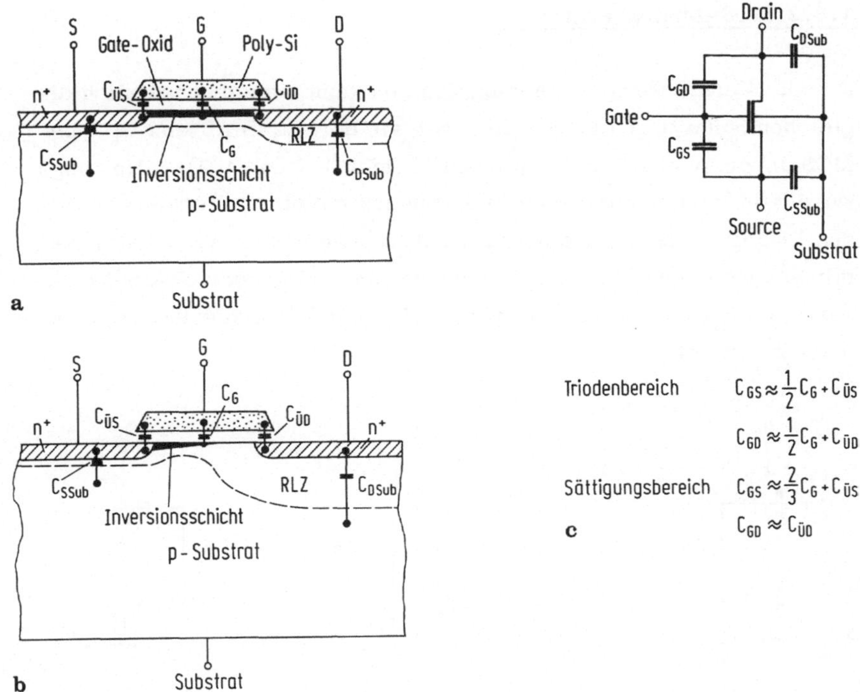

Triodenbereich

$$C_{GS} \approx \frac{1}{2}C_G + C_{\ddot{U}S}$$

$$C_{GD} \approx \frac{1}{2}C_G + C_{\ddot{U}D}$$

Sättigungsbereich

$$C_{GS} \approx \frac{2}{3}C_G + C_{\ddot{U}S}$$

$$C_{GD} \approx C_{\ddot{U}D}$$

Bild 4.90. MOS-Transistor mit den dazugehörigen Kapazitäten im Triodenbereich (a) und Sättigungsbereich (b) sowie die Ersatzschaltung (c)

tigungs- und Triodengebiet). Jedoch sollten Analogschaltungen so ausgelegt werden, daß die Transistoren immer im Sättigungsbereich arbeiten, da nur so hohe Verstärkungsfaktoren erzielt werden können.

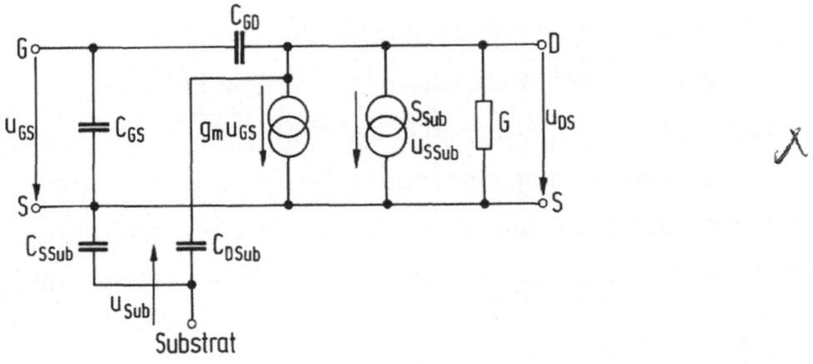

Bild 4.91. Kleinsignalersatzschaltung eines MOS-Transistors

4.8.2. MOS-Analogverstärker

Für die Verstärkung von Analogsignalen kann man grundsätzlich die
gleichen Schaltungen verwenden, wie sie bereits in Abschn. 4.1 beim
MOS-Inverter beschrieben wurden (Bilder 4.1 und 4.2). Allerdings
werden in integrierten Analogschaltungen meist nur Verstärker nach
den Bildern 4.2a, c, d eingesetzt, d.h. man verwendet Schaltungen
mit Enhancement- oder Depletion-Lastelementen oder CMOS-Verstär-
ker. Diese drei Verstärkertypen sind in den Bildern 4.92a, b, c nochmals dargestellt.

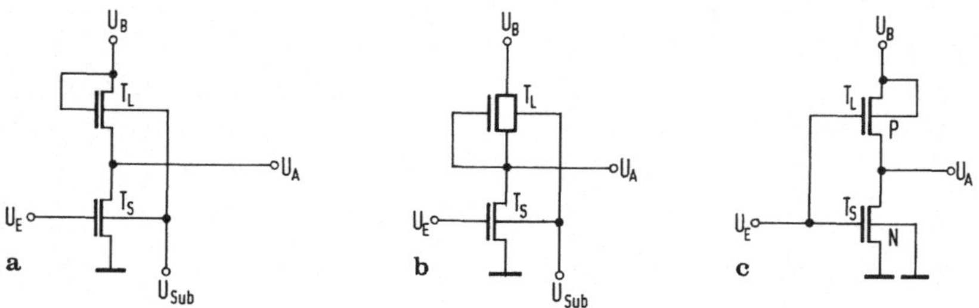

Bild 4.92. MOS-Verstärker in Ein-Kanal-Technik mit Enhancement-
Lastelement (a), mit Depletion-Lastelement (b) und in Komplementär-
Kanal-Technik

Wie bereits in Abschn. 4.1 abgeleitet, hat ein Verstärker (oder Inverter) mit Enhancement-Lastelement in seiner Transferkurve zwei charakteristische Bereiche: Im ersten Bereich sind sowohl der Last- als
auch der Schalttransistor im Sättigungsbereich, im zweiten Bereich
ist der Lasttransitor im Sättigungsbereich, der Schalttransistor jedoch
im Triodenbereich. Für den ersten Bereich wurde die lineare Beziehung (Gl. (4.4)) zwischen Ein- und Ausgangsspannung abgeleitet. Die
Steigung der Transferkurve in diesem Bereich beträgt $\sqrt{\beta_R}$, ist also
nur von der Geometrie der beiden Transistoren abhängig. Bleibt man
während der Aussteuerung innerhalb des linearen Bereichs, so kann
man für die Kleinsignalverstärkung v_E einer solchen Stufe schreiben:

$$v_E = \frac{u_a}{u_e} = -\sqrt{\beta_R} = \sqrt{\frac{(W/L)_{T_S}}{(W/L)_{T_L}}} \ . \tag{4.49}$$

u_e und u_a sind die Kleinsignal-Eingangs- und Ausgangsspannungen.
Als Arbeitspunkt wählt man die Mitte des linearen Bereichs. Bei der
integrierten Anordnung muß man jedoch noch die Substratsteuerung,
die ja auch vom Ausgangshub abhängt, berücksichtigen. Sie verringert
die tatsächlich erzielbare Verstärkung. Für die Kleinsignalverstärkung v_E (im linearen Bereich) einer Stufe nach Bild 4.92a unter Berücksichtigung der Substratsteuerung kann man schreiben [4.35]:

$$v_E = -\sqrt{\beta_R} \cdot \left[\frac{1}{1 + \dfrac{\gamma}{2\sqrt{U_A + |U_{Sub}| + 2\varphi_F}}} \right] = \frac{g_{ms\,S}}{g_{ms\,L} + G_{Sat\,S} + G_{Sat\,L}} \cdot \tag{4.50}$$

$$\gamma = \frac{\sqrt{2\varepsilon_0 \varepsilon_{Si} e\, n_a}}{C_{ox}} \cdot \tag{4.51}$$

In (4.50) ist U_A die Ausgangsspannung, U_{Sub} die angelegte Substratvorspannung und γ der Substratsteuerfaktor. Setzt man diesen Faktor
0 (keine Substratsteuerung), so erhält man wieder (4.49). Man erkennt auch aus (4.50), daß, wenn keine konstante Substratvorspannung
anliegt ($U_{Sub} = 0$), durch das Ausgangssignal U_A und die endliche
Substratsteuerung ($\gamma \neq 0$) die Verstärkung der Stufe gegenüber dem
idealisierten Fall verringert wird.

Hat man eine Verstärkerstufe mit einem Depletion-Lastelement, so
kann man wegen der konstantstromähnlichen Lastkennlinie des Last-
elements eine höhere Stufenverstärkung erwarten. Im Idealfall, wenn
keine Kanallängenverkürzung (s. Gl. (2.49)) und keine Substratsteuerung des Lasttransistors berücksichtigt werden, hätte man in der
Transferkurve einen Bereich mit unendlich hoher Steigung und somit
auch eine unendlich hohe Verstärkung. Bei realen integrierten Anordnungen muß man jedoch beide Effekte berücksichtigen. Da beim Lastelement der Substratsteuereffekt nahezu immer einen stärkeren Einfluß auf die Lastkennlinie hat als die Kanallängenverkürzung, genügt es,
in der Gleichung für die Verstärkung nur diesen Effekt zu berücksichtigen. Für die Kleinsignalverstärkung v_D einer Stufe nach Bild 4.92b
kann man schreiben [4.35]:

$$v_D = -\frac{2}{\gamma} \sqrt{\beta_R} \cdot \sqrt{U_A + |U_{Sub}| + 2\varphi_F} = \frac{g_{ms\,S}}{a\,g_{ms\,L} + G_{Sat\,L} + G_{Sat\,S}} \cdot \tag{4.52}$$

Bildet man nun das Verhältnis der beiden Kleinsignalverstärkungen, so
erhält man

$$\frac{v_D}{v_E} = \frac{2}{\gamma} \sqrt{U_A + |U_{Sub}| + 2\varphi_F} + 1 = a. \tag{4.53}$$

Da γ bei gängigen Schaltungen $\leqslant 1$ ist (typ. Wert ist $0,4\sqrt{V}$), hat der
Verstärker mit Depletion-Lastelementen immer eine höhere Verstär-
kung als der mit Enhancement-Last. Man rechnet im Schnitt mit einer
5 bis 10mal höheren Spannungsverstärkung.

Auch in der Komplementärkanal-Technik kann man integrierte Analog-
signalverstärker realisieren (Bild 4.92c). Mit solchen Verstärkern
lassen sich noch höhere Verstärkungen pro Stufe erzielen als mit den
beiden Schaltungen nach Bild 4.92a und b. Voraussetzung ist, daß sowohl der n- als auch der p-Kanal-Transistor im Sättigungsgebiet arbeiten und die gleichen Kennlinienfelder (mit entgegengesetzten Vorzeichen) haben.

Wählt man nun den Arbeitspunkt bei $U_B/2$, so hat im Idealfall die
Transferkurve in diesem Bereich eine unendlich hohe Steigung und eine
dementsprechend hohe Verstärkung. Bei realen Transistoren hat man
jedoch immer einen endlichen Ausgangsleitwert, so daß man für die
Kleinsignalverstärkung v_C schreiben kann

$$v_C = - (g_{ms\,p} + g_{ms\,n}) \frac{1}{G_{Sat\,p} + G_{Sat\,n}}. \tag{4.54}$$

Der Substratsteuereffekt stört hier nicht, da die Substrate der einzelnen Transistoren mit ihren Source-Elektroden verbunden sind und an
konstantem Potential hängen. Die größte Verstärkung erzielt man,
wenn die Einsatzspannungen für die p- und n-Kanal-Transistoren gleich
groß (absolut) und halb so groß wie die Betriebsspannung gewählt wer-
den, d.h. $U_{TN} + |U_{TP}| = U_B$. Bis auf den komplexeren Prozeß ist
also die Schaltung nach Bild 4.92c der ideale Verstärker für Analogsignale.

Neben diesen Schaltungen, die zur Verstärkung von Analogsignalen dienen, benötigt man auch oft Schaltungen, mit denen man eine Pegelan-

passung durchführen kann. Für solche Zwecke verwendet man sehr oft
einen Source-Folger, d.h. eine Schaltung, bei der man das Ausgangssignal nicht an der Drain- sondern an der Source-Elektrode abgreift
[4.36]. Als Lastelement kann man einen ohmschen Widerstand (Bild
4.93a), einen Enhancement-Transistor mit konstanter Gate-Spannung
U_{DC} (Bild 4.93b) oder einen Depletion-Transistor mit geerdetem
Gate-Anschluß (Bild 4.93c), der als Konstantstromquelle wirkt, verwenden. Das Kleinsignalersatzschaltbild der Schaltung nach Bild 4.93b
ist in Bild 4.94 dargestellt. $G_{Sat\,S}$ und $G_{Sat\,L}$ sind die differentiellen
Leitfähigkeiten von Schalt- und Lasttransistor (T_S und T_L), $g_{ms\,S}$ die
Steilheit des Schalttransistors. Für die Kleinsignalverstärkung v kann
man schreiben:

$$v = \frac{g_{ms\,S} \cdot \dfrac{1}{G_{Sat\,S} + G_{Sat\,L}}}{1 + g_{ms\,S} \cdot \dfrac{1}{G_{Sat\,S} + G_{Sat\,L}}} \,. \qquad (4.55)$$

Ist nun $G_{Sat\,S} \gg G_{Sat\,L}$, so gilt für die Verstärkung

$$v = \frac{g_{ms\,S} \cdot \dfrac{1}{G_{Sat\,L}}}{1 + g_{ms\,S} \cdot \dfrac{1}{G_{Sat\,L}}} = \frac{g_{ms\,S}}{G_{Sat\,L} + g_{ms\,S}} \,. \qquad (4.56)$$

Die Verstärkung eines Source-Folgers ist also immer nur < 1 und Ein-
und Ausgangssignale sind gleichphasig. Auch hier muß man bei integrierten Anordnungen die Substratsteuerung beim Schalttransistor T_S
berücksichtigen.

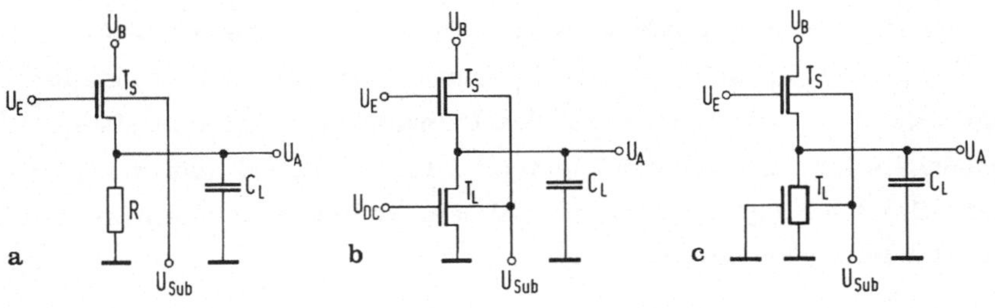

Bild 4.93. Source-Folger mit ohmscher Last (a), mit einem Enhancement-Transistor (b) und einem Depletion-Transistor (c)

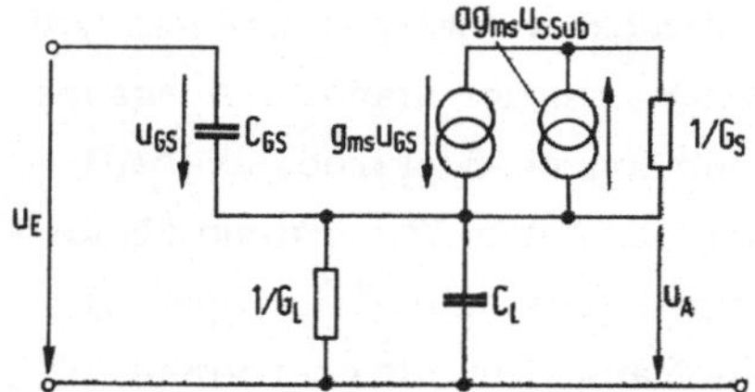

Bild 4.94. Kleinsignalersatzschaltbild eines Source-Folgers

4.8.3 MOS-Operationsverstärker

Operationsverstärker sind Grundbausteine für integrierte LSI-Analog-
schaltungen wie z.B. CCD-Filter [4.37], Analog-Digital-Konverter
[4.38] oder "Switched capacitor"-Filter [4.39]. Ein Operationsverstärker soll allgemein eine sehr hohe Verstärkung haben. Durch äußere Beschaltung mit passiven Elementen kann dann die Verstärkung auf
ein vorgegebenes Maß eingestellt werden, oder es werden mathema-
tische Operationen wie z.B. Addition oder Multiplikation durchgeführt.
Im Vergleich zu bipolaren Transistoren haben MOS-Transistoren eine
geringere Steilheit und ein höheres Eingangsrauschen. Andererseits
liegt im hohen Eingangswiderstand und in der leistungslosen Ansteuerung sowie der hohen Integrationsdichte der große Vorteil der MOS-
Transistoren. Durch sorgfältig ausgewählte Schaltungstechnik kann
man LSI-Schaltungen für Analoganwendungen bauen, die von ihren Lei-
stungsdaten her besser sind als vergleichbare Bipolarschaltungen.

Den Kern des Operationsverstärkers bildet zunächst der in Bild 4.95
gezeigte Differenzverstärker. Der Source-Punkt der beiden Diffe-
renzzweige mit T_3 und T_1 sowie T_4 und T_2 wird von dem Transistor
T_6 gesteuert. Die Gate-Spannung des Transistors T_6 wird in einem
Spannungsteiler, der von den Elementen T_5 und T_7 gebildet wird, erzeugt. Die Spannungsverstärkung v dieser Stufe kann näherungsweise
beschrieben werden durch [4.35]

$$v \approx \frac{2}{\gamma} \sqrt{\frac{\beta_1\, I_1}{\beta_3\, I_3} \left(U_{A2} + |U_{Sub}| + 2\varphi_F \right)} = \frac{g_{ms\,1}}{2a g_{ms\,3}}. \qquad (4.57)$$

Hierbei sind I_1 und I_3 die durch die Transistoren T_1 und T_3 fließenden Ströme, $g_{ms\,1}$ und $g_{ms\,3}$ die Steilheit dieser Transistoren. Für eine möglichst hohe Verstärkung sollte also das β des Schalttransistors T_1 möglichst groß gegenüber seinem Lasttransistor T_3 sein. Der Zweig mit T_2 und T_4 ist genauso dimensioniert.

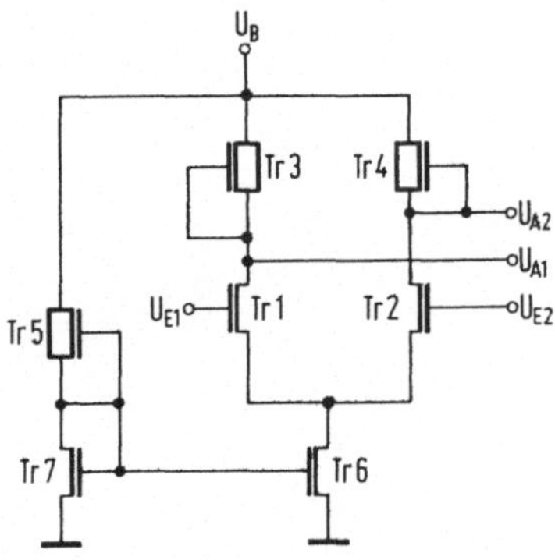

Bild 4.95. Differenzverstärker mit Depletion-Lastelementen in Ein-Kanal-Technik

Um den Pegel am Ausgang des Differenzverstärkers an eine kräftige Treiberstufe anzupassen, muß man eine Pegelanpassung vornehmen. Diese Pegelanpassung erfolgt mit Hilfe eines Source-Folgers (s. Abschn. 4.8.2). Als Ausgangsstufe kann dann ein Verstärker nach Bild 4.92b verwendet werden. Die Gesamtschaltung eines einfachen zweistufigen MOS-Operationsverstärkers zeigt Bild 4.96. Die erzielbare Verstärkung einer solchen Anordnung liegt etwa bei 1000.

Mit Operationsverstärkern, die in CMOS-Technik aufgebaut sind, erreicht man Leerlaufverstärkungen, die um den Faktor 10 bis 100 höher als bei vergleichbaren Verstärkern in n-MOS-Technik liegen. Der Grund liegt erstens darin, daß der CMOS-Inverter eine sehr steile Übertragungskennlinie besitzt und zweitens, daß in der CMOS-Anordnung keine Substratsteuerung berücksichtigt werden muß. Ein weiterer Vorteil ist, daß man keine Stufe zur Pegelanpassung benötigt.

Es gibt noch eine Reihe von weiteren schaltungstechnischen Möglichkeiten, Operationsverstärker in MOS-Technik besser und leistungsfähiger aufzubauen. Die Erläuterung dieser Schaltungen geht über den Rahmen dieses Buches hinaus, und der Leser sei hier auf weitere Literatur verwiesen [4.40, 4.41].

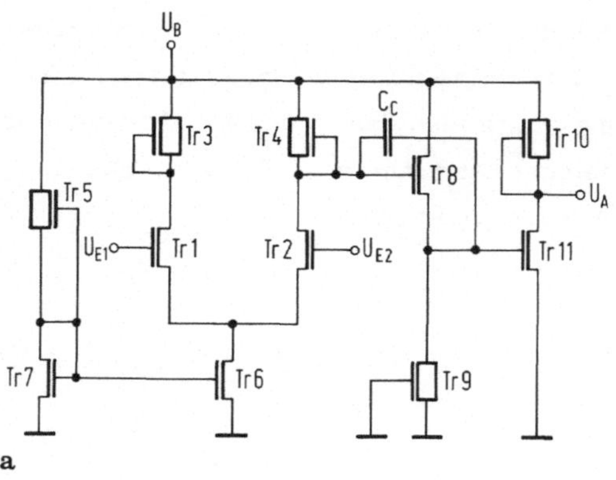

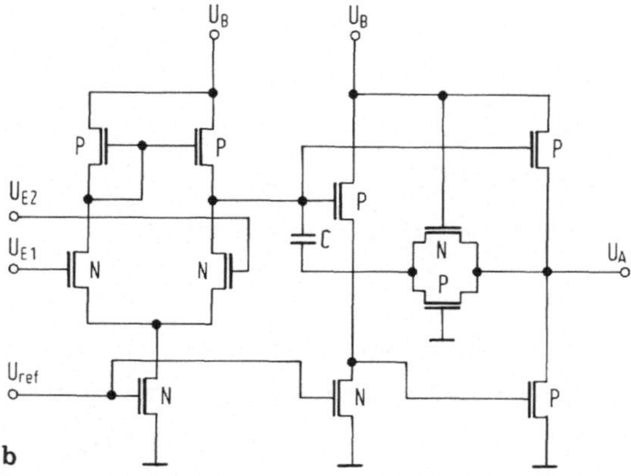

Bild 4.96. Zweistufiger Operationsverstärker in n-Kanal-Technik (a)
und Komplementär-Kanal-Technik (b)

4.8.4 Filterschaltungen

Die Entwicklung von billigen aber leistungsfähigen integrierten Operationsverstärkern in Bipolartechnik hat in der Filtertechnik vielfach
dazu geführt, daß passive RLC-Filter durch aktive RC-Filter ersetzt
wurden. Aber erst mit der Entwicklung von integrierten MOS-Schaltungen ist es möglich, monolithisch integrierte Filter herzustellen.
Zwei Prinzipien sind es, die es möglich machen, in MOS-Technik,
gegenüber der bipolaren Technik, Filter auf einem Halbleiterchip zu
integrieren:

- die Möglichkeit, Ladungen auf einem Knoten über einen Zeitraum von
  mehreren Millisekunden zu speichern und den Wert dieser Ladung
  zerstörungsfrei abzufragen

- die Möglichkeit, Ladungspakete im Halbleiter abhängig von der angelegten Taktfrequenz zu verschieben (Prinzip des CTD = charge transfer device).

Die Möglichkeit, Ladung auf einem Knoten für eine bestimmte Zeitdauer zu speichern und anschließend auszulesen, wurde zunächst bei digitalen dynamischen Speichern angewendet. Die Information liegt in diesem Fall eigentlich in analoger Form vor, durch den Bewerter und
Verstärker wird diese aber wieder in digitale Form umgewandelt. Für
Filterschaltungen wird diese Eigenschaft der Ladungsspeicherung bei
den Filtern mit geschalteten Kondensatoren angewendet (switched
capacitor filters). Die Verzögerung der Ladungen beim CTD-Prinzip
wird hingegen bei transversalen und auch rekursiven CCD-Filtern ausgenutzt.

Filter mit geschalteten Kondensatoren (switched capacitor filters = SC filters)

Der Name dieser Filter rührt daher, daß das Grundelement dieser
Schaltungen ein getakteter Kondensator ist, mit dem man das Verhal-
ten eines Widerstandes nachbilden kann [4.42]. Die Funktionsweise
des Kondensators ist in Bild 4.97a dargestellt. Der Schalter sei am
Anfang in der linken Ruhelage, so daß der Kondensator C auf die
Spannung U_1 aufgeladen wird. Wird der Schalter umgelegt, so wird
der Kondensator auf die Spannung U_2 entladen. Die Ladung, die in
(oder aus) den Klemmanschluß von U_2 fließt, ist somit $Q = C(U_2-U_1)$.
Betreibt man den Schalter mit einer Taktrate f_T, so ist der mittlere
Strom i, der von U_1 in U_2 fließt, gleich $C(U_2-U_1)f_T$. Daraus er-
gibt sich, daß ein äquivalenter Widerstand, der den gleichen mittleren
Strom wie die Schaltung nach Bild 4.97a liefert, den Wert

$$R = \frac{1}{C f_T} \qquad (4.58)$$

hat. Eine Anordnung, bei der der Schalter durch MOS-Transistoren
ersetzt wurde, zeigt Bild 4.97b. Ist die Zeit, in der der Kondensator
umgeschaltet wird, viel größer als die Signalfrequenz, so kann der
geschaltete Kondensator als direkter Ersatz für einen konventionellen
Widerstand angesehen werden. Sind jedoch der Schalttakt und die Sig-

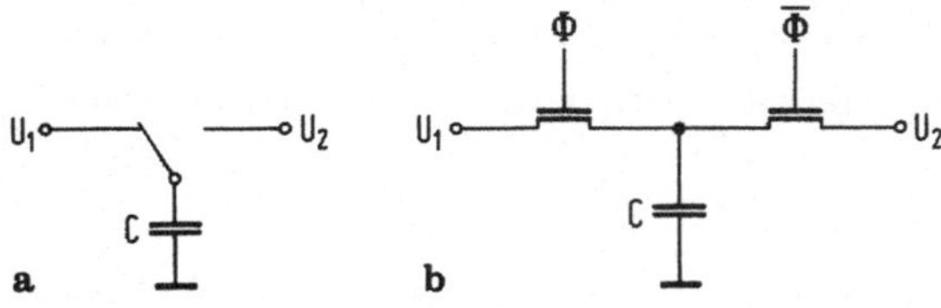

Bild 4.97. Kondensator, der zwischen zwei Spannungsquellen umgeschaltet wird (a) und Realisierung in MOS-Technik (b)

nalfrequenz in der gleichen Größenordnung, so müssen für die Analyse
des Verhaltens die Techniken der Abtasttheorie herangezogen werden.

Der geschaltete Kondensator benötigt relativ wenig Fläche, um den
Wert eines großen Widerstandes nachzubilden. Um Filter im Hörbe-
reich zu realisieren, benötigt man im allgemeinen Widerstände in der
Größe von etwa 10 MΩ. Dieser Widerstand kann leicht durch einen 1pF
großen Kondensator, der mit einer Frequenz von 100 kHz getaktet
wird, realisiert werden. Die hierfür benötigte Fläche beträgt (je nach
Oxidkapazität) ca. 0,01 mm^2.

Mit Hilfe der geschalteten Kondensatoren, üblichen Kondensatoren und
Operationsverstärkern kann man viele der Schaltungen, die bei konventionellen aktiven RC-Filtern Verwendung finden, realisieren. Die RC-
Zeitkonstanten der Filter werden durch die Taktfrequenz und die Verhältnisse der Kondensatoren bestimmt. Man muß daher für eine hohe
Genauigkeit dieser beiden Größen sorgen. Für die Realisierung genauer monolithisch integrierter Kondensatoren haben sich Kondensatoren
zwischen zwei Polysiliziumlagen durchgesetzt. Man benötigt für solche Schaltungen daher eine Technologie (n-MOS oder CMOS), die
zwei Polysiliziumlagen besitzt. Während die Transistor-Gates nur
mit einer Polysiliziumlage gemacht werden, dient die zweite als Gegenelektrode für den getakteten Kondensator. Der Vorteil eines solchen Kondensators gegenüber einem MOS-Kondensator liegt darin, daß
seine Kapazität spannungsunabhängig ist.

Beim Entwurf von Filtern mit getakteten Kondensatoren müssen die
parasitären Kondensatoren, die bei der Realisierung zwangsläufig entstehen, mit berücksichtigt werden. So bildet z.B. die untere Elektrode aus Polysilizium 1 einen parasitären Kondensator mit dem Silizi-

umsubstrat. Es muß beim Entwurf dafür gesorgt werden, daß diese
parasitären Kondensatoren immer an eine Spannungsquelle angeschlossen oder zwischen zwei Spannungsquellen geschaltet werden. Der Kondensator wird dann stets geladen und entladen und beeinflußt die Filter-
charakteristik nicht. Aus diesem Grund werden bei solchen Filtern
keine kapazitiven Spannungsteiler, die aus in Serie geschalteten Kondensatoren aufgebaut sind, verwendet.

In Bild 4.98a ist ein mit konventionellen Bauelementen aufgebauter RC-
Tiefpaß dargestellt, in Bild 4.98b die Realisierung mit einem geschalteten Kondensator. Für die 3-db-Bandbreite des RC-Tiefpasses kann
man schreiben:

$$\Delta f_{3db} = \frac{1}{R_1 C_2} \qquad (4.59)$$

Die 3-db-Bandbreite des Filters mit getaktetem Kondensator kann man
durch Einsetzen des äquivalenten Widerstandes ausrechnen. Man erhält hierbei,

$$\Delta f_{3db} = f_T \left(\frac{C_1}{C_2} \right), \qquad (4.60)$$

wenn gilt,

$$f_T \gg \Delta f_{3db}$$

Aus (4.60) erkennt man, daß die Bandbreite proportional zur Taktfrequenz f_T ist. Durch Änderung dieser Frequenz kann die Bandbreite
variiert werden.

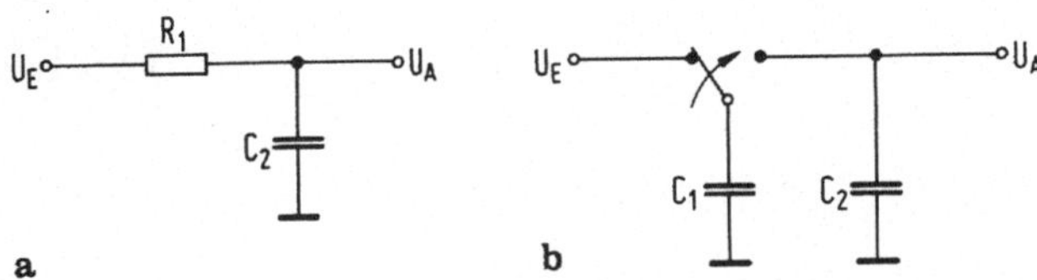

Bild 4.98. RC-Tiefpaß mit konventionellen Bauelementen (a) und
Realisierung mit geschaltetem Kondensator (b)

Als Operationsverstärker, die bei der Realisierung von verschiedenen
Filterfunktionen notwendig sind, kann man Schaltungen verwenden, die

in Abschn. 4.8.3 beschrieben wurden. Die genauere Behandlung von komplexeren Filtern mit getakteten Kondensatoren, ihre Vor- und Nachteile sowie die Punkte, die bei dem Entwurf von solchen Schaltungen zu beachten sind, gehen über den Rahmen dieses Buches hinaus. Hier sei der Leser auf die entsprechenden Fachbücher verwiesen [4.41, 4.43].

CCD-Filter

Wie in Kap. 3 gezeigt wurde, können in einem CCD Ladungspakete im Rhythmus der angelegten Taktspannungen weitgehend ideal transportiert und damit verzögert werden. Eine wichtige Anwendung von CCDs bietet sich damit von selbst an: die Verzögerung von Signalen (Abschn. 4.6). Für die Verzögerung im CCD muß zunächst das kontinuierliche Zeitsignal abgetastet und in einer Eingangsstufe in Ladungspakete umgewandelt werden. Damit das ursprüngliche Signal aus den Abtastwerten rekonstruiert werden kann, muß am Eingang das Abtasttheorem [4.44] erfüllt sein, d.h. das Eingangssignal mit der Frequenz f darf nur Spektralanteile $f < f_T/2$ aufweisen, wobei f_T die Taktfrequenz ist. Überlicherweise wird als Taktfrequenz das Drei- oder Vierfache der Signalfrequenz gewählt. Am Ausgang wird das verzögerte Signal wieder in eine Spannung umgewandelt, die weiter verarbeitet wird.

Wird das Eingangssignal nicht nur verzögert, sondern gewichtet und verschieden lang verzögert, so liegt ein Transversalfilter vor. Die beiden Anordnungen in Bild 4.99a und b sind von der Theorie her gleichberechtigt und führen mit Hilfe der z-Transformation [4.44] auf die Übertragungsfunktion eines Transversalfilters:

$$U_A/U_E = \sum_{\nu=0}^{m} C_\nu 2^{-\nu} \tag{4.61}$$

$$z^{-1} = \exp(-j2\pi fT).$$

Die Realisierung bietet sich bei der Anordnung nach Bild 4.99a von selbst an: die "Fill-and-spill"-Eingangsstufe (Abschn. 4.6.4) realisiert das Vorzeichen über die Anschlüsse der Elektroden, und die Gewichtung erfolgt über die Flächen der Elektroden. Die Summation der Ladungspakete wird automatisch im CCD wahrgenommen. Es hat sich

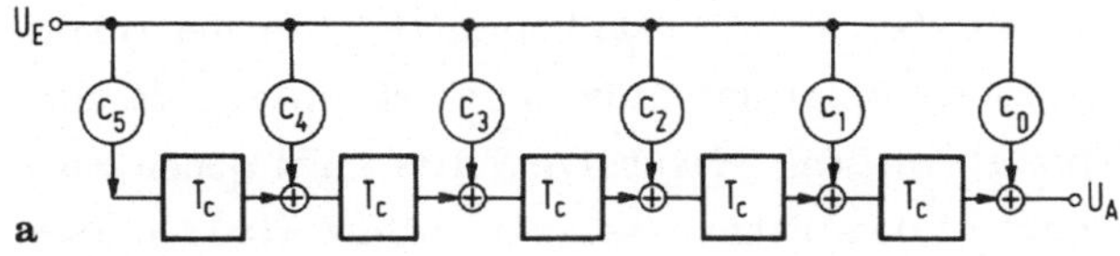

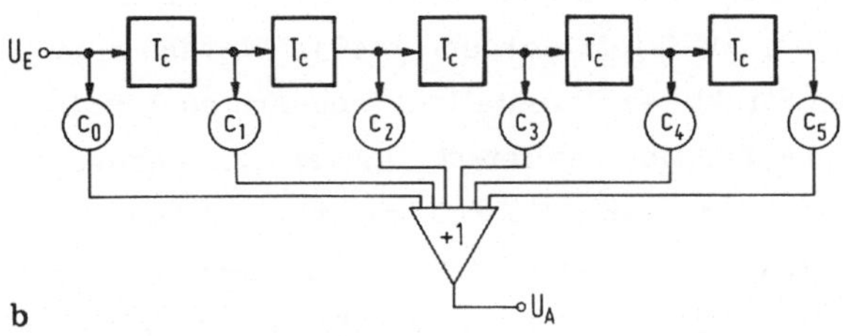

Bild **4.99**. Transversalfilter in Parallel Ein/Seriell-Aus- (a) und
Seriell-Ein/Parallel-Aus (b) Anordnung

bei den meisten Transversalfiltern die "Split-electrode"-Anordnung
durchgesetzt, da hier ein guter Kompromiß zwischen Aufwand und
Leistungsfähigkeit gefunden ist (Bild 4.100). Jede dritte Elektrode
beim Dreiphasen-CCD hat einen Spalt, dessen Abstand von der gedach-
ten Mittellinie des CCD-Kanals dem gewünschten Koeffizienten entspricht. Die obere Elektrodenfläche ist mit einer positiven Sammelschiene, die untere mit einer negativen Sammelschiene verbunden.
Beide Schienen werden über je einen Ladungsverstärker mit Takt Φ_R
getaktet [4.11].

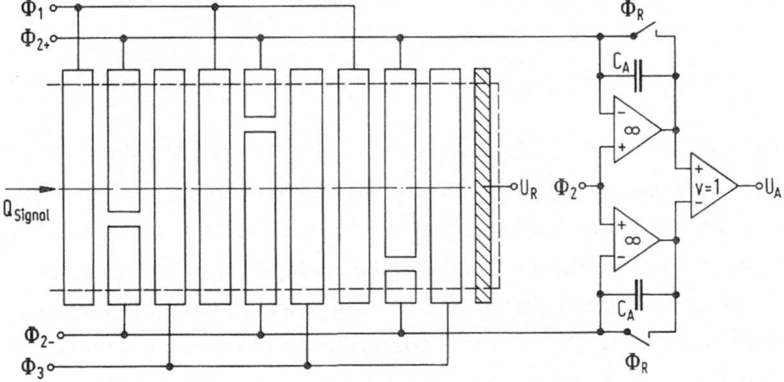

Bild 4.100. Ein mit "split-electrodes" aufgebautes Transversalfilter

Mit Transversalfiltern kann theoretisch jede beliebige Filterfunktion
approximiert werden, jedoch steigt der Aufwand beträchtlich, da sehr
viele Koeffizienten benötigt werden. Rekursive Filter, bei denen das
Ausgangssignal verzögert zu dem Eingangssignal addiert wird, bieten
wirtschaftlichere Lösungen [4.45].

Allerdings sind Arbeiten, das CCD auch für rekursive Strukturen an-
zuwenden, erst seit kurzem publiziert worden [4.46]. Werden nicht
nur wie bei transversalen Strukturen Nullstellen, sondern auch Pole
der komplexen Übertragungsfunktion realisiert, lassen sich engere
Toleranzschemata, insbesondere steile Übergänge zwischen Durchlaß-
und Sperrbereich, sowie höhere Sperrdämpfungen mit einem niedrigeren Filtergrad erreichen. Die für rekursive Strukturen prinzipiell
notwendige Rückkoppelschleife besteht in ihrer einfachsten passiven
Ausführungsform aus einem geschlossenen Ring - dem Resonator - von
n_R CCD-Elementen, die jeweils ein Ladungspaket um die Taktperiode
$T = 1/f_T$ verzögern. Sieht man noch Ein- und Auskoppelstellen am Ring
vor und führt über den Eingang ein mit der Taktfrequenz f_T abgetaste-
tes Wechselsignal der Frequenz f_S zu, so zeigen sich Resonanzeigen-
schaften. Bild 4.101 zeigt die Blockschaltung eines einfachen CCD-Resonators. Die gemäß der Eingangsspannung U_E modulierten Signalpa-
kete Q_E gelangen über eine CCD-Kette mit n_1 Elementen zu einer
Additionsstelle und werden dort mit dem im Ring über n_4 Elementen
von der Auskoppelstelle zurückgeführten Ladungspaketen vereinigt.
Nach n_2 Elementen spreizt sich der CCD-Kanal auf. Die Ladungen teilen sich entsprechend dem Verhältnis der gezeigten Kanalkapazitäten
C_1 und C_2 auf. Der Rückkopplungskoeffizient

$$K = \frac{C_2}{C_1 + C_2} \qquad (4.62)$$

ist prinzipiell kleiner als 1. Der Anteil (1 - K) der an der Verzwei-
gungsstelle eintreffenden Ladungspakete wird ausgekoppelt und über n_3
Elemente verzögert dem Ausgang zugeführt, der die Ladung Q_A entweder nach bekannten Prinzipien in eine Ausgangsspannung U_A wandelt
oder nur eine gedachte Schnittstelle zum folgenden Ladungsverarbeiten-
den Baustein darstellt. Die Analyse des einfachen Resonators führt mit
dem in Bild 4.101 angegebenen Bezeichnungen auf die Übertragungs-

funktion

$$G(z) = \frac{Q_A}{Q_E} = \frac{1 - K}{1 - Kz^{-n_R}} \cdot z^{-n_{EA}} \qquad (4.63)$$

bei idealer Ladungsübertragung. Für die 3-db-Bandbreite ergibt sich

$$\Delta f_{3db} = \frac{f_1}{\pi} \text{arc cos} \left[1 - \frac{(1 - K)^2}{2K} \right] \qquad (4.64)$$

wobei f_1 die 1. Resonanzfrequenz ($f_1 = f_T/n_R$) ist und K aus (4.62) bestimmt wird. Für Werte von $0,8 < K < 1$ vereinfacht sich (4.64) zu

$$\Delta f_{3db} \approx f_1 \frac{1 - K}{\pi\sqrt{K}} \cdot \qquad (4.65)$$

Berücksichtigt man den beim CCD immer vorhandenen Übertragungs-
verlust ε, so ergeben sich für die in der Praxis vorkommenden kleinen ε-Werte ($\varepsilon \ll 1$) geringe Verschiebungen der Resonanzfrequenz
und eine schwache Abnahme der belasteten Güte genüber dem Fall, bei
dem $\varepsilon = 0$ angenommen wurde. Das Chip eines einfachen CCD-Resonators sowie den gemessenen Dämpfungsverlauf zeigen die Bilder
4.102a und b.

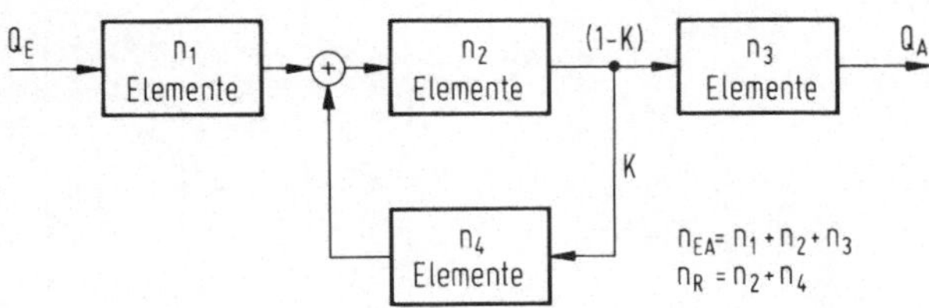

Bild 4.101. Blockschaltbild eines einfachen CCD-Resonators

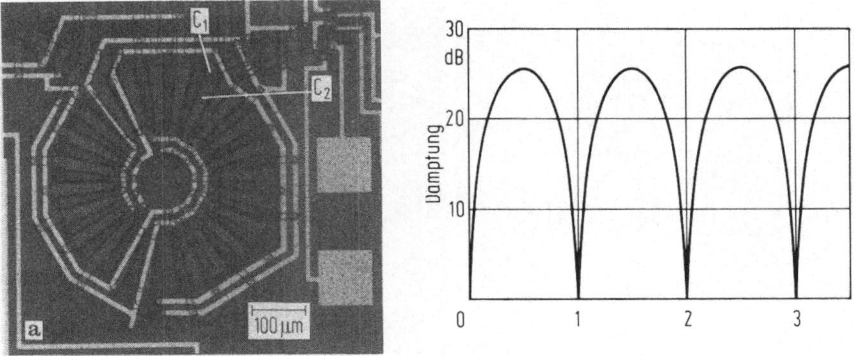

Bild 4.102. Chip (a) und gemessener Dämpfungsverlauf (b) eines
CCD-Resonators

Um komplexere Filterfunktionen zu realisieren, muß man mehrere solcher Resonatoren mit Transversalfiltern zusammenschalten [4.47]. Bild 4.103 zeigt ein komplexeres CCD-Resonatorfilter. In Bild 4.104a ist der Dämpfungsverlauf über den Frequenzbereich von 0 Hz bis 1 MHz dargestellt. Bild 4.104b zeigt den Dämpfungsverlauf im Bereich der Resonanzfrequenz von 131,85 kHz.

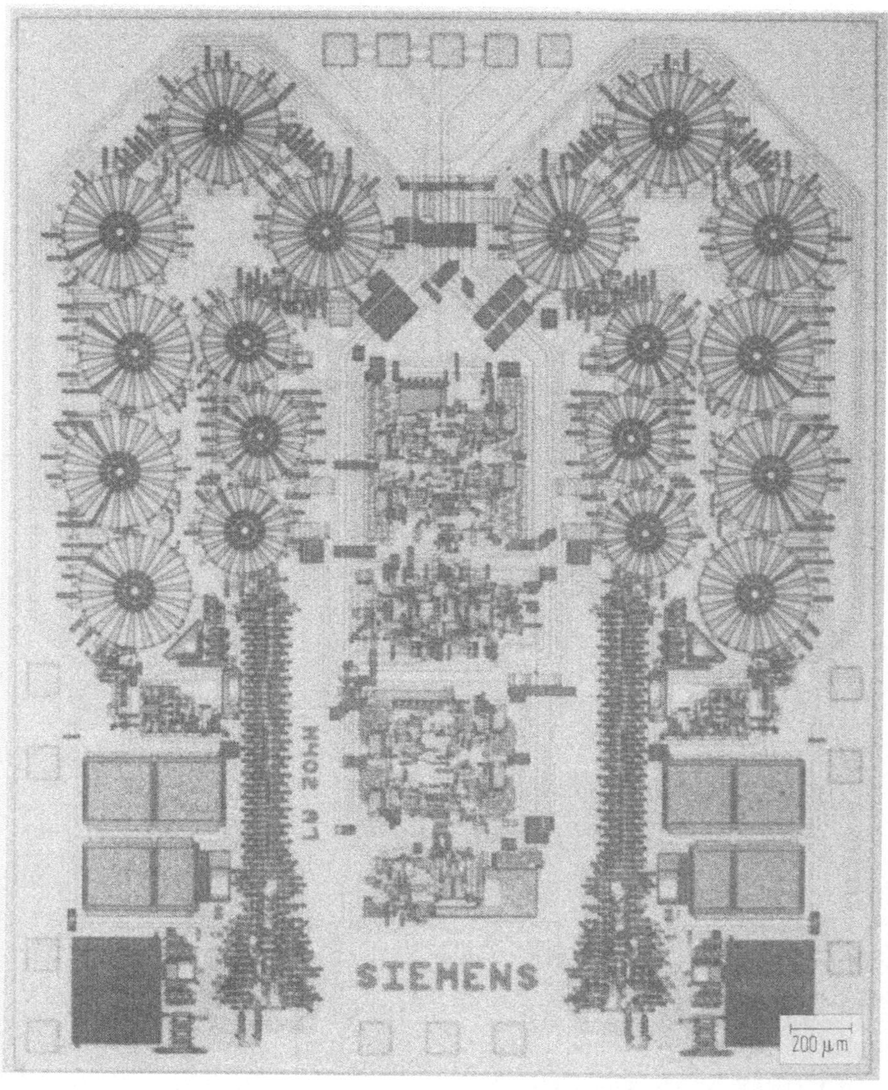

Bild 4.103. Filterchip mit zwei CCD-Signalfiltern sowie Takttreiber und Vorspannungserzeugung

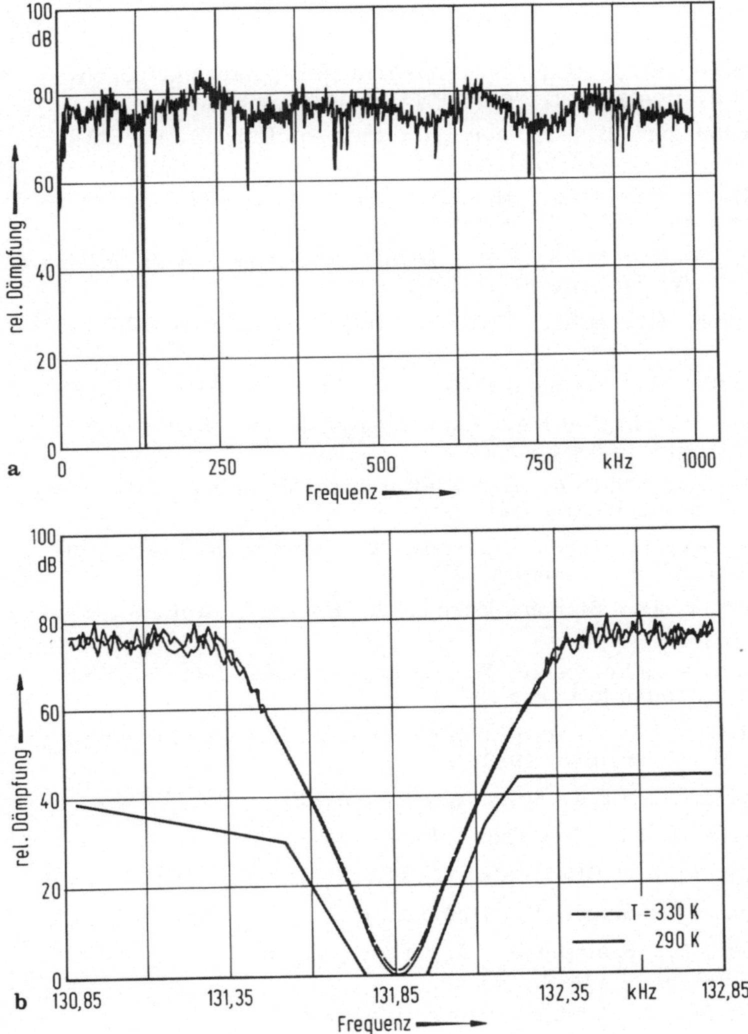

Bild 4.104. a) Gemessener Dämpfungsverlauf des Signalfilters nach
Bild 4.103; b) Durchlaßkurve im Bereich der Resonanzfrequenz

In diesem Abschnitt wurden einige Grundprinzipien von integrierten
MOS-Schaltungen für die Analogsignalverarbeitung erläutert. Es gibt
noch weitere MOS-Analogschaltungen (z.B. A/D-Wandler), die hier
nicht behandelt werden konnten. Der Leser sei hier auf die Fachlitera-
tur verwiesen, z.B. [4.41, 4.43].

Literatur zu 4

4.1. Rein, H.-M.; Ranft, R. : Integrierte Bipolarschaltungen. Berlin, Heidelberg, New York: Springer 1980

4.2. Meusburger, G.; Sigusch, R.: Siemens Forsch. u. Entwickl.-Ber. 5(1976) 332

4.3. Müller.; Pfleiderer, H.-J.; Stein, K.-U.: IEEE J. Solid State Circuits SC 11 (1976) 657

4.4. Carr, W.N.; Mize, J.P.: MOS/LSI: Design and application. New York: McGraw-Hill: 1972

4.5. Joynson, R., et al.: IEEE J. Solid State Circuits SC 7 (1972) 217

4.6. Wotruba, G.: Siemens Forsch. u. Entwickl.-Ber. 4 (1975) 207

4.7. Mano, M.: Digital logic and computer design. Englewood Cliffs: Prentice-Hall 1979

4.8. Taub, H.; Schilling, D.: Digital integrated electronics. New York: McGraw-Hill 1977

4.9. Reiß, K.; Liedl, H.; Spichall, W.: Integrierte Digitalbausteine. Berlin: Siemens 1970

4.10. Eichrodt, D.: Siemens Forsch. u. Entwickl.-Ber. 5 (1976) 324

4.11. Sequin, C.; Tompsett, M.: Charge transfer devices. New York: Academic Press 1975

4.12. Barbe, D.F.: Charge-coupled devices. Berlin, Heidelberg, New York: Springer 1980

4.13. Wen, D.: IEEE J. Solid State Circuits SC 9 (1974) 410

4.14. Capece, R.P.: Elektronik. H. 20 (1979) 39

4.15. Mitterer, R.: Elektronik. H. 11 (1977) 46

4.16. Adam, M.; Smith, S.: Comput. Des. (1979) 162

4.17. Heller, L.; Spampinato, D.; Yao, Y.: IEEE J. Solid State Circuits SC 11 (1976) 396

4.18. Geilhufe, M.: Compcon Spring (1979) 210

4.19. Kohonen, T.: Content-addressable memories. Berlin, Heidelberg, New York: Springer 1980

4.20. Schrader, L.; Meusburger, G.: IEEE J. Solid State Circuits SC 13 (1978) 345

4.21. Ziegler, J.F.; Lanford, W.A.: Science 206 (1979) 776

4.22. Stein, K.U.; Sihling, A.; Doering, E.: IEEE J. Solid State Circuits SC 7 (1972) 336

4.23. Barnes, J.J.; Chan, J.Y.: IEEE J. Solid State Circuits SC 15 (1980) 831

4.24. Foss, R.C.; Harland, R.: IEEE J. Solid State Circuits SC 10 (1975) 255

4.25. Horninger, K.: Elektrotechnik 61(1980) 14

4.26.   Höfflinger, B.: Großintegration. München: Oldenbourg 1978

4.27.   Mead, C.; Conway, L.: Introduction to VLSI systems.
Reading: Addison-Wesley 1980

4.28.   Mowle, F.J.: A systematic approach to digital logic design.
Reading: Addison-Wesley 1976

4.29.   Tietze, U.; Schenk, Ch.: Halbleiter-Schaltungstechnik, 5.
Aufl. Berlin, Heidelberg, New York: Springer 1980

4.30.   Martino, W.L. et al.: IEEE J. Solid State Circuits SC 15 (1980) 820

4.31.   Ablassmeier, U.: Übertragungseigenschaften von MOS-Eimer-
kettenschaltungen und ihre Berechnung mit Modellen. Diss.
Univ. Stuttgart 1976

4.32.   Proebster, W.E.: Digital memory and storage. Wiesbaden: Vieweg 1978

4.33.   Murphy, B.T.; Thomas, L.C.; MacRae, A.U.: Electronics
(Okt. 1981) 106

4.34.   Meyer, J.E.: RCA Rev. 32 (1971) 42

4.35.   Senderowicz, D.; Hodges, D.A.; Gray, P.R.: IEEE J.
Solid State Circuits SC 13 (1978) 760

4.36.   Müller, R.: Halbleiterelektronik, Bd. 2, 2. Aufl. Berlin,
Heidelberg, New York: Springer 1979

4.37.   Klar, H.; Mauthe, M.; Pfleiderer, H.-I.; Ulbrich, W.:
IEEE J. Solid State Circuits SC 16 (1981) 130

4.38.   McCharles, R.H.; Saletore, V.A.; Black, Jr. W. C.;
Hodges, D.A.: ISSCC (1977) 96

4.39.   Young, I.A.; Gray, P.R.; Hodges, D.A.: ISSCC (1977) 156

4.40.   Gray, P.R.; Meyer, R.G.: Analysis and design of analog
integrated circuits. New York: Wiley 1977

4.41.   Höfflinger, B.: Hochintegrierte analoge Schaltungen.
München: Oldenbourg (in Druck)

4.42.   Hosticka, B.J.; Brodersen, R.W.; Gray, P.R.: ISCAS (1977) 525

4.43.   Gray, P.R.; Hodges, D.A.; Brodersen, R.W.:
Analog MOS integrated circuits. New York: Wiley 1980

4.44.   Steinbuch, K.; Rupprecht, W.: Nachrichtentechnik, 2. Aufl.,
Berlin, Heidelberg, New York: Springer 1973. (3. Aufl. in
3 Bänden in Vorbereitung

4.45.   Klar, H.; Mauthe, M.; Pfleiderer, H.-J.; Ulbrich, W.:
Frequenz 35 (1981) 74

4.46.   Klar, H.; Mauthe, M.; Pfleiderer, H.-J.; Poenisch, O.;
Künemund, F.: ISCAS (1980) 1039

4.47.   Schreiber, R.; Feil, M.; Betzl, H.; Bardl, A.; Traub, K.:
IEEE J. Solid State Circuits SC 16 (1981) 125

4.48   Botchek, Ch.: MOS/LSI-Basic device design and integrated
circuit design. Saratoga: Botchek Ass., 1973

4.49   Armstrong, W.E.: IEEE J. Solid State Circuits SC 12 (1977) 382

4.50   Weste, N.; Eshraghian, K.: Principles of CMOS VLSI Design.
Reading: Addison-Wesley 1985

5 Entwurfstechnik für integrierte MOS-Schaltungen

Die Entwicklung und Herstellung einer integrierten Schaltung von der
Idee oder Spezifikation bis zum realisierten und gekapselten Chip läßt
sich in mehrere Arbeitsabläufe unterteilen. Diese sind der Reihe nach:

1 - Produktdefinition, Datenblatt
2 - Entwicklung, Berechnung und Optimierung der elektrischen
    Schaltung
3 - Geometrischer Entwurf (Layout) der Schaltung
4 - Herstellung der Masken
5 - Herstellung der Schaltung mit Hilfe der Masken
6 - Montage und Prüfung der Schaltung

In diesem Kapitel werden die Punkte 2 und 3, im nächsten Kapitel der
Punkt 6 beschrieben, während die Punkte 4 und 5 schon in früheren Kapiteln behandelt wurden. Punkt 1 (Produktdefinition) hängt von den speziellen Eigenschaften des Schaltkreises ab, und es wird hier nicht näher darauf eingegangen.

5.1 Rechnerunterstützte Analyseverfahren und -programme

In Kap. 2 sind die Grundgleichungen von MOS-Transistoren abgeleitet
und behandelt worden. Mit Hilfe dieser Gleichungen konnten dann im
Kap. 4 Kennlinien für das statische und dynamische Verhalten eines
einfachen Inverters berechnet werden. Hat man nun integrierte Schaltungen mit 100, 1000 oder gar 10 000 und mehr Transistoren, so ist
es nicht mehr möglich, solche Schaltungen ohne Rechnerunterstüzung
zu dimensionieren, zu berechnen und zu optimieren. Andererseits ist
die Entwicklung und Herstellung von komplexen LSI-Schaltungen eine

sehr teure und zeitraubende Arbeit, so daß eine genaue Simulation der
Schaltung vor der Herstellung viel Geld und auch Arbeit sparen kann.

Die Entwicklung von Programmen zur Simulation von integrierten
Schaltungen ist daher im Laufe der Jahre sehr stark vorangetrieben
worden und die unter dem Oberbegriff CAD (computer aided design)
zusammengefaßten Rechnerprogramme sind heute ein unerläßliches
Hilfsmittel bei der Entwicklung von hochintegrierten MOS-Bausteinen
[5.1, 5.2]. Der Einsatzbereich dieser einzelnen Programme reicht
von der Simulation einzelner technologischer Prozeßschritte bis zur
Simulation ganzer Rechnersysteme. Man kann diese Programme je
nach Verwendungszweck folgendermaßen einteilen:

Namen der Simulations-
programme, z.B.

- Prozeßsimulationsprogramm ("Process modelling")	SUPREM
- Schaltelementesimulationsprogramm ("Device modelling")	MINIMOS
- Netzwerkanalyseprogramm ("Circuit simulation")	SPICE
- Timing-Simulationsprogramm ("Timing simulation")	MOTIS
- Logiksimulationsprogramm ("Logic simulation")	TEGAS
- Registertransfersimulationsprogramm ("RTL simulation")	CAP

Es sollen nun diese Programme kurz erläutert werden:

Prozeßsimulationsprogramm

Mit Hilfe dieser Programme können verschiedene Vorgänge während
des technologischen Herstellungsprozesses berechnet werden. So kann
man z.B. das Dotierprofil von Implantationen nach einer Temperatur-
belastung berechnen. Neben Modellen für die Oxidation, Temperung und
Epitaxie bieten einige dieser Programme auch die Möglichkeit, Schicht-
widerstände und MOS-Schwellenspannungen zu berechnen. Beispiele für solche Programme sind SUPREM [5.3] und ICECREM [5.4].
Die Genauigkeit solcher Simulationen hängt immer auch von den gewähl-
ten Modellparametern ab, die ihrem Wesen nach Anpassungsparameter
sind. Um die Aussagekraft der Prozeßsimulation zu erhöhen, muß man
viel Arbeit in die experimentelle Bestimmung von Dotierprofilen stek-

ken. Diese Versuche werden dann spezifisch für die verwendete Technologie durchgeführt. Gerade bei der Entwicklung von hochintegrierten VLSI-Bausteinen mit Transistoren, die zwangsläufig Bauelemente mit geometrischen Minimalabmessungen in lateraler wie auch in vertikaler Dimension aufweisen, kommt der Prozeßsimulation zur Optimierung der Prozeßparameter gesteigerte Bedeutung zu. Mit solchen Programmen kann man sich teilweise den teuren und zeitaufwendigen Weg von Versuchsreihen sparen. Neben den Programmen für einzelne technologische Prozesse gibt es auch schon Simulationsprogramme für die Belichtung und Entwicklung des Fotolacks bei der Projektionsbelichtung. Als Ergebnis der Simulation erhält man die optischen Intensitätsverteilungen, die Photolackquerschnitte für verschiedene Entwicklungszeitpunkte und das resultierende Photolackprofil. An der Entwicklung von Simulationsprogrammen für die Ätzprozesse und Abscheideprozesse wird derzeit noch gearbeitet.

Schaltelementesimulationsprogramm

Ausgehend von den Prozeßdaten gelangt man zur Berechnung und Simulation eines einzelnen MOS-Transistors. Hierzu wird ein repräsentativer Querschnitt durch das zu simulierende Schaltelement gelegt, der mit Hilfe der geometrischen Daten aus der Topologie gewonnen wird. Die Dotierungsverteilung im Bauelement muß meßtechnisch erfaßt oder durch eine vorher durchgeführte Prozeßsimulation bestimmt werden. Weiterhin ist eine geeignete Diskretisierung der Struktur, im allgemeinen durch ein nicht äquidistantes Gitternetz, durchzuführen, und es sind die interessierenden Betriebsbedingungen durch Wahl der Potentiale an allen Metallkontakten vorzugeben [5.5, 5.6]. Mit Hilfe dieser Eingaben werden dann die Halbleitergleichungen (Poisson-Gleichung und Kontinuitätsgleichung der Elektronen und der Löcher für die zweidimensionale Anordnung) numerisch iterativ so lange gelöst, bis die Korrekturen der erhaltenen Zwischenlösungen kleiner als eine kleine vorgebbare Schranke geworden ist. Damit stehen Potential-, Löcher-, Elektronen-, Feld- und Stromverteilung etc. als Lösung bereit. Mit solchen Programmen können sowohl noch nicht realisierte Strukturen simuliert als auch vorhandene Strukturen optimiert werden. Da mit fortschreitender Verkleinerung die Eigenschaf-

ten der elektrischen Bauelemente zunehmend durch Effekte zweiter
Ordnung, wie z.B. mehrdimensionale Geometrie- und Bulkeffekte bestimmt werden, kommt den Schaltelementesimulationsprogrammen erhöhte Bedeutung zu. Die zweidimensionale Bauelementanalyse ist ein
überaus wertvolles Hilfsmittel, da sie einmal die Überprüfung von einfacheren Modellen und den zu ihrer Ableitung anzunehmenden Verein-
fachungen und Vernachlässigungen gestattet und zweitens auf neue ge-
rechtfertigte Ansätze für Modellentwicklungen, z.B. für Implementierung in Netzwerkanalyseprogrammen führt.

Netzwerkanalyseprogramm

Unter einer Netzwerkanalyse versteht man die analoge Simulation elektrischer Schaltungen, wobei die Wirkungsweise jedes Bauelements,
z.B. eines Transistors, durch ein möglichst genaues Modell nachge-
bildet wird [5.7]. Ein solches Modell kann ein physikalisches Modell
sein (die Modellparameter sind physikalische Größen, z.B. Beweglichkeit der Ladungsträger, Dotierung), ein mathematisches Modell
(z.B. durch Kurvenapproximation) oder ein Netzwerkmodell aus (mög-
licherweise nichtlinearen) Quellen, gesteuerten Quellen und passiven
Schaltelementen R, L, C.

Für konzentrierte Bauelemente gilt, daß ihre Modelle durch algebra-
ische Gleichungen und gewöhnliche Differentialgleichungen beschrieben
werden. Ausgehend von diesen Gleichungen läßt sich unter Verwendung
der Kirchhoffschen Regeln, welche die Zusammenschaltung der Elemente beschreiben, ein Gleichungssystem aufstellen, das im allgemeinen aus nichtlinearen gekoppelten Differentialgleichungen besteht
und mit Hilfe von numerischen Verfahren gelöst werden kann. Als Lösung des Gleichungssystems erhält man Potentiale von Netzwerkknoten
sowie die Ströme durch Spannungsquellen und stromgesteuerte Elemente. Mit Hilfe der Modellgleichungen der Elemente können daraus alle
interessierenden Ströme und Spannungen abgeleitet werden. Mit Hilfe
solcher Programme werden im allgemeinen Schaltungen bis zu einer
Größe von ca. 500 Transistoren simuliert. Hierbei ist man bestrebt,
das Transistormodell - bei entsprechender Genauigkeit - so einfach
wie möglich zu formulieren, um Rechenzeit zu sparen. Dadurch scheiden von vornherein mehrdimensionale Transistormodelle, wie sie in

der Schaltelementesimulation verwendet werden, völlig aus. Die verwendeten Modelle hängen auch vom Zweck der Analyse ab. Für eine Transientenanalyse benötigt man Großsignalmodelle. Eine Wechselstromanalyse wird mit Hilfe von Kleinsignalmodellen durchgeführt, die sich z.B. durch Linearisierung der Großsignalmodelle im Arbeitspunkt ableiten lassen. Ferner gibt es die Möglichkeit, zusätzliche Analysen wie z.B. Worst-Case-, Empfindlichkeits-, Toleranz-, Rausch- und Verzerrungsanalysen durchzuführen [5.8].

Da die Netzwerkanalyse eine der wichtigsten Hilfsmittel des IC-Entwicklers ist, soll an Hand eines einfachen Beispiels die Eingabe und Vorgehensweise bei dieser Art der Simulation genauer beschrieben werden. Das NAND-Gatter in Komplementär-Kanal-Technik wurde bereits im Abschn. 4.4 (Bild 4.30) erläutert. In Bild 5.1a ist diese Schaltung nochmals dargestellt, allerdings mit zusätzlichen, für die SPICE-Beschreibung notwendigen Daten. Es sind zunächst die Transistoren und die Knotenpunkte der Schaltung bezeichnet. Weiter ist am Ausgang der Schaltung eine Lastkapazität angeschlossen. Die W/L-Verhältnisse der Transistoren sind ebenfalls eingetragen. Auch die Knotenpunkte, an denen die Betriebsspannungen angeschlossen sind, werden bezeichnet, wobei der OV-Knoten immer mit der Zahl 0 besetzt ist. Die anderen Knotenpunkte können mit beliebigen Zahlen bezeichnet werden. Zunächst stellt der Entwickler seine Schaltung auf die oben angeführte Weise zusammen und trägt diese Zahlen in ein vom Programm SPICE vorgegebenem Eingabeschema ein. Der folgende Computerausdruck stellt die SPICE-Beschreibung des zwei-

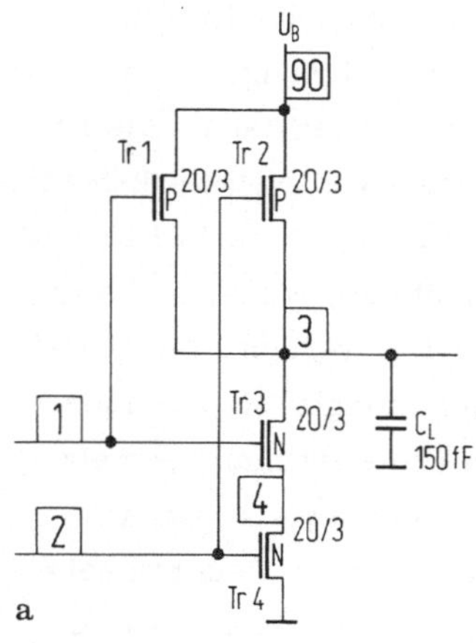

Bild 5.1. Schaltbild eines NAND-Gatters mit den für die SPICE-Beschreibung notwendigen Daten (a); sowie der dazugehörigen SPICE-Beschreibung (b)

```
$$$$  CMOS NAND GATTER CNAN
INPUT LISTING
***************************************************************


*       VDD =        0.500000E + 01V   VBG = 0.250000E + 01V
*       TOX =        0.400000E + 03A
*       CIRCUIT      = CNAN
*

*    ***   NODE CROSS REFERENCE TABLE
*
****        A1     3

****        E1     1

****        E2     2

****        VDD    90

****        BULK   99

****        GND    0

****        WELL   96
*

***    MOS ELEMENT DESCRIPTION

*
M0000001 3   1     90   99  TM2   W =  3.600E-05 L = 3.000E-06
+   AD = 3.060E-10 AS = 1.710 E-10 PD = 5.300E-05 PS = 9.500E-06

M0000002 3   2     90   99 TM2   W =  3.600E-05 L = 3.000E-06
+   AD = 3.060E-10 AS = 1.710E-10 PD = 5.300E-05 PS = 9.500 E-06

M0000003    4   1   3   96    TM1  W = 2.000E-05 L = 3.000E-06
+   AD = 1.700E-10 AS = 9.500 E-11 PD = = 3.700E-05 PS = 9.500E-06

M0000004    4   2   0   96    TM1  W = 2.000E-05 L = 3.000E-06
+   AD = 1.700E-10 AS = 9.500E-11 PD = 3.700 E-05 PS = 9.500E-06


              PARASITIC CAPACITANCE DESCRIPTIONS

*
CW2            96          99           1.632E-13
CP3            3           99           3.909E-14
CP4            2           99           4.371E-14
CM5            3           99           3.930E-14
CI7            96          3            5.452E-14
CI8            1           96           4.940E-14
*

***            PARAMETERSÄTZE FÜR DIE TRANSISTOREN:

***************************************************************
* NMOS4     PMOS4      PARAMETERSATZ # 8
***************************************************************

*

.MODEL TM1 NMOS4 UTO = a KO = bE-6 PHI = cF = d LO = eA = f
+ G = g H = h COX = iE-3 RSH = j CJ = kE-3 CJSW = IE-9 LUD = mU
+ MJSW = n IS = o IS = p OF = q
.MODEL TM2 PMOS4 UTO = a´KO = b´E-6 PHI = c´F = d´LO = e´A = f´
+ G = g´H = h´COX = i´E-3 RSH j´CJ = k´E-3 CJSW = I´E-9 LUD = m´U
+ MJSW = n´JS = o´IS = p´E-q´

BESCHREIBUNG DES SIMULATIONSERGEBNISSES:
.PLOT TRAN V(1/E1) V(3/A1) (-0.5,5.5)
*

***              EINGANGSBELEGUNG:
*
.TRAN 0. 4233NS 50NS
VD 1 0 VD 2 0 DC 5.0 PWL (0 0 4N 0 8N 5 18N 5 22N C 35N 0)
*

***   LAST:
*
CL1       3          0          150 F
*

***              WANNEN-SPANNUNG:
VWELL 96 0 DC 0V
*

***              SUBSTRAT-SPANNUNG:
*
VBULK 99 0 DC 5V
*

***              VERSORGUNGSSPANNUNG:
*
VDD 90 0 DC 5V
*

END
```

5.1b

fachen NAND-Gatters dar (Bild 5.1b). Die Kommentare zu den Abschnitten
sind in den Zeilen abgelegt, die mit einem Sternchen anfangen.

Die Größe der parasitären Kapazitäten und Widerstände (z.B. von Verbindungsleitungen) erhält man aus dem geometrischen Entwurf (Layout)
und den Prozeßparametern der Schaltung. Meist ist die Berechnung und
der Entwurf einer Schaltung ein iterativer Vorgang, d.h. nach einer
groben Dimensionierung der Einzelelemente wird die Schaltung simuliert und bei richtigem Funktionieren der Entwurf gemacht. Mit den
zusätzlichen, aus dem Layout gewonnenen Daten wird nun die Schaltung nochmals berechnet und eventuell die Dimensionierung den neu-
en Verhältnissen entsprechend geändert.

Wie bereits im Abschn. 2 aufgeführt, müssen bei dem Entwurf und
der Schaltungsdimensionierung die Umgebungstemperatur und der
Spannungsbereich, in dem die Schaltung die Spezifikationen voll erfüllen soll, mit berücksichtigt werden. Dies kann durch Setzen eines
Temperaturparameters sowie der Simulation der Schaltung mit verschiedenen Betriebsspannungen (z.B. 5 V ± 10 %) in SPICE durchgeführt werden. Weiter müssen auch die bei der Herstellung von integrierten Schaltungen unweigerlich auftretenden Parameterschwankun-
gen der Transistoren in die Berechnung eingehen. Diese Parameter-
schwankungen werden für eine bestimmte Technologie festgelegt und
helfen dem IC-Entwickler, seine Schaltung so zu entwerfen, daß sie
innerhalb des Spannungs-, Temperatur- und Parameterbereichs die
geforderten Spezifikationen noch einhält.

Als grobe Richtzahl kann man sich folgendes merken: Eine CMOS-
Schaltung wird für 5 V, Zimmertemperatur und typischen Parametern entworfen. Betreibt man diese Schaltung bei 4,5 V und 100°C
und sind die Parameter an der Grenze des noch tolerierbaren, so
wird diese Schaltung um den Faktor 2 bis 3 mal langsamer in seiner
Laufzeit sein.

<u>Logiksimulationsprogramm</u>

Bei der Logiksimulation wird nicht wie bei der Schaltkreissimulation
von einzelnen Bauelementen ausgegangen, sondern von digitalen Schalt-

elementen (Gattern) oder größeren Funktionseinheiten wie z.B. Flipflops, logische Gatter oder Speicher [5.9]. Das Übertragungsverhal-
ten dieser Elemente wird durch Tabellen oder Funktionen beschrieben,
die anstelle von Strömen und Spannungen Pegel (0 und 1) oder Zustände (X: undefiniert, Z: hochohmig) enthalten. Bei der Logiksimulation
einer digitalen Schaltung werden diese Elementetabellen gemäß der Zusammenschaltung der Elemente miteinander verknüpft, so daß der
zeitliche Verlauf der logischen Pegel an definierten Schaltungspunkten
ermittelt wird. Zur Erhöhung der Simulationsgeschwindigkeit werden
dabei nur diejenigen Elemente betrachtet, bei denen sich eine Ein-
gangs- oder Ausgangsgröße ändert. Damit die Analyse die interessierenden Schaltzeitpunkte hinreichend genau ermittelt, müssen die Lauf-
zeiten durch Gatter und Funktionseinheiten sowie die Signallaufzeiten
auf den Leitungen berücksichtigt werden. Da bei der Logiksimulation
keine Gleichungssysteme gelöst, sondern Listen verarbeitet werden,
läßt sich gegenüber der Netzwerkanalyse eine Geschwindigkeitssteige-
rung um 3 bis 4 Größenordnungen bei einer großen Speicherplatzre-
duzierung erreichen. Logiksimulatoren werden deshalb zur Zeit für
die Analyse digitaler Schaltungen bis zu etwa 10^5 Gatterfunktionen,
in Zukunft etwa 10^6, eingesetzt. Als Ergebnis werden Pegel sowie un-
definierte und hochohmige Zustände in Signaldiagrammen ausgegeben
[4.10].

Timing-Simulationsprogramm

Für die vollständige Simulation hochintegrierter digitaler Schaltungen,
die z.B. in MOS-Technik hergestellt werden, ist die Netzwerksimulation zu aufwendig (und damit zu teuer), die Logiksimulation aber in
vielen Fällen zu ungenau. Aus diesem Grund wird seit einigen Jahren
an der Entwicklung von "Timing"-Simulatoren gearbeitet, die speziell
für die analoge Analyse integrierter MOS-Schaltungen eingesetzt werden können [5.11]. Eine "Timing"-Simulation ist im wesentlichen eine
Netzwerksimulation mit vereinfachten Modellen. Eine Schaltungsstufe
wird entweder durch einen einzelnen MOS-Transistor (z.B. als Transfergatter) oder durch einen größeren Schaltungskomplex gebildet, für
den es ein Makromodell gibt. Solche Makromodelle beschreiben das
Verhalten eines Schaltungskomplexes mit weniger Parametern, als zur

Beschreibung der Bauelemente dieser Schaltung benötigt wurde. Durch
eine Tabellentechnik wird die aufwendige Auswertung der nichtlinearen
Modellgleichungen vermieden. Zusammen mit der Bildung von Makro-
modellen wird so im Vergleich zur Netzwerksimulation eine Rechen-
zeitverkürzung um 1 bis 2 Größenordnungen bei einer Reduzierung
des Speicherplatzbedarfs erreicht [5.12]. Es wird deshalb sinnvoll
sein, Timing-Simulatoren zur Analyse von Schaltungen bis zu etwa
1000 Schaltungsstufen einzusetzen. Die erreichte Genauigkeit ist aufgrund der oben beschriebenen Näherungen im Vergleich zur Schaltkreissimulation reduziert aber besser als bei einer Logiksimulation.

Registertransfersimulationsprogramm (RTS)

Bei der RT-Simulation wird rein funktionell simuliert, das Schaltungs-
modell ist weitgehend unabhängig von der physikalischen Realisierung.
Es entspricht etwa der Darstellung in einem Blockschaltbild. Diese
Blöcke sind z.B. Register, ALU, Schieberegister oder Zähler. Ob-
jekte der Simulation sind in der Regel ganze Systeme oder Subsysteme,
z.B. Mikroprozessoren.

Das Erstellen des Schaltungsmodells erfordert sowohl die Beschreibung des funktionellen Verhaltens der Blöcke als auch die Beschreibung der Verbindungen dieser Blöcke untereinander mit einer Register-
transfersprache. Die RT-Simulation ist besonders bei der Entwicklung
von Rechnerarchitekturen von Bedeutung [5.13].

Dieser Abschnitt konnte naturgemäß nur einen ganz kurzen Überblick
über die CAD-Verfahren bringen, ohne die die heutigen hochkomplexen
integrierten Schaltungen nicht mehr entwickelt werden können. Bei jedem einzelnen dieser Programme werden ständig Verbesserungen und
Ergänzungen vorgenommen, da sie eine wesentliche Voraussetzung
für die Entwicklung von zunehmend größeren und komplexeren IC's
(VLSI-Schaltungen) bilden. Als nächstes Ziel sieht man ein Pro-
grammpaket, bei dem die Ergebnisse der einzelnen Programme gleich
als Eingabe für das Programm der nächsthöheren Komplexität verwendet werden können.

5.2 Entwurfsunterlagen

Der elektrische Entwurf einer integrierten MOS-Schaltung beginnt mit
der Aufgabenstellung. In der einfachsten Form liegt sie in einer Wahrheitstabelle vor, wenn ein Logikschaltkreis hergestellt werden soll.
Daraus wird ein Logikplan entwickelt, in dem die in Kap. 4 genannten
Grundschaltungen, z.B. NOR- oder NAND-Gatter die Elemente bilden.

Besitzt man die räumlichen Abmessungen der Elemente, dann läßt sich
aus ihnen zusammen mit den Bahnen für die Verbindungsleitungen die
Topographie der Gesamtschaltung, d.h. die räumliche Anordnung auf
dem Halbleiterchip, entwerfen.

Bevor diese Topographie der Schaltung in Angriff genommen werden
kann, muß der Entwickler wissen, in welcher Technologie der Schaltkreis später gefertigt werden soll und welche Entwurfsunterlagen er
verwenden muß. Jedes Technologielabor bzw. jeder Halbleiterhersteller hat Entwurfsunterlagen, nach denen die Schaltungen entworfen werden können. Diese Entwurfsunterlagen legen die minimalen Abmessungen und Abstände von Diffusionsgebieten, Polysilizium- und Aluminiumbahnen sowie von Kontaktlöchern fest. Auch die erforderlichen
Überlappungen (z.B. Aluminium über Kontaktloch) werden mit diesen
Regeln festgelegt. Diese Entwurfsunterlagen sollen einerseits so grob
sein, daß der Schaltkreis mit hoher Ausbeute gefertigt werden kann,
andererseits jedoch so fein, daß die Fläche für eine bestimmte Schaltung möglichst klein ist und somit möglichst viele Schaltungen auf einer
Scheibe (in einem Arbeitsgang) hergestellt werden können. Hier müssen Schaltungsentwickler und Technologen bei dem Entstehen von Entwurfsunterlagen eng zusammenarbeiten. Überdies sollen die Entwurfsunterlagen möglichst in jeder Ebene denselben Schwierigkeitsgrad für
die technologische Herstellung haben. Weiterhin muß auch von Seiten
der Maskenhersteller gewährleistet sein, daß die Strukturen auf der
Maske mit genügend hoher Genauigkeit hergestellt werden können.
Überdies müssen die Entwurfsunterlagen auch noch die Ungenauigkeit
der Justierung der Maske auf der Siliziumscheibe berücksichtigen.

Unter Zuhilfenahme dieser Komponenten sind die Entwurfsregeln für
den Entwurf integrierter MOS-Schaltungen entstanden. Die Tabelle 5.1

gibt als Beispiel die Entwurfsregeln für die n-MOS-Silizium-Gate-Technik bei 15 V Betriebsspannung und einer p-dotierten Si-Scheibe von 2 $\Omega \cdot$ cm wieder. Die Entwurfsregeln enthalten auch die Zeichensymbole für die verschiedenen Masken. Einer mit diesen Symbolen gezeich-

Tabelle 5.1. Entwurfsregeln für n-Kanal-Silizium-Gate-Prozeß

A) Dünnoxidbereiche (Maske a)
    (Diffusionsgebiete + Gate-Bereiche)

    Minimale Streifenbreite: 6 μm
    Minimaler Streifenabstand: 15 μm

B) Polysilizium (Gate-Elektrode) (Maske c)

    Minimale Breite: 6 μm
    Minimale Überlappung in Kanalweitenrichtung über Dick-
      oxidkante (Endkappe): 4 μm
    Minimaler Abstand: 12 μm

C) Kontaktlöcher (Maske d)

    Minimale Maße: 12,5 x 17,5 μm^2
    Minimale Überlappung Kontaktloch-Diffusion: 2,5 μm
    Minimale Überlappung Kontaktloch-Polysilizium: 2,5 μm
    Minimaler Abstand zu unabhängigem Gate: 8 μm

D) Metallbahnen (Maske e)

    Minimale Breite: 10 μm
    Minimaler Abstand: 10 μm
    Minimale Überlappung über Kontaktloch: 2,5 μm

E) Anschlußflecken

    Minimalgröße: 125 x 125 μm^2
    Minimalabstand: 100 μm

F) Löcher im Schutzoxid
    7,5 μm innerhalb Anschlußflecken

G) Ritzrahmen-Breite: 50 μm

neten Topographie lassen sich dann die Vorlagen für die einzelnen Masken entnehmen.

Die kleinsten Abmessungen zwischen den Diffusionsgebieten sind durch die maximale Betriebsspannung bestimmt. Die kleinste Breite und die Überlappung sind durch die Ungenauigkeit von Masken und Justierung gegeben. Die kleinsten Abmessungen der Kontaktfenster, also der Löcher im SiO_2, soll ein sicheres Ausätzen der Si-Kontaktfläche unter Berücksichtigung der Ätzflüssigkeit gewährleisten.

5.3 Geometrischer Entwurf (Layout)

5.3.1 Erstellung des Layouts

Nachdem die Schaltung erstellt wurde (Bilder 5.2a und 5.3a), wird ein sog. "Stick-Diagramm" [5.14] (Grobtopographie) entworfen (Bilder 5.2b und 5.3b), in dem man die ungefähre Lage der Einzeltransistoren festlegt und bestimmt, welche elektrischen Verbindungen über Diffusionsgebiete, welche über Aluminiumbahnen erfolgen sollen. Die durchgezogenen Linien bezeichnen Diffusionsgebiete, die gestrichelten Linien sind die Polysiliziumbahnen und die strichpunktierten Linien die aufgedampften Metallbahnen. Die Punkte stellen die Verbindung von den Diffusions- und Polysiliziumgebieten mit den Leitungsbahnen dar. Eine der wichtigsten Aufgaben beim Zeichnen des "Stick-Diagramms" ist die Anordnung von Überkreuzungen:

Wo eine ausgezogene Linie eine gestrichelte kreuzt, befindet sich ein Transistor. Weder kann eine gestrichelte eine gestrichelte noch eine ausgezogene eine ausgezogene Linie kreuzen (zwei unabhängige Diffusionsgebiete dürfen sich nicht kreuzen!).

Anschließend sind die Werte von W/L für die einzelnen Transistoren festzulegen. Für den Schalttransistor des NOR-Gatters wählen wir wie in Abschn. 4.1 $W_S/L_S = 5$, für den Lasttransistor dagegen $W_L/L_L = 0{,}5$. Damit ergibt sich $\beta_R = 10$. Mit diesen Zahlen und den Entwurfsregeln in Tabelle 5.1 läßt sich dann die Feintopographie in Bild 5.2c

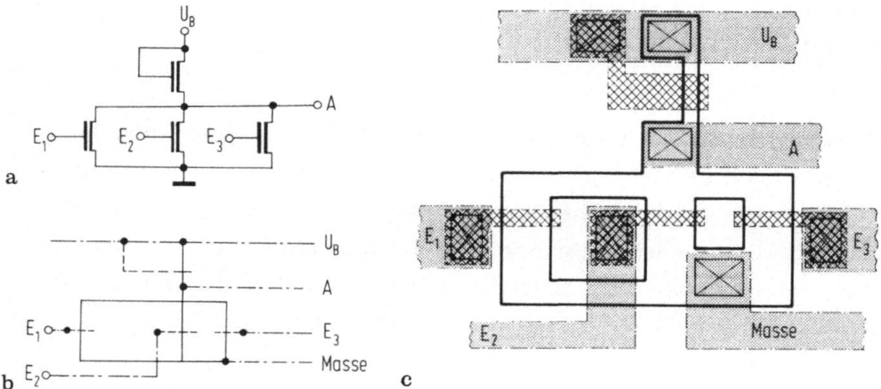

Bild 5.2. Schaltbild eines NOR-Gatters mit drei Eingängen (a), das dazugehörige "Stick-Diagramm" (b) und der komplette Entwurf (Layout) des Gatters (c) im Maßstab 500:1

herstellen. Hierbei ist die Unterdiffusion unter das Gate-Oxid von 1,0 µm pro Kante berücksichtigt.

Beim Anfertigen der Feintopographie des NAND-Gatters in Bild 5.3c ist zu berücksichtigen, daß die drei Schalttransistoren in Reihe zusammen ein W/L-Verhältnis von 5 besitzen müssen. Demnach gilt für den einzelnen Schalttransistor: W/L = 15 (Gl. (4.39)). Aus dem Vergleich von Bild 5.2b mit Bild 5.3b ergibt sich, daß, wie vorher schon erwähnt, das NAND-Gatter meist eine größere Fläche als das NOR-Gatter beansprucht.

Der nächste Schritt besteht darin, daß man aus der Feintopographie die Kapazitäten, insbesondere die parasitären, entnimmt, um die Schaltzeiten zu berechnen. Folgende spezifische Kapazitäten sind dabei zu verwenden:

a) Dickoxid: $C_T = 2,7 \cdot 10^{-13}$ F/m^2 = $2,7 \cdot 10^{-5}$ pF/µm^2.
   Ein Metall- oder Polysiliziumstreifen von 10 µm Breite und 100 µm Länge hat also gegenüber dem Substrat eine Kapazität von $2,7 \cdot 10^{-2}$ pF.

b) Dünnoxid: $C_{ox} = 10 \cdot C_T = 2,7 \cdot 10^{-12}$ F/m^2 = $2,7 \cdot 10^{-4}$ pF/µm^2.

c) pn-Übergang: $C_{pn} = 8 \cdot 10^{-5}$ pF/μm^2 bei 0 V,
$\phantom{c) pn-Übergang: C_{pn}} = 2,5 \cdot 10^{-5}$ pF/μm^2 bei 10 V.

Aufgrund der Schaltzeitanalyse kann es notwendig sein, die Anordnung zu ändern, um die Werte der einzelnen Kapazitäten oder die Transistorgrößen zu ändern, um höhere Lastkapazitäten zu treiben. Sowohl das "Stick-Diagramm" als auch die Feintopographie gewinnen an Übersichtlichkeit, wenn man für die einzelnen Ebenen unterschiedliche Farben verwendet.

Das Layout eines Festwertspeichers (ROM) zeigt Bild 5.4. Die Wortleitungen G1 bis G3 aus Polysilizium laufen von links nach rechts, die Ausgangsleitungen Aus 1 und Aus 2 in Aluminium von oben nach unten. Die Masseleitung ist für zwei Wortleitungen zusammengefaßt und läuft als diffundiertes Gebiet parallel zu den Wortleitungen. Dort wo kein Transistor gebildet werden soll, fehlt das Dünnoxidgebiet zwischen Masse und Ausgangsleitung, z.B. zwischen Wortleitung G2 und Ausgang Aus 1. Die Wortleitung läuft hier über Dickoxid. Das Schaltbild zu diesem Layout zeigt Bild 4.75. Die Lastelemente sind im Layout nicht eingezeichnet. Sämtliche Massegebiete werden außerhalb des Matrixfeldes mit Kontaktlöchern versehen und mit Aluminiumleitungen verbunden.

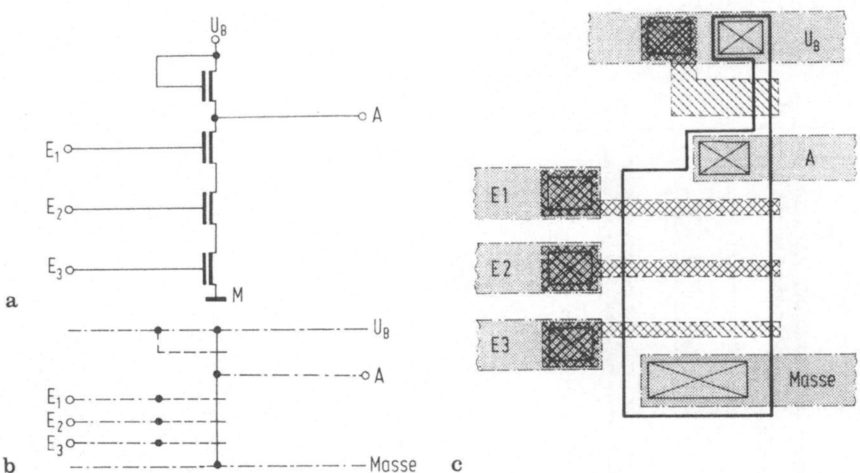

Bild 5.3. Schaltbild eines NAND-Gatters mit drei Eingängen (a), das dazugehörige "Stick-Diagramm" (b) und der komplette Entwurf (Layout) des Gatters (c) im Maßstab 500:1

Als weiteres Beispiel für ein Layout zeigt Bild 5.5 den Entwurf einer statischen Sechs-Transistor-Zelle nach Bild 4.73a. Die Masseleitung läuft von oben nach unten in der Mitte der Zelle, links und rechts davon die Datenleitungen D und $\overline{D}$, alle in Aluminium. Die Wortleitung W ist senkrecht zu den Datenleitungen angeordnet und wird in Polysilizium geführt. Dadurch werden auch gleich die beiden Auswahltransistoren Tr1 und Tr2 gebildet. Die Lasttransistoren Tr5 und Tr6 sind so lang und schmal (kleines β) wie möglich, um eine geringe Ver-

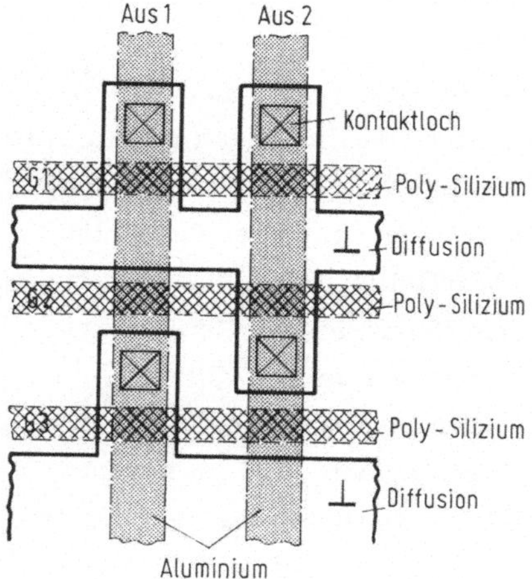

Bild 5.4. Ausschnitt aus dem Entwurf (Layout) einer Festwertspeicher (ROM)-Matrix

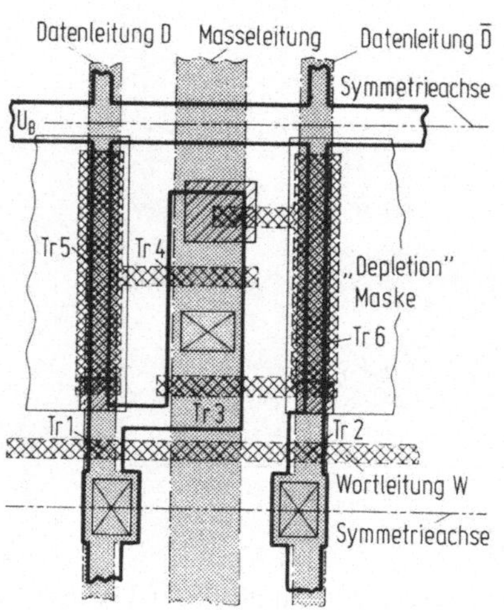

Bild 5.5. Entwurf (Layout) einer statischen Sechs-Transistor-Zelle

lustleistung zu erzielen. Die dünn ausgezogene Berandung in den Lastelementen ist die Maske, mit deren Hilfe die Einsatzspannung der
"Depletion"-Transistoren eingestellt wird. Die in Bild 5.5 eingezeich-
nete "Depletion"-Maske umfaßt zwei nebeneinanderliegende Lastelemente, allerdings von verschiedenen Speicherzellen. Als weitere
Maske, die nicht in der Tabelle 5.1 aufgeführt ist, wird hier auch noch
eine Maske für den direkten Kontakt von Polysilizium auf einkristallines
Silizium benützt (im engl. auch oft "buried contact" genannt). Es sind
dies die schraffierten Rechtecke, mit denen die Gate-Elektroden der
Lasttransistoren mit ihrer Source-Elektrode verbunden werden. Ein
weiterer Kontakt dieser Art wird für die Kreuzkopplung verwendet
(Anschluß der Gate-Elektroden von Tr3 und Tr6 an die Drain-Elektrode von Tr4). Der Anschluß der Versorgungsspannung U_B läuft als
diffundiertes Gebiet senkrecht zur Masseleitung. Die Leitung für die
Versorgungsspannung und die Kontaktlöcher für die Datenleitungen werden immer für zwei aneinanderliegende Zellen doppelt ausgenutzt (Sym-
metrieachsen 1 und 2). In horizontaler Richtung werden die Zellen
im Minimalabstand aneinandergereiht.

Das Layout einer Sechs-Transistor-Zelle in Komplementär-Kanal-
Technik zeigt das Bild 5.6. Die Zelle hat zwei p-Kanal- und vier
n-Kanal-Transistoren. Die n-Kanal-Transistoren sind durch das
Rechteck eingeschlossen, die Transistoren liegen alle in der gleichen
p-Wanne. Für den geometrischen Entwurf von Komplementär-Kanal-
Schaltungen müssen weitere Regeln eingehalten werden um das ge-
fürchtete "latch-up" gering zu halten. Einige dieser Regeln sind
[5.16]:

- Jede Wanne muß möglichst oft mit niederohmigen Kontakten an eine
  der Betriebsspannungen angeschlossen werden (an Masse bei p-Wan-
  nen-, an + 5 V bei n-Wannen-Technik).

- Gleiches gilt für das Substratgebiet (einfache Regel: ein Substratkontakt für ca. 5 bis 10 Transistoren).

- Möglichst oft sind die Source-Gebiete der Transistoren unmittelbar
  mit Wanne oder Substrat zu verbinden.

- Bei Ausgangstreibern, bei denen die Gefahr des "latch-up" besonders hoch ist, sollten zusätzliche Maßnahmen wie erhöhter

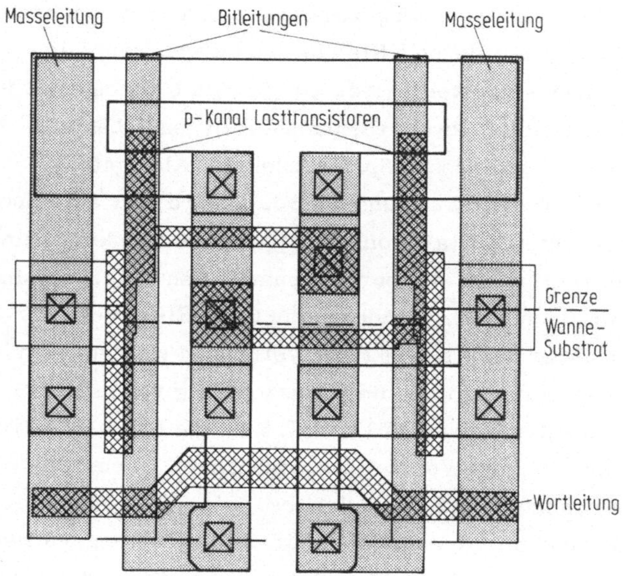

Bild 5.6. Entwurf (Layout) einer statischen Sechs-Transistor-Zelle in Komplementär-Kanal-Technik.

n^+/p^+-Abstand sowie geeignete Diffusionsringe ("guard rings") um die einzelnen (je einen um den p-Kanal und einen um den n-Kanal Transistor) Transistoren gelegt werden [5.16].

Bei Ausgangstreibern und anderen Schaltungen, die viel Strom führen, muß bei der Dimensionierung der Metallleitungen auch noch der Effekt der Elektromigration ("electromigration") [5.17] mitberücksichtigt werden. Überschreitet die Stromdichte in den Leiterbahnen auf dem IC einen bestimmten Wert, so erfolgt ein Materialtransport in den Leiterbahnen. Bei Verengungen dieser Leiterbahnen führt dies zu einem Durchtrennen der Bahn und somit zu einer Unterbrechung. Generell sollte man bei 1 μm dicken Al-Leitungen pro 1 mA Strom 1 μm Leiterbahnbreite vorsehen. Die genauen Zahlen müssen jeweils von der eingesetzten Technologie vorgegeben und vom Schaltungsentwickler mitberücksichtigt werden. Diese genannten Richtwerte gelten für Gleichstrom, bei pulsierendem Gleichstrom sind modifizierte Werte zu verwenden.

Im vorhergehenden Abschn. 5.3.1 wurde der Weg beschrieben, wie
man kleinere Schaltungen entwirft. Hat man jedoch die Aufgabe, LSI-
oder gar VLSI-Schaltungen mit bis zu oder sogar mehr als 100000 Transistoren zu entwerfen, so ist es zeitlich gar nicht mehr möglich, alle
diese Transistoren per Hand zu zeichnen. Will man Speicherbausteine
entwerfen, so genügt es z.B., nur eine Zelle zu zeichnen und zu optimieren, die restlichen identischen Zellen jedoch alle vom Rechner
zeichnen zu lassen. Ähnlich kann man beim Wortdekoder oder Leseverstärker verfahren. Will man jedoch Logikschaltkreise entwerfen,
die in ihrer Struktur viel unregelmäßiger sind als Speicherschaltkrei-
se, so arbeitet man oft mit den Standard-Zellen- oder einem allgemeinen Zellenkonzept (Erläuterung s. Kap. 6). Ein weiteres Hilfsmittel
sind Programme, die aus einem vorgegebenen "Stick-Diagramm" das
vollständige Layout ausführen. Die Entwurfsunterlagen sind hierbei im
Rechner gespeichert und werden vom Programm berücksichtigt. Obwohl solche Programme derzeit erst für kleine Schaltungen existieren
(50 bis 100 Transistoren), werden diese Hilfsmittel in Zukunft in
noch stärkerem Maße Verwendung finden [5.15].

Ein weiteres wichtiges Hilfsmittel für die Erstellung eines fehlerfrei-
en Layouts ist die Layout-Verifizierung. Hier muß man zwischen der
Prüfung auf Einhaltung rein geometrischer Entwurfsregeln (z.B. Min-
destbreiten, Mindestabstände), der Prüfung auf Korrespondenz zwischen Layout und Stromlaufplan (Verdrahtungsprüfung) und der Prüfung auf Einhaltung geometrisch-elektrischer Regeln (Schaltkreisre-
geln, z.B. Übersprechen) unterscheiden. Für alle diese Prüfungen
gibt es Prüfprogramme oder es sind welche in Arbeit.

5.4 Datenaufnahme

Die in den Abschn. 5.1 und 5.3 beschriebenen Programme sind Hilfsmittel für den Schaltungsentwickler. Sind nun die Berechnungen abgeschlossen, so muß die Schaltung, die jetzt topographisch vorliegt, di-
gitalisiert und diese Daten in einer vorgeschriebenen Form zusammengefaßt werden. Darunter versteht man, daß z.B. ein Rechteck in Bild

5.2 mit Hilfe seines linken unteren Eckpunktes sowie seiner Höhe und
Breite beschrieben wird. Man kann nun neben Rechtecken auch Poly-
gone und Dreiecke beschreiben, und zwar getrennt für jede Maskenebe-
ne. Die Datenaufnahme erfolgt entweder von Hand oder, wie heute
meist mit Hilfe von rechnerunterstüzten Datenerfassungsplätzen. Sind
nun von einer Schaltung die topologischen Daten aufgenommen worden,
so muß man kontrollieren können, ob die Aufnahme auch richtig erfolgt
ist. Zu diesem Zweck werden die Daten einem rechnergesteuerten
Zeichentisch eingegeben, der dann die Schaltung in den Konturen zeichnet. Nach der Überprüfung der Zeichnung werden die Daten an den
Maskenhersteller weitergeleitet.

Literatur zu 5

5.1.   Calahan, D.: Rechnerunterstüzter Schaltungsentwurf. Mün-
        chen: Oldenbourg 1973

5.2.   Herskowitz, G.J.: Computer-aided integrated circuit design.
        New York: McGraw-Hill 1968

5.3.   Antoniadis, D.A., et al.: Tech. Rep. Nr. 5019-2, Stanford
        University 1978

5.4.   Ryssel, H., et al.: Diffusionsmechanismen in Halbleitern.
        Forschungsber. d. Inst. für Festkörpertechnologie der
        Fraunhofer Ges. 1978

5.5.   Engl, W.; Manck, O.; Wieder, A.: NATO Advanced Study
        Series. Leyden: Noordhoff 1977

5.6.   Selberherr, S.; Schütz, A.; Pötzl, A.W.: IEEE J. Solid
        State Circuits SC 15, (1980) 605

5.7.   Meyer, J.E.: RCA Rev. 32 (1971)

5.8.   Vladimirescu, A., et al.: SPICE 2. G Users Guide. Univ.
        Calif. Berkeley 1981

5.9.   Szygenda, S.A.: Proc. 9th Design Autom. Workshop, 1972,
        S. 116-127

5.10.   Bryant, R.E.: Proc. 18th Design Autom. Conf. Nashville,
        1981

5.11.   Chawla, B.R.; Gummel, H.K.; Kozak, P.: IEEE Trans.
        CAS 22 (1975) Nr. 12

5.12.   Arnout, G.; deMan, H.J.: IEEE J. AC 13 (1978) Nr. 3

5.13.   Rammig, F., et al.: Microcomputing. Stuttgart: Teubner
        1979, S. 170-187

5.14. Mead, C.; Conway, L.: Introduction to VLSI systems.
       Reading: Addison-Wesley 1980

5.15. Hsueh, M.: NATO Advanced Studies on CAD. 1980

5.16. Weste, N.H.E.; Eshraghian, K.: Principles of CMOS VLSI
       Design. Reading: Addison-Wesley 1985

5.17. Black, J.R.: IEEE Trans. Electron. Dev. ED 16(1969) 338

6 Schaltungsarten

Aus den im Kap. 4 beschriebenen Grundschaltungen werden Funktionsblöcke und daraus großintegrierte Bausteine hergestellt. Es zeigt sich,
daß neben der Entwicklung der Schaltelemente zu höheren Packungs-
dichten und besseren elektrischen Eigenschaften auch die Schaltungstechnik weiterentwickelt und Verfahren zum raschen Entwurf von LSI-
und VLSI-Schaltungen gefunden werden müssen. Diese Entwicklung
führte im wesentlichen bis jetzt zu drei Schaltungsarten: festverdrahtete, programmierbare und programmgesteuerte Schaltungen. Über
diese Schaltungen wird im folgenden berichtet. Außerdem werden ab-
schließend diese Schaltungsarten gegeneinander abgewogen, sowie Entwicklungsaufwand und Ausbeute abgeschätzt.

6.1 Festverdrahtete Schaltungen

Die ersten integrierten Schaltungen waren schon von dieser Art, d.h.
die auf dem Chip integrierten Bauelemente und Funktionseinheiten wurden entsprechend der vom Kunden geforderten Logikfunktion fest untereinander verdrahtet.

Bild 6.1 zeigt eine Aufnahme einer solchen Schaltung in CMOS-Technik, und zwar eine SOS-Schaltung; dieses Beispiel wurde gewählt, da
infolge des durchsichtigen isolierenden Substrats das Layout der Schaltung durch die Rückseitenbeleuchtung besonders gut zu erkennen ist.
Bei dieser Schaltung werden die Transistoren, die Überkreuzungen und
die Verdrahtung nur für diese Schaltung ausgelegt. Auf diesem Foto
kann man gut erkennen, wie die Breiten W der MOS-Transistoren vom
Eingang zum Ausgang hin zunehmen, damit die Ausgangsstufen die von
der Spezifikation geforderten Ströme liefern können. Solche Schaltun-

gen werden mit Hilfe der in Kap. 5 beschriebenen Methoden berechnet, simuliert und dimensioniert. Allerdings werden die Elemente und Funktionsblöcke nur für diese spezielle Schaltung simuliert und entworfen. Das Ziel hierbei ist, ein Chip zu realisieren, der für die spezielle Aufgabe eine möglichst geringe Fläche besitzt. Verbunden mit der geringen Fläche ist eine hohe Geschwindigkeit solcher festverdrahteter Logikschaltkreise, da jedes Gatter und jeder Treiber für die spezifische Last, die er zu treiben hat, optimiert worden ist. Damit kann man in statischer Technik die Verlustleistung für solche Schaltungen maßschneidern. Als Nachteil sind die langen Entwurfszeiten zu nennen, die für solche Schaltungen mit zunehmender Komplexität benötigt werden. Außerdem muß bei noch nicht durch hohe Stückzahlen erprobten Techniken nach der Analyse der ersten Muster ein verbesserter Entwurf ("redesign") vorgesehen werden, um festzustellen, ob die Schaltung entsprechend den Erfahrungen der ersten Muster verbessert werden kann. Eine solche Vorgehensweise beim IC-Entwurf wird "Vollkundenspezifisch" ("full custom") genannt, da jedes Gatter, jeder Transistor für seine spezifische Aufgabe hin optimiert wird. Die Vorteile dieses Entwurfsverfahrens sind geringe Fläche, höchstmögliche Geschwindigkeit und geringstmögliche Verlustleistung. Der Nachteil ist der hohe Entwicklungsaufwand, der sich nur amortisiert, wenn

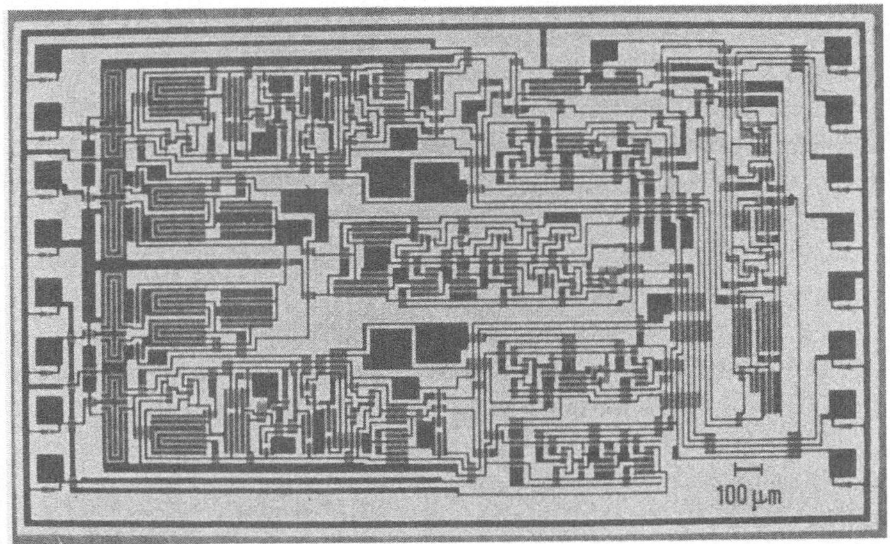

Bild 6.1. Aufnahme einer festverdrahteten Logikschaltung

die Stückzahl dieses Bausteins entsprechend hoch ist. Standardbausteine wie Speicher, Mikroprozessoren usw. sind "full custom" ICs.

Zur Vereinfachung und Beschleunigung des Entwurfsverfahrens hat man einen auf vorcharakterisierten Zellen basierendes Entwurfsstil entwickelt, das halbkundenspezifische Verfahren ("semi custom") [6.45]. Hierbei sind Grundfunktionen wie NOR- und NAND-Gatter, Treiber, Inverter aber auch komplexere Funktionseinheiten wie Zähler, Schieberegister, Speicher, PLAs [6.45] und sogar ganze Mikroprozessorkerne schon entworfen und charakterisiert, d.h. ihre Logik und ihre Laufzeit sind in einem Logiksimulationsmodell vorhanden. Die Aufgabe des Entwicklers besteht nun darin, die geforderte Logikfunktion mit Hilfe dieser Zellen zu realisieren. Es steht ihm bei dieser Entwicklung ein komplettes CAD-System mit unterschiedlichen Programmstufen (Stromlaufeingabe bis Maskenbanderstellung) zur Verfügung [6.47]. In Bild 6.2a ist der Ablauf eines solchen "semi custom-Entwicklungsverfahrens dargestellt.

In Bild 6.2b ist ein solcher, komplett mit Rechnerunterstützung entwickelter Baustein dargestellt. Die Zellen besitzen einheitliche Höhe (Standardzellen) und werden vom Programm automatisch plaziert und verdrahtet. Auch die Ein- und Ausgangszellen mit Anschlußflecken (Pads) werden von dem Programm automatisch angeordnet und verdrahtet. Da man nicht alle Funktionen als Standardzelle mit einheitlicher Höhe realisieren kann, geht man derzeit dazu über, neben Standardzellen allgemein rechteckförmige Zellen (z.B. Mikroprozessoren, Speicher usw.) mit zu integrieren. Hierfür sind neue Plazierungs- und Verdrahtungsalgorithmen notwendig.

Zur Vereinfachung dieses Entwicklungsaufwandes wurden verschiedene Entwurfsverfahren erarbeitet. Eine Möglichkeit besteht darin, die festverdrahtete Schaltung mit Hilfe einer Zellenbibliothek zu entwerfen. Hierbei sind Grundfunktionen wie NOR- und NAND-Gatter, Treiber, Inverter etc. schon entworfen und simuliert. Die Aufgabe des Entwicklers besteht nun darin, die geforderte Logikfunktion mit Hilfe dieser Grundschaltungen zu realisieren. Es gibt auch Programme, die die Plazierung und Verdrahtung der Grundzellen automatisch durchführen.

Da die Zellen bei Einhaltung der technologischen Parameter voll ihre
Spezifikation erfüllen, ist die Wahrscheinlichkeit für das Funktionieren
einer aus solchen Zellen aufgebauten Schaltung sehr hoch, so daß auf
einen "redesign" meistens verzichtet werden kann [6.1]. Außerdem
geht das Layout wesentlich rascher, da auf vorentwickelte Zellen und
automatische Plazierung und Verdrahtung zurückgegriffen werden kann.
Allerdings ist die Fläche solcher mit vorgegebenen Zellen hergestellten Schaltungen größer als bei einem reinen Handentwurf, und die Ver-
arbeitungsgeschwindigkeit ist meistens nicht so hoch wie in einem "full-
custom" Entwurf, da nun nicht mehr jede Zelle auf ihre spezielle Belastung hin dimensioniert werden kann. Hochkomplexe Zellenbausteine
werden heutzutage fast ausnahmslos in der CMOS-Technik realisiert.
So kann die Verlustleistung klein gehalten werden.

Eine weitere Möglichkeit, den Entwicklungsaufwand bei festverdrahteten
Schaltungen zu reduzieren, besteht darin, sog. "Master slice"- od. "Gate
Array"-Konzepte zu verwenden. Solche "Master slice"-Anordnungen in bi-
polarer Technik werden heute bei nahezu allen CPUs (central processing
unit) in schnellen Großrechnern verwendet [6.2]. Hierunter versteht
man eine feste Anzahl (derzeit ca. 700 bis 8000 Stück) von Bauelementen, die mit Hilfe einer oder mehrerer Verdrahtungsebenen zu den
benötigten Funktionen (NAND, NOR, Flipflops, etc.) zusammengeschaltet werden können, wobei durchaus ein Teil der Bauelemente
unbenutzt bleiben kann. Der Vorteil dieses Verfahrens liegt in der
kurzen Durchlaufzeit für die Personalisierung des Schaltkreises, da
diese erst zum Schluß des Herstellungsprozesses erfolgt (z.B. nur
mehr 4 Maskenschritte statt 12 für einen Gesamtdurchlauf). Solche
Schaltungen sind auch dann interessant, wenn von einer speziellen
Schaltungsfunktion nur geringe Stückzahlen benötigt werden. Ein
schneller rechnergesteuerter Entwurf (wie in Bild 6.2a gezeigt) sowie eine rasche Änderungsmöglichkeit sind weitere Vorteile dieser
Logikschaltkreise. Man erkauft sich diese Vorteile durch eine größere Fläche im Vergleich zu einem Maßdesign, im allgemeinen langsa-
mere Schaltgeschwindigkeit und höhere Verlustleistung. Allerdings
sind solche Schaltungen in Bipolartechnik wegen der guten Treiberleistung des Bipolartransistors auch sehr schnell. "Gate-Array"-Anord-
nungen sind allerdings auch in CMOS-Technik sehr weit verbreitet.

Spezifikation
1 Architektur-Entwurf
2 Architektur-Verifikation
System-Design
Systemplan
3 Logik-Konstruktion
4 Logik-Verifikation
5 Prüfbarkeits-Analyse
Logik-Design
Logikplan
6 Elektrische Schaltkreis-Konstruktion
7 Schaltkreis-Verifikation
Schaltkreis-
Logik
elektrisch
Schalt-kreis-Design
Schaltplan
8 Layout-Konstruktion
(Floorplan, Layout)
9 Layout-Verifikation
Layout
Logik
Layout
Schaltkreis
geomet-risch
Layout-Design
Floorplan
Symbolisches Layout
10 Fertigungsdaten-Erstellung
11 Prüfdaten-Erstellung
Layout
Maskenband
Prüfprogramm

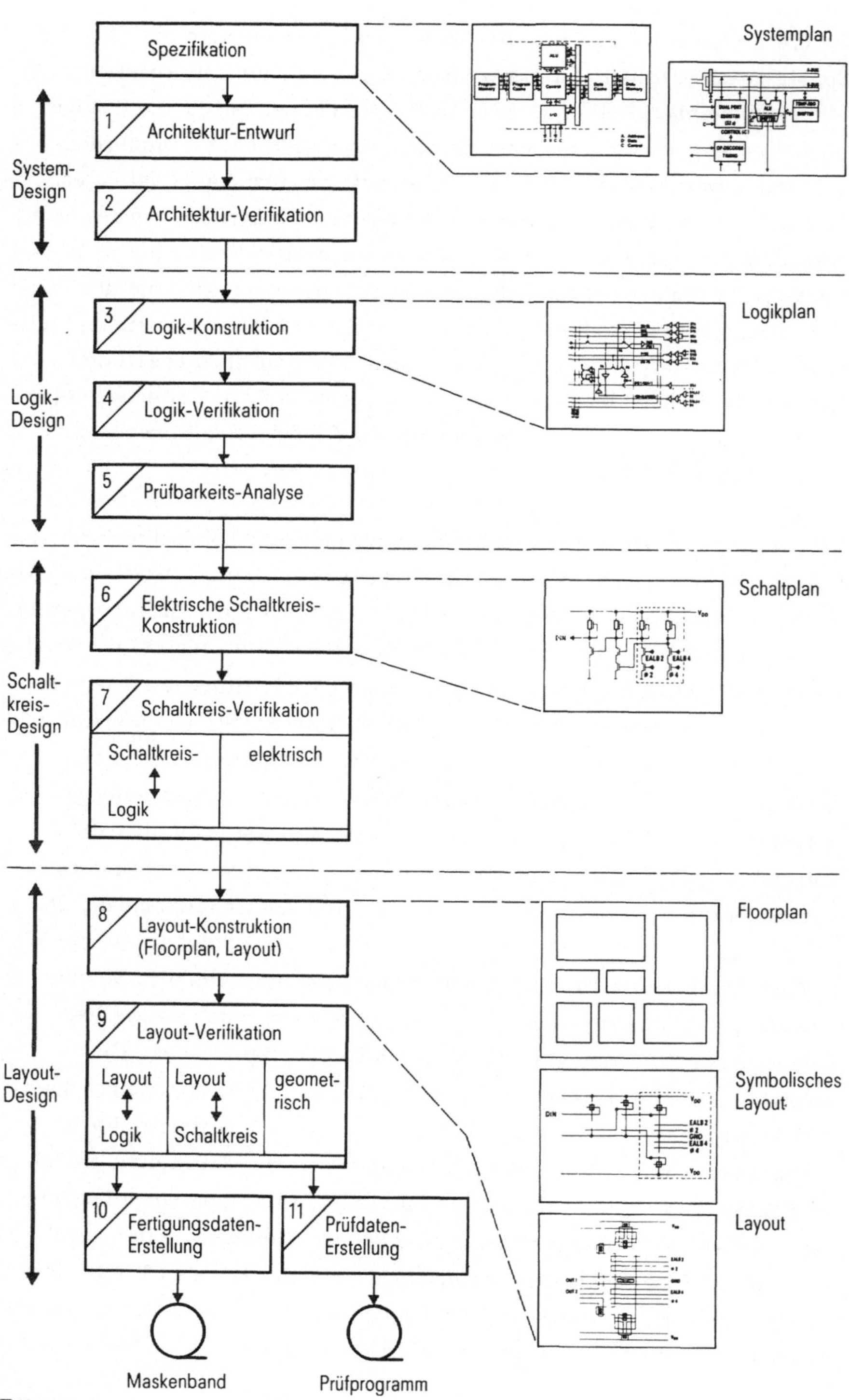

Bild 6.2a

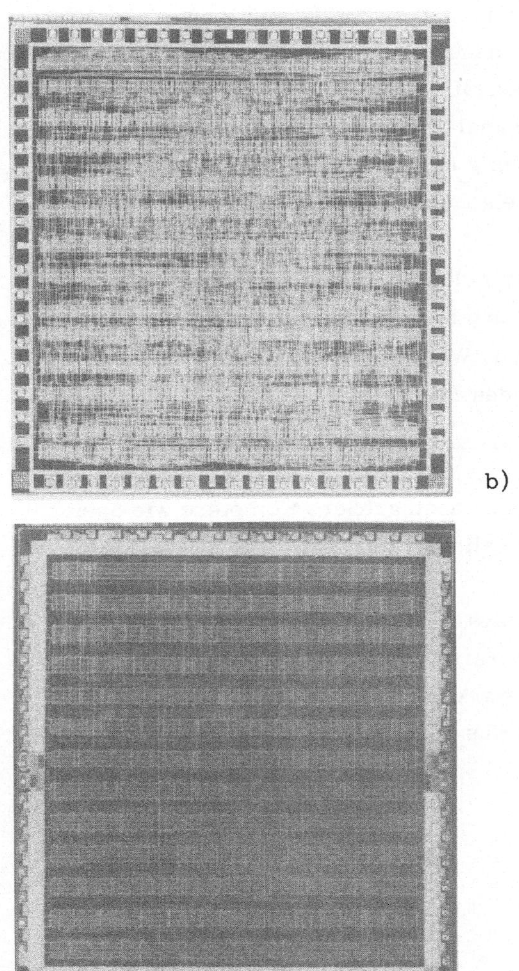

Bild 6.2. a) Ablauf eines rechnerunterstützten Entwurfsverfahrens mit Zellen; b) Photo eines Schaltkreises in Komplementär-Kanal-Technik, der mit einem rechnerunterstützten Entwurfsverfahren entwickelt wurde (Standardzellen); c) Photo eines Gate-Arrays mit 2000 Gattern

Diese "Gate-Arrays" in CMOS-Technik enthalten als Grundzellen z.B. 3 p-Kanal und 3 n-Kanal Transistoren. Zunächst werden aus den Grundzellen die einzelnen Funktionszellen (z.B. NAND-, NOR-Gatter, Flipflop, etc.) aufgebaut. Im zweiten Schritt werden diese Zellen dann miteinander verbunden, um die gewünschte Logikschaltung zu realisieren. Für diese Verdrahtung zwischen den einzelnen Zellen sind auf dem Chip Verdrahtungskanäle vorgesehen (Bild 6.2c).

Bild 6.2c zeigt ein mit Zellen belegtes CMOS-Gate-Array mit 2000
Gattern. Die Gatterzahl wird dadurch errechnet, daß die Zahl der
Transistoren durch 4 dividiert wird (ein NAND- oder NOR-Gatter be-
steht in der Komplementär-Kanal-Technik aus 4 Transistoren). Die
Transistoren sind streifenförmig angeordnet, dazwischen wird Platz
für Verdrahtungsleitungen freigehalten.

Bei neueren Gate-Array-Entwicklungen verzichtet man auf diese ge-
trennten Verdrahtungskanäle und bedeckt das gesamte Chip mit p-Ka-
nal- und n-Kanal-Transistoren. Werden Verdrahtungskanäle benötigt,
so bleiben die darunterliegenden Transistoren unbenutzt (Prinzip des
"sea of gates").

Mit solchen Anordnungen können auch größere Komplexe wie Speicher
usw. auf einem Gate-Array realisiert werden.

Die Bedeutung von Gate-Arrays für Schaltungen, bei denen kurze
Entwicklungszeiten gefordert werden, und die nur in geringer Stückzahl hergestellt werden, ist stark im Steigen [6.3]. Vom Entwick-
lungsablauf her gilt dasselbe was bereits beim Entwurf von Zellenbau-
steinen gesagt wurde.

6.2   Programmierbare Schaltungen

Logische Verknüpfungen können nicht nur über Gatter, sondern auch
über Speicherfelder durchgeführt werden, wie in [6.4] ausführlich beschrieben ist. Der große Vorteil einer solchen Anordnung gegenüber
der vorher behandelten festverdrahteten Logik liegt darin, daß repeti-
tive Strukturen, die leichter in Richtung hoher Packungsdichte entwik-
kelt werden können, angewendet werden. Einfache logische Verknüpfungen wie z.B. UND-Verknüpfungen können mit Speichermatrizen
durchgeführt werden. Komplizierte logische Verknüpfungen werden
mit sog. programmierbaren logischen Anordnungen (PLA) durchgeführt, bei denen mindestens zwei Speicherfelder hintereinandergeschal-

tet sind. Ein PLA ist eine regelmäßig aufgebaute programmierbare Logikschaltung, die für die Implementierung kombinatorischer Logik (Schaltnetze) und mit Rückkopplungsgliedern auch für sequentielle Logik (Schaltwerke) Verwendung findet [6.5].

Bild 6.3 zeigt den prinzipiellen Aufbau eines PLAs. Die charakteristischen Elemente eines PLAs sind die logische UND-Ebene und die logische ODER-Ebene. In der UND-Ebene werden aus den PLA-Eingangsgrößen Produktterme erzeugt (logische UND-Verknüpfung) und aus diesen in der ODER-Ebene Summenterme (logische ODER-Verknüpfung) gebildet.

Bei der Dekoder-Eingangsstufe handelt es sich im einfachsten Fall um einen Dekoder, der die logischen Eingangssignale in invertierter und nichtinvertierter Form der UND-Ebene eines PLAs anbietet. Für spezielle Anwendungen wird ein Dekoder mit zwei oder auch vier Eingängen eingesetzt [6.6].

Die schaltungstechnische Realisierung einer logischen UND-Verknüpfung erfolgt meist durch eine NOR-Implementierung der UND-Ebene. Es wird dabei die De Morgan-Regel angewendet.

$$\overline{A + B} = \overline{A} \cdot \overline{B} \quad \text{(De Morgan)}$$

("+": ODER-Verknüpfung, "·": UND-Verknüpfung).

Häufig wird auch die ODER-Ebene aus einzelnen NOR-Gattern aufgebaut. In diesem Fall liegen an den PLA-Ausgängen die Summenterme in invertierter Form vor.

$$\overline{ST} = \overline{PT_i + \ldots + PT_n}$$

(ST: Summenterm, PT: Produktterm).

Eine dem PLA nachgeschaltete Inverterstufe führt zum nichtinvertierten Ergebnis:

$$ST = PT_i + \ldots + PT_n.$$

In Bild 6.3a ist ein Beispiel für eine Produkt- und Summentermbildung enthalten. Beide logischen Ebenen weisen eine ROM-ähnliche Struktur auf (Bild 4.75). Die Programmierung der UND- und ODER-Ebene er-

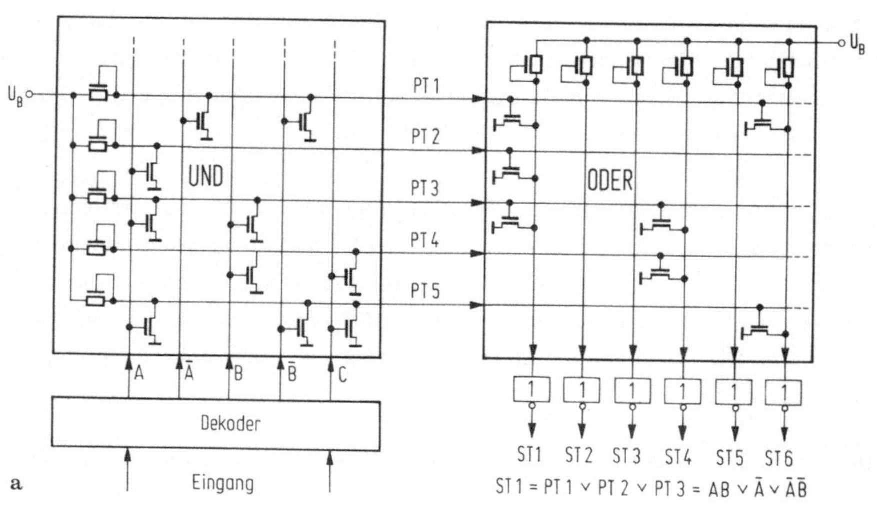

Bild 6.3. a) Prinzipieller Aufbau eines PLAs mit Produkttermen (PT) und Summentermen (ST); b) Aufname einer realisierten PLA-Anordnung

folgt durch Erzeugen oder Weglassen von Schalttransistoren innerhalb
der zu den einzelnen Produkt- und Summentermen gehörigen NOR-Gatter. Die Programmiermaske ist die erste innerhalb des Standard-Po-
lysilizium-Gate-Prozesses. Das Umprogrammieren von PLAs läuft
lediglich auf die Abänderung der Diffusionsmaske hinaus und verspricht
somit eine Verkürzung von "redesign"-Zeiten. Bild 6.3b zeigt die Aufnahme eines realisierten PLAs. Der mittlere Block ist die UND-Ebene,
die ODER-Ebene ist hier aufgespalten und liegt links und rechts von der
UND-Ebene.

Typische Anwendungen von PLAs liegen bei allgemeinen Ablaufsteue-
rungen, wie z.B. bei der Realisierung von Steuerfunktionen im Leit-
werk von Mikroprozessoren. In letzter Zeit wurden Vorschläge entwickelt, das PLA auch für Anwendungen im Rechenwerk von Prozessoren einzusetzen [6.7, 6.8]. Neben dem beschriebenen PLA, das mit
Hilfe von Masken bei der Herstellung personalisiert wird, gibt es
auch - ähnlich wie ein PROM - PLAs, die vom Anwender selbst mit
Hilfe von elektrischen Impulsen programmiert werden können. Solche
Anordnungen werden als FPLA (field programmable logic array) bezeichnet. Neben dem PLA nach Bild 6.3a für rein kombinatorische Logik ist es auch möglich, durch Rückkopplungen sequentielle Logikfunktionen mit Hilfe von PLAs zu realisieren. Hierbei wird ein Teil der
Ausgänge des PLAs über ein Zeitverzögerungsglied (z.B. Flipflop)
wieder in die UND-Ebene eingespeist. Es ist z.B. möglich Zähler
mit rückgekoppelten PLAs zu realisieren [4.4].

6.3 Programmgesteuerte Schaltungen

Eine weitere interessante Schaltungsart entstand, als die Integrationstechnik so weit fortgeschritten war, daß ein Prozessor auf einem Chip
integriert werden konnte. Eine derartige Schaltung kann für verschiedene Anwendungsfälle herangezogen werden, da die jeweiligen Beson-
derheiten nicht in der Schaltung, sondern in dem in einem Speicher
eingeschriebenen Programm liegen. Damit kommt diese Schaltungsart
besonders den Wünschen der Halbleiterhersteller entgegen, von einer
Chipart große Mengen produzieren zu können. Andererseits besteht
die Möglichkeit, mit dem Programm einfache Arbeitsabläufe festzulegen und somit menschliche Denkarbeit zu minimieren.

Bild 6.4 zeigt das Blockschaltbild eines Mikroprozessors. Es besteht
im wesentlichen aus einem Rechenwerk (Volladdierer mit Überlauflo-
gik), Registern, Befehlsdekodierer, Taktschaltungen und Ein-/Aus-
gangsschaltungen [6.9, 6.10]. Die Funktionsweise einer solchen
Schaltung (Bild 6.5) ist folgende: Zwei Daten werden von außen in die
Register geladen. Ein Befehl - ebenfalls von außen - wird dekodiert
und das Rechenwerk davon informiert, welches die beiden oben genannten Daten entsprechend verknüpft. Das Ergebnis wird im Register ab-
gespeichert, um dann nach außen abgegeben werden zu können.

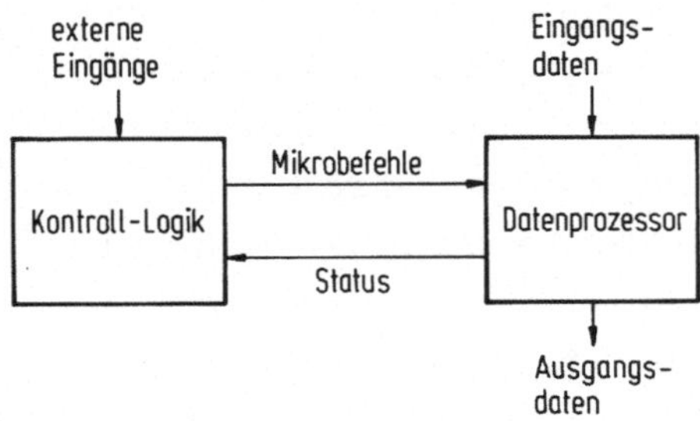

Bild 6.4. Einfaches Blockschaltbild eines Mikroprozessors

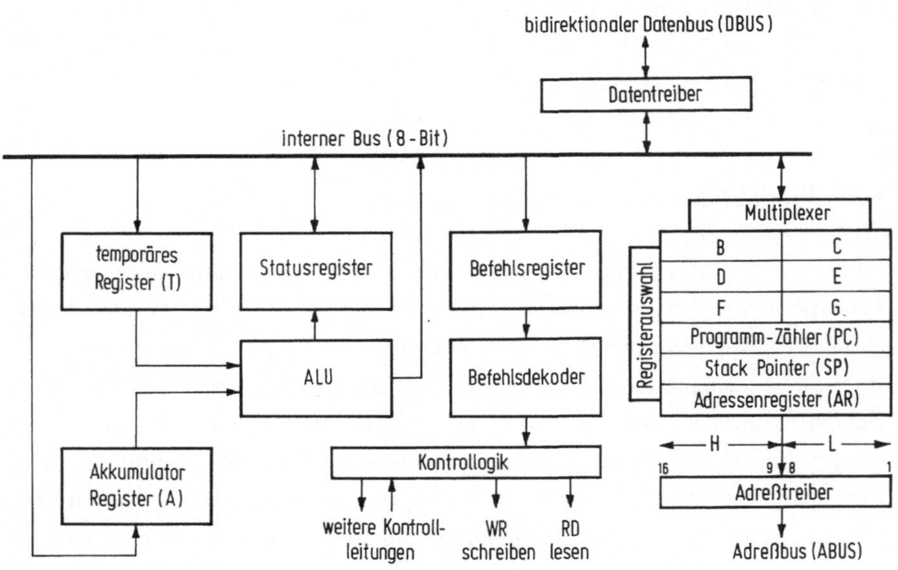

Bild 6.5. Detailliertes Blockschaltbild eines Mikroprozessors

Wie aus dieser Funktionskurzbeschreibung folgt, braucht der Mikroprozessor noch andere integrierte Schaltungen: Speicherbausteine, in die die zu verarbeitenden und die verarbeiteten Daten geschrieben, und in denen die Befehle (Programm) festgehalten werden; Taktgenerator, Peripherieschaltungen, die Daten von der Außenwelt entgegennehmen und umsetzen und wiederum die verarbeiteten Daten abgeben. All diese Bausteine mit dem Mikroprozessor zusammen nennnt man Mikrocomputer (Bild 6.6).

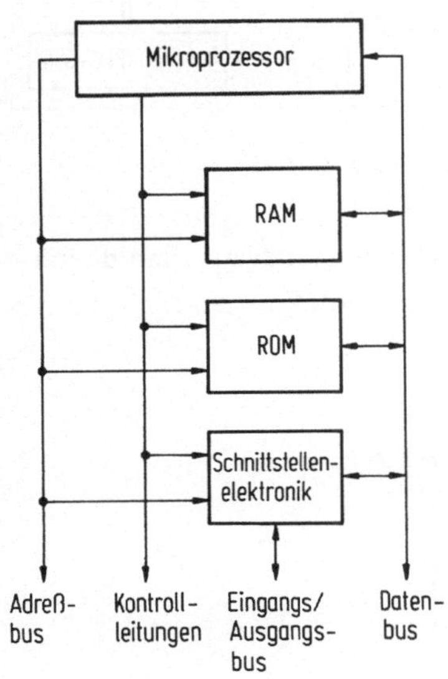

Bild 6.6. Einfaches Blockschaltbild eines Mikrocomputers

Neben dem Mikroprozessor gibt es sog. Mikrocontroler, die in erster Linie für einfache Steuerungen eingesetzt werden. Wie unterscheidet sich ein Mikroprozessor von einem einfachen Taschenrechnerchip. Beim Taschenrechner (Bild 6.7) werden die Daten über Tasten eingegeben und ebenfalls in Registern zwischengespeichert. Der über Tasten eingegebene Befehl wird ebenfalls dekodiert und das Signal an das Rechenwerk weitergegeben, das dann die Daten miteinander verknüpft. Das Ergebnis wird in einem Register gespeichert und gleichzeitig über eine elektrische Anzeige nach außen mitgeteilt. - Der wesentliche Unterschied zum Mikrocomputer liegt im fehlenden Programm- und Datenspeicher. Beim Übergang von der festverdrahteten Schaltung zu programmierbaren und schließlich zur programmgesteuerten Schaltung wird eine hö-

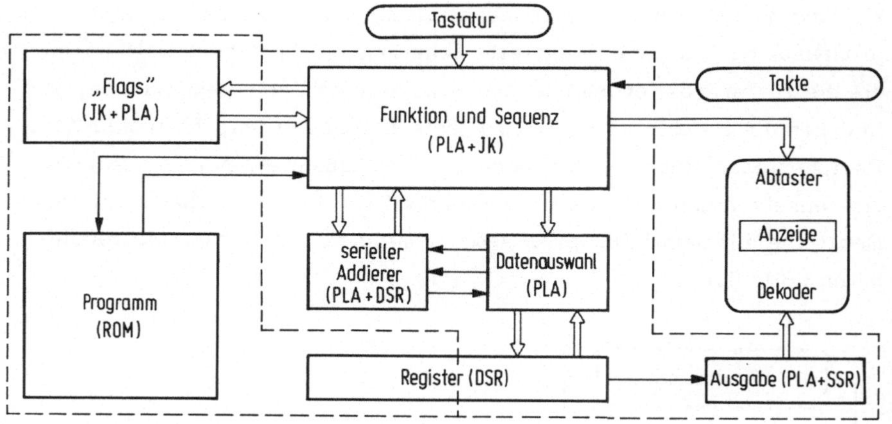

Bild 6.7. Blockschaltbild eines Taschenrechners

here Flexibilität der Schaltung durch ein Mehr an Hardware und durch
Software im Produkt erreicht. Damit kann man solche Bausteine für
verschiedene Anwendungsfälle einsetzen.

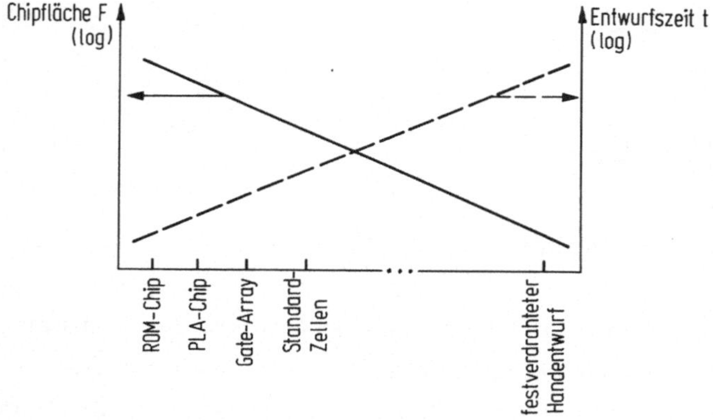

Bild 6.8. Abhängigkeit einzelner Realisierungsmöglichkeiten von Logikschaltkreisen von der Fläche und der Entwurfsdauer

Eine andere Möglichkeit, den Entwicklungsaufwand für die verschiedenen integrierten Schaltungen darzustellen, zeigt Bild 6.8 [6.11].
Auf der linken Abszisse ist der Logarithmus der Chipfläche, auf der
rechten der Logarithmus der Entwurfszeit aufgetragen. Auf der Ordinate sind die in den vorigen Abschnitten beschriebenen Schaltungsarten
aufgelistet und zwar von der regelmäßigsten Schaltung, hier ein ROM,

bis zur unregelmäßigsten, der festverdrahteten Schaltung, die für eine ganz spezifische Anwendung hin optimiert wurde. Will man nun mit all diesen verschiedenen Schaltungsarten die gleiche logische Funktion realisieren, so wird die Verwendung eines ROMs eine große Fläche, eine speziell auf die Funktion hin maßgeschneiderte Schaltung eine sehr kleine Fläche benötigen (ausgezogene Gerade). Durch das hohe Maß an Regularität des ROMs verhält es sich mit der Entwurfszeit genau umgekehrt. Hier wird die Funktion mit Hilfe des ROMs sehr rasch implementiert werden können, während die Zeit für die maßgeschneiderte Schaltung im allgemeinen sehr lang ist (gestrichelte Gerade). Bei welcher Schaltungsart sich die beiden Geraden schneiden, hängt von der Art der zu realisierenden Funktion ab. Das Diagramm zeigt deutlich, daß man bei immer höherem Integrationsgrad (LSI, VLSI, GSI) immer mehr Blöcke auf dem Chip mit Hilfe von regelmäßigen Strukturen realisieren muß, selbst wenn dies auf Kosten der Fläche geht. Entscheidend ist die rasche Einsatzbarkeit der großintegrierten Schaltung.

6.4 Entwicklungsablauf bei den verschiedenen Schaltungsarten

Im folgenden soll kurz beschrieben werden, wie der Ablauf bei der Entwicklung eines Systems von der Funktionsbeschreibung bis zum fertigen System mit Hilfe der drei oben genannten Schaltungsarten aussieht (Bild 6.9). Der bei der Entwicklung auftretende spezielle Hardware- und Softwareaufwand ist für die Lösungen mit den drei Schaltungsarten in Bild 6.10 relativ zueinander aufgetragen. Hierbei sind unter speziellem Hardwareaufwand unter anderem die Masken für die integrierten Schaltungen sowie die hergestellten Wafer zu verstehen. Der spezielle Softwareaufwand bezieht sich hier auf Software, die nur für dieses eine System entwickelt und eingesetzt wird.

a) Will man das System mit speziellen festverdrahteten Schaltungen realisieren, so muß man zunächst den Funktionsumfang und die Leistungsmerkmale der Schaltungen festlegen. Mit Hilfe dieser Spezifikationen werden von diesen Schaltungen dann über die Logik-, Schaltungs- und Layout-Entwicklung die Masken und damit die ersten Muster der integrierten Schaltungen realisiert; diese werden sowohl vom Hersteller einzeln als auch vom Kunden im System analysiert.

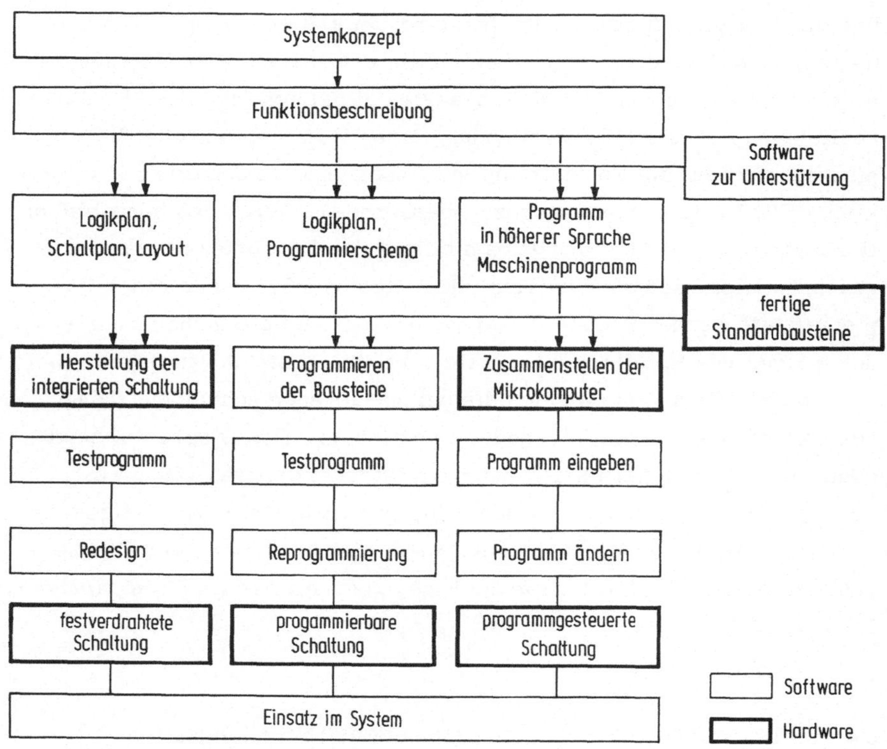

Bild 6.9. Ablaufschema für die drei Schaltungsarten: festverdrahtet, programmierbar, programmgesteuert

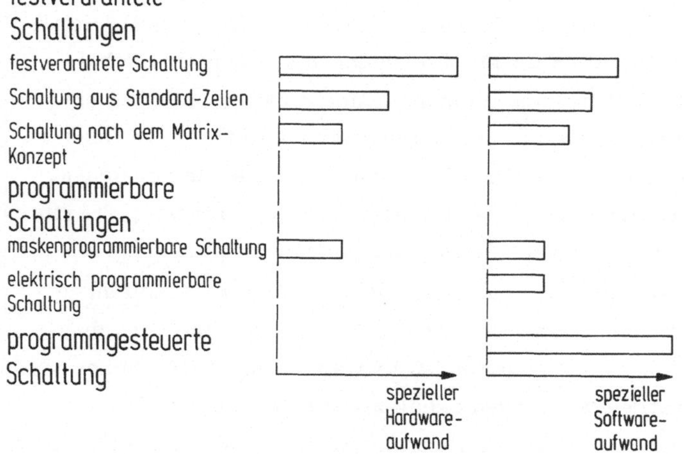

Bild 6.10. Vergleich des Entwicklungsaufwandes bei den verschiedenen Schaltungsarten

Nach den ersten Untersuchungen kann sich ein "redesign" anschließen, um Fehler im Layout zu korrigieren oder um Schwachstellen
im Layout auszumerzen. Erst nach dem zweiten Muster kann im allgemeinen eine Fertigung in größerer Stückzahl begonnen werden.
Diese zeitraubende Entwicklung läßt sich verkürzen, wenn man
Schaltungen nach dem Matrixkonzept ("Master slice", "Gate Array")
oder andere weitgehend automatische Entwurfsverfahren (z.B. Zel-
lenbibliotheken) verwendet. In diesen Fällen muß jeweils nur die
Verdrahtung des jeweiligen Bausteintyps entwickelt werden, die dann
auf das vorgefertigte "Master slice"- oder "Gate Array"-Chip aufgebracht wird. In der Regel erübrigt sich dabei ein "redesign". Damit ist sowohl der Hardwareaufwand als auch die Durchlaufzeit kleiner als bei einer festverdrahteten Schaltung, bei der sämtliche
Schaltungsteile neu entworfen werden müssen.

Bei der Herstellung von festverdrahteten Schaltungen wird insbesondere die Technik des Elektronenstrahlschreibens große Vorteile
bringen, da die Strukturen des Layouts direkt auf die Siliziumscheibe ohne den Weg über die Masken nehmen zu müssen, geschrieben
werden können. Kommt neben dieser Technik noch die automatische
Erstellung des Logikprüfprogramms, des Layouts der Verdrahtung
und der Prüfbitmuster, so können sowohl der Aufwand als auch die
Entwicklungszeiten reduziert werden. Die Vorteile dieser Technik
wird man in den nächsten Jahren voll nützen können.

b) Bei den <u>programmierbaren Schaltungen</u> wie Speicher oder programmierbare Logikanordnungen (PLA) werden fertige Bausteine
eingesetzt, wenn man von dem Fall maskenprogrammierbarer
Schaltungen, die schon mit der Verdrahtung programmiert werden,
absieht. Das aus der Funktionsbeschreibung des Systems erarbeite-
te Programmierschema wird an einem Programmierplatz in den
Baustein (oder in die Bausteine) eingeschrieben. Bei Fehlern im
Programmierschema muß der Baustein (oder ein neuer) nochmals
programmiert werden. Da fertige Bausteine verwendet werden und
nur Software entwickelt werden muß, ist der spezielle Hardwareaufwand Null und die Entwicklungszeit relativ kurz.

c) Bei den programmgesteuerten Schaltungen, dem Mikroprozessor,
wird aufgrund der Funktionsbeschreibung des zu realisierenden Systems das Programm an einem relativ aufwendigen Testplatz, der
neben einer Schnittstellenelektronik aus einem Kleinrechner mit den
üblichen Peripheriegeräten besteht, entwickelt und danach das fertige Programm in den Speicher des Mikrocomputer eingelesen. Der
gesamte Mikrocomputer wird aus handelsüblichen Standard-Baustei-
nen aufgebaut. Das komplette System muß dann noch mit Mikrocomputer und Programm vor dem Einsatz getestet werden. Da die Programmentwicklung auch in diesem Fall nicht von einem Technologiedurchlauf abhängt, kann die Entwicklungszeit für das System ver-
kürzt werden. Bei eventuell vorhandenen Fehlern kann mit Software-
änderungen die Korrektur vorgenommen werden.

Allgemein kann man sagen, daß der Weg der festverdrahteten Schal-
tungen immer dann attraktiver wird, wenn die Entwicklungs- und
Technologiedurchlaufzeiten in die Nähe der Zeiten kommen, die für die
Programmentwicklung eines Mikrocomputers erforderlich sind. Die
Lösung mit dem Mikroprozessor hat allerdings auch dann immer noch
den Vorteil der raschen Änderbarkeit. Es muß also jeweils von Fall
zu Fall entschieden werden, welcher Lösungsweg unter den gegebenen
Randbedingungen der günstigste ist (s. auch Abschn. 6.6).

6.5   Die Bedeutung der Software

Für eine Abschätzung des Aufwandes und insbesondere für Angaben der
zukünftigen Trends ist eine Abschätzung der Bedeutung der Software für
die verschiedenen Schaltungsarten wichtig. Daher sind im Ablaufschema des Bildes 6.9 jeweils die Arbeitsschritte, bei denen Rechnerunterstützung verwendet wird, dick eingerahmt und außerdem in Bild 6.10
der spezielle Softwareaufwand für die einzelnen Schaltungsarten relativ
zueinander angegeben. Nicht nur bei der Lösung mit Mikroprozessoren,
sondern auch bei der mit festverdrahteter Schaltung werden Programme
entwickelt. Diese Programme beschreiben die Schaltung, und mit ihnen und den die Entwicklung unterstützenden Softwarepaketen wird die
Logik überprüft, die Schaltung simuliert, das Layout erstellt und das
Prüfprogramm generiert. Der gesamte Softwareaufwand ist sogar für

die Entwicklung einer LSI-Schaltung im Durchschnitt wesentlich größer
als für die Entwicklung einer Lösung mit dem Mikrocomputer (s. Kap.
5).

Der Unterschied in den beiden Fällen liegt vor allem darin, daß bei
der Lösung mit dem Mikrocomputer dem Anwender Standard-Hardware
und ein spezielles Programm (Software) geliefert werden, während
bei der festverdrahteten Schaltung die speziellen Programme (Software) nur beim Hersteller für die LSI-Entwicklung benutzt werden und
der Anwender nur spezielle Hardware (LSI-Baustein) bekommt. Dabei
muß man beachten, daß die wesentlichen Kosten in der Software liegen, da der Mikroprozessor immer billiger hergestellt werden kann
und somit fast zum Wegwerfartikel wird; aus diesem Grunde sollte
die Software mit den zukünftigen leistungsfähigeren Mikroprozessoren
kompatibel bleiben und ähnlich wie bei dem Zellenkonzept in der Hardware systematisch weiterentwickelt werden und in Form von Biblio-
theken zur Verfügung stehen.

6.6   Abgrenzung der Lösungswege

Für den Anwender stellt sich die Frage, welcher Lösungsweg für ihn
der günstigste ist. Dafür gibt es in erster Linie zwei Kriterien: Die
wirtschaftlichen Daten und die technischen Eigenschaften. Im folgenden werden zu diesen Punkten einige grundsätzliche Überlegungen gebracht, die für konkrete Fälle modifiziert und erweitert werden können.

Bei den Überlegungen zu den wirtschaftlichen Daten werden die Kosten
eines Bausteins in drei Anteile aufgespalten:

a) Die Kosten eines Bausteins sind der Anzahl N_{TR} der integrierten
   Transistoren und den Kosten K_{TR} pro Transistorfunktion proportional. Außerdem wird berücksichtigt, daß die Hardware der Mikroprozessorlösung um den Faktor a umfangreicher als die einer
   festverdrahteten Schaltung ist. Da die festverdrahtete Schaltung in
   den meisten Fällen in kleiner Stückzahl hergestellt wird, ist bei
   ihr ein Mindermengenfaktor b zu berücksichtigen, der von der

Stückzahl St abhängt. In erster Näherung kann man annehmen, daß
b = $(1 + St_G/St)$ ist, wobei St_G eine Grenzstückzahl ist, unter der
die Fixkosten gegenüber den leistungsabhängigen Herstellkosten
stärker in den Vordergrund treten. Mit diesen Annahmen sind die
Hardwarekosten

für einen Mikroprozessor $N_{TR} \cdot K_{TR} \cdot a$,
für eine festverdrahtete Schaltung $N_{TR} \cdot K_{TR} \cdot (1 + St_G/St)$.

b) Die Softwarekosten sind der Anzahl N_B der Befehle und den Kosten
K_B zur Erstellung eines Befehls proportional. Außerdem wird berücksichtigt, daß die Programme zur Erstellung einer festverdrahteten Schaltung um den Faktor c umfangreicher sind als die Programme für die Mikroprozessorlösung. Die Kosten zum Erstellen
eines Befehls werden in beiden Fällen als gleich teuer angenommen.
Somit gilt für die Softwarekosten

bei einem Mikroprozessor $N_B \cdot K_B \cdot \frac{1}{St}$,
bei einer festverdrahteten Schaltung $N_B \cdot K_B \cdot \frac{c}{St}$,
wobei in beiden Fällen die Softwarekosten durch die Stückzahl St
zu teilen sind.

c) Bei den Kosten, die infolge der Entwicklungszeit des Systems entstehen, wird angenommen, daß die Entwicklungszeit mit festverdrahteter Schaltung um den Faktor d länger dauert als bei der Mikroprozessorlösung. Damit sind die durch die Entwicklungszeit t_E entste-
henden Kosten

für die Mikroprozessorlösung K_E,
für eine festverdrahtete Schaltung $K_E \cdot d$.
Diese Kosten werden nicht von der Stückzahl abhängig betrachtet,
da angenommen wird, daß für die Anlaufzeit die Stückzahl nicht
eingeht.

Rechnet man nach den obengenannten Annahmen die Grenzkurve zwischen der Lösung mit festverdrahteter Schaltung und Mikroprozessorlösung aus, so kommt man zu der Formel

$$N_{TR} \cdot K_{TR} = \frac{(c - 1)N_B \cdot K_B \cdot \frac{1}{St} + K_E(d - 1)}{a - 1 - St_G/St} .$$

Zeichnet man in ein Diagramm Kosten über der Stückzahl für die beiden Lösungswege auf, so bekommt man den in Bild 6.11 gezeigten schematischen Verlauf. In [6.44] sind ähnliche Abhängigkeiten dargestellt worden.

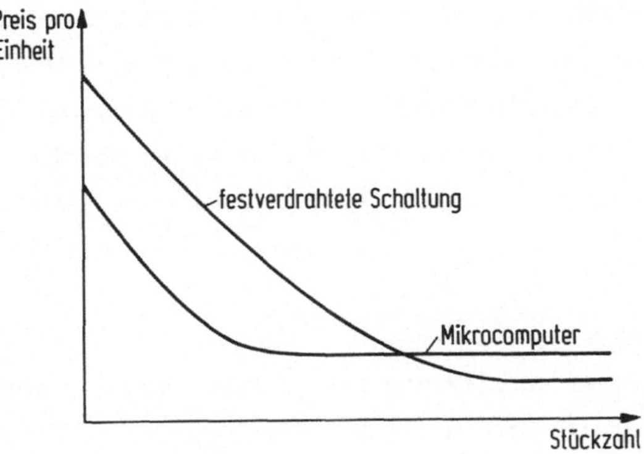

Bild 6.11. Abgrenzung zwischen den Schaltungsarten aufgrund einer wirtschaftlichen Betrachtung

Für den Kurvenverlauf charakteristische Größen sind folgende Grenzwerte:

- Durch den Stand der Technik ist zunächst die Chipfläche und damit die Anzahl der Transistoren gegeben.
- Bei großen Stückzahlen strebt die Kurve einem Grenzwert zu, der den von den unterschiedlich langen Entwicklungszeiten herrührenden Kosten K_E proportional ist.
- Ein weiterer wichtiger Wert ist die Grenzstückzahl St_G, die den Anstieg der Kurve zu kleinen Stückzahlen hin bestimmt.

Allgemein gilt, daß die festverdrahtete Schaltung bei hoher Komplexität und großer Stückzahl günstiger ist, da bei ihr auf kleiner Chipfläche die Logik untergebracht werden kann. Durch eine stärkere Automatisierung der Entwicklungsschritte kann diese Grenze zu kleinen Stückzahlen hin verschoben werden.
Bei den Gesichtspunkten zu den technischen Eigenschaften spielen vor allem die Schaltzeiten, die Verlustleistung und die Komplexität der Schaltung eine wichtige Rolle.

Beispielsweise können sehr schnelle Schaltungen nur in festverdrahteter Form realisiert werden, wenn die Grenzen der technologischen
Möglichkeiten voll ausgeschöpft werden müssen. Auch wenn komplexere Bausteine realisiert werden müssen, kann es zweckmäßiger sein,
eine festverdrahtete Schaltung zu wählen, da bei ihr wegen des Mini-
mums an integrierten Gatterfunktionen die Verlustleistung auch zu einem Minimum wird. Ein weiterer wichtiger Vorteil der festverdrahteten Schaltung besteht darin, daß sie relativ schwer zu kopieren ist,
während ein Mikrocomputer Bit für Bit sein Programm ausplaudert.

6.7 Entwicklungstrends

Zur Abschätzung der zukünftigen Entwicklungstrends kann man von der
Annahme ausgehen, daß die Hardware wie in der Vergangenheit billiger werden wird, da der Integrationsgrad auch in Zukunft weiter an-
steigen wird. Bei der Software dagegen werden die Kosten für einen
Befehl sich nur langsam ändern, es sei denn, es gelingt ein Durchbruch bei der Rechnerunterstützung für die Herstellung der Software.
Geht man von diesen beiden Voraussetzungen aus, so läßt sich für die
Grenzkurve in Bild 6.11 ableiten, daß sie sich im Diagramm nicht
verschieben wird, daß jedoch das Anwendungsgebiet mit programmgesteuerten Schaltungen sich ausweiten wird, da bei gleichen Hardwarekosten $N_{TR} \cdot K_{TR}$ mit fortschreitender Großintegration mehr Tran-
sistorfunktionen N_{TR} auf einem Chip integriert werden können.

Aus der Annahme, daß die Software sich nicht so stark rationalisie-
ren läßt, folgt, daß man bestrebt sein wird, mit der immer billiger
werdenden Hardware den Aufwand an Software möglichst gering zu halten. Man kann sich vorstellen, daß in Zukunft Schaltungen entwickelt
werden, die anhand der Funktionstabelle ihre Programme selbst erstellen und sich auch selbst überprüfen. Die Schaltungen wären nach
Eingabe der Funktionstabelle praktisch sofort betriebsbereit. In solchen Schaltungen könnten adaptive Logik und Logik mit assoziativen
Zellen zur Anwendung kommen. Das Mehr an Hardware ist dann billiger als die Arbeit an Software. Neben einer größeren Wirtschaftlich-
keit bestände der Vorteil einer noch kürzeren Entwicklungszeit für
komplexe Systeme mit solchen Bausteinen.

6.8   Ausbeute und Redundanz

<u>Ausbeute</u>

Die Herstellungskosten einer integrierten Schaltung (IC) hängen direkt
von der Ausbeute ab, mit der die Schaltung hergestellt werden kann.
Als Ausbeute bezeichnet man das Verhältnis der Zahl von voll funktionsfähigen Chips zu der Gesamtzahl der Chips auf der Scheibe. Für
die Herstellungskosten eines integrierten Schaltkreises kann man vereinfacht schreiben

$$\text{Herstellkosten des IC} = \frac{\text{Bearbeitungskosten der Scheibe} \times \text{Chipfläche}}{\text{Ausbeute} \times \text{gesamte Scheibenfläche}}$$

$$(6.1)$$

Da die Bearbeitungskosten einer Scheibe ziemlich unabhängig von der
Größe der Scheibe sind, geht man in der Fabrikation zu immer größeren Scheiben über. Verwendete man früher noch Scheiben mit 3 Zoll
Durchmesser ($\sim 75\,$mm), so sind derzeit 4-, 5-Zoll, ja teilweise schon
6-Zoll-Scheiben in Produktion. Die Chipfläche ist ein weiterer Kosten-
faktor. Da die Bearbeitungskosten einer Scheibe festliegen, bekommt
man bei kleinerer Chipfläche mehr Schaltungen auf eine Scheibe. Die
Bearbeitungskosten für die gesamte Scheibe werden mit zunehmender
Automatisierung der Prozeßschritte vermindert. Die Ausbeute ist nun
von den verschiedenen Faktoren abhängig. Zunächst hängt die Ausbeute
davon ab, wie gut man die einzelnen Prozeßschritte beherrscht. Mit
fortschreitender Dauer der Produktion wird man den Prozeß immer
besser beherrschen und die Ausbeute erhöhen können. Diesen Anstieg
der Ausbeute über der Zeit nennt man "Lernkurve" und als Ergebnis
erfolgt eine Verbilligung des Schaltkreises.

Die Ausbeute einer integrierten Schaltung hängt aber auch noch von einigen anderen Faktoren ab. Zunächst einmal von den Entwurfsregeln
(Kap. 5). Sind die Strukturabmessungen, mit denen man den Schaltkreis realisiert, sehr nahe an den minimalen Abmessungen, die man
noch beherrscht, so wird die Ausbeute klein sein, es werden viele
Chips nicht voll funktionsfähig sein. Andererseits hat man bei gröberen
Strukturen, wo die Ausbeute besser ist, wieder eine größere Chipfläche (6.1). Es ist also für ein wirtschaftliches Produkt sehr wichtig,
die Ausbeute und die Chipfläche gegeneinander abzuwägen.

Ein anderer Faktor, der in die Ausbeute eingeht, ist die Prozeßkomplexität. Grob vereinfacht steigt mit der Zahl der Masken auch die Prozeßkomplexität, d.h. ein Prozeß mit mehreren Verdrahtungsebenen ist komplexer als ein Prozeß mit nur einer Verdrahtungsebene. Am Anfang, d.h. am Beginn der Lernkurve, wird daher der Schaltkreis mit mehreren Verbindungsebenen auch eine geringere Ausbeute haben als der Schaltkreis mit nur einer Ebene. Auch in diesem Fall wird die größere Anzahl von Verdrahtungsebenen im allgemeinen eine Flächenreduktion des Chips ermöglichen, und es muß entschieden werden, ob die geringere Ausbeute durch die Flächenreduktion aufgewogen wird. Mit steigender Maskenzahl steigen auch die Bearbeitungskosten für die gesamte Scheibe, da die Scheibe mehr Prozeßschritte durchlaufen muß.

Welche Art von Fehlern können nun bei integrierten Schaltungen auftreten? Zunächst muß man beim Testen des Schaltkreises zwei Fragen beantworten:

a) Erfüllt der Schaltkreis die geforderte Funktion?
b) Erfüllt der Schaltkreis die Funktion innerhalb der geforderten Spezifikation?

Es kann durchaus sein, daß die erste Frage mit ja, die zweite jedoch mit nein beantwortet wird. Hat man z.B. einen Schreib-Lese-Speicher, in den Information eingeschrieben und anschließend wieder ausgelesen werden kann, diese Operationen jedoch nicht in der geforderten Zeit erfolgen, so muß der Speicher zum Ausschuß gerechnet werden.

Wird nun die Frage a) schon mit nein beantwortet, so können zwei wichtige Gründe dafür verantwortlich sein. Es kann beim Schaltungsentwurf oder beim Layout ein Fehler gemacht worden sein. Dieser Fehler muß durch einen neuerlichen Entwurf ("redesign") bzw. durch eine Korrektur am Layout beseitigt werden und ein erneuter Technologiedurchlauf ist notwendig. Sind Schaltung und Layout in Ordnung, so ist die Ursache, weshalb es nicht funktioniert, in prozeßinduzierten Fehlern zu suchen. Typische Beispiele für solche prozeßinduzierten Fehler sind z.B. winzige Löcher ("pinholes") in den Bereichen der Maske, die dunkel sind, oder schlechte Kantenbedeckung des Fotolacks, oder Kristallfehler im Silizium oder Fehler beim Ätzen, die zu Kurzschlüssen bzw. Unterbrechungen führen können.

Man hat nun versucht, diese prozeßinduzierten Fehler, die über der
Scheibe statistisch verteilt sind, mit Hilfe einer mathematischen Gleichung zu erfassen, um so Aussagen über die Ausbeute von in Entwicklung befindlichen Schaltkreisen machen zu können. Für die Verteilung
der Fehler wird eine Poisson-Verteilung angenommen, d.h. die Fehler treten statistisch auf und sind voneinander unabhängig. Die Wahrscheinlichkeit P, ein Flächenelement A zu finden, das k Defekte hat,
ist dann gegeben durch

$$P(k) = \frac{(\overline{D}A)^k}{k!} \exp(-\overline{D}A). \tag{6.2}$$

In (6.2) ist $\overline{D}$ die mittlere Defektdichte. Die Ausbeute Y, d.h. die
Wahrscheinlichkeit, ein Flächenelement zu finden, das keine Defekte
hat, kann man aus (6.2) durch Nullsetzen von k ermitteln:

$$Y = \exp(-\overline{D}A). \tag{6.3}$$

Diese Gleichungen gehen von der Voraussetzung aus, daß die Fehler
gleichmäßig über der Scheibe verteilt sind. In der Praxis zeigt sich
jedoch, daß erstens die Fehlerdichte über der Scheibe nicht konstant
ist, und zweitens diese Dichte auch von Scheibe zu Scheibe schwankt.
Es sind daher schon mehrere Vorschläge gemacht worden [6.12, 6.13],
in (6.2) eine gewichtende Funktion einzuführen. Wird für die Wichtung
eine Dreiecksfunktion angesetzt und das Resultat transformiert [6.14],
so gelangt man zu einer allgemeinen Gleichung für die Ausbeute. Diese
lautet

$$Y = (1 + s^2 A \overline{D})^{-\frac{1}{s^2}}, \tag{6.4}$$

wobei gilt

$$s = \frac{\sqrt{\mathrm{var}\ D}}{\overline{D}}. \tag{6.5}$$

Gl. (6.4) stellt die Abhängigkeit der Ausbeute von der mittleren Defektdichte $\overline{D}$ und der Varianz der Defektdichte dar. Sowohl $\overline{D}$ als
auch s können mit Hilfe von Teststrukturen experimentell bestimmt
werden. Typische Werte für s liegen zwischen 0,5 und 0,6 [6.15].
Will man nun einen Schaltkreis von 25 mm^2 mit einer Ausbeute von

z.B. 40% herstellen, so muß die Defektdichte der Technologie mindestens 4,2 cm^{-2} sein (mit s = 0,5), d.h. auf 1 cm^2 dürfen im Schnitt
4,2 Defekte kommen.

Ist der Schaltkreis voll funktionsfähig, werden aber z.B. die Zeitspezifikationen nicht erfüllt, so muß nachgeprüft werden, ob in der Schaltungstechnik alle notwendigen Maßnahmen getroffen wurden, um die
Zeitspezifikationen zu erfüllen. Die Überprüfung erfolgt mit Hilfe
einer Simulation der zeitkritischen Pfade unter Berücksichtigung der
parasitären Leitungs- und Diffusionskapazitäten sowie unterschiedlicher Transistorparameter. Die Schwankungsbreite der Transistorparameter ist für eine spezifische Technologie vorgegeben; diese
Schwankungen müssen bei der Entwicklung des Schaltkreises schon berücksichtigt werden.

Redundanz

Um MOS-Schaltungen mit immer größerer Packungsdichte (von MSI
über LSI zu VLSI) wirtschaftlich produzieren zu können, muß man ler-
nen, hochintegrierte Schaltungen mit feinen Strukturen möglichst de-
fektfrei herzustellen. Es läßt sich auch von der Schaltungstechnik ei-
niges dazutun, um die Ausbeute zu steigern. Eine Methode dafür ist,
auf dem Chip Reserveschaltungen zu integrieren. Fällt nun ein Schal-
tungsteil auf dem Chip wegen eines Defektes aus, so wird stattdessen
die Reserveschaltung angeschlossen, und der Anwender sieht von außen ein einwandfreies Chip. Für Schaltungen mit redundanten Elementen eignen sich natürlich Schreib-Lese-Speicher (RAM) wegen ihres
sehr regelmäßigen Aufbaus, und es wird daher Redundanz derzeit nur
bei Speichern angewendet [6.16]. Es werden auf dem Chip Reservezeilen und Reservespalten der Speicherzellen vorgesehen (Bild 6.12).
Für die Ansteuerung und Auswahl der Reservebits muß man noch zusätzliche Dekodergatter berücksichtigen. Tritt nun in einer Zeile
ein Fehler auf, d.h. es kann z.B. in eine Zelle dieser Zeile keine
Information eingeschrieben werden, so wird der Ausgang des Dekodergatters dieser Zeile auf Masse gelegt und ein Reservedekoder-
gatter mit der Adresse der fehlerhaften Zeile programmiert. Beim
Ansteuern dieser Adresse wird also in die (funktionsfähige) Reserve-

zeile eingeschrieben bzw. ausgelesen. Das Stillegen der fehlerhaften
Zeile und seines Dekodergatters sowie das Aktivieren der Reservezeile
erfolgt irreversibel. Es werden mit Hilfe von Sicherungsstrecken die
nicht funktionierenden Teile abgetrennt und die Reserveblöcke dazugeschaltet. Das Programmieren der Sicherungsstrecken erfolgt entweder
elektrisch mit Hilfe von Stromimpulsen geeigneter Stärke (Prinzip eines PROMs, Abschn. 4.7.3) oder mit Laserstrahlen [6.17]. Bei der
zweiten Methode muß der Laserstrahl genau positioniert werden, um
die zum Durchtrennen vorgesehenen Polysilizium- oder Aluminium-Si-
cherungen exakt zu treffen. Der ganze Vorgang läuft bei einem Speicher mit Redundanz folgendermaßen ab: Zunächst wird der Schaltkreis
getestet und festgestellt, an welchen Stellen fehlerhafte Funktion auf-
tritt. Über die Ortskoordinate des Fehlers wird nun z.B. der Laserstrahl so gesteuert, daß die benötigten Sicherungen durchgebrannt
werden. Anschließend erfolgt ein zweiter Testlauf, um nachzuprüfen,
ob der Schaltkreis nun voll funktionsfähig ist.

Für den Aufbau des Dekoders eines Speichers mit Redundanz eignet
sich besonders der NOR-Dekoder (s. Bild 4.77). Die Schaltung eines
solchen Dekoders zeigt Bild 6.13. Hier hängen in jedem Dekodergatter
an allen Adressen (und deren Inversion) Transistoren zwischen der
Wortleitung und der Masse. Bei jeder beliebigen Adresse werden keine
der Wortleitungen aktiv, die angeschlossenen Reservezeilen (oder
-spalten) werden nicht angesteuert. In den Drain- oder Source-Leitun-
gen (wie in Bild 6.13) liegen nun die Sicherungsstrecken, die durch-
getrennt werden können und somit den Dekoder so personalisieren,
daß die angeschlossene Wortleitung bei einer bestimmten Adressen-
kombination die Reservezeile (oder -spalte) aktiviert. Durch die Verwendung von zusätzlichen Zeilen, Spalten, Dekodern und Leseverstärkern wird die Fläche des Bausteins natürlich größer. Dies erhöht aber
wieder - nach (6.1) - die Herstellkosten des ICs. Andererseits hat
man wegen der Korrekturmöglichkeit von Defekten aber eine höhere
Ausbeute. Es muß daher vor dem Einsatz von Redundanz auf dem Chip
untersucht werden, wieviel Fläche für die redundanten Elemente vorgesehen werden kann, um trotzdem noch eine wirtschaftlich herstell-
bare Schaltung zu bekommen. Während Schreib-Lese-Speicher (RAM)
mit redundanten Elementen auf dem Chip schon von verschiedenen Her-
stellern in der Produktion eingesetzt werden, ist über Redundanz bei

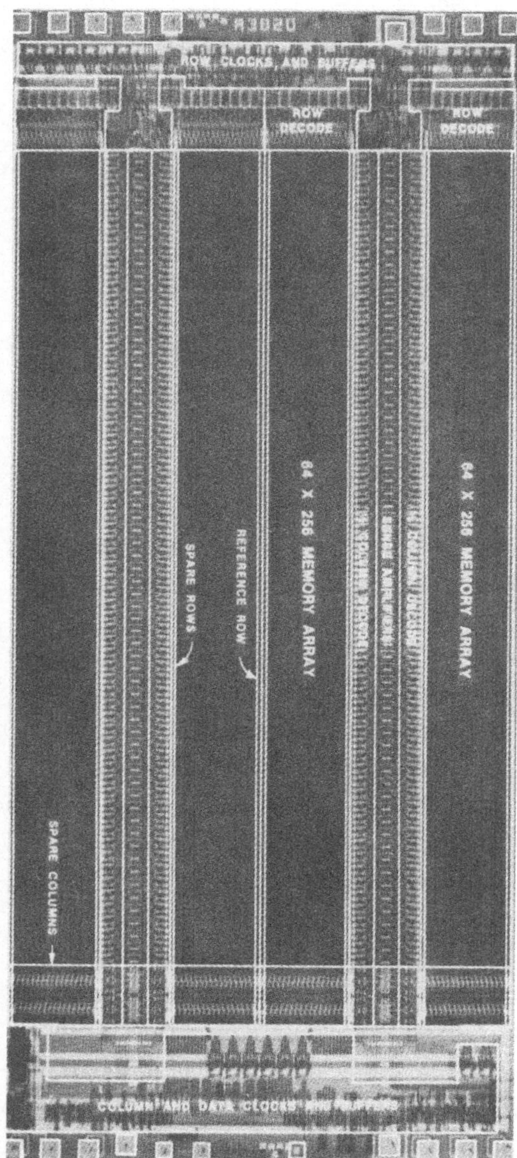

Row clocks and buffers =
Zeilentakte und Treiber

Row decode =
Zeilendekoder

64 x 256 memory array =
Zellenfeld 64 x 256

Reference row =
Referenzzeile

Spare rows =
redundante Zeilen

1/2 column decoder =
1/2 Spaltendekoder

Sense amplifiers =
Leseverstärker

Spare columns =
redundante Spalten

Column and data clocks
and buffers =
Spalten- und Datentakte
und Treiber

Bild 6.12. Halbleiterspeicher mit redundanten Zellen (reihen- und spaltenweise)

reinen Logikschaltkreisen und auch bei Festwertspeichern noch wenig
bekannt geworden.

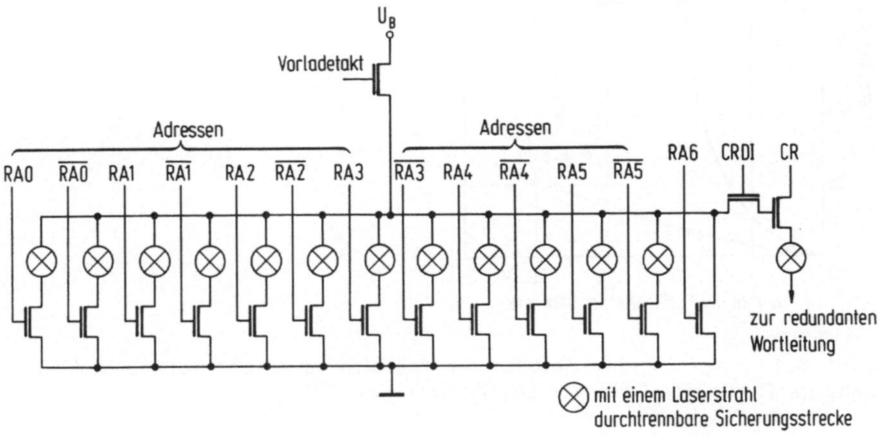

Bild 6.13 Schaltbild eines NOR-Dekodergatters mit durchtrennbaren
Sicherungsstrecken für einen Speicher mit redunanten Speicherelementen

6.9 Prüffreundlicher Entwurf

Etwa Anfang der 70er Jahre konnten MSI-Schaltungen mit weniger als
100 Schaltelementen noch durch Anlegen einer relativ geringen Anzahl
von Eingangsimpulsen (Prüfvektoren) vollständig geprüft werden. Es
waren daher keine Überlegungen für das Prüfen auf der Bausteinebene
notwendig. Mit steigender Komplexität der Bausteine konnte zunächst
das Prüfproblem durch schnellere Prüfautomaten gelöst werden. Für
die schwierigeren Aufgaben der Prüfbitmustergenerierung und -simu-
lation wurden CAD-Hilfsmittel entwickelt [6.18]. Trotzdem war das
vollständige Prüfen von LSI-Schaltungen oft nicht mehr möglich. Für
manche Schaltungen kann sogar die Prüfbitmustergenerierung nicht mehr
wirtschaftlich sein. Ihre Kosten steigen exponentiell mit der Komplexität der Schaltkreise (Bild 6.14). Verbesserte CAD-Hilfsmittel für die
Fehlersimulation und leistungsfähigere Prüfautomaten können die steil
ansteigende Kurve nur in geringem Maße abflachen. Es müssen neue
Verfahren entwickelt werden, um das grundlegende Problem lösen zu
können.

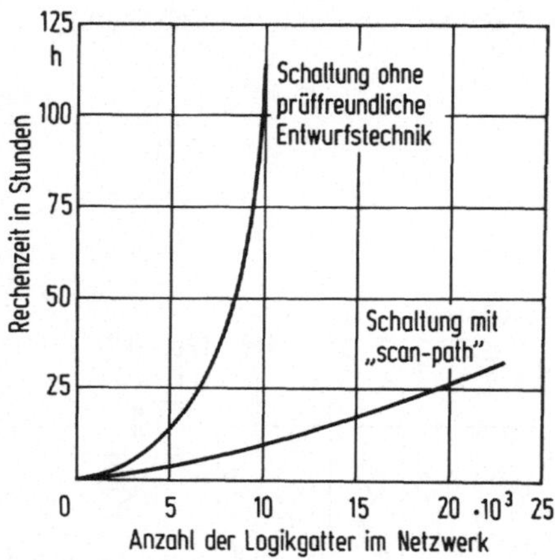

Bild 6.14. Anstieg der Zeit für die Testbitmustergenerierung in Abhängigkeit von der Zahl der Logikgatter [6.19]

Das Prüf- oder Testproblem führt auch zu einem Umdenken bei den Schaltungsentwicklern, deren Ziel es bis jetzt meist war, eine Schaltung auf möglichst wenig Siliziumfläche unterzubringen. Für VLSI-Logikschaltkreise wird die Testbarkeit von solch großer Bedeutung sein, daß eine Flächenvergrößerung von 10 % oder sogar mehr durch zusätzliche Schaltungen durchaus gerechtfertigt erscheint.

6.9.1 Gründe für das Prüfproblem

In Bild 6.15 ist ein typischer Logikschaltkreis dargestellt. Er besteht aus kombinatorischer Logik und speichernden Elementen (FF1 bis FFn). Die Eingänge X_P und Y_P sind nur ein Teil der Anschlüsse der kombinatorischen Logik. Die Ausgänge Y sind eine Funktion der Eingangsvektoren, die aus den Eingängen X_P und den internen Zuständen Z bestehen. Mit der Anzahl der Eingänge und Ausgänge steigt die Komplexität der kombinatorischen Logik, d.h.
- der Schaltkreis enthält mehr Gatter, was zu einem linearen Anstieg der Zeit für die Prüfbitmustergenerierung führt und
- die logische Tiefe (die Zahl der Gatter im Signalpfad zwischen Eingang und Ausgang) kann auch zunehmen, was zu einem exponentiellen Anstieg der Zeit für die Prüfbitmustergenerierung führt.

Kritischer kann auch ein Anstieg der sequentiellen Tiefe sein. Um einen bestimmten Test durchzuführen, müssen die internen Speicherelemente zunächst von einer Initialisierungssequenz in einen bestimmten Zustand gesetzt werden. Dann wird die Kontrollsequenz durchgeführt und schließlich braucht man eine Auslesesequenz, um die Ergebnisse an die Anschlüsse nach außen zu führen. Diese Sequenzen können bei immer größeren Schaltkreisen länger werden und man spricht von einer schlechter werdenden Kontrollierbarkeit und Beobachtbarkeit.

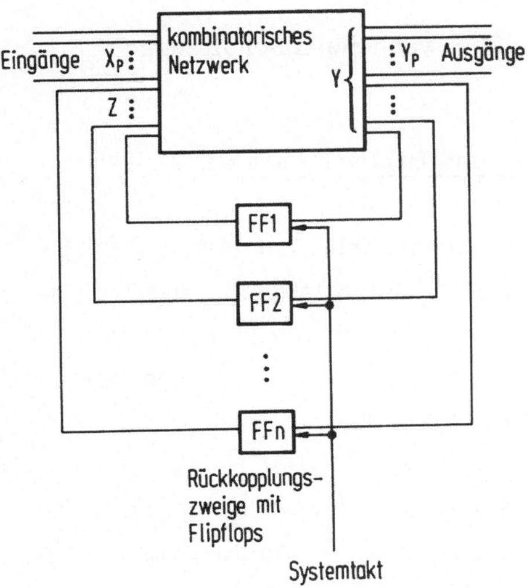

Bild 6.15. Blockschaltbild einer allgemeinen sequentiellen Schaltung mit synchronem Takt

Weitere Prüfprobleme in hochintegrierten VLSI-Schaltungen werden durch dynamische Effekte wie Störspitzen, Übersprechen und kritische Zeitbedingungen ("races") erzeugt. Mit der ähnlichen Verkleinerung wird auch die Betriebsspannung verringert und somit der Störabstand kleiner. Diese Fehler können dann nicht mehr mit dem einfachen "Stuck-at"-Fehlermodell [6.20], das in den meisten rechnerunterstützten Prüfbitmustergenerierungssystemen verwendet wird, beschrieben werden.

6.9.2 Grundprinzipien für einen prüffreundlichen Entwurf

In den letzten Jahren sind verschiedene Vorschläge veröffentlicht worden, mit denen die Prüfbarkeit von komplexen Logikschaltkreisen ver-

bessert werden kann. Diese Vorschläge beruhen im allgemeinen auf
den folgenden Grundprinzipien:
- Verbesserung der Kontrollierbarkeit und Beobachtbarkeit,
- Unterteilung komplexer Schaltungen in einfachere Funktionseinheiten;
- die Verwendung von Schaltungstechniken, die eine einfache Prüfbitmustergenerierung erlauben und bestimmte Fehler von vornherein
  ausschließen;
- Einsatz von selbsttestenden und - überwachenden Schaltungen.

Verbesserung der Kontrollierbarkeit und Beobachtbarkeit

Schlechte Beobachtbarkeit und Kontrollierbarkeit sind der hauptsächliche Grund für den exponentiellen Anstieg der Kosten für die Prüfbitmustergenerierung und für die sehr langen Prüfsequenzen. Auch die
Fehlererkennung kann für den Fall von Mehrfachfehlern wegen verschiedener Maskiereffekte sehr schwierig sein.

Das Zurücksetzen aller internen Zustände auf einen definierten Anfangswert ist eine Hauptforderung. Verbesserte Techniken verwenden
Beobachtungs- und Prüfknoten (beobachtbare und setzbare Knoten) in
Verbindung mit Multiplexern, um Anschlußpins zu sparen [6.21]. Hat
man Systeme mit einem internen Bus, so kann man während des Prüfvorganges einige Register oder einzelne Flipflops mit dem Bus über
Multiplexer verbinden, um sie zu setzen oder auszulesen.

Ein sehr effektives Verfahren ist der Prüfbus ("scan-path"), der in
[6.22] für integrierte Schaltungen vorgeschlagen wurde. In den letzten
Jahren sind einige Variationen dieses Verfahrens entwickelt worden,
unter anderem das LSSD (level sensitive scan design)-Verfahren
[6.23, 6.24].

Das Prinzip des Prüfbusses zeigt Bild 6.16. Sämtliche speichernden
Elemente außer Speicher- und Registermatrizen werden zu einem langen Schieberegister verbunden. Im Prüfmodus können die Elemente
über diese Schieberegister gesetzt und ausgelesen werden. Die Schaltung wird nun in einen sequentiellen Teil, dem Schieberegister, und

einen Teil mit nur kombinatorischer Logik aufgeteilt. Diese kann nun
einfach getestet werden. Es werden nur ein zusätzlicher Dateneingang
für das serielle Schieberegister und ein Takteingang benötigt. Das Verfahren wird hauptsächlich in Schaltkreisen angewendet, die von Sys-
temherstellern für ihre eigenen Wünsche und Spezifikationen produziert
werden.

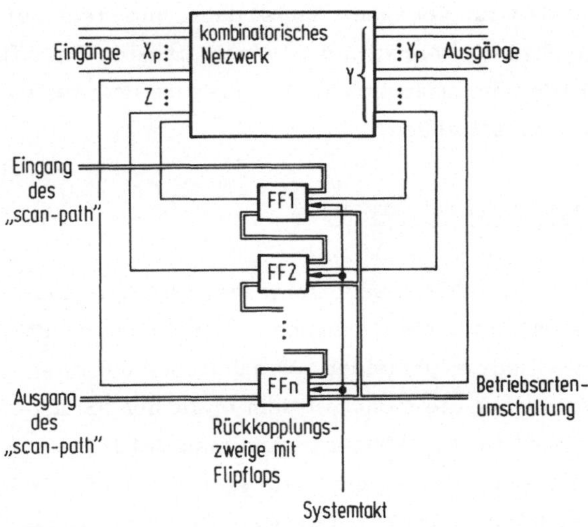

Bild 6.16. Blockschaltbild einer allgemeinen sequentiellen Schaltung
mit synchronem Takt und Prüfbus

Unterteilung von komplexen Schaltungen

VLSI-Schaltungen bestehen meist aus verschiedenen Funktionsmodu-
len. Es ist daher naheliegend, den Chip in die einzelnen Module aufzuteilen und diese getrennt zu prüfen. Das Prüfproblem kann somit
weitgehend auf das Niveau des Prüfens von MSI-Schaltungen reduziert
werden. Da ein exponentieller Zusammenhang zwischen der Schaltungs-
komplexität und der Rechenzeit für die Prüfbitmustergenerierung
existiert, gilt die Beziehung $\sum t_i \ll T$ (t = Zeit für die Prüfbitmustergenerierung für die einzelnen Module, T = Zeit für die Prüfbitmustergenerierung für die gesamte Schaltung).

Auch beim Entwurf von VLSI-Schaltungen ist die Unterteilung in einzelne Funktionsblöcke (oder -module) von Vorteil. Wenn nun ein Funk-

tionsblock geändert wird, so braucht nur das Prüfprogramm dieses einen Moduls neu generiert und entwickelt zu werden. Diese Methode ist vor allem für VLSI-Schaltungen geeignet, die viele Speicher- und Registerfelder enthalten, die nicht zu einem Prüfbus zusammengeschaltet werden können.

In vielen VLSI-Schaltungen ist die Aufteilung in einzelne Blöcke durch die häufig verwendete Busstruktur gegeben. Es ist daher meistens nur notwendig, einige wenige Funktionsblöcke, die keinen direkten Zugriff zum Bus besitzen, mit Hilfe von zusätzlichen Multiplexern und Ausleseschaltungen an den Bus anzuschließen.

Schaltungstechniken für einfache Prüfbarkeit

Da es für bestimmte Arten von Fehlern sehr schwierig ist, geeignete Prüfbitmuster zu generieren, muß man versuchen, Schaltungstechniken einzusetzen, die diese Fehler vermeiden. Die üblichen dynamischen Fehler (Störspitzen etc.), die nicht mit dem einfachen "Stuckat"-Fehlermodell beschrieben werden können, kann man mit Hilfe von synchroner Logik, bei der die Daten und Takte getrennt sind, vermeiden. Ein sehr fortschrittliches Konzept in dieser Richtung ist das LSSD-Verfahren. Da dieses Verfahren auf speichernden Elementen beruht, die erst auf bestimmte Pegel ansprechen, können Störspitzen die Funktion nicht beeinflussen, da sie nicht gespeichert werden. Nur muß gewährleistet sein, daß der nächste Takt, erst nachdem die Daten eingeschwungen sind, anliegt. In manchen Schaltungen kann dies die Geschwindigkeit verringern und somit die Systemarchitektur beeinflussen.

Die Prüfbitmustergenerierung kann auch vereinfacht werden, wenn statt "wilder" Logik regelmäßige Strukturen wie ein ROM oder ein PLA verwendet werden [6.25]. Allerdings sollte unnötige Redundanz in der Schaltung so weit wie möglich vermieden werden.

Einsatz von selbsttestenden und selbstüberwachenden Schaltungen

In großen Rechnersystemen ist das Selbsttesten Stand der Technik. Diese Tests werden mit Hilfe von Diagnoseprogrammen durchgeführt.

Werden die Fehler jedoch nicht sofort erkannt, können große Daten-
mengen zerstört werden. In kritischen Bereichen wird man daher Redundanz und "On line"-Tests durchführen. Wenn es auf höchste Sicherheit ankommt, so werden manchmal ganze Systeme gedoppelt [6.26,
6.27].

a) Redundanz bei selbstüberwachenden VLSI-Schaltungen

Die Prinzipien, mit denen Selbsttests bei Großrechnern durchgeführt
werden, sind grundsätzlich auch für VLSI-Schaltungen denkbar. Allerdings erfordert der Einsatz von Doppel- oder Triple-Redundanz, wie
sie für Fehlererkennung oder -korrektur notwendig ist, in Datenverarbeitungsanlagen einen sehr großen Aufwand. Ihr Einsatz beschränkt
sich daher auf eine kleine Zahl von Spezialanwendungen. Eine ökono-
mische Lösung ist, drei gleichartige parallel geschaltete Chips zu verwenden und ihre Ausgänge über einen zusätzlichen Bewerterschaltkreis
zu leiten.

In Speichern benötigt man für eine Wortbreite von z.B. 32 Bit 7 redundante Bits, um mit Hilfe des Hamming-Codes [6.20] einen Ein-
Bit-Fehler zu korrigieren oder einen Zwei-Bit-Fehler zu erkennen.
Die Schaltung zur Generierung der Kontrollbits sowie für die Fehlererkennung und -korrektur verursacht eine Verzögerung von ca. 50 bis
75 ns [6.28]. In Verbindung mit einem um etwa 25 bis 40 % höheren
Aufwand ist dieses Verfahren für Speicher auf einem Logikchip fast
nicht einsetzbar. Für eine Ein-Bit-Fehlererkennung benötigt man jedoch nur ein "Parity"-Bit [6.9]. Wird jedem Byte (8 Bit) ein "Parity"-
Bit dazugegeben, so hat man nur mehr einen um 12,5 % höheren Aufwand.
Die Schaltung zur Erzeugung des "Parity"-Bits und die Abfrage benötigt nur einige EXOR-Gatter mit einer geringen Laufzeitverzögerung.

b) Selbsttest ("Built in"-Test)

Die zwei grundsätzlichen Verfahren hierfür sind:
- Selbsttest mit einem gespeicherten Mikroprogramm,
- Selbsttest mit Pseudorandom-Mustern.

In Mikroprozessoren oder ähnlichen Schaltungen kann man das richtige
Arbeiten der meisten Funktionsblöcke durch den Einsatz von geeigne-

ten Prüfsequenzen nachweisen. Tritt ein Fehler auf, so wird ein bedingter Sprung zu einer bestimmten Adresse, die über die Fehlerursache etwas aussagen kann, ausgeführt. "Bootstrapping" ist auch ein oft verwendetes Verfahren. Zunächst werden nur die Operationen durchgeführt, bei denen nur wenige Funktionen aktiviert werden. Arbeiten diese einwandfrei, so kann man sie dazu verwenden, kompliziertere Operationen durchzuführen. Da das Programm nach dem ersten erkannten Fehler stehenbleibt, werden nachfolgende Fehler nicht aufgedeckt.

Je nachdem wie umfangreich das verwendete Programm ist, kann es in einem Festwertspeicher (ROM) oder in einem Schreib-Lese-Speicher (RAM) auf den Chip gespeichert werden. Soll es im RAM gespeichert sein, so muß man es vor dem Prüfen in dieses laden. Ein Programm für einen Selbsttest, das in einem ROM gespeichert ist und 95 % der Prozessorfunktionen überprüfen kann, ist in [6.29] beschrieben. Das Programm benötigt 120 Bytes und etwa 1 % zusätzliche Chipfläche. Diese Ergebnisse zeigen, daß der Selbsttest von Mikroprozessoren nicht nur für die Systemdiagnose, sondern auch für einen Wafer-Test geeignet ist, bei dem man vor der Montage funktionierende und nichtfunktionierende Schaltungen unterscheiden muß. Die Wahrscheinlichkeit, daß nicht voll funktionsfähige Chips erkannt werden, kann sehr hoch sein. Der Prüfaufbau kann einfach gehalten werden, da nur wenig Pin-Elektronik und kein Testprogramm oder Vergleichsmuster in dem Prüfautomaten gespeichert sein muß. Vor dem Verschikken der Schaltungen muß jedoch ein umfangreicherer Test durchgeführt werden.

Der Selbsttest mit Hilfe von auf dem Chip gespeicherten Programmen ist Mikroprozessoren vorbehalten. Diese Einschränkung gilt nicht mehr, wenn der Selbsttest mit Hilfe von Pseudorandom-Mustern und der Signaturanalyse durchgeführt wird [6.30 - 6.34]. Der Testmustergenerator und das Signaturregister sind als zyklisches Schieberegister leicht zu implementieren, meist dadurch, indem man vorhandene Register umbaut. Nachstehend seien einige wichtige Eigenschaften dieses Verfahrens genannt:
- Keine teuren Prüfgeräte, die richtige Signatur muß mit Hilfe der Simulation ermittelt werden.

- Eine gute Fehlerüberdeckung bei kleinen Modulen.
- Es ist notwendig, komplexe Schaltungen zu unterteilen, um Blöcke
  mit wenigen Eingangsleitungen und geringer sequentieller Tiefe zu be-
  kommen.
- Der Prüfvorgang kann mit hoher Geschwindigkeit ablaufen.
- Die Prüfeinrichtung zur Kontrolle der Ergebnisse kann sehr einfach
  gehalten werden.
- Gleichzeitiges Prüfen mehrerer Blöcke auf dem Chip ist möglich.

6.10 Analyse integrierter Schaltkreise mit dem Elektronenstrahl

Bei der Fertigung integrierter Schaltkreise werden für die Endkontrol-
le rechnergesteuerte Testsysteme eingesetzt. Mit ausgeklügelten Prüf-
programmen sowie evtl. mit speziellen Prüfverfahren, die im vorhergehenden Abschnitt beschrieben wurden, wird überprüft, ob die
Bausteine funktionsfähig sind und die Spezifikation erfüllen oder nicht.

Solche Informationen sind aber nicht immer ausreichend. Besonders
während der Entwicklungsphase müssen Schaltungsfehler mit Schwachstellen erkannt und vor allem lokalisiert werden. Der Entwickler ist
daher oft gezwungen, Messungen im Inneren des Schaltkreises durchzuführen. Dazu muß er mechanische Prüfspitzen auf die Leiterbahn
aufsetzen, die bei modernen Schaltungen nur einige Mikrometer breit
sind.

Bei weiterer Verkleinerung der Leitbahnbreiten werden interne Messungen mit der mechanischen Spitze nur noch an besonderen Meßflä-
chen möglich sein. In MOS-Schaltungen lassen sich wegen der großen
kapazitiven Belastung durch die Meßspitze viele Schaltungsknoten
nicht mehr überprüfen, da das Signal durch die Meßspitze zu stark ver-
fälscht wird. In diesen Fällen ist der Einsatz von Elektronenstrahlprüfmethoden erforderlich [6.35].

Bei dieser Prüfmethode dient ein feinfokussierter Elektronenstrahl als
Prüfsonde, der auf das Meßobjekt - die integrierte Schaltung - gerich-
tet wird. Durch die Wechselwirkung zwischen Elektronen und Festkör-
pern werden u.a. Sekundärelektronen ausgelöst, die zur Abbildung ei-

nes Objekts herangezogen werden können [6.36]. Sie tragen auch Informationen über das elektrische Potential am Auftreffort.

6.10.1 Eigenschaften der Elektronensonde

Für die Eignung des Elektronenstrahls bei der Abbildung bzw. Messung der in integrierten Schaltungen auftretenden Potentiale sind folgende Eigenschaften von Bedeutung [6.37]:

- Die Elektronenstrahltechnik ist zerstörungsfrei. Bei MOS-Schaltungen muß sichergestellt werden, daß der Elektronenstrahl nicht in die Gate-Oxid-Bereiche des Bausteins eindringen kann (Gefahr der Schwellenspannungsverschiebung!) Dies ist der Fall, wenn die Primärenergie kleiner als 3 keV gewählt wird.
- Der geringe Durchmesser der Sonde ermöglicht sowohl Abbildungen in Rastertechnik mit hoher Ortsauflösung als auch Messungen an Strukturen mit einer Breite von wenigen Mikrometern.
- Die Elektronensonde arbeitet belastungsfrei, d.h. sie beeinflußt die elektrischen Eigenschaften der Schaltung nicht. Voraussetzung dafür ist allerdings, daß sich ein Gleichgewicht zwischen eintreffendem Primärelektronenstrom und dem von der Probe emittierten Elektronenstrom einstellt. Dieses Gleichgewicht kann man durch geeignete Wahl der Primärenergie (bei Messungen an Al-Leitbahnen etwa 3,15 keV) herbeiführen [6.38].

6.10.2 Abbildung mit Hilfe des Elektronenstrahls

Potentialkontrast

Der zu prüfende Baustein wird in einem Rasterelektronenmikroskop [6.36] vom Elektronenstrahl abgerastert. Die ausgelösten Sekundärelektronen, deren Zahl von Material und Topographie der Probe abhängt, gelangen zu einem Detektor und steuern während der Abrasterung die Helligkeit einer Bildröhre. Da die Sekundärelektronen sehr niederenergetisch sind ($E = 0$ bis 50 eV), werden sie bereits durch schwache elektrische Felder beeinflußt. Diese Tatsache führt bei der Abbildung integrierter Schaltungen im Rasterelektronenmikroskop zur

Entstehung eines Potentialkontrastes, wenn an die Schaltung Versorgungsspannungen angelegt sind [6.39].

Das elektrische Feld, das sich über der Schaltung ausbildet, bewirkt,
daß Sekundärelektronen, welche aus einer Probenstelle mit positivem
Potential (10 V) austreten, nicht alle zum Kollektor gelangen. Diejenigen Sekundärelektronen mit geringer Energie (ca. $E < 4,5$ eV) werden an einer Potentialschwelle reflektiert und kehren zur Probe zurück. Die aus geerdeten Gebieten emittierten Sekundärelektronen werden dagegen vollständig von der Kollektorspannung abgesaugt. Bei der
Abbildung von Halbleiterschaltungen mit angelegter Versorgungsspannung erscheinen daher geerdete Leitbahnen hell, positive Leitbahnen
dunkel. Bild 6.17 zeigt einen Ausschnitt aus einer integrierten Schaltung ohne angelegte (a) und mit (b) angelegter Versorgungsspannung.
Eine Potentialkontrastabbildung gibt einen Überblick über den Schal-
zustand eines statisch beschalteten Bausteins.

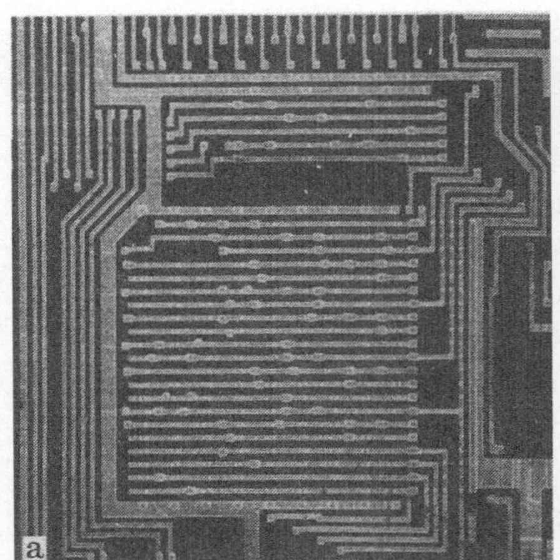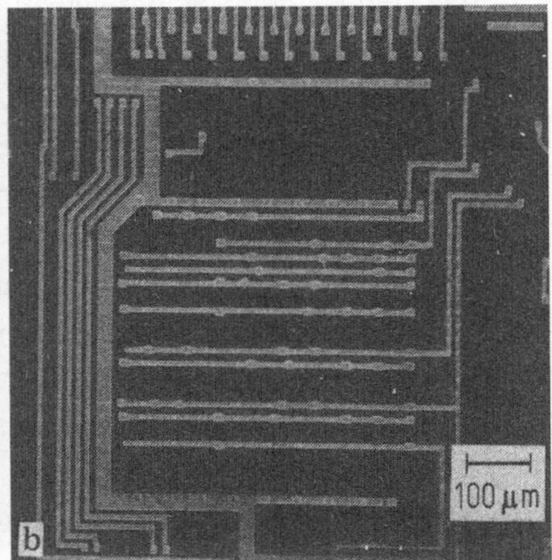

Bild 6.17. Ausschnitt aus einer integrierten Schaltung. a) ohne angelegte Versorgungsspannung; b) mit angelegter Versorgungsspannung
(Potentialkontrast). Die Masseverbindung ist in beiden Fällen angeschlossen.

Stroboskopischer Potentialkontrast

Die meisten integrierten Schaltungen müssen dynamisch geprüft werden, d.h. sie müssen während der Untersuchung mit Nennfrequenz

arbeiten. Unter Ausnützung des Stroboskopieeffektes können auch solche Schaltkreise quasistatisch im Potentialkontrast abgebildet werden [6.40].

Um dies zu erreichen, wird der zu untersuchende Baustein mit sich zyklisch wiederholenden Signalen angesteuert und im Rasterelektronenmikroskop abgebildet. Der Elektronenstrahl wird in jedem Zyklus nur einmal für kurze Zeit eingeschaltet, d.h. die Probe wird nur während einer bestimmten Phase betrachtet. Die Abbildung ist somit eine Momentaufnahme des schnell arbeitenden Bausteins. Der Einschaltzeitpunkt des Elektronenstrahls kann innerhalb des Zyklus beliebig gewählt werden. Durch langsames Verschieben der Phase ist eine Zeitlupendarstellung der Schaltvorgänge möglich. Die Einschaltdauer des Elektronenstrahls kann bis zu einer Nanosekunde reduziert werden, d.h. die Zeitauflösung dieses Abbildungsverfahrens liegt im Nanosekundenbereich.

Bild 6.18 zeigt einen Schaltungsausschnitt, der mit Hilfe der stroboskopischen Potentialkontrastabbildung in verschiedenen Phasen aufgenommen wurde. An den gezeigten Anschlüssen (X_1 und X_2) werden zwei gegenphasige, sich nicht überlappende Takte eingespeist. Die Einschaltpulse haben eine Breite von 2 ns, der zeitliche Abstand zwischen den Abbildungen beträgt 8 ns. Die Bilder zeigen deutlich die verschiedenen Zustände der Schaltung und auch das Wechseln der Pegel an den Anschlüssen. Beim zweiten und vierten Bild sitzt der Eintastpuls auf einer der Signalflanken, wodurch die entsprechenden Leitungen grau wiedergegeben werden.

Mit Hilfe der stroboskopischen Potentialkontrastabbildung lassen sich also dynamische Vorgänge in integrierten Schaltungen qualitativ überprüfen [6.41]. Schaltzustände, die nur um 8 ns differieren, können deutlich unterschieden werden.

<u>Abbildung von Logikzuständen</u>

Dieses Abbildungsverfahren unterscheidet sich von dem gerade erläuterten stroboskopischen Potentialkontrast dadurch, daß die Phasenlage des Elektronenimpulses während der Rasterung verändert wird. Bild

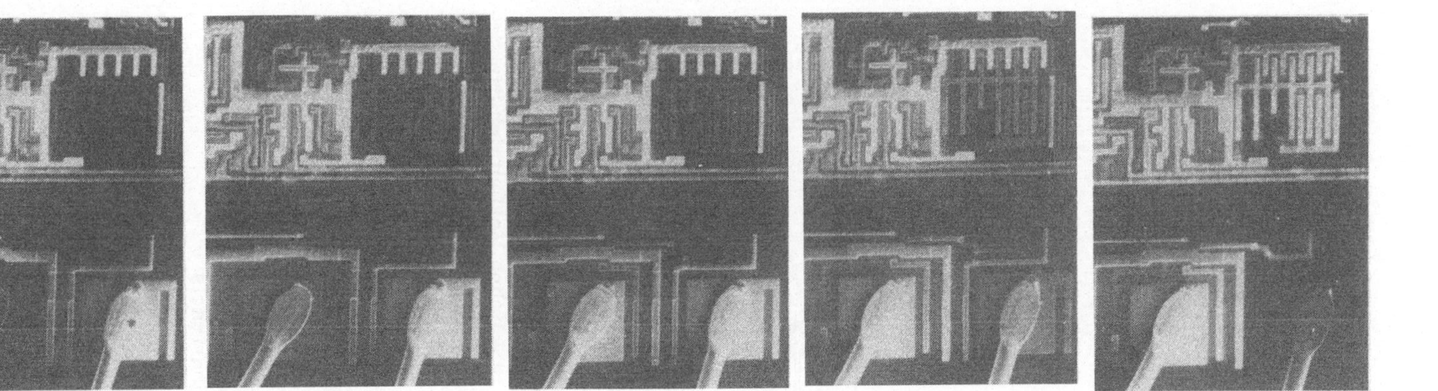
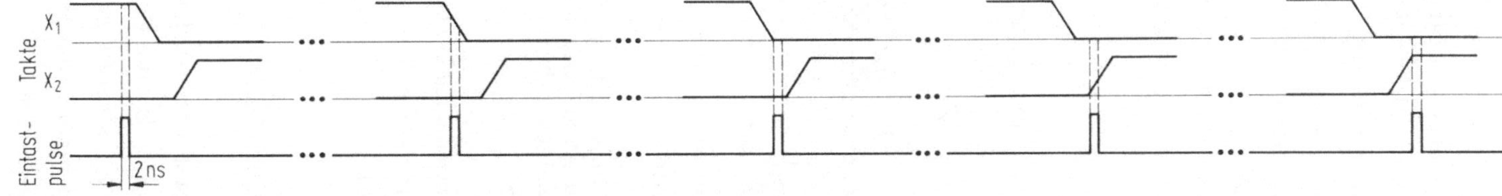

Bild 6.18. Stroboskopischer Potentialkontrast. Der Elektronenstrahl wird nur kurzzeitig zu einer bestimmten Phase eingeschaltet. Die einzelnen Aufnahmen zeigen einen Schaltungsausschnitt in verschiedenen Phasen

6.19 zeigt die schematische Darstellung zweier Leiterbahnen einer
zyklisch betriebenen integrierten Schaltung. An der Leitbahn A liegt
ein Signal, dessen Periodenlänge gleich der Länge des Arbeitszyklus
ist, während an Leitbahn B ein Signal mit kürzerer Periodenlänge
liegt. Während beim Abrastern die Zeile (parallel zur x-Achse) langsam in y-Richtung den Baustein bzw. den Bildschirm überstreicht
(Aufnahmezeit t_A = 100 s), wird die Phasenlage des Eintastimpulses
von $\varphi = 0^O$ bis $\varphi = 360^O$ verändert. Dadurch ist der Kontrast im Bild
eine Funktion des Ortes und der Phase.

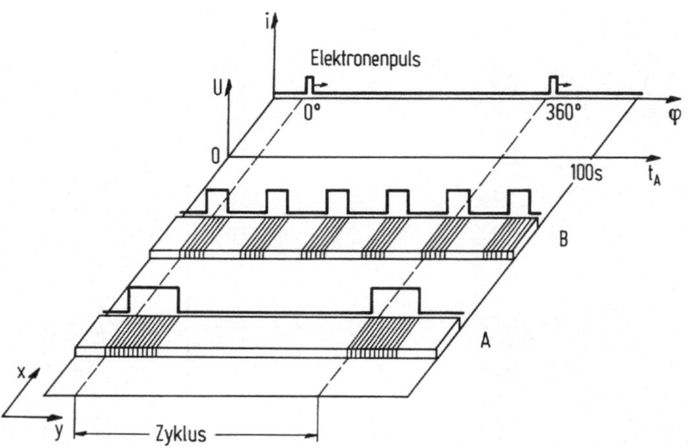

Bild 6.19. Die Abbildung von Logikzuständen. Überlagerung des örtlichen Verlaufs von Leitbahnen mit dem zeitlichen Verlauf der dazugehörigen Logiksignale durch gleichzeitige Rasterabbildung und Phasen-
verschiebung

Der Hauptverwendungsbereich dieses Verfahrens liegt bei der Überprüfung der logischen Zustände von parallel laufenden Leitbahnen
(z.B. Busse).

6.10.3 Messung mit Hilfe des Elektronenstrahls

Bei den meisten Untersuchungen reicht eine qualitative Aussage allein
nicht aus. Soll z.B. die Rechnersimulation einer integrierten Schaltung (Kap. 5) überprüft werden, so müssen die Signalverläufe mit
entsprechend hoher Spannungs- und Zeitauflösung gemessen werden.
Zur Aufnahme dieser Signalverläufe dienen die folgenden Meßmethoden.

Messung langsamer Signale

Die Energie der Sekundärelektronen, die an einer Probenstelle austreten, ist vom Potential dieser Probenstelle abhängig. Wird der
Elektronenstrahl auf einen bestimmten Punkt der Schaltung fokussiert,
so kann mit Hilfe einer Spektrometeranordnung in Kombination mit einer Regelstrecke ein Signal abgeleitet werden, welches die Potential-
änderungen dieser Probenstellen wiedergibt [6.35]. Mit einer solchen
Anordnung lassen sich Spannungsverläufe auf den internen Leitungen
von integrierten Schaltungen messen. Da der Regelkreis nur bis zu
einer Frequenz von 300 kHz arbeitet, muß bei höheren Frequenzen
ein Sampling-Verfahren angewendet werden.

Sampling-Verfahren

Bei diesem Verfahren wird der zu prüfende Baustein zyklisch betrieben und der Elektronenstrahl gepulst (wie bei der stroboskopischen
Abbildung). Es wird aus dem periodischen Meßsignal ein Phasenpunkt
ausgewählt (Einschaltzeitpunkt des Elektronenstrahls) und mit der oben
erwähnten Spektrometeranordnung der Spannungswert dieses Phasen-
punktes bestimmt. Durch langsames Verschieben des Einschaltzeit-
punktes wird das zu messende Signal als Funktion des Phasenwinkels
abgetastet. Die Aufzeichnung dieses Meßergebnisses erfolgt entweder
am Oszillographen oder am x-y-Schreiber. Es lassen sich Spannungsverläufe mit einer Potentialauflösung von $\geq$ 10 mV bei einer Zeitauflösung von 1 ns messen [6.42].

6.10.4 Übersicht über die Prüfmethoden

Ein mögliches Unterscheidungsmerkmal für die einzelnen Elektronen-
strahlprüftechniken ist der Zustand des Elektronenstrahls. In der linken Spalte von Bild 6.20 sind drei Betriebsarten aufgeführt: Elektronenstrahl dauernd eingeschaltet, gepulst sowie gepulst und über die
Phase des Bausteinzyklus verschoben. In der zweiten Spalte sind diese drei Möglichkeiten graphisch dargestellt. Im oberen Teil sind mehrere Zyklen des Grundtaktes einer zu untersuchenden integrierten

Schaltung aufgetragen. Die dritte Spalte gibt die entsprechenden Methoden an, und in der letzten Spalte wird auf die Einsatzmöglichkeiten dieser Methode hingewiesen.

Über die bei diesen Methoden eingesetzten Geräte und experimentellen Anordnungen siehe z.B. [6.43].

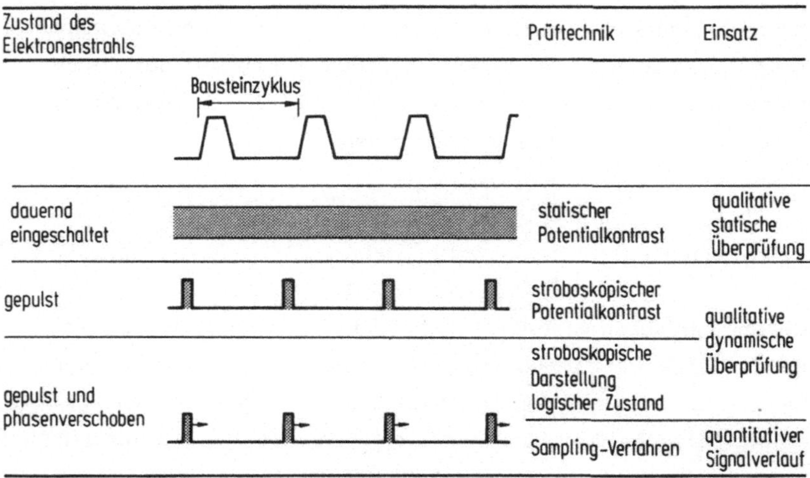

Bild 6.20. Charakterisierung der Elektronenstrahlprüfmethoden [6.43]

Literatur zu 6

6.1.   Koller, K.; Lauther, K.: Siemens Forsch. u. Entwickl.-
        Ber. 5 (1976) 350

6.2.   Braeckelmann, N., et al.: ISSCC Dig. of Tech. Papers
        (1977) 108

6.3.   Burkard, W.D.: VLSI Design. II (1981) 14

6.4.   Fleisher, H.; Maissel, L.I.: IBM J. Res. Dev. 19 (1975)
        98

6.5.   Horninger, K.: IEEE J. Solid State Circuits SC 10 (1975) 331

6.6.   Schmookler, M.S.: IBM J. Res. Dev. 24 (1980) 2

6.7.   Weinberger, A.: IBM J. Res. 23 (1979) 163

6.8.   Cook, P.W.; Ho, W.C.; Schuster, S.E.: IEEE J. Solid
        State Circuits SC 14 (1979) 833

6.9.   Hilburn, J.L.; Julich, P.M.: Microcomputers/Micro-
        processors. Englewood Cliffs: Prentice-Hall 1976

6.10.   Greenfield, S.E.: The architecture of microcomputers.
        Cambridge: Winthrop Publ. 1980

6.11.   Mudge, C.: NATO Advanced Study Institute July 1980

6.12.   Murphy, B.T.: Proc. IEEE 52 (1964) 1537

6.13.   Warner, R.M.: IEEE J. Solid State Circuits SC 9 (1974)
        86

6.14.   Stapper, Fr.C.H.: IEEE J. Solid State Circuits SC 9 (1974)
        537

6.15.   Murrmann, H.; Kranzer, D.: Siemens Forsch. u. Entwickl.-
        Ber. 9 (1980) 38

6.16.   Sud, R.; Hardee, K.C.: Electronics 11 (1980) 117

6.17.   Cenker, R.P, et al.: ISSCC Dig. of Tech. Papers (1979) 150

6.18.   Bouricius, W.G., et al.: IEEE Trans. Comput. C 20 (Nov.
        1971)

6.19.   Stewart, J.H.: Proc. Sem. Test Conf. 1978

6.20.   Breuer, M.A.; Friedman, A.D.: Diagnosis and reliable
        design of digital systems. Woodland Hills: Pitman Publ. 1976

6.21.   Hayers, J.P.; Friedman, A.D.: IEEE Trans. Comput. C 23
        (Juli 1974)

6.22.   Williams, M.J.Y.; Angell, J.B.: IEEE Trans. Comput.
        C.22 (Jan. 1973)

6.23.   Eichelberger, E.B.; Williams, T.W.: Proc. 14th Design
        Autom. Conf. 1977

6.24.   Bottorf, P.S., et al.: Proc. 14th Design Autom. Conf. 1977

6.25.   Ostapko, D.L.; Hong, S.J.: Digest 8th Int. Conf. on Fault
        Tolerant Computing 1978

6.26.   Clary, J.B.; Sacane, R.A.: Computer (Okt. 1979)

6.27.   Bennetts, R.G.: Microproc. and Microsyst. 3 (1979) Nr. 8

6.28.   Koppel, R.: Comput. Des. (März 1979)

6.29.   Boney, J.: Electron. Des. 18 (Sept. 1979)

6.30.   Gordon, G.; Nadig, H.: Electronics 50 (1977) Nr. 5

6.31.. Könemann, B., et al.: NTG-Fachber. 68 (1979)

6.32.   Zwiehoff, G., et al.: NTG-Fachber. 68 (1979)

6.33.   Mucha, J.: Nachrichtentech. Z. 32 (1979) Nr. 7

6.34.   Grassl, G.: NATO Advanced Study Institute, Juli 1980

6.35.   Feuerbaum, H.-P.; Kubalek, E.: BEDO 8 (1975)

6.36.   Reimer, L.; Pfefferkorn, G.: Raster-Elektronenmikroskopie,
        2. Aufl. Berlin, Heidelberg, New York: Springer 1977

6.37.   Fazekas, P.; Feuerbaum, H.-P.; Lindner, R.; Wolfgang,
        E.: NTG-Fachber. 68 (1979) 149

6.38. Feuerbaum, H.-P.: SEM, 1 (1979) 285

6.39. Gopinath, A.; Gopinathan, K.G.; Thomas, P.R.: SEM 1 (1978) 375

6.40. Plows, G.S.; Nixon, W.C.: J. Phys. E.: Sci. Instrum. 11 (1968) 595

6.41. Wolfgang, E.; Otto, J.; Kantz, D.; Lindner, R.: SEM 4 (1976) 625

6.42. Feuerbaum, H.-P.; Kantz, D.; Wolfgang, E.; Kubalek, E.: IEEE J. Solid State Circuits SC 13 (1978) 319

6.43. Fazekas, P.: Tech. Messen 48 (1981) 29

6.44. Molloy, H.: Eur. Electronics 14 (1981) Nr. 1

6.45. Hörbst, E., et al.: Elektronik. H. 19, 20, 21, 22 (1984) 65, 79, 85, 129

6.46. Vollmer, H., et al.: ESSCIRC Dig. of Techn. Papers (1985) 263

6.47. Hörbst, E., et al.: VENUS, Entwurf von VLSI-Schaltungen. Berlin, Heidelberg, New York, Tokyo: Springer 1986

7 Ausblick

Die Entwicklung wird in den kommenden Jahren einen zunehmenden
Grad an Integration anstreben [7.1, 7.2]. Für die Herstellungstech-
nik bedeutet das die Erzeugung feinster Strukturen im Silizium sowie
in den darüberliegenden Schichten aus Siliziumdioxid, Polysilizium
und Aluminium. Bild 7.1 zeigt eine im Jahre 1979 durchgeführte Extrapolation für die Entwicklung der kleinsten Strukturen bis zum Jahre
1986. Bei der optischen Belichtung wird zunächst immer kurzwelli-
geres Ultraviolettlicht verwendet, bevor man schließlich zur Röntgen-
strahlen- oder Elektronenstrahlenbelichtung übergeht. Von der Maske,
die sich im Kontakt oder wenig über der Siliziumscheibe (proximity
contact) befindet und die Strukturen im Maßstab 1:1 enthält, geht man
bei feineren Strukturen immer stärker zu Maskenvorlagen im vergrö-
ßerten Maßstab über (10:1), die nur noch die Strukturen für eine einzige Schaltung enthalten. Dabei wird die Siliziumscheibe chipweise belichtet.

Für die in Abschn. 3.7 genannten Herstellungstechniken wird das Polysilizium künftig in verstärktem Maße angewendet werden. Mit undo-
tierten Polysiliziumschichten lassen sich sehr hochohmige Widerstände
mit geringer Fläche herstellen. Damit ist es möglich, einen "Depletion"-Lasttransistor durch einen Widerstand aus einer Polysiliziumschicht zu ersetzen und eine statische Speicherzelle mit kleiner Verlustleistung herzustellen. Es läßt sich noch dadurch an Platz gewinnen,
daß man diesen Lastwiderstand als zweite Polysiliziumschicht über einen MOS-Transistor setzt, wobei die beiden Polysiliziumschichten
durch Siliziumdioxid voneinander isoliert sind. Was man mit einer
zweiten Polysiliziumschicht noch machen kann, zeigt das Bild 7.2
[7.4].

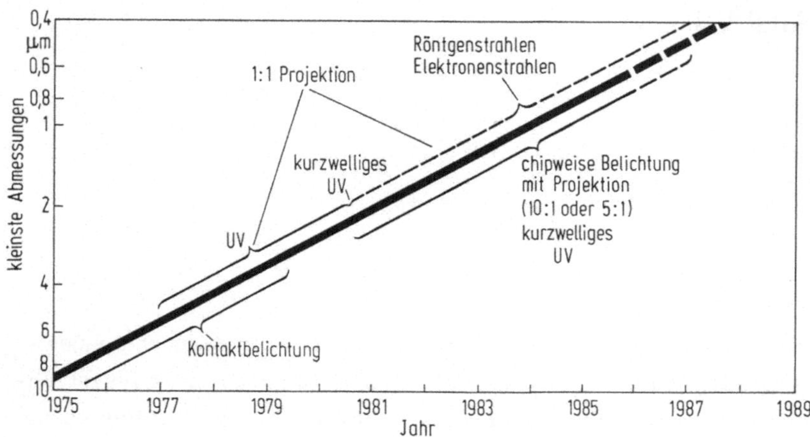

Bild 7.1. Verringerung der Strukturabmessungen von integrierten MOS-Schaltungen über die Jahre. Eingetragen sind noch die Belichtungsverfahren, mit denen diese Strukturen erzeugt werden können

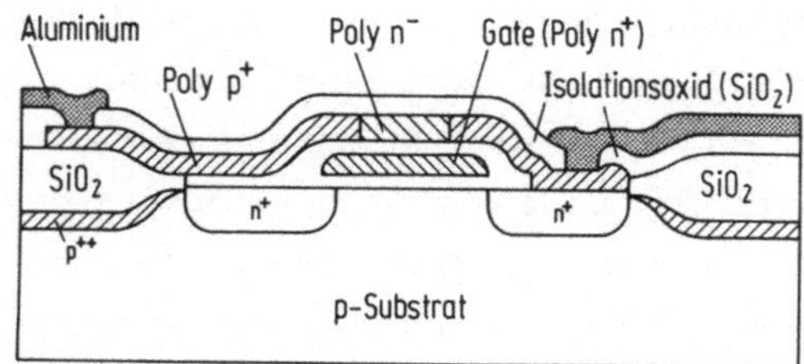

Bild 7.2. Querschnitt eines CMOS-Inverters mit zwei Polysiliziumlagen. Der n-Kanal-Transistor ist im Halbleitermaterial, der p-Kanal-Transistor im rekristallisierten Polysilizium

Hier wurde ein Bereich der zweiten Polysiliziumlage durch Laser-Ausheilung rekristallisiert. Dieser rekristallisierte Bereich dient als Kanalbereich eines p-Kanal-Transistors. Legt man diese zweite Polysiliziumlage über die erste Lage, so gelangt man zu dem außerordentlich platzsparenden Inverter von Bild 7.2. Die Gate-Elektrode (erste Polysiliziumlage) steuert gleichzeitig den Kanalbereich des unteren n-Kanal-Transistors (im Halbleitermaterial) und den Kanalbereich des oberen p-Kanal-Transistors (im rekristallisierten Polysilizium in der zweiten Lage). Solche und ähnliche Anordnungen können in Zukunft eine noch stärkere Steigerung der Packungsdichte von MOS-Schaltungen mit sich bringen.

Es gibt auch schon Schaltungen mit drei Polysiliziumlagen. Man kann
aber das Polysilizium durch geeignete Metalle auch sehr niederohmig
machen und mit diesen sog. Polyziden einen um etwa eine Größenordnung niedrigeren Schichtwiderstand als den jetzt üblichen erzielen.

Um das Verdrahtungsproblem von hochkomplexen Logik- und Speicherschaltungen in den Griff zu bekommen, wird man in Zukunft dazu übergehen, mehr als eine Aluminiumlage auf dem Schaltkreis zu verwenden.

Nach der n-Kanal-Technik wird man künftige Schaltungen fast ausschließlich in der Komplementärkanal-Technik realisieren. Mit der zunehmenden Miniaturisierung der Schaltelemente wird man wohl nicht
mehr bei einer Versorgungsspannung von + 5 V bleiben können. Hier
muß man nach den Regeln der ähnlichen Verkleinerung die Spannung
reduzieren. Ob und welche einheitliche Betriebsspannung man in Zukunft verwenden wird, ist noch offen.

Eine andere Entwicklung zielt auf Transistoren für höhere Spannungen,
ein Beispiel ist der in Abschn. 3.5 beschriebene DMOS-Transistor.
Als Einzeltransistoren gewinnen Leistungs-MOS-Transistoren derzeit
stark an Bedeutung, und es ist zu erwarten, daß neben dem Leistungs-
transistor auch kleinere Ansteuer- bzw. Logikschaltungen integriert
werden können.

Durch die zunehmende Integration der MOS-Schaltungen ist es möglich,
immer mehr Schaltelemente auf einem einzigen Chip zu realisieren.

Will man MOS-Speicher herstellen, so erfordert ein größerer Speicher
keinen enorm hohen Entwicklungsaufwand. Aus Bild 7.3 ist ersichtlich,
daß MOS-Speicher die derzeit höchste Packungsdichte aufweisen.

Schwieriger wird es, wenn man komplexe Logikfunktionen oder gar
ganze Systeme auf einem Chip integrieren will. Ein Logikschaltkreis
mit 100000 bis 200000 Transistoren auf dem Chip ist nur mehr mit
strukturierten Entwurfsverfahren und verbesserten rechnerunterstützten Entwurfshilfsmitteln (CAD) wirtschaftlich zu entwickeln. Auf
beiden Gebieten wird derzeit in der ganzen Welt intensiv gearbeitet.

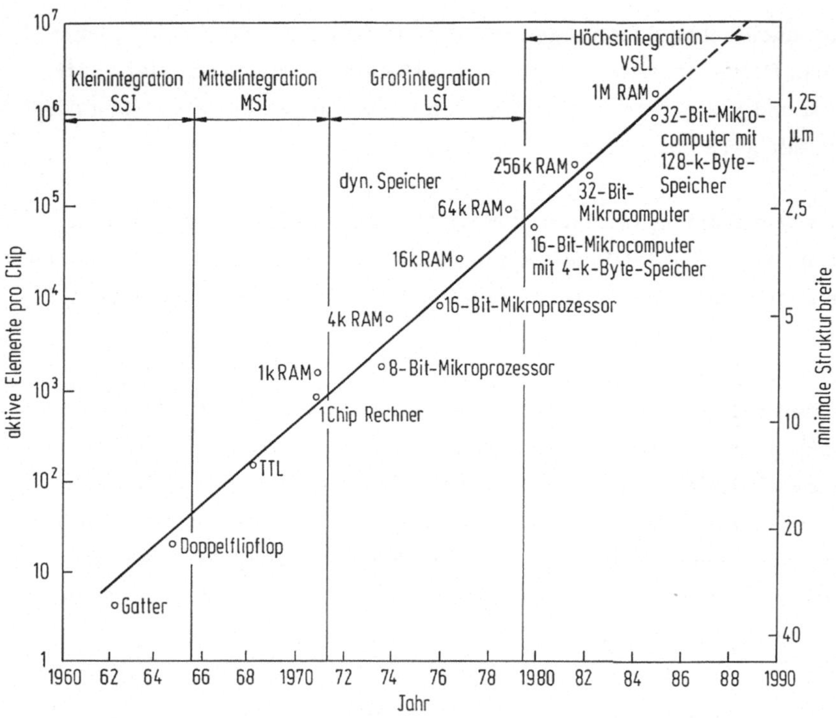

Bild 7.3. Zeitliche Entwicklung der Integrationsdichte integrierter Schaltungen. Die Strukturabmessungen sind auf der rechten Ordinate aufgetragen [7.3].

Bild 7.4 zeigt das Photo einer Versuchsschaltung [7.5]. Es handelt sich um eine 32-Bit breite Verarbeitungseinheit ("execution unit"), die mit Hilfe eines sehr regelmäßigen Entwurfsverfahrens entwickelt wurde. Hierbei wurde der Datenpfad einmal entworfen und anschließend 31 mal aufgedoppelt. Von ca. 8000 Transistoren im Logikteil des Chips (ohne Speicher) mußten nur etwa 300 Transistoren manuell gezeichnet werden, die restlichen Transistoren wurden durch Aufdoppeln vom Rechner gezeichnet. Die Versuchsschaltung besteht insgesamt aus ca. 25000 Transistoren (Speicher + Logik).

Man wird die Möglichkeit der Großintegration dazu nutzen, um in Zukunft neue Anwendungen mit neuartigen Standard-Schaltungen, vor allem durch die Kombination von digitalen und analogen Schaltungen, zu finden. Elektrisch programmierbare Analog- und Digitalelemente lassen sich auf einem Chip realisieren. Auch künftig wird die Zunah-

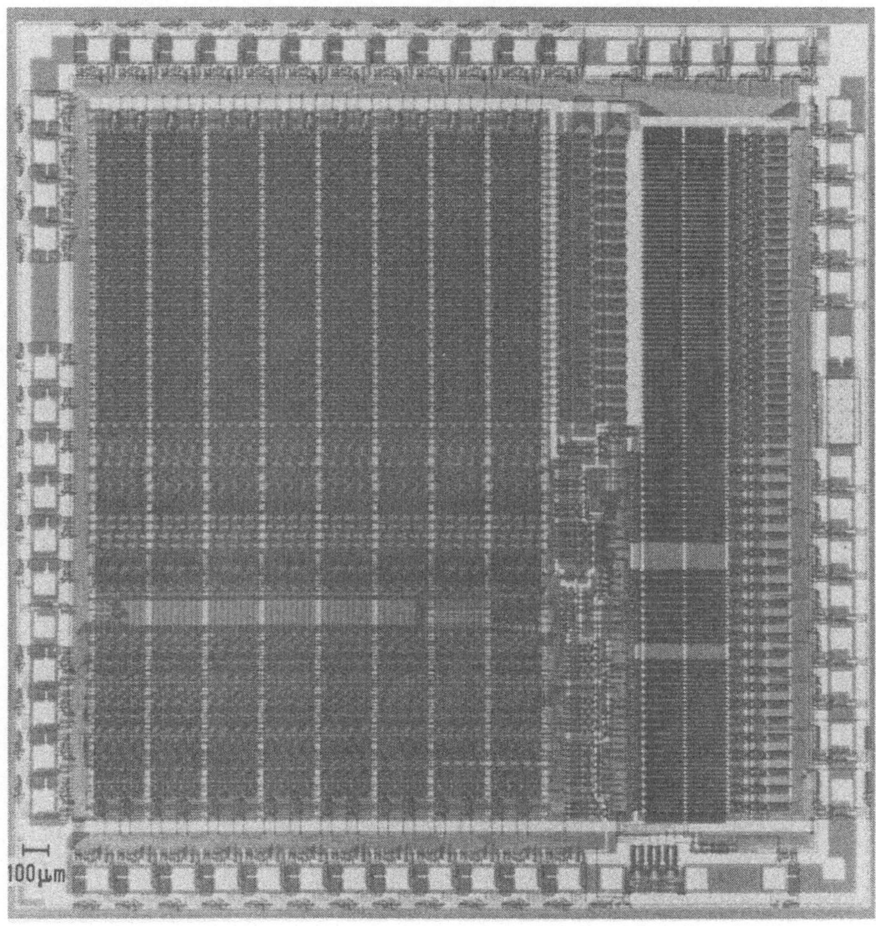

Bild 7.4. Versuchsschaltung in n-Kanal Technik, die mit Hilfe eines regelmäßigen Entwurfsverfahrens entworfen wurde. Die 32 gleichartigen Datenpfade verlaufen von oben nach unten, die Steuerleitung für die Datenpfade von rechts nach links

me des Integrationsgrades im wesentlichen von vier Faktoren abhängen:

a) Verkleinerung der Strukturen,

b) Erhöhung von Ausbeute und Zuverlässigkeit,

c) ständige Anpassung der Schaltungstechniken an die Möglichkeiten der Halbleitertechnik,

d) Verbesserung der CAD-Hilfsmittel.

Die genannten vier Ziele können nur durch enge Zusammenarbeit aller an diesen Entwicklungsarbeiten Beteiligten erreicht werden.

Literatur zu 7

7.1. Garbrecht, K.; Stein, K.U.: Siemens Forsch. u. Entwickl.-
      Ber. 5 (1976) 312

7.2. Moore, G.E.: Proc. of Caltech Conf. on VLSI, 1979, S. 3

7.3. Weiss, R.: rte Nr. 6 (1980) 52

7.4. Colinge, J.P.; Demoulin, E.: IEEE Electron Dev. Lett. 2
      (1981) 250

7.5. Pomper, M.; Beifuss, W.; Horninger, K.; Kaschte, W.:
      IEEE J. Solid State Circuits SC 17 (1982) 533